Die Macht der Vier

ARTEFAKT

Schriften zur Soziosemiotik und Komparatistik

Herausgegeben von:

Jacques Leenhardt
Alain Montandon
Michael Nerlich
Monika Walter

Band 8

PETER LANG
Frankfurt am Main · Berlin · Bern · New York · Paris · Wien

Elvira Laskowski-Caujolle

Die Macht der Vier

Von der pythagoreischen Zahl zum modernen mathematischen Strukturbegriff in Jacques Roubauds oulipotischer Erzählung *La Princesse Hoppy ou le conte du Labrador*

PETER LANG
Europäischer Verlag der Wissenschaften

Die Deutsche Bibliothek - CIP-Einheitsaufnahme

Laskowski-Caujolle, Elvira:

Die Macht der Vier : von der pythagoreischen Zahl zum modernen mathematischen Strukturbegriff in Jacques Roubauds oulipotischer Erzählung „La Princesse Hoppy ou le conte du Labrador“ / Elvira Laskowski-Caujolle. - Frankfurt am Main ; Berlin ; Bern ; New York ; Paris ; Wien : Lang, 1999
(Artefakt ; Bd. 8)
Zugl.: Berlin, Techn. Univ., Diss., 1998
ISBN 3-631-34872-X

Abb. auf dem Umschlag:
Grafik von Jack N. Mohr nach einem Motiv
(Ausschnitt) von Diego Rivera
„The Great City of Tenochtitlán“
Fresco (1945), Palacio Nacional, Mexico City.

D 83
ISSN 0945-957X
ISBN 3-631-34872-X

Ich danke meinem Lehrer Prof. Dr. Michael Nerlich für die wertvollen Anregungen und seine ermunternde Kritik sowie für seine Bereitschaft zur Betreuung dieser interdisziplinären Arbeit, die unter seiner Leitung am Institut für französische Literaturwissenschaft der Technischen Universität Berlin entstanden ist. Prof. Dr. Jürg Kramer von der Humboldt-Universität Berlin danke ich für die intensive Betreuung des mathematischen Teils der Arbeit sowie für die engagierte Gesprächsbereitschaft und sein Interesse am literarischen Teil der Arbeit. Mein Dank gilt weiterhin Dr. Christiane Müller-Wichmann und Prof. Dr. Gerhard Ackermann von der Technischen Fachhochschule Berlin, die im Rahmen der Frauenförderung meine «Gastdozentur zur Weiterqualifikation» ermöglichten. Für ihre Lektoratstätigkeit danke ich Dr. Lydia Bauer und meinem Ehemann Jack N. Mohr, dem ich gleichzeitig für die technische Hilfe bei der Manuskriptbearbeitung danke. Ganz besonderer Dank gilt meiner Tochter Kerstin Caujolle für ihre Geduld und ihr Verständnis.

Für Kerstin Caujolle und Jack N. Mohr

J'avais trouvé ce mot: Mathématique.
Il m'avait offert, croyais-je, une vie nouvelle.
Grâce à lui, grâce à elle, une vita nova
allait commencer, s'ouvrir pour moi.

Jacques Roubaud, Mathématique: (récit), 33

Or, il existait une vision alternative, un angle de vue entièrement différent sur la mathématique... Là était la voie.

Jacques Roubaud, Mathématique: (récit), 244

Inhaltsverzeichnis

ANHANG

Einleitung

Bisherige Untersuchungen des Werkes von Jacques Roubaud waren hauptsächlich seinen poetischen Texten gewidmet; einiges Interesse in der Literaturkritik haben auch seine autobiographischen Arbeiten *Le grand incendie de Londres, La boucle* und *Mathématique: (récit)* hervorgerufen sowie die in jüngster Zeit erschienenen Romane der *Belle Hortense*. Die Erzählung *La Princesse Hoppy ou le conte du Labrador*[1] hingegen hat in der Forschung bisher ebensowenig Beachtung gefunden wie seine mathematisch orientierten Essais. Gerade aber die Mathematik darf bei der Untersuchung der Werke Roubauds nicht vernachlässigt werden, denn sie prägt entscheidend die Prinzipien seiner Texte. Man kann sogar soweit gehen zu sagen, daß ohne Berücksichtigung des mathematischen Charakters eine Analyse nur einseitig und damit unvollständig sein kann. Es ist bezeichnend, daß *La Princesse Hoppy* keine Erwähnung in der Bibliographie findet, die Aliette Armel an das Ende ihres 1993 mit Jacques Roubaud geführten Interviews stellt.[2] Die Interdisziplinarität mit den Naturwissenschaften bzw. der Mathematik hat sich in der zeitgenössischen Literaturkritik immer noch nicht durchgesetzt, obwohl diese Bereiche seit der Antike einen bedeutenden Einfluß auf die Textproduktion ausgeübt haben. Der engen Verknüpfung zwischen diesen Disziplinen war man sich in der Vergangenheit stärker bewußt. So gewinnt beispielsweise der seit der Antike fortlebende Begriff des *poeta eruditus*, des Dichtergelehrten, mit dem Aufkommen des Humanismus eine zentrale Bedeutung.

Während der Renaissance beruht das Sozialprestige des Dichters insbesondere auf dessen Anspruch einer universalen Wissensdarbietung von enzyklopädischer Breite. Giovanni Boccaccio verlangt deshalb vom Dichter nicht nur die Kenntnis

1 Jacques Roubaud, *La Princesse Hoppy ou le conte du Labrador – Fées et Gestes*, Paris 1990. In einigen Bibliographien werden die ersten zwei Kapitel der Erzählung genannt, die vorab in der *Bibliothèque Oulipienne* veröffentlicht wurden. Einen Hinweis auf das 1990 bei Hatier herausgegebene Buch findet man in dem Artikel von Pierre Lartigue *A haute voix*. Im Anschluß an die Besprechung von zwei anderen Werken Jacques Roubauds – *Soleil du Soleil, Le Sonnet français de Marot à Malherbe, Une anthologie* und *Echanges de la Lumière* – erwähnt Lartigue *La Princesse Hoppy* jedoch nur kurz. Cf. Pierre Lartigue, *A haute voix*, in: La Quinzaine Littéraire, No. 570, Januar 1991, 8. Cf. Jacques Roubaud, *Soleil du Soleil, Le Sonnet français de Marot à Malherbe, Une anthologie*, Paris 1990 und Jacques Roubaud, *Échanges de la Lumière*, Paris 1990.

2 Aliette Armel, *Les cercles de la mémoire*, in: Magazine littéraire No. 311, Juni 1993, 96 – 103.

der *artes liberales*, der Moralphilosophie, der antiken Denkmäler der Geschichte und der Geographie, sondern auch die der Naturwissenschaften.[3] Noch zu Galileis Zeit gibt es keine scharfe Trennung der Kompetenzbereiche von Dichtung und Naturwissenschaften, dies wird zum Beispiel an den Kontroversen zwischen Galilei und dem Jesuitenpater Grassi deutlich.[4] Die Kompetenzstreitigkeiten zwischen der Dichtung und den Naturwissenschaften entschärfen sich im Laufe des 17. Jahrhunderts: Der Hauptvertreter des universalistischen Anspruchs der Dichtung, das Epos, wird zunehmend vom Roman aus der Gunst des Publikums verdrängt, ohne daß dieser den epischen Anspruch auf allseitige Wissensvermittlung in vollem Umfang übernimmt, denn wissenschaftliche Pedanterie gilt als unpassend-provinziell und das Ideal der Universalität als veraltet.

Die Dichtung versucht nun im allgemeinen auch nicht mehr, literarische Autoritäten in naturwissenschaftlichen Fragen geltend zu machen, sondern greift jetzt die von den Naturwissenschaften bestimmten aktuellen Fragestellungen auf und setzt sich mit ihnen teils ernsthaft, teils spielerisch oder satirisch, teils im Sinne der *Science-fiction* auseinander. Der allmähliche Verzicht der Dichtung auf ihren Autoritätsanspruch in naturwissenschaftlichen Fragen bedeutet allerdings keineswegs, daß es zu Beginn des 18. Jahrhunderts eine klare Trennung zwischen fiktionaler und wissenschaftlicher Literatur im heutigen Sinne gegeben hätte. So verzichten auch die Naturwissenschaftler jener Zeit zur Verbreitung ihrer neuen Lehren und Erkenntnisse keineswegs konsequent auf eine Darstellungsform, die wir als mehr oder weniger literarisch empfinden, abweichend jedenfalls von der unserer heutigen wissenschaftlichen Abhandlung. In *La solitude et l'amour philosophique de Cleomède*[5] erfindet Charles Sorel beispielsweise, um den Leser von der Nützlichkeit und finanziellen Einträglichkeit der Technik zu überzeugen, eine nach dem Vorbild der zeitgenössischen Trivialromane konstruierte Liebesgeschichte, in der Natur und Technik als handelnde Personen auftreten.[6]

---

3 Cf. August Buck, *Die humanistische Tradition in der Romania*, Bad Homburg v. d. H. Berlin – Zürich 1968, 230.

4 Grassi (1583 – 1654). Während Grassi die Verbindlichkeit des geozentrischen Weltbildes unter anderem durch Belege aus Ovid, Vergil, Statius, Lukrez und Lukan zu stützen sucht, verwahrt sich Galilei dagegen, die Texte solcher *Autoritäten* höher zu bewerten als die vernünftige Auswertung *moderner* experimenteller Untersuchungen. Cf. Heidelberger/Thiessen, *Natur und Erfahrung – Von der mittelalterlichen zur neuzeitlichen Naturwissenschaft*, Hamburg 1981, Quelle 8, 237sqq.

5 Cf. Charles Sorel, *La solitude et l'amour philosophique de Cleomède*, Paris Antoine de Sommaville 1640, 66 – 68.

6 Cf. Heidelberger/Thiessen, *Natur und Erfahrung*, l. c., Quelle 12, 245sq.

In diesem Sinne versucht auch noch Giuseppe Lavini im Jahr 1750 seinem Publikum die Physik Newtons in Sonettform näherzubringen.[7]

Für den heutigen Leser bedeutet die literarische Form der erwähnten Werke eine zusätzliche Verständnisbarriere gegenüber der *wissenschaftlichen* Fassung desselben Stoffes. Er verfügt im allgemeinen nicht mehr über die Kenntnis der dort vorausgesetzten rhetorischen und poetischen Mittel. Die Rolle der Rhetorik und der Dichtung im System der Wissenschaften und der Bildung hat sich grundlegend geändert. Ebensowenig wie die Literatur heute in den Naturwissenschaften von Bedeutung ist, hat beispielsweise die moderne strukturelle Mathematik Eingang in die Literatur gefunden. Eine Ausnahme bildet die 1960 in Frankreich gegründete Gruppe *Oulipo*,[8] zu deren Zielen die Wiederherstellung der *antiken Allianz zwischen Mathematik und Dichtung* gehört. Gerade deshalb erfordert aber eine Untersuchung der Werke dieser Gruppe, deren Mitglieder, zu denen auch Jacques Roubaud gehört, Schriftsteller und/oder Mathematiker sind, eine entsprechende Zusammenarbeit von Literaturwissenschaftlern *und* Mathematikern, die aber kaum stattfindet. Die geringe Beachtung der *oulipotischen* Literatur in der Forschung geht auf dieses Defizit zurück. Werden dennoch *oulipotische* Texte Gegenstand von Analysen, dann wird deren mathematischer Charakter entweder gänzlich ignoriert oder sein Vorhandensein nur angedeutet. Nötig wird somit eine Forschung, die sich nicht scheut, naturwissenschaftliche Denkstrukturen in die Literaturkritik miteinzubeziehen.

Ziel dieser Arbeit ist es, die literarische Umsetzung mathematischer Strukturen und Inhalte exemplarisch anhand der Erzählung *La Princesse Hoppy ou le conte du Labrador* darzulegen. Bei der Untersuchung einzelner Texte der *Bibliothèque Oulipienne*, deren Anspruch im allgemeinen weniger darin besteht, literarisches Kunstwerk zu sein, als vielmehr die Umsetzung mathematischer Strukturen in Poesie und Prosa zu demonstrieren, hat sich dieses Werk Roubauds nicht nur auf Grund seines komplexen mathematischen Gehalts herauskristallisiert, sondern auch weil hier zugleich ein zusammenhängender Text einer literarischen Gattung vorliegt. Die *Gruppentheorie*, ein Teilbereich der Algebra, wird als neues Element in die Dichtkunst eingeführt. Gleichzeitig knüpft Roubaud an die Literatur der Vergangenheit an, indem er zu den Ursprüngen der Mathematik, den

---

[7] Nach einer solchen Einstimmung konnte sich der Leser in einem Prosakommentar zu dem jeweiligen Sonett über die ihm zugrundeliegenden naturwissenschaftlichen Diskussionen informieren. Cf. ib. Quelle 13, 248.

[8] Cf. Oulipo, *La littérature potentielle*, Paris 1973; Oulipo, *Atlas de littérature potentielle*, Paris 1981; Oulipo, *La Bibliothèque Oulipienne*, Éditions Seghers, Paris 1990 (1987), 3 vol.

Zahlen, zurückkehrt. Hierbei ist die Dominanz der Zahl *Vier* unübersehbar. Roubaud ist jedoch nicht nur Mathematiker, sondern insbesondere *oulipotischer* Dichter; dies rechtfertigt eine Betrachtung des Autors sowie eine Analyse der Erzählung aus den folgenden drei Perspektiven – Zahl, Mathematik, *Oulipo*. Roubaud hat sich mit diesen Themen theoretisch sehr intensiv auseinandergesetzt und sie dann in seiner Erzählung künstlerisch verarbeitet. Aus methodologischen Gründen wird zunächst jeweils ein Abriß der Zahlenentwicklung und der Geschichte der Mathematik sowie eine Einführung in die Arbeit der Gruppe *Oulipo* gegeben. Schließlich wird im letzten Kapitel die literarische Umsetzung hinsichtlich dieser drei Bereiche in der Erzählung *La Princesse Hoppy* analysiert. Als besondere Schwierigkeit erweist sich hierbei die Darstellung mathematischer Begriffe und Sachverhalte, so daß diese einerseits wissenschaftlich korrekt formuliert werden, andererseits jedoch auch allgemein verständlich sind. Für die Lesbarkeit des Textes spricht somit die gesonderte Zusammenfassung mathematischer Inhalte in einem Anhang, auf den im laufenden Text nur verwiesen wird. Analog soll jedoch auch der mathematisch gebildete Leser die Möglichkeit erhalten, eine literaturwissenschaftliche Arbeit zu rezipieren, was zwangsläufig dazu führt, daß auch hier Begriffe erklärt werden müssen, die sonst allgemein als bekannt vorausgesetzt werden.

1 Die Zahl und ihre Bedeutung für Roubaud

Die literarischen Werke des Schriftstellers, Dichters und Mathematikers Jacques Roubaud sind ohne die Zahl nicht denkbar. Bevor wir jedoch Roubauds ungewöhnliches Verhältnis zur Zahl analysieren, das seine Dichtung entscheidend prägt, soll aufgezeigt werden, daß seit mehreren tausend Jahren Zahlen nicht nur als Mittel für Berechnungen dienten, sondern Gegenstand philosophischer Betrachtungen waren.

1.1 Alles ist Zahl

Als hauptsächliche Objekte der Mathematik wurden seit den Babyloniern bis ins 19. Jahrhundert neben den Größen und Figuren die Zahlen angenommen.[1] Dabei wurden unabhängig von der philosophischen Richtung, die Zahlen als gegeben vorausgesetzt und nicht als Produkt des menschlichen Geistes betrachtet. Folglich konnte man ihnen keine willkürlich definierten Eigenschaften zuordnen, ebenso wenig wie Biologen oder Physiker die Naturerscheinungen nicht nach Belieben verändern können.

Insbesondere seit dem 6. Jahrhundert v. Chr. gab es unterschiedliche Theorien zur Erklärung des Universums. Gleichzeitig war man auf der Suche nach einer universalen Weltseele. Diese philosophischen Theorien werden von dem Gedanken getragen, daß es für alles Seiende einen gemeinsamen *Urgrund* (arche)gibt, der der Vielheit der Dinge als einheitlicher *Urstoff* zugrunde liegt und als *Ursache* die erfahrbaren Veränderungen bewirkt. Berühmte Philosophen wie Thales, Anaximander, Anaximenes, Heraclitus und Anaxagoras waren somit jeweils auf *ein* Element fixiert. Als einer der ersten Philosophen gilt Thales von Milet, der beispielsweise den Grundbaustein des Universums im Wasser mit den drei Aggregatzuständen sah.[2]

---

1 Zirka 2000 v. Chr. beginnt mit den Babyloniern die Geschichte der Mathematik. Cf. van der Waerden, *Erwachende Wissenschaft,* 2 vol., I, Basel 1956 und Victor Katz, *A History of Mathematics*, New York 1993 sowie weitere Werke zur Geschichte der Mathematik.

2 «Alles bestehe aus Wasser und sei, weil die arche belebt und selbstbewegt betrachtet wird, auch selbst belebt (sog. Hylozoismus).» Cf. dtv-Atlas *Philosophie*, 3. Auflage, München 1993, 31. In *La Princesse Hoppy ou le conte du Labrador* erscheint das Wort *Ilozoïste* im Eigennamen der Astronomenschule.

Der erste entscheidende Schritt, Rätsel, Geheimnisse und Mystik oder Chaos von den Naturerscheinungen zu trennen, war die Anwendung der Mathematik. Eine entscheidende Rolle spielte hierbei die Lehre der *Pythagoreer*, die um die Bedeutung der *Zahl* kreist. Wohl von der Entdeckung ausgehend, daß sich die Intervalle der Tonleiter auf rationale Zahlenverhältnisse schwingender Saiten zurückführen lassen, entwickelten die Pythagoreer den Gedanken, daß das Wesen der gesamten Wirklichkeit in Zahlen besteht. Diese schaffen die *Ordnung* des Kosmos, indem sie das Unbestimmte (ápeiron) bestimmen und begrenzen. Die Dinge gelten als Abbilder der Zahlen, ihre Wesensform ist ihre mathematische Gestalt. Da Zahlen die Essenz aller Dinge sind, können natürliche Phänomene auch nur durch die Zahl erklärt werden: *Alles ist Zahl!* Die Lehre der frühen Pythagoreer erscheint heute verwirrend, da für uns Zahlen etwas Abstraktes, von allem Wirklichen Losgelöstes sind, während Dinge physikalische Objekte oder Substanzen sind.[3]

Mit der Lehrmeinung der Pythagoreer setzt sich Aristoteles in seiner *Metaphysik* auseinander: «[...] weil sie also glaubten, alle anderen Dinge glichen ihrer Natur nach den Zahlen und die Zahlen seien das Erste in der ganzen Natur, nahmen sie an, daß die Elemente der Zahlen die Elemente aller Dinge seien und der gesamte Himmel sei Harmonie und Zahl.»[4] Andreas Speiser geht in *Die mathematische Denkweise*[5] auf diese Lehre der Pythagoreer ein und beschäftigt sich mit der Frage, was für eine Wirklichkeit durch die Zahlen gesetzt werden konnte, bzw. von welcher Realität logisch denkende Menschen behaupten konnten, sie sei zahlenartig. Er kommt zu folgendem Schluß: «Der Zahlbegriff besitzt demnach die Kraft, Existenz zu setzen; er ist also dem Raum übergeordnet in dem selben Maße, als das Subjekt über dem Objekt steht. Freilich folgt aus dieser Priorität noch nicht, daß die Zahl den Raum erzeugen kann, daß also die Geometrie arithmetisiert werden muß. Aber die Raumdinge erhalten erst durch die Zahl Existenz.»[6]

Aristoteles beschreibt in seiner *Metaphysik* eine weitere Charakteristik der Zahl: «Offenbar sehen auch die Pythagoreer die Zahl für ein Prinzip an [...] sie glau-

---

3 Cf. B. L. van der Waerden, *Die Pythagoreer – Religiöse Bruderschaft und Schule der Wissenschaft*, Zürich 1979. Van der Waerden geht jedoch nicht auf die *Lehre der ersten Dinge* und die *Zahlenmystik* der Pythagoreer ein.

4 Aristoteles, *Metaphysik*, Reclam-Ausgabe, Stuttgart 1970, 30.

5 Andreas Speiser, *Die mathematische Denkweise*, Basel 1952.

6 Speiser, Denkweise, l. c., 69sq.

ben, die Elemente der Zahl seien das Gerade und Ungerade.»[7] Dabei betrachten sie das Ungerade als begrenzt und vollkommen, das Gerade als unbegrenzt und unvollkommen. Auch innerhalb der Zahlenreihe bestehen für die Pythagoreer Unterschiede: So steht die Eins über den Zahlen, denn sie ist gerade und ungerade[8] und gilt als deren Ursprung. Die Zehn – obwohl gerade – ist vollkommen und umfaßt die gesamte Natur der Zahlen. Deshalb behaupten die Pythagoreer, daß es zehn bewegte Himmelskörper gebe. Da für sie jedoch nur neun sichtbar waren, definierten sie als zehnten eine «Gegenerde».[9] Die Zahl *Vier* und mit ihr die Summe der Zahlen 1, 2, 3 und 4 (da sie zehn ergibt), die *Tetraktys*, ist ebenfalls von besonderer Bedeutung, da die Pythagoreer die Natur als *Vierheit* sehen. So gibt es beispielsweise die vier geometrischen Elemente, Punkt, Linie, Fläche, Körper, oder vier materielle Elemente, Erde, Luft, Wasser und Feuer.

Vincent Foster Hopper untersucht in *Medieval Number Symbolism* die pythagoreische Zahlentheorie.[10] Er unterscheidet zwei wesentliche Prinzipien: «The originality of the Pythagorean treatment of number lay in the enunciation of two fundamental principles: the exaltation of the decad as containing all numbers und therefore all things, and the geometric conception of mathematics.»[11] Der geometrische Aspekt führt zur Darstellung der ersten vier Zahlen als Punkt, Linie, Dreieck (Fläche) und Körper.

Die Pythagoreer entdecken fünf *reguläre*[12] Körper, welche sich nur aus Dreiecken zusammensetzen.[13] Die ersten vier, das Tetrahedron, das Octahedron, das Icosahedron und der Würfel werden von Platon mit den vier Elementen Feuer, Luft, Wasser und Erde gleichgesetzt. Hopper schreibt hierzu: «It is worth noting that fire, the first principle of Pythagorean cosmography, is described by the first solid, and that the fourth solid, the only figure whose surfaces are quadrangular,is assigned to earth, thus adding philosophical support to the traditional belief in the foursquaredness of earth.» Er fügt hinzu, daß die Theorie der Pythagoreer von der Bedeutung der Vier unterstützt worden wäre, hätte es nur diese vier Körper gegeben. Der fünfte ist das Dodecahedron, welches aus zwölf Fünf-

---

7 Aristoteles, Metaphysik, l. c., 31.

8 Ib.

9 Cf. ib.

10 Vincent Foster Hopper, *Medieval Number Symbolism*, New York 1969.

11 Hopper, *Number Symbolism*, l. c., 34.

12 Reguläre Körper sind Körper, die sich aus regelmäßigen Vielecken zusammensetzen.

13 So besteht beispielsweise der Würfel zwar aus sechs Quadraten, aber aus *zwölf Dreiecken!*

ecken besteht. Hopper führt an dieser Stelle nochmals Platon an: «Plato either implies that the fifth includes and masters the other 4 or else is completely side-stepping the issue when he says that the dodecahedron with its 12 pentagonal faces is "used to embroider the universe with constellations".»[14] Auf die regulären Körper greift Johannes Kepler im Jahre 1619 in seiner *Hamonicè Mundi* zurück, um die *symmetria mundi* zu veranschaulichen.

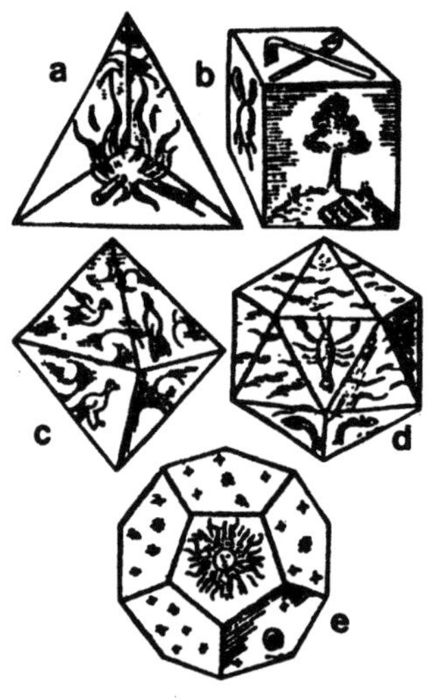

Abb. 1

Platonische Körper
a) Tetraeder (Feuer), b) Kubus (Erde),
c) Oktaeder (Luft), d) Ikosaeder (Wasser),
e) Dodekaeder (Äther).

Die Theorie der Zahlen wird von den Pythagoreern in verschiedenen Bereichen[15] ausgeformt: In der *Mathematik* bemühen sie sich um Systeme und Aufstellung von Axiomen. In Kropps *Geschichte der Mathematik*[16] sind die wichtigsten mathematischen Errungenschaften der Pythagoreer in übersichtlicher Form dargestellt:[17]

---

[14] Hopper, *Number Symbolism*, l. c., 35.

[15] Die *symbolische* Bedeutung der Zahlen wird später in Kapitel 1. 3 dargestellt.

[16] Gerhard Kropp, *Geschichte der Mathematik*, Wiesbaden 1994, 23sq.

[17] Cf. zur Arithmetik der Pythagoreer: van der Waerden, *Die Pythagoreer*, l.c.

a) Unterscheidung zwischen *geraden* und *ungeraden* Zahlen.
b) Die *Quadratzahlen* sind die Summe ungerader Zahlen:
$1 + 3 + 5 + 7 + \ldots + (2n + 1) = n^2$
c) Die *Dreieckszahlen* stellen die einfachste arithmetische Reihe dar:
$1 + 2 + 3 + \ldots + n = 0.5\, n\, (n + 1)$
d) *Harmonische Proportionen* und *harmonisches Mittel*, welches zur Intervallehre in der Musik führt.
e) *Vollkommene Zahlen*, das sind Zahlen, die mit der Summe ihrer echten Teiler (einschließlich 1) übereinstimmen, beispielsweise:
$6 = 1 + 2 + 3$ oder $28 = 1 + 2 + 4 + 7 + 14$
f) *Befreundete Zahlen*: Zwei Zahlen a und b heißen *befreundet*, wenn jede von beiden der Teilersumme der anderen gleich ist, z. B.
$220 = 1 + 2 + 4 + 71 + 142$ und
$284 = 1 + 2 + 4 + 5 + 10 + 11 + 20 + 22 + 44 + 55 + 110$ [18]
In der oberen Zeile steht die Summe der Teiler der Zahl 284, in der unteren die der Teiler von 220.
g) Der «Satz des Pythagoras», die Entdeckung *irrationaler* Zahlenverhältnisse.[19]

Ein Teil der pythagoreischen Mathematik geht allerdings auf die Babylonier zurück, wie van der Waerden nachweist. Er sieht die Ursache hierzu u.a. in den Reisen des Pythagoras nach Babylon. So war beispielsweise die Aussage des *Satzes des Pythagoras* den Babyloniern schon um 1800 v. Chr. bekannt. In Anlehnung an Aristoteles bezeichnet van der Waerden dennoch die Pythagoreer als die ersten mathematischen *Wissenschaftler*.[20]

Die Pythagoreer entwickeln ein Bild vom *Kosmos*, nach dem die Gestirne sich kreisförmig in bestimmten Intervallen um ein feststehendes Zentrum bewegen. Wie in der Mathematik oder der Musik ist auch in der *Ethik* der Gedanke der Harmonie bestimmend, wobei die Pythagoreer offenbar sogar so weit gegangen sind, Tugenden mit bestimmten Zahlen zu identifizieren. Trotz der wissenschaftlichen Forschungen in der Mathematik und Musiktheorie ist ein religiöser und mystischer Grundzug in der pythagoreischen Schule vorherrschend. Dies zeigt sich besonders an der *Seelenwanderungslehre*, mit dem Gedanken der Trennung

---

18 Von dem Mathematiker Fermat stammt das Paar 17296 und 18416. Mehr als 60 Paare befreundeter Zahlen stellte Leonhard Euler (1707 – 1783) auf.

19 z. B. ist die Wurzel aus 2 eine irrationale Zahl, die man erhält, wenn die Diagonale des Einheitsquadrates gesucht ist.

20 Den Pythagoreern, wahrscheinlich aber einem Pythagoreer vor Platon aus der Gruppe der anonymen *Mathematikoi*, gelingt es u.a., erstmalig einen *rekursiven Beweis* zu führen.

von Leib und Seele: Die Seele stellt das eigentliche Wesen des Menschen dar, die von der Verunreinigung des Körperlichen zu befreien ist. Auch in der Lehre der Platoniker nimmt die Zahl unter den Seelenkräften eine der höchsten Stellen ein.[21] Sie steht über der Seele und der Materie an zweiter Stelle einer Rangordnung, deren höchster Begriff der Gottesbegriff – verbunden mit der Zahl *Eins* – ist.

Die Zahl wurde ebenfalls mit dem *Schönen* und *Guten* verknüpft. Speiser zitiert Iamblichos: «Die Urgründe, aus denen die Zahlen hervortreten, sind noch erhaben über das Schöne und Gute; aus der Zusammenfügung der Eins und des die Vielheit ermöglichenden geistigen Mediums ersteht die Zahl, und erst in den Zahlen erscheint das Sein und die Schönheit.»[22] Nicolaus Cusanus schreibt über die *göttliche* und die *menschliche* Zahl: «Wie sich unser Geist zum unendlichen und ewigen Geist verhält, so verhält sich die Zahl unseres Geistes zu der Zahl, die aus dem göttlichen Geist hervorschreitet. [...] So schließe ich, daß man unwiderleglich sagen kann, das erste Exemplar der Dinge in der Seele des Schöpfers sei die Zahl. Das zeigt die Ergötzung und die Schönheit, die allen Dingen innewohnt und die in der Proportion besteht, die Proportion wieder in der Zahl; daher ist die Zahl der trefflichste Pfad, welcher zur Weisheit emporführt.»[23]

Georges Ifrah zitiert in seiner umfangreichen Arbeit über die Geschichte der Zahl, *L'histoire universelle des chiffres,* den britischen Philosophen und Mathematiker Bertrand Russell, der in Zusammenhang mit der Wichtigkeit der Zahlen, insbesondere für die Relativitätstheorie Einsteins oder die Quantentheorie von Max Planck folgendes gesagt hat: «Ce qu'il y a de plus étonnant dans la science moderne, c'est son retour au pythagorisme.»[24] Somit gilt also auch heute, wenn auch mit abgewandelter Bedeutung: *Alles ist Zahl!*

1.2 Die Entstehung der natürlichen Zahl und die Erweiterung des Zahlenbegriffs

Zahlen sind jedoch nicht nur Objekte der Philosophie oder Metaphysik, sondern stehen in enger Verbindung mit praktischen Bedürfnissen und Problemen. Ihre

21 Platon (427 – 347 v. Chr.). Die 385 v. Chr. von ihm gegründete *Akademie* in Athen bestand über einen Zeitraum von zirka 1000 Jahren.

22 Iamblichos, *De communi mathematica scientia*, zitiert nach Speiser, *Denkweise*, l. c., 71.

23 zitiert nach Speiser, *Denkweise*, l. c., 72sq.

24 Georges Ifrah, *Histoire universelle des chiffres,* Paris 1994, 2 vol., I, 17.

historische Entwicklung, die auch als Antwort auf Fragen des Überlebens zu sehen ist, soll in den folgenden Abschnitten von den Anfängen bis hin zum modernen Technikzeitalter dargestellt werden.

D'où viennent les chiffres?

Georges Ifrah leitet seine *Histoire universelle des chiffres* mit der Frage ein, *d'où viennent les chiffres?* Er bezeichnet weiterhin seine Forschungen nach den Ursprüngen der Zahl als *La quête du Graal-chiffre*[25] und stellt somit einen interessanten Zusammenhang zwischen Zahl und Gralsgeschichte her: «La réflexion, mais surtout le désir d'y répondre me poussèrent donc d'abord à suspendre à regret tout enseignement, pour me consacrer (avec pourtant de très menus moyens) à une quête qui pourrait à beaucoup sembler aussi folle que celle du Graal au Moyen Age: ce vase magique, devenu le symbole de Dieu lui-même, où l'on aurait recueilli le sang du Christ crucifié, et que Lancelot, Perceval et Gauvain, parmi de nombreux et pieux chevaliers chrétiens, essayèrent de retrouver de par le monde, sans toutefois réussir dans leur quête sacrée, parce qu'ils n'étaient pas assez purs et qu'ils manquaient de foi et de chasteté pour approcher les vérités de Dieu.»[26] Auch Roubaud wird seine Suche nach der (*mathematischen*) Wahrheit mit der Gralsthematik in Verbindung bringen.

Über die Entstehungsgeschichte der Zahl sind zahlreiche umfangreiche Werke verfaßt worden. Hierzu gehört außer der bereits erwähnten Arbeit von Georges Ifrah insbesondere das grundlegende Werk von Karl Menninger, *Zahlwort und Ziffer*,[27] sowie das kürzlich erschienene Buch von John Conway und Richard Guy, *The Book of Numbers*.[28] Für eine ausführliche Auseindersetzung mit dem Thema *Zahl* sei man auf diese Arbeiten verwiesen. Wir werden im folgenden nur auf einige ausgewählte Aspekte eingehen, die es uns ermöglichen sollen, Roubauds Zahlenliebe und deren Auswirkung auf sein literarisches Schaffen zu erklären.

Noch bevor es schriftlich fixierbare Zahlen gab, konnte man bereits zählen. Dazu benutzte man einerseits seinen Körper und hierbei insbesondere die fünf Finger einer Hand, andererseits *zählte* man mit Hilfe von Objekten, wie Muscheln, Stei-

[25] Die Verbindung der Frage nach der Herkunft der Zahlen und der Suche nach dem heiligen Gral ist insofern interessant, als Jacques Roubaud in *La Princesse Hoppy* ebenfalls Elemente aus der Gralsgeschichte verwendet. Cf. Kapitel 4.3.3.

[26] Georges Ifrah, *Histoire universelle des chiffres*, l. c., I, 4.

[27] Karl Menninger, *Zahlwort und Ziffer – Eine Kulturgeschichte der Zahl*, Göttingen 1958, unveränderter Nachdruck 1979.

[28] John Conway/Richard Guy, *The Book of Numbers*, New York 1996.

nen, Hölzchen oder Knoten in Kordeln wie bei den Inkas, Chinesen oder den Westafrikanern. Das Einritzen von Kerben in Hölzer oder ähnliche Markierungen kann als Weiterentwicklung in Hinblick auf den abstrakten Zahlenbegriff, dargestellt durch ein *Zeichen*, gesehen werden.[29] Die in den unterschiedlichen Kulturen entwickelten Zeichen werden von Ifrah ausführlich dargestellt. Interessant ist sein Hinweis darauf, daß die Entwicklung der Zahlzeichen und der *Zählkunst* nur zweitrangig das Ergebnis der Arbeit von Mathematikern war: «La logique n'a donc pas été le fil conducteur de cette histoire. Ce sont d'abord des soucis de comptables mais aussi de prêtres, d'astronomes-astrologues,[30] et en dernier lieu seulement de mathématiciens, qui ont présidé à l'invention et à l'évolution des systèmes de numération. Et ces catégories sociales, notoirement conservatrices, tout au moins en ce qui concerne les trois premières, ont sans doute retardé à la fois leur ultime perfectionnement et leur vulgarisation. Lorsqu'un savoir, même aussi rudimentaire à nos yeux mais combien subtil à ceux de nos ancêtres, confère un pouvoir, ou du moins des privilèges, il paraît redoutable et comme impie de le partager.»[31] Die *Zählkunst* kann somit als Machtfaktor verstanden werden, als das Privileg einiger weniger, was einer allgemeinen Verbreitung und Weiterentwicklung eher hinderlich war.

Die Entdeckung des heute benutzten Positionssystems, bei dem es darauf ankommt, an welcher Stelle einer Zahl eine bestimmte Ziffer steht, wurde von den meisten Völkern nicht vollzogen, sondern im Laufe der Geschichte nur viermal entwickelt. Wichtig hierfür ist die Entdeckung der Null, wofür bei den meisten Völkern kein Bedarf bestand. Zum ersten Mal wurde das Positionssystem ungefähr zweitausend Jahre vor unserer Zeitrechnung von den Babyloniern benutzt. Menninger weist darauf hin, daß die Babylonier über eine Zahlschrift mit nur zwei Zeichen, mit denen man alle Zahlen schreiben konnte, verfügten.[32] Da die Entwicklung der Zahlen (und der Mathematik) auch in besonderem Maße von der Astronomie abhing, wie oben erwähnt, ist die Einführung eines Astronomen in die Erzählung La Princesse Hoppy auch in dieser Hinsicht von Bedeutung.

29 Das Substantiv *Zahl* bedeutete ursprünglich *Eingekerbtes, Einschnitt.* Herkunftswörterbuch Duden 7, 2. neu bearb. u. erw. Aufl., Mannheim 1989, 822.

30 In *La Princesse Hoppy* spielt ein junger Astronom eine bedeutende Rolle. Wir werden in Kapitel 4.3.1 darauf zurückkommen.

31 Ifrah, *Histoire universelle des chiffres*, l. c., I, 14sq.

32 Somit wird verständlich, weshalb der aus Bagdad stammende Astronom in der Erzählung *La Princesse Hoppy* die babylonische Wissenschaft nur für mittelmäßig hält. Im Zusammenhang mit den *Hängenden Gärten*, die er in Bagdad lokalisiert, spricht der Astronom von «la propagande touristique mensongère et éhontée des Babyloniens qui, entre nous soit dit, sont des astronomes aussi médiocres qu'ils sont piètres jardiniers.» *Hoppy*, 25.

Die Chinesen entdeckten das Positionssystem kurz vor Beginn der christlichen Zeitrechnung neu. Zwischen dem 3. und 5. Jahrhundert nach Christi Geburt wurde es von den Mayas und schließlich (ca. 5. Jh.), unabhängig von ihnen, von den Indern entdeckt. Aber weder bei den Babyloniern noch bei den Mayas wurde die Null als Zahl angesehen. Ifrah stellt fest, das einzig die indische Null ähnliche Eigenschaften und Möglichkeiten hatte, wie unsere heutige Null. Auch unser heutiges Dezimalsystem wird von der indischen Mathematik – durch die Vermittlung der Araber[33] – hergeleitet.

Zahl und Zählen

Die Fähigkeit, zählen zu können, soll im folgenden bedeuten, daß man über eine Folge von Zahlwörtern verfügen muß und diese in Beziehung zu den zu zählenden Objekten setzen kann. Durch zwei Arten von Bedürfnissen war man vor die Notwendigkeit gestellt, sich mit Zahlen zu beschäftigen, was zu den Kardinalzahlen und Ordinalzahlen geführt hat. Ursprünglich war das Zählen von existentieller Bedeutung. Verschiedene Mengen von Dingen mußten miteinander verglichen werden, um festzustellen, welche dieser Mengen mehr Elemente enthielten. Bevor man Zahlen bzw. Zahlwörter zur Verfügung hatte, geschah dies durch paarweise *Zuordnung*. Wollte man beispielsweise ermitteln, ob Männer und Pferde in gleicher Anzahl vorhanden waren, so setzte man einen Reiter auf je ein Pferd. Dabei konnte diese Zuordnung aufgehen oder nicht. Alle Mengen, zwischen denen sich eine paarweise Zuordnung ohne Rest herstellen läßt, haben die entsprechende Anzahl als gemeinsame Eigenschaft. Die Abstraktion führt zur *natürlichen Zahl*. Dies ist jedoch nicht auf allen Kulturstufen gelungen. Es gibt Naturvölker, die für gleiche Anzahlen verschiedener Gegenstände oder Personen auch unterschiedliche Zahlwörter benutzen.[34] *Zwei Frauen* sind sind dann durch ein anderes Wort gekennzeichnet als beispielsweise *zwei Pfeile*. John H. Conway nennt in diesem Zusammenhang das folgende Beispiel: «However, many primitive human languages only have names for numbers of particular objects, and not

[33] Daher stammt der Begriff *Arabische Ziffern*.

[34] Roubaud verweist in diesem Zusammenhang in Le grand Incendie de Londres auf die Definition des Zahlbegriffs von Cantor: «Une des notions du nombre (il s'agit toujours des ancêtres de tous les nombres, de l'aristocratie des nombres, les entiers) fait des entiers les noms de collections d'objets, considérées du seul point de vue de leur grégarité, de leur masse: des noms de troupeaux d'objets. Ou plus exactement de familles de tels troupeaux, qui pour être affublés du même nom doivent pouvoir échanger entre eux leurs membres, sans répétition ni omission: si neuf désigne neuf moutons, il désigne aussi neuf pommes, ou neuf anges. Cette conception, énimemment bizarre [...] nous vient de Cantor.» Incendie, 303. Auf den Mathematiker Cantor wird später in diesem Kapitel sowie ausführlich in Kapitel 2 eingegangen.

for the *idea* of numbers. The Fiji Islanders use "bolo" for ten boats, but "koro" for ten coconuts and "salora" for one thousand coconuts.»[35]

Zahlen und Buchstaben

Zahlen stehen in einigen Alphabeten in engem Zusammenhang mit den Buchstaben. Nach Überlieferungen der Griechen und Römer wurde die Buchstabenschrift ca. 900 v. Chr. in Phönikien erfunden. Sie beruht auf einem Alphabet von 22 Zeichen, von dem fast alle heute existierenden Alphabete hergeleitet sind. Ifrah weist auf die Zuordnung *Buchstabe – Zahl* hin, wenn er schreibt: «[...] les Grecs, les juifs, les chrétiens, les Arabes, et bien d'autres peuples encore, ont eu l'idée d'écrire les nombres au moyen des lettres de leur alphabet. Le système a consisté à attribuer aux lettres, selon leur ordre d'origine phénicienne [...], des valeurs numériques de 1 à 9, puis, par dizaines, de 10 à 90, et ensuite par centaines, etc.»[36] Diese Zuordnung dient als Grundlage der *Gematria*, einer kabbalistischen Methode, hebräische Schriften zu interpretieren, indem man Worte oder Sätze gleichsetzt, die denselben numerologischen Wert haben. Auch bei den Griechen finden sich ähnliche Vorgehensweisen. So glaubte man *beweisen* zu können, daß Nero seine Mutter tötete.«Evoquant le meurtre d'Agrippine, Suétone (*Néron*, 39) rapproche le nom de Néron, écrit en grec, de la phrase *Idian Metera apekteine* («Il tua sa propre mère»), les deux groupes correspondants ayant exactement la même valeur dans le système numéral grec:[37]

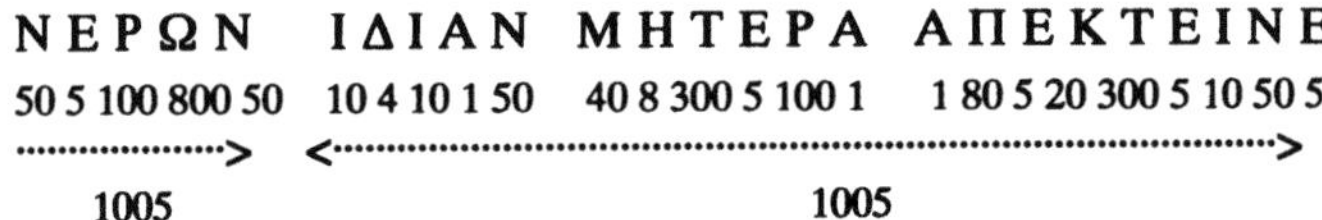

Ein weiteres Beispiel betrifft die Zahl 153, die in *La Princesse Hoppy* eine wichtige Rolle spielt.[38] Ifrah spricht von Théophane Kérameus, wenn er sagt: «Il voyait également dans le nom de *Rebecca* (femme d'Isaac et mère des jumeaux Jacob et Esaü) une figure de l'Eglise universelle. La raison en serait tout simplement, selon lui, que le nombre (153) des espèces de poissons qui vivent dans la mer et qui se trouvèrent toutes réunies dans le filet lors de la «Pêche miraculeuse» n'est autre que la valeur numérique de nom grec de Rebecca

---

[35] Conway/Guy, *The Book of Numbers*, l. c., 22.

[36] Ifrah, *Histoire universelle des chiffres*, l. c., I, 13.

[37] Ib. 612.

[38] Cf. Kapitel 4.1.2 und 4.2.1.

(Homélie, XXXVI, *Jean*, 21).[39]

PEBEKKA
100 5 2 5 20 20 1
·······················>
153

Für zahlenmäßige Vergleiche wurden – insbesondere bei den Hebräern – auch verschiedenartige Systeme zugelassen. So verzichtete man beispielsweise bei den Zahlen größer als 9 auf die Nullen, so daß der Buchstabe מ (*Mém*) anstatt den Wert 40 nur noch den Wert 4 besaß. Ifrah führt hierzu das folgende Beispiel an: «De même, la lettre ש, *Shin*, qui d'ordinaire, a pour valeur 300, ne vaut que 3 dans ce système. Partant de là, certains exégètes ont ainsi rapproché le nom de *Yahwé* de l'Attribut divin *Tov*, «Bon».»[40]

יהוה	טוב
5 6 5 1	2 6 9
<··········	<········
YHWH	TOV
17	17

Diese Vorgehensweise demonstriert auf sehr anschauliche Weise die Möglichkeit, mit Zahlen zu manipulieren. Da die Gleichheit 17 = 17 wohl kaum angezweifelt wird, erhoffen sich die Urheber dieses Systems der Zahlenreduzierung eine daraus folgende Beweiskraft für die Aussage *Gott = gut*.[41]

Auch in der römischen Kultur gibt es eine besonders enge Verbindung von Zahlen und Buchstaben, da Zahlzeichen durch Buchstabenzeichen ausgedrückt werden. John Macqueen weist in diesem Zusammenhang auf die Schwierigkeiten einer Untersuchung der Zahlenbedeutungen und Kombinationen hin: «Analysis is complicated by the fact that during antiquity and greater part of the Middle Ages letters and numerals had no separate notation. Numbers were expressed by letters, to all appearance arbitrarily chosen, but nevertheless suggesting a close relationship between the elements of number and those of coherent utterance. The

---

[39] Ifrah, *Histoire universelle des chiffres*, l. c., I, 612. In Kapitel «Chiffres, écritures, magie, mystique et divination» analysiert Ifrah zahlreiche Beispiele dieser Art.

[40] Ib. 609

[41] Es wird am Ende dieses Kapitels gezeigt werden, daß Roubaud ebenfalls Zahlen auf ähnliche Weise *reduziert*. Dies hat dann jedoch einen ästhetischen bzw. spielerischen Charakter und soll nicht als Beweis für als wahr gewünschte Aussagen gelten. In Kapitel 4.2.2 werden wir die Anwendung der *Gematria* in der Erzählung *La Princesse Hoppy* nachweisen, vermuten jedoch auch dort einen spielerischen Hintergrund, bzw. eine Umsetzung dessen, was von der Gruppe *Oulipo* als *Littérature sous contraintes* bezeichnet wird. Cf. hierzu Kapitel 3.2.

Romans had I for 1 (*unus*), V for 5 (*quinque*), X for 10 (*decem*), L for 50 (*quinquaginta*), D for 500 (*quingenti*). Only in C for 100 (*centum*) and M for 1000 (*mille*) is there a direct relation between alphabetic symbol and numerical significance.»[42] Hierbei übersieht Macqueen allerdings, daß die Symbole für die Zahlen 1, 5 und 10 einen anderen Ursprung haben und sich bereits aus den Zahlen der Etrusker herleiten lassen.[43] Über den Ursprung der römischen Ziffern schreibt Ifrah: «Longtemps demeurée obscure, cette question ne fait cependant plus aucun doute, les signes **I**, **V** et **X** sont de loin les plus anciens de la série. Antérieur à toute sorte d'écriture (et donc à tout alphabet), ces chiffres et les valeurs correspondantes se présentent tout naturellement à l'esprit humain soumis à certaines conditions. Autrement dit, les chiffres romains et étruques sont de véritables fossiles préhistoriques: ils dérivent directement de la pratique de l'entaille, arithmétique primitive bien connue, dont le principe consiste à faire des encoches sur un fragment d'os ou sur un bâton de bois, et qui permet à n'importe qui d'établir une correspondance biunivoque entre les choses à dénombrer et les traits destinés à les représenter.»[44]

Die Identität von Buchstabenzeichen und Zahlzeichen bietet die Möglichkeit, Zahlen, insbesondere Daten, mittels Buchstaben in einem Text zu verstecken. So sind beispielsweise *Chronogramme* Prosatexte, in denen die Buchstaben I, V (=U), X, L, D, C und M die Jahreszahl eines Ereignisses ergeben.[45] A. Canel nennt hierzu zahlreiche Beispiele wie: «L'année de la bataille de Graves, dit

[42] John Macqueen, *Numerology*, Edinburgh 1985, 5.

[43] Ifrah schreibt hierzu: «Plusieurs siècles avant Jules César, les Etrusques et plus généralement les peuples italiques (Osques, Èsques, Ombriens,...) ont en effet inventé des signes de numération d'une graphie et d'une structure identiques à celles des chiffres romains archaïques. L'unité fut représentée par un trait vertical, le nombre 5 par un angle aigu de sommet dirigé vers le haut, la dizaine par une croix ou une sorte d'«X», [...].» *Histoire universelle des chiffres*, l. c., I, 460.

[44] Ib, 464.

[45] Von A. Canel, *Recherches sur les jeux d'esprit les singularités et les bizarreries littéraires principalement en France*, Paris 1867, 2 vol., werden verschiedene Arten des Chronogramms, welches auch als Chronograph bezeichnet wurde, aufgezählt: «Le chronographe simple, [...], ne fournit dans une devise que l'idée de l'année. – Le *double* présente non seulement l'année, mais encore le fait ou l'événement. – Le *naturel* place les lettres numérales si avantageusement, que la lettre de la plus grande valeur est la première, et ainsi des autres: de sorte qu'en lisant les seules lettres numérales, sans faire d'addition, on connaît l'année. – L'*additionné* souffre l'interversion des lettres numérales: de sorte qu'il ne fournit l'idée de l'année que par un calcul. – L'*exact* ne renferme pas d'autres lettres numérales que celles qui sont élevées (majuscules). – Le *libre* tolère d'autres lettres numérales que celles qui sont élevées. L'usage ne paraît s'en être introduit que depuis que l'on a élevé les numérales.» I, 269.

Tabourot, en laquelle les rebelles Gantois furent desfaits par le bon duc Philippes, le 24 juillet 1453, est ainsi exprimée par ce vieil vers numéral:

péChIé sans ConsCIenCe est La Mort des gantoIs.»[46]

Addition der Zahlenwerte der Buchstaben C, I, C, C, I, C, L, M, I entspricht dann der Summe

100+1+100+100+1+100+500+1000+1 = 1453.

Auch bei Menninger finden wir das Beispiel eines Chronogramms: «Die Wandlung der Zahlzeichen zu Buchstaben gestattet dann auch jene geistvolle Spielerei, die Jahreszahl eines Ereignisses hinter den Buchstaben eines lateinischen Verses zu verstecken, der gewöhnlich auf dies Ereignis gemünzt ist (sog. Chronogramme, Jahreszahlrätsel):

„*LVtetIa Mater natos sVos DeVoraVIt.*"
„Mutter Lutetia hat ihre eigenen Kinder verschlungen."

Dieser Spruch auf die Bartholomäusnacht [...] ergibt in seinen Zahlbuchstaben das Jahr 1572 der Pariser Bluthochzeit.»[47]

Die natürlichen Zahlen und die Erweiterung des Zahlenbereichs

In der Mathematik unterscheidet man viele Arten von Zahlen. Ausgehend von den *natürlichen Zahlen*, von denen bis jetzt im wesentlichen die Rede war und unter denen man die positiven ganzen Zahlen bzw. die Menge $\mathbb{N} = \{1, 2, 3, \ldots\}$ versteht, wurde der Zahlenbereich mehrfach erweitert. Unter Hinzunahme der negativen ganzen Zahlen und der *Null* erhält man die Menge der *ganzen Zahlen* $\mathbb{Z}$. Verhältnisse ganzer Zahlen werden als Menge der *rationalen Zahlen* $\mathbb{Q}$ bezeichnet. Alle Zahlen, die sich durch eine Dezimaldarstellung (abbrechend oder nicht abbrechend) angeben lassen, werden *reelle Zahlen* genannt. Die Menge der reellen Zahlen wird mit $\mathbb{R}$ bezeichnet. Beim Lösen von Gleichungen 2., 3. und 4.

---

46 Ib. 278.

47 Menninger, *Zahlwort und Ziffer*, l. c., II, 88. Die Gruppe *Oulipo* nennt in *Atlas de littérature potentielle*, l. c., 269, ebenfalls mehrere Beispiele von Chronogrammen. In *La Princesse Hoppy* versteckt Jacques Roubaud – als Aufgabe an den Leser gestellt – Zahlen auf viel subtilere Art durch Buchstaben. Cf. hierzu Kapitel 4.3.1.

Grades stellte man jedoch fest, daß die reellen Zahlen bestimmte Nachteile hatten, so hat die Gleichung

$$x^2 + 1 = 0$$

zum Beispiel keine reelle Lösung. Läßt man zu, daß –1 eine Quadratwurzel besitzt in der Art, daß

$$i^2 = -1$$

wobei man *i* die imaginäre Einheit nennt, dann kann man die Menge der *komplexen Zahlen* $\mathbb{C}$ wie folgt konstruieren:

$$\mathbb{C} = \{a + bi \mid a, b \in \mathbb{R}\}.$$

Man faßt die reellen Zahlen *a* (Realteil) und *b* (Imaginärteil) als Koordinaten in einem ebenen kartesischen Koordinatensystem auf. Auf diese Weise entspricht jeder komplexen Zahl ein Punkt in der Ebene – der sogenannten *Gaußschen Zahlenebene* – und umgekehrt. Die waagerechte Achse enthält hierbei die reellen, die senkrechte die imaginären Zahlen.

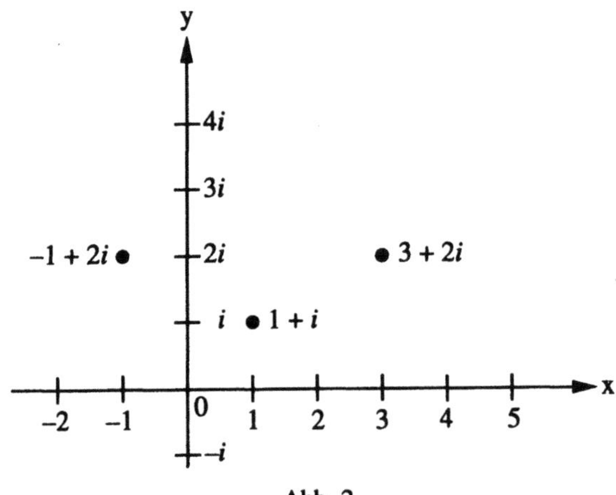

Abb. 2

Gaußsche Zahlenebene
Hier sind die komplexen Zahlen –1+2i, 1+i und 3+2i graphisch dargestellt

Damit ist die Zahlenbereichserweiterung jedoch keineswegs beendet. Der irische Mathematiker William Rowan Hamilton versuchte vergebens, Tripel reeller Zahlen zu definieren; dies scheiterte an der Unmöglichkeit der Multiplikation.

Schließlich gelang es ihm, Zahlen mit *vier* Koordinaten zu finden, von denen eine den Realteil bildet und die anderen drei *imaginären* Koordinaten als Vektor aufgefaßt werden können. Hamilton nannte diese Zahlen *Quaternionen*, die er wie folgt darstellte:[48]

$$q = a + bi + cj + dk.$$

Im Unterschied zu den reellen und komplexen Zahlen gilt die *Kommutativität* für die Quaternionen jedoch nicht, d.h. $q_1 q_2 \neq q_2 q_1$. Arthur Cayley entdeckte später eine *achtdimensionale* Zahlenalgebra, deren Zahlen *Oktonionen* oder *Cayley-Zahlen* genannt werden. *Cayley-Zahlen* sind jedoch nicht einmal *assoziativ* (cf. A 4.1, H2). Eine typische Zahl dieser Art hat die Gestalt[49]

$$a + bi_0 + ci_1 + di_2 + ei_3 + fi_4 + gi_5 + hi_6.$$

In Roubauds Erzählung *La Princesse Hoppy* haben sowohl *Quaternionen* als auch *Cayley-Zahlen* eine inhaltliche Bedeutung. Roubaud nennt dort weitere Zahlentypen, von denen nicht zu vermuten ist, daß sie allgemein bekannt sind wie beispielsweise *le nombre non-standard, surnaturel, rythmique, péanien, russelien, giralducien, conwayien, badiouesque, frégéen, bénabien, lussonien, quenellien, nelsonien.*[50] Eine Auseinandersetzung mit diesen Zahlbegriffen zeigt einerseits, daß Roubaud sich eingehend mit dem philosophisch-mathematischem Aspekt der Zahl beschäftigt hat. Andererseits erinnert dies an die *oulipotische* Vorliebe für *bizarreries* in der Sprache und Literatur, hier aber auf die Mathematik bezogen.

---

48 Kropp schreibt zu den *Quaternionen*: «Nachdem Gauß die Existenz komplexer Zahlen und das Rechnen mit ihnen auf geometrischem Wege begründet hatte, war man versucht, zu komplexen Zahlen höherer Art zu gelangen, etwa in der Form $ai + bj + ck$. Es zeigte sich jedoch, daß ein Aggregat von drei Summanden nicht ausreicht, um die Multiplikation solcher Größen eindeutig zu definieren. William Rowan Hamilton (1805 – 1865) und Hermann Graßmann (1809 – 1877) haben ziemlich gleichzeitig und unabhängig voneinander «Quaternionen» bzw. «extensive Größen» entwickelt; diese haben zur Schaffung der Vektor- und Tensorrechnung entscheidend beigetragen.» *Geschichte derMathematik*, l. c., 185. Die Quaternionen spielen auch eine wichtige Rolle in der theoretischen Mechanik, der Geometrie und der Zahlentheorie. So entspricht beispielsweise der zahlentheoretische Satz von J. L. Lagrange (1736 – 1813), daß *das Produkt zweier Summen von vier Quadraten wieder eine solche Summe ist*, der Multiplikation von Quaternionen. Siehe hierzu: Alexander Aigner, *Zahlentheorie*, Berlin 1975, 168.

49 Cf. Conway/Guy, *The Book of Numbers*, l. c., 235.

50 *Hoppy*, 127sq.

Besondere Zahlentypen und ihre Erfinder

Während zum Beispiel *le nombre non-standard* und *le nombre surnaturel* mathematisch-wissenschaftliche Bezeichnungen sind, weist *le nombre rythmique* auf Poesie und Versmaß hin. Die daran anschließenden Begriffe sind von Personennamen bedeutender Mathematiker abgeleitet und definieren im allgemeinen keine bestimmte Zahl, sondern beinhalten vielmehr das Nachdenken *über* die Zahl. Im folgenden werden wir versuchen, eine *Idee* dieser einzelnen Zahlentypen zu vermitteln und beginnen mit der Arbeit von Badiou (*nombre badiouesque*), die im gleichen Jahr wie Roubauds Erzählung *La Princesse Hoppy* erschienen ist. Alain Badiou nennt seine historisch-kritische Abhandlung über die Zahl *Le Nombre et les nombres*.[51] Im ersten Teil des Buches setzt er sich mit der auf allen denkbaren Gebieten von der Zahl beherrschten Gegenwart auseinander, wobei insbesondere die Bereiche Politik, Wissenschaften, Kultur und Wirtschaft hervorgehoben werden. Badiou kritisiert dabei zugleich, daß nicht mehr oder kaum noch über das *Wesen* der Zahl nachgedacht wird, obwohl unsere Gegenwart von Zahlen dominiert wird: «Nous vivons le temps du despotisme du nombre [...] nous ne disposons d'aucune idée récente, active, de ce que c'est qu'un nombre.»[52] Er stellt die These auf, daß Dinge oder Personen erst durch das Gezähltsein von Wert sind. «Ce qui compte, au sens de ce qui vaut, est ce qui est compté».[53] Diese Aussage, die noch zu hinterfragen wäre, ist insofern interessant, als sie Roubauds Leidenschaft für das *Zählen* erklären könnte. Im Abschnitt *Nombre grec et nombre moderne*, beschreibt bzw. analysiert Badiou dann das Nachdenken über das *Wesen* der Zahl in den verschiedenen Jahrhunderten. Im zweiten Teil seines Buches definiert er im Unterschied zu den Zahlen *die Zahl*, in der unsere traditionnellen Zahlen als Spezialfälle enthalten sind. Um den *oulipotischen* Begriff der *Potentialität* zu benutzen: In *der Zahl* oder der *nombre badiouesque* sind unendlich viele noch nicht gedachte, aber mögliche Zahlen vorhanden, so daß man von *potentiellen Zahlen* sprechen kann.[54] Grundlegend für eine Definition *der Zahl* sind für Badiou die Ordinalzahlen: «Les ordinaux constituent le matériau de base de la définition du Nombre, son horizon ontologique naturel.»[55] Allerdings sind hier unter Ordinalzahlen nicht nur die allgemein bekannten *Ordnungszahlen* 1., 2., 3., ... zu verstehen, die man auch end-

---

[51] Alain Badiou, *Le Nombre et les nombres*, Paris 1990. Badiou widmet ein Kapitel (*Généalogies*) den bekannten und bedeutenden Mathematikern Frege, Dedekind, Peano und Cantor.

[52] Ib. 11.

[53] Ib. 12.

[54] Zum Begriff der Potentialität cf. Kapitel 3.1.

[55] Badiou, *Le Nombre et les nombres*, l. c., 127.

liche Ordinalzahlen nennt, sondern die *transfiniten Ordinalzahlen*,[56] die eine mathematische Bewältigung des aktualen *Unendlich* darstellen und die auf Cantor, den *Erfinder* der Mengenlehre zurückgehen.[57] *Die Zahl – le nombre badiouesque* – definiert Badiou wie folgt: «On appelle Nombre la donnée conjointe d'un ordinal et d'une partie de cet ordinal.»[58] Auf diesen Zahlbegriff, der schwer zu visualisieren und insbesondere für Nicht-Mathematiker nur schwer zu begreifen ist, soll hier nicht näher eingegangen werden. Man sei auf die Arbeit von Alain Badiou verwiesen.

John H. Conway (*le nombre conwayien*) stellt in *On numbers and games*[59] eine Theorie der *surrealen* oder *übernatürlichen* Zahlen auf, welche auch bei Badiou Erwähnung findet: «Il s'agit de la théorie des nombres surréels, inventée au début des années soixante-dix par J. H. Conway (cf. *On numbers and games*, 1976)».[60] Diese surrealen Zahlen formen ein System, welches beide, die *reelle* und die *transfinite Ordinalzahl*, umfaßt. Conway leitet vom Begriff der Zahl sehr schnell zum Begriff des Spiels über, welches für ihn der allgemeinere ist. «The construction for numbers generalises immediatly to the following construction for what we call games.»[61]

Harry Gonshor hat sich 1986 in *An Introduction to the Theory of Surreal Numbers* mit der von Conway eingeführten *übernatürlichen Zahl* befaßt und versucht, eine systematische Einführung in die Theorie dieser Zahl zu geben.[62]

---

[56] Cf. dtv-Atlas zur *Mathematik*, München 1984, 5. Aufl., 2 vol., I, 47sq. und Douglas R. Hofstadter, *Gödel, Escher, Bach*, München 1991 (amer. Originalausgabe New York 1979), 494sqq. und 509sqq. (*Achilles und die Schildkröte* diskutieren über Geburtstage und führen so die transfiniten Ordinalzahlen ein).

[57] Georg Cantor (1845 – 1918). Von 1874 bis 1897 erscheinen Cantors Arbeiten über die *Mengenlehre*, derjenigen Disziplin der Mathematik, die der modernen Mathematik ihre Signatur aufgeprägt hat. Cf. Kropp, *Geschichte der Mathematik*, l. c., 212.

[58] «L'ordinal sera appelé la *matière* du Nombre, on la notera $M(N)$. La partie de l'ordinal sera appelée la *forme* du Nombre, on la notera $F(N)$. $M(N)-F(N)=D(N)$ *déchet* du Nombre und $F(N)\cup D(N)=M(N)$.» Cf. hierzu Badiou, *Le Nombre et les nombres*, l. c., 128.

[59] John H. Conway, *On numbers and games*, London 1976.

[60] Badiou, *Le Nombre et les nombres*, l. c., 19.

[61] Conway, *On numbers and games*, l. c., 15. Zur Definition der surrealen Zahl cf. ib. 4. Eine allgemeinverständliche Einführung in die surrealen Zahlen findet man in Conway, *The Book of Numbers*, l. c., 283sqq.

[62] Harry Gonshor, *An Introduction to the Theory of Surreal Numbers*, Cambridge 1986.

Akzeptiert man die übernatürliche Zahl,[63] dann läßt sich nicht mehr *herkömmliche* Zahlentheorie betreiben, da ein Beweis für die Wahrheit von Aussagen fehlen würde. Eine, wenn auch nur an der Oberfläche, rivalisierende Zahlentheorie entsteht, die *Nicht-Standard-Zahlentheorie (le nombre non-standard)*. Diese unterscheidet sich von der gewöhnlichen Zahlentheorie nur in der Art, wie sie den Begriff *Unendlichkeit* versteht. Es gilt also auch hier weiterhin 2 + 2 = 4. An dieser Stelle wird der Schritt zur Metamathematik vollzogen. Die Zahlentheorie betreffend muß sich der Metamathematiker beispielsweise die Frage stellen, ob die seltsamen Gebilde namens *natürliche Zahlen* in der Wirklichkeit existieren oder einfach nur Erfindungen – und damit Fiktion wie die Literatur – sind.

Auch der mathematische Logiker muß auswählen, welcher der beiden Zahlentheorien er vertraut. Dieser Gedanke führt uns zu einigen weiteren bedeutenden Mathematikern: auf dem Gebiet der Logik sind dies u. a. Gottlob Frege (*le nombre frégéen*) und Guiseppe Peano (*le nombre péanien*). Beide arbeiteten an dem Problem, die Logik zu kalkülisieren[64] sowie an der Erforschung von Mengen und Zahlen.[65] Freges Verdienst besteht hauptsächlich darin, in seinem Werk von 1879, *Begriffsschrift, eine der arithmetischen nachgebildete Formelsprache des reinen Denkens*, die Arithmetik auf eine formalisierte Logik zu gründen.[66] Die Gedanken Freges fanden jedoch erst Beachtung, als Bertrand Russell und Alfred North Whitehead 1910/13 ihre *Principia mathematica* herausgaben, in welcher erstmals eine zweckmäßige Symbolik aufgestellt wurde. Die formalisierte Logik Freges machte, durch das Werk von Russell und Whitehead hindurch, das grundlegende Werkzeug der Metamathematik aus. Frege gelingt es in seiner

---

63 Zur *übernatürlichen Zahl* cf. Hofstadter, *Gödel, Escher, Bach*, l. c., 484sqq.

64 Diesen Versuch hatte bereits Georg Boole (1815 – 1864) unternommen und in seinem Werk *An investigation of the laws of thought, in which are founded the mathematical theories of logic probabilities*, 1854, vollendet.

65 Cf. Hofstadter, *Gödel Escher Bach*, l. c., 22.

66 «Charakteristisch ist für seine Arbeiten eine bis ins Kleinste gehende Exaktheit in der Analyse der Begriffe; in dieser Tendenz liegt begründet, daß er manche Unterscheidung einführt, die sich in der modernen Logik von größter Bedeutung erwiesen hat: so hat er z. B. als Erster zwischen dem Aussprechen einer Aussage und der Bedeutung, sie sei wahr, unterschieden, er unterschied [...] zwischen einem Objekt x und der Menge $\{x\}$, die nur aus diesem Objekt besteht, usw. [...] Unglücklicherweise sind die Symbole, die er wählt, wenig einprägsam, schreibtechnisch fürchterlich kompliziert und weit entfernt von der Praxis der Mathematiker; das bewirkte, daß die letzteren sich von dieser Logik abwandten und daß der Einfluß Freges auf seine Zeitgenossen beträchtlich herabgesetzt wurde.» (Nicolas Bourbaki, *Elemente der Mathematikgeschichte*, Göttingen 1971, 19sq.).

Arbeit *Grundlagen der Arithmetik* aus dem Jahre 1884 zum ersten Mal in der Geschichte der Zahl, die Frage *was ist eine Zahl?* korrekt zu beantworten. Sein Buch bleibt jedoch lange unbeachtet, bis Russell es im Jahr 1901 wiederentdeckt und später in seinem Werk *Introduction to Mathematical Philosophie* unter dem Titel *Definition of Number* neu belebt.[67] Cantor verbindet schließlich die Zahl mit dem Mengenbegriff.[68]

Das bekannteste Axiomensystem für die *natürlichen Zahlen* stammt von Peano.[69] Sein Ziel war zu gleicher Zeit weiter und praxisnäher gesteckt als das von Frege. Er befaßte sich damit, eine *Formelsammlung der Mathematik* zu veröffentlichen, die vollständig in einer formalisierten Sprache verfaßt war und außer der mathematischen Logik alle Ergebnisse der wichtigsten mathematischen Zweige enthielt. Nicolas Bourbaki schreibt: «Die Schnelligkeit, mit der es ihm [...] gelingt, dieses ehrgeizige Projekt zu verwirklichen, zeugt davon, wie ausgezeichnet der von ihm gewählte Symbolismus ist. [...] Sehr viele von Peanos Bezeichnungen sind heutzutage von der Mehrzahl der Mathematiker übernommen worden: wir nennen hier ∈, ...[⊃, ..., E. L.-C.] ∪, ∩, A \ B.».[70] Jacques Roubaud wählt das Zeichen ∈ als Titel seines ersten Buches, in welchem weitere Zeichen als Kapitelüberschriften Anwendung finden, so lautet zum Beispiel der Titel des zweiten Kapitels «⊃».

Jean Bénabou (*nombre bénabien*) wird von Roubaud in *Le grand incendie de Londres* als *Maître de la Théorie des Catégories*, welche Roubauds mathematisches Spezialgebiet ist, bezeichnet.[71] In *La vieillesse d'Alexandre, Essai sur quelques états récents du vers français*[72] bezieht sich Jacques Roubaud auf die *théorie abstraite du nombre* von Pierre Lusson (*nombre lussonien)*[73] und seinen Schülern, wenn er die *entiers rythmiques élémentaires* einführt, die in engem

---

67 Cf. James R. Newman, Hrsg., *The World of Mathematics*, New York 1956, 4 vol., I, *Commentary on Bertrand Russell*, 377sqq. und *Definition of Number*, 537sqq. Die Definition der Zahl erfolgt über den mathematischen Begriff der *Klasse*.

68 Der Mengenbegriff wird im Anhang A 1.1 erklärt.

69 Es ist unter seinem Namen bekannt geworden, man spricht von den Peano-Axiomen.

70 Nicolas Bourbaki, *Elemente der Mathematikgeschichte*, l.c., 19sq. ∈, ..., ∪, ∩, A \ B sind Symbole, die hauptsächlich in der Mengentheorie auftreten.

71 *Incendie*, 276.

72 Jacques Roubaud, *La vieillesse d'Alexandre, Essai sur quelques états récents du vers français*, Paris 1988.

73 Jacques Roubaud erwähnt seinen Freund Pierre Lusson u.a. in *Le grand incendie de Londres* und bezeichnet ihn dort als «fondateur de la Théorie du Rythme». *Incendie*, 276.

Zusammenhang mit dem Versmaß stehen.[74] Bei dem zitierten *nombre nelsonien* könnte Roubaud an Edward Nelson gedacht haben, der ein Werk über *Tensor-analysis* veröffentlicht hat.[75] Die Bedeutung des *nombre giralducien* konnte nicht geklärt werden. Auf die ebenfalls erwähnten *Queneau-Zahlen* werden wir zu einem späteren Zeitpunkt eingehen, da es sich bei diesen Zahlen um eine *oulipotische* Errungenschaft handelt.

1.3 Zahlensymbolik

Die Zahlen, insbesondere die natürlichen Zahlen, sind seit ihrer Entstehung nicht nur aus mathematisch-formalen oder philosophischen Gesichtspunkten betrachtet worden, wie wir in den vorangegangenen Kapiteln gesehen haben, sondern ihnen wurde zugleich stets ein symbolischer Charakter zugeschrieben. Auch Roubauds Auseinandersetzung mit der Zahl beinhaltet diesen Aspekt. Im folgenden werden wir eine Idee der Zahlensymbolik derjenigen Kulturen vermitteln, die mit Roubauds Erzählung *La Princesse Hoppy* in Zusammenhang stehen. Wir werden uns hierbei auf die Zahlen beschränken, die – wie beispielsweise die *Vier* – in dieser Erzählung eine wichtige Rolle innehaben.

Die Babylonier

In dem vielzitierten Werk *Medieval Number Symbolism* von Vincent F. Hopper finden wir einen Hinweis auf den ersten ausgeprägten Symbolismus: «The earliest known development of an extensive number symbolism took place in

[74] Roubaud definiert die *rhythmischen Zahlen* wie folgt: «Nous présentons maintenant les principaux groupements rythmiques utiles, sinon dans l'étude de tous les mètres poétiques, du moins pour celle de l'alexandrin [...]. Ces groupements sont *générateurs* de mètres (on obtient des séquences fortement métriques par leur répétition identique indéfinie). Ils sont à deux événements distincts notés 0 et 1 et sont construits par concaténation (pour la hiérarchie des niveaux). Le marquage choisi pour le parenthésage est le *marquage par fin de groupement* et il est déterminé par la séquence prérythmique (la suite des 0 et des 1). L'événement 1 indiquant la fin du groupement [...]. Les groupements élémentaires (principe de minimalité) sont à deux et trois événements et le *principe 2 – 3* s'applique à tous les niveaux. L'ensemble de tous les générateurs de mètres que l'on peut atteindre ainsi s'appelle ensemble des *entiers rythmiques élémentaires*. [...] Les premiers entiers rythmiques: une classification est faite d'après le *nombre total n* d'événements élémentaires figurant dans le groupement. [...] n = 4 – un seul entier: ((0 1)(0 1)) c'est l'entier iambique, n = 5 – deux entiers: ((0 1)(0 0 1)) le tarantatara ((0 0 1)(0 1)) le tarantatara». *Vieillesse,* 76sq.

[75] Edward Nelson, *Tensor analysis*, Princeton 1967.

ancient Babylon.»[76] Von Hopper werden u. a. Texte aus der Zeit des Königs Hammurabi von Babylon (1728 – 1686 v. Chr.), wie zum Beispiel das um 1700 v. Chr. entstandene *Gilgamesch-Epos*, sowie das *Weltschöpfungsepos* berücksichtigt. Die Zahlensymbolik der Babylonier ist eng mit der Astronomie verknüpft. Die Himmelskunde hatte in der Frühzeit ihrer Entwicklung nicht nur praktischen Nutzen, wie Fragen des *Kalenders*, der *Zeitrechnung* oder der *Orientierung* im Gelände oder auf See, sondern diente gleichzeitig dazu, die Absichten der Gestirnsgötter *Sonne, Mond* und der *Planeten* zu erfahren, von denen man glaubte, sie seien direkt für das Geschehen auf der Erde, wie Dürreperioden, Überschwemmungen etc. verantwortlich. Religion und Astronomie stehen somit in engem Zusammenhang und Sternenglaube sowie auch die Astrologie gewinnen an Bedeutung.

Die Beobachtung der Mondphasen führt zu der Einteilung eines *Monats* mit *vier* Wochen zu *sieben* Tagen. Der symbolhafte Charakter der Zahlen *Vier* und *Sieben* steht somit in direkter Verbindung zur Astronomie. Hopper hebt diese enge Verknüpfung von Religion, Astrologie und Zahlensymbolik hervor: «Apart from any special creations of number symbols, the overwhelming importance of the astrological concept to number symbolism lay in the belief that the stars imaged the will of the gods, and that in the sacred number groups might be found the impress of the divine hand.»[77] Auch Graham Flegg weist auf die Zuordnung *Zahl – Gott* bei den Babyloniern hin: «The Babylonians had a hierarchy of sixty gods each of which was associated with one of the first sixty natural numbers. The place of any particular God in this heavenly hierarchy was indicated by his number.»[78]

Die herausragende Stellung der *Vier* bei den Babyloniern wird von Hopper betont: «Consequently, having discovered 4 directions and 4 lunar phases, man diligently pursued the search for other examples of quaternity in the universe. He soon educed 4 winds, then 4 seasons, then 4 watches of the day and night, then 4 elements and 4 humours and 4 cardinal virtues.»[79]

Die astrologische Zahlensymbolik der Babylonier, die sich natürlich nicht auf die Zahl *Vier* beschränkt, wird auch von späteren abendländischen Kulturen übernommen: «That the complex symbolisms embodied in Babylonian theology did not, like the tablets on which they were engraved, disappear, is evidenced by

[76] Vincent F. Hopper, *Medieval Number Symbolism*, l. c., 12.

[77] Ib. 14.

[78] Graham Flegg, *Numbers – Their History and Meaning*, London 1983, 272.

[79] Hopper, *Medieval Number Symbolism*, l. c., 14.

the reappearance of these same numbers, in much the same connections, wherever number symbolism was later practiced. The gift of astrology was accepted by all the later civilizations.»[80]

Indianische Kulturen

Roubaud, der längere Zeit in den Vereinigten Staaten verbracht hat und mit *Partition rouge* ein Werk in französischer Sprache zur *Indianischen Poesie* vorlegt,[81] verarbeitet in *La Princesse Hoppy* ebenfalls indianisches Gedankengut, so daß es sinnvoll ist, auf die Zahlensymbolik der nordamerikanischen Indianer – und der Maya als Frühkultur – einzugehen. Insbesondere die Zahl *Vier* ist in den indianischen Kulturen eng mit der Schöpfungsgeschichte verbunden. Die Mescalero-Apachen sprechen von einer «Creation of the World in four days».[82] Claire R. Farrer vergleicht in diesem Kontext die Zahl *Vier* mit der biblischen *Sieben* und der *Drei*: «By this stroke, four is accorded Apachean significance tantamount to Western European seven (for the seven days of the Creation) or three (for the Trinity); it is a ritual number with powerful attributes»[83] Für die Hopi, einem Stamm der Pueblo-Indianer, die in Arizona und New Mexico beheimatet sind, ist die Schöpfung die Geschichte der Kreation der *vier* Welten.[84] Zuni, Dakota und Sioux sehen in der *Vier* die Ordnungszahl ihres Weltbildes.[85] Die Bedeutung dieser Zahl kommt in zahlreichen Symbolbildern zum Ausdruck. (Siehe Abb. 3 und 4).

Der Kosmos der Maya basiert ebenfalls auf der *Vier*: «Maya cosmology is by no means simple to reconstruct from our very uneven data, but apparently they conceived of the earth as flat and four-cornered, each angle at a cardinal point which had a color value: red for east, white for north, black for west, and yellow for south, with green at the center. [...] Alternatively, the sky was held up by four trees of different colors and species.»[86]

---

80 Ib. 20sq.

81 Florence Delay/Jacques Roubaud, *Partition rouge – Poèmes et chants des Indiens d'Amérique du Nord*, Paris 1988.

82 Claire R. Farrer, *Living Life's Circle – Mescalero Apache Cosmovision*, Albuquerque 1992, 26.

83 Ib.

84 Cf. Frank Waters, *The Book of the Hopi*, New York 1963.

85 Cf. Carl Endres/Annemarie Schimmel, *Das Mysterium der Zahl – Zahlensymbolik im Kulturvergleich*, München 1984.

86 Michael D. Coe, *The Maya*, New York 1993, 175.

Eine Verbindung zwischen dem Göttlichen und der Zahl ist auch hier unübersehbar: «[...] and in the Mayan civilization the first thirteen numbers all represented gods.»[87]

Abb. 3

Symbol der Erde nach Auffassung der Sioux

Abb. 4

Symbolbild der Hopi-Indianer

Brotherston bezeichnet das Amerika der Indianer als die *Vierte Welt*: «According to the *mappamundi* invented by the Babylonians and later adopted by the Romans and medieval Europe, there were once three worlds. [...] Numerically, in this Old World scheme, America then came to occupy the fourth and final place.»[88] In *Book of the Fourth World* macht er deutlich, daß die Zahl *Vier* den Ureinwohnern Amerikas eine eigene Identität gibt, während die Bezeichnung *New World* für diesen Kontinent nur mit entsetzlichem Leiden für die Indianer verbunden war. Die Zahl *Vier* bekommt somit eine Bedeutung, die über die ursprüngliche Symbolik weit hinausgeht.

Die Pythagoreer

Auch für die Pythagoreer besitzen Zahlen einen symbolischen Gehalt.[89] Obwohl *Eins* und *Zwei* nicht als Zahlen aufgefaßt, sondern als Prinzipien angesehen

[87] Graham Flegg, *Numbers – Their History and Meaning*, l. c., 272.

[88] Gordon Brotherstone, *Book of the Fourth World – Reading the Native Americas through their Literature*, Cambridge 1992, 1.

[89] Roubaud weist in *L'abominable tisonnier de John McTaggart Ellis McTaggart*, Paris 1997, darauf hin, daß er es für wichtig hält, ein «De vita Pythagorica» – aufgrund der zu erwartenden Länge jedoch an anderer Stelle – zu veröffentlichen. Ib. 20.

wurden, symbolisieren sie jedoch das Gegensätzliche: «These first two principles are conceived to be in eternal opposition, wherefore they represent respectively the intelligible and the sensible, the immortal and the mortal, day and night, right and left, east and west, sun and moon, equality and inequality.»[90] Die *Drei* wird als erste *Zahl* bezeichnet, die Anfang, Mitte und Ende beinhaltet, die *Vier* ist die Zahl des Quadrats, sie repräsentiert u.a. die Elemente, die Jahreszeiten, die vier Lebensalter eines Menschen und die vier Mondphasen ähnlich wie bei den Babyloniern, außerdem symbolisiert sie die Gerechtigkeit.[91] Die Summe der ersten vier Zahlen ist als *Tetraktys* bekannt und wird, wie eingangs gezeigt, wie die Zehn als allumfassend und vollkommen begriffen. «Für die Pythagoräer heißt das, daß aus dem Urgrund des Seins und der Polarität der Erscheinungen, der dreifachen Wirkung des Geistes und der Vierzahl der Materie (4 Elemente) die umfassende Zehn entsteht, in der nun auf einer höheren Ebene die Vielheit zur Einheit wird.»[92]

Die Heilige Schrift – Zahlenästhetik im Mittelalter

Auch in der Bibel, im Alten wie im Neuen Testament, sind die Phänomene der dort auftretenden Zahlen vielfach untersucht worden, da diese insbesondere im Mittelalter maßgebender Bestandteil des Denkens waren. Heinz Meyer schreibt in *Die Zahlenallegorese im Mittelalter* der Münsterschen Mittelalter-Schriften: «Die allegorische Deutung der Zahlen im Mittelalter gehörte ihrem Selbstverständnis nach zur Exegese der Sprache Gottes in Schöpfung, Geschichte und Schriftoffenbarung: Sie setzte die Überzeugung voraus, den Zahlenverhältnissen in der von Gott geschaffenen Welt, den Daten der Heilsgeschichte und dem Gebrauch der Zahlen in der Bibel sei ein verborgener Sinn eigen, den allegorische Auslegung aufdecken könne. Die Zahl wurde so in der religiösen Überlieferung von der christlichen Antike bis zum Mittelalter besondere Wertschätzung zuteil, weil sie als Zeichen einer von Gott gestifteten Wahrheit galt.»[93]

Im Alten Testament finden wir häufig die Zahl *Sieben*. «The venerable number 7 receives the sanction of Jehovah in the original act of creation.»[94] Die *Sieben* taucht zuerst in der Schöpfungsgeschichte auf (1. Mose 2.), man findet sie je-

[90] Hopper, *Medieval Number Symbolism*, l. c., 40.

[91] Cf. Flegg, *Numbers – Their History and Meaning*, l. c., 273.

[92] Endres/Schimmel, *Das Mysterium der Zahl*, l. c., 197. Die Schreibweise für *Pythagoreer* ist in der Literatur unterschiedlich. Laut Duden wird die Bezeichnung Pythagoräer in Österreich für das Wort Pythagoreer verwendet.

[93] Heinz Meyer, *Die Zahlenallegorese im Mittelalter – Methode und Gebrauch*, München 1975, 9.

[94] Hopper, *Medieval Number Symbolism*, l. c., 23.

doch an zahlreichen Stellen der Bibel, beispielsweise im Buch Josua: «Da rief Josua, der Sohn Nuns, die Priester und sprach zu ihnen: Bringt die Bundeslade, und sieben Priester sollen sieben Posaunen tragen vor die Lade des HERRN. [...] Am siebenten Tage aber, als die Morgenröte aufging, machten sie sich früh auf und zogen in derselben Weise siebenmal um die Stadt; nur an diesem Tag zogen sie siebenmal um die Stadt. Und beim siebenten Mal [...] sprach Josua zum Volk...»[95]

Die *Vier* ist im Neuen Testament eng mit dem Kreuz Christi verbunden. Das Kreuz wird zum Sinnbild für die vier Evangelien, die in die vier Himmelsrichtungen getragen werden sollen und beinhaltet somit zugleich die räumliche Struktur von Höhe, Länge und von Tiefe und Breite. Die *Vier* ist aber auch die Zahl der vier apokalyptischen Reiter, die auf farbigen Pferden über die vier Weltenden einstürmen.

Die Basis der mittelalterlichen Zahlentheorie ist die Zahlenkonzeption des heiligen Augustinus. Hopper hebt die Bedeutung Augustins hervor, wenn er sagt: «It was Augustine who gave the final stamp of approval to number symbolism.»[96] Über die Deutung der Zahl 153 beispielsweise, die wie die *Vier* ein entscheidendes Konstruktionselement der *Princesse Hoppy* ist, schreibt Hopper: «Almost equally ingenious is Augustine's interpretation of the 153 fish. The number is broken up into 50 × 3 + 3, all sacred numbers. Or, from another viewpoint, Man in the New Life 7 times refined shall receive his reward in the denarius, so that in reward, 10 and 7 meet in him. Now 153 is the triangular figure of 17!»[97]

Sehr ausführlich geht auch Manfred Hardt in *Die Zahl in der Divina Commedia* auf die Zahlentheorie Augustins ein, da dessen Auswirkungen auf Dante unübersehbar sind. Für Augustin führt die Beobachtung der Zahlen und Zahlenverhältnisse notwendig zum Schöpfer und somit zu jeglicher Erkenntnis.[98] Die Zahl kann nicht körperlich erfahren, sondern nur durch das Licht des Geistes erfaßt werden. Sie ist eng mit dem Begriff der Weisheit verbunden. «Beide, Weisheit und Zahl, sind im Geheimnis des Schöpfers vereinigt und weisen den Erkennenden dorthin. Beiden ist gemeinsam „der von ihrem Wesen nicht ablösbare Hinweis auf die Transzendenz". Zahl und Weisheit innerhalb der Welt entstammen

95 Josua 6.

96 Hopper, *Medieval Number Symbolism*, l. c., 78.

97 Ib. 82.

98 Cf. Manfred Hardt, *Die Zahl in der Divina Commedia*, Frankfurt am Main 1973, 23.

beide der überragenden göttlichen Weisheit. [...] In der zahlenhaften Struktur aller Dinge ist das Wirken der göttlichen Weisheit geoffenbart.»[99] Da die Zahl die für Augustin sichtbarste aller Spuren ist, die zum Schöpfer führen, ist es für ihn notwendig, die Zahlen und Zahlenverhältnisse in den Dingen aufzuspüren.[100] Im Zusammenhang mit dem Begriff des Schönen weist Hardt darauf hin, daß Augustins Ästhetik hauptsächlich eine Zahlenästhetik ist: «Der Künstler hat bei seinem Schaffensprozeß Zahlen vor Augen, denen er sein Werk anzupassen, oder besser: die er in seinem Werk zu realisieren sucht, und zwar so weit wie eben möglich. So regt der Künstler „Hände und Werkzeug" so lange, bis die Übereinstimmung zwischen der äußeren Form und dem ihm eingegebenen „Licht der Zahlen" hergestellt ist. Die äußere Form des erstellten Kunstwerks entspricht dann der inneren Form im Geist des Künstlers.»[101]

Umberto Eco hält Augustins Definition des Schönen im Mittelalter für bestimmend.[102] Proportionen bzw. Zahlenverhältnisse waren aber bereits Bestandteil der griechischen Ästhetik. «Über Pythagoras, Platon und Aristoteles taucht diese substantiell quantitative Auffassung der Schönheit immer wieder im griechischen Denken auf.»[103] Die Mystik der deutschen Benediktinerin Hildegard von Bingen[104] basiert ebenfalls auf der Symbolik der Proportionen.[105]

Bonaventura stellt die augustinische Zahlentheorie in den Dienst seiner Zahlenmystik. Auch er sieht in der Zahl die Spur, die zur Weisheit führt.[106] Auf ihre Bedeutung für Bonaventura weist Klaus Bernath hin: «Bei Bonaventura ist die Zahlensymbolik nicht nur eine Hilfswissenschaft der Exegese, sondern sie ist in allen, auch den dogmatischen und mystischen Werken, das tragende Element der systematischen Konstruktion.»[107]

---

99 Ib. 21.

100 Cf. ib. 24.

101 Ib. 23.

102 «Quid est corporis pulchritudo? congruentia partium cum quadam coloris suavitate (Worin besteht die körperliche Schönheit? Im richtigen Verhältnis der Teile zueinander in Verbindung mit einer gewissen Lieblichkeit der Farben.)» aus Umberto Eco, *Kunst und Schönheit im Mittelalter*, München 1993, 49.

103 Ib.

104 Hildegard von Bingen (1098 – 1179).

105 Cf. Eco, *Kunst und Schönheit im Mittelalter*, l. c., 59.

106 Hardt, *Die Zahl in der Divina Commedia*, l. c., 29.

107 Klaus Bernath, *Mensura fidei – Zahlen und Zahlenverhältnisse bei Bonaventura*, in: Mensura – Maß, Zahl, Zahlensymbolik im Mittelalter, Hrsg. Albert Zimmermann, Berlin 1983, 65 – 85, 65.

Östliche Kulturen

In Indien haben Zahlen ebenfalls eine religiöse Bedeutung: «In ancient India, we find religious significance assigned to each of the first 101 numbers».[108] Auch im Buddhismus, Hinduismus oder im Islam ist der symbolische Charakter der Zahlen im Zusammenhang mit der Religion unübersehbar. «In der islamischen Tradition war es wohl zunächst die proto-ismailitische Gruppe der *Ikhwan as-Safa*, der „Lauteren Brüder" von Basra im 10. Jahrhundert, die sich weitgehend auf neuplatonische und pythagoräische Gedanken stützte, welche sie in ihrer großen Enzyklopädie niederlegte.»[109] Zahlensymbolik wird von den *Lauteren Brüdern* als Wissenschaft angesehen. Die Bedeutung der Zahl *Vier* beispielsweise, liegt für sie darin, daß Gott die Mehrheit der Dinge in Vierergruppen geschaffen hat: vier Elemente, vier Himmelsrichtungen, vier Winde etc. Der Islam kennt vier heilige Bücher, Thora, Psalmen, Evangelium und Koran. Im Hinduismus wird von den vier Paradiesflüssen – die heilige Kuh sendet aus vier Eutern vier Milchströme aus – gesprochen. Buddha lehrt die vier edlen Wahrheiten, «um das an die Welt gebundene Leiden auszulöschen.»[110]

Obwohl arabische Einflüsse, über Spanien kommend, sowie östliche Prinzipien nicht zu vernachlässigen sind, bleibt die christliche Zahlentheorie im Mittelalter dominant: «The dominant medieval attitude toward number, however, was the Christian, elaborated from the numerology of Augustine and his predecessors.»[111] Die Anwendung der Zahlensymbolik wird insbesondere in der Literatur des Mittelalters deutlich;[112] MacQueen spricht in diesem Zusammenhang von einer literarischen Modeerscheinung.

Zeitalter der Aufklärung

Eher kritisch setzt sich der Chevalier de Jaucourt, Autor des Artikels *Nombre* in der *Encyclopédie* von Diderot und d'Alembert, mit der Zahlensymbolik auseinander, wenn er außer auf den mathematischen Aspekt der Zahl auch auf die Zahlensymbolik der Pythagoreer und des Heiligen Augustins eingeht: «On sait que les Pythagoriciens appliquerent les propriétés arithmétiques des *nombres* aux sciences les plus abstraites & les plus sérieuses. On va voir en peu de mots si leur folie méritoit l'éclat qu'elle a eu dans le monde, & si le titre pompeux de

[108] Graham Flegg, *Numbers – Their History and Meaning*, l. c., 272.

[109] Endres/Schimmel, *Das Mysterium der Zahl*, l. c., 32.

[110] Cf. ib. 110.

[111] Hopper, *Medieval Number Symbolism*, l. c., 89.

[112] Cf. ib.

théologie arithmétique que lui donnoit Nicomaque, lui convient.» Nach der Abhandlung der Bedeutung der Zahlen *Eins* bis *Zehn* bei den Pythagoreern setzt sich de Jaucourt mit der Zahlensymbolik Augustins auseinander: «Ce ne sont pas les seuls Pythagoriciens qui aient donné dans ces frivoles subtilités des *nombres*, & dans ces sortes de rafinemens allégoriques, quelques pères de l'Eglise n'ont pas su s'en préserver: c'est ainsi que saint Augustin, pour prouver que les combinaisons mystérieuses des *nombres* peuvent servir à l'intelligence de l'Ecriture, s'appuie du passage de l'auteur de la sagesse, qui dit que Dieu a tout fait avec poids, *nombre* & mesure. Enfin on trouve encore dans le bréviaire romain quelques-unes de ces allégories bisarres données en forme de leçons.»[113]

In der Folgezeit verliert die Zahlensymbolik an Bedeutung. Wenn Roubaud die Wiederherstellung der *antiken Allianz zwischen Mathematik und Dichtung* als eines seiner wesentlichen Ziele bezeichnet, dann meint er damit insbesondere die Integration der Zahlen und ihrer Symbolik in die Literatur des 20. Jahrhunderts.

1.4 Zahl und Zählen – Roubauds Leidenschaft

Um die ästhetische Botschaft der Zahlen und die persönlichen Bezüge in der Erzählung *La Princesse Hoppy* als solche zu identifizieren, ist außer einer allgemeinen Betrachtung auch Roubauds Umgang mit dem Thema *Zahl* zu untersuchen.

Der Ursprung einer Passion

Seit seiner frühesten Kindheit ist Roubaud von Zahlen fasziniert. Das Zählen wird für ihn zu einer Leidenschaft, die bis heute anhält. In seinen autobiographischen Werken *Le Grand Incendie de Londres* und *La Boucle* betont Roubaud mehrfach, daß sein Leben von der Zahl dominiert wird. Sucht man nach dem Ursprung für diese Zahlenliebe, dann sind insbesondere Krankheitsphasen in seiner Kindheit, die eine längere Bettruhe erforderten, dafür verantwortlich: «Le souvenir du nombre est un de mes plus anciens; je me vois comptant des mouches, couché, sans doute malade.»[114]

[113] Cf. das Stichwort *Nombre* in der von Diderot und D'Alembert herausgegebenen *Encyclopédie ou Dictionnaire raisonné des sciences, des arts et métiers*, 1751 – 1780.

[114] *Incendie*, 139.

Aber auch seine Passion für die Poesie und sein leidenschaftliches Verhältnis zu Büchern stammen aus diesen speziellen Phasen seiner Kindheit.[115]

Die psychische Komponente des Zählens

Zahl heißt für Roubaud zunächst *Zählen.* Eng mit den Begriffen Krankheit und Angst verbunden, dient das Zählen als psychisches Regulativ. «Compter peut être un dispositif de protection: contre l'ennui, contre l'angoisse, contre l'attente.»[116]

In der Erzählung *La Princesse Hoppy* finden wir eine ähnliche Aussage, wenn der Hund über die Zahl und die Bedeutung des Zählens reflektiert: «Il [le nombre] contredit sans cesse l'oubli, à peine de ne plus être. Dans la prison, par une succession de barres tracées de sang sur les murs, il se fait patience, et révolte. A la fenêtre de l'hôpital, il est ardente espérance de guérison. Partout il est négation du désordre, de la confusion, de l'iniquité. Dans les nuits, sur ma pauvre paillasse en crins d'opossum, en proie à l'angoisse de l'absence et de la privation sous la menace incessante des quatre Dangers Intérieurs et Extérieurs, je compte. Et le compte est ma consolation.»[117] Die Zahl wird als Negation der Unordnung, als ordnendes Element zur Bekämpfung von Angst und Unsicherheit aufgefaßt, sie spendet Trost und gibt Sicherheit in hoffnungslos erscheinenden Situationen wie Krankheit und Tod.

Ein ähnlich intensives Verhältnis zu den Zahlen hat der Mathematiker und Gründer der Gruppe *Oulipo*, François Le Lionnais. Im Zusammenhang mit seiner Deportation nach Dora bemerkt er: «Il n'était pas question, en avril 1944, d'emporter mon fichier à la prison de Fresnes ou en déportation du camp de Dora. Mais ma mémoire restait intacte et mes chers nombres me rendaient visite chaque jour en compagnie d'autres *consolateurs* comme la musique, la poésie, l'histoire et les sciences.»[118] Auffällig ist auch hier die enge Verbindung von Zahl und Poesie hinsichtlich ihrer kraftspendenden Funktion. Wolfgang Metzler

[115] *La Boucle,* 382sq.

[116] *Incendie*, 139.

[117] *Hoppy*, 128.

[118] François Le Lionnais, *Les nombres remarquables*, Paris 1983. Le Lionnais war aktives Résistancemitglied. Er und die Gruppe *Oulipo* werden ausführlich in Kap. 3.1 vorgestellt.

spricht von *elementaren Lebensäußerungen*, die ein Überleben in Würde möglich machen.[119]

Nicht nur Zeiten, die als unmenschlich zu bewerten sind, können leichter überstanden oder ertragen werden, wenn man die Möglichkeit hat, sich mit Poesie, Musik, Zahlen aber auch mathematischen Problemen zu befassen, auch Situationen, die von Langeweile geprägt sind, verlieren ihren negativen Charakter: «Ce furent, ce sont trois passions mentales, et comme toutes passions elles ont deux versants: un versant de joie & d'absorption heureuse, un autre de souffrance; une souffrance toujours cachée, recouverte, fuie, oblitérée, née de l'effroi d'une autre passion qui est, elle, toute douleur, ou toute joie mauvaise, & torpeur, une autre passion philosophiquement fondamentale: l'ennui.»[120] Roubaud sieht in der Tätigkeit des Zählens ein Heilmittel: «[...] confronté à l'aveu d'ennui chez les autres j'ai toujours pu avec sincérité affirmer: «Je ne m'ennuie jamais!» En effet, quand l'ennui insidieux et laid s'offre, je peux toujours compter.»[121]

Roubaud ist auch hier keine Ausnahme, wenn er in Situationen, in denen er sich langweilt, zählt oder sich mit Zahlen und Mathematik beschäftigt. Einer der führenden Zahlentheoretiker, André Weil, äußert diesbezüglich: «Ich fühlte mich gelangweilt und niedergedrückt und begann, da ich nicht wußte, was ich tun sollte, zwei Abhandlungen von Gauß über biquadratische Reste zu lesen, die ich niemals zuvor gelesen hatte.»[122] Die Vermutungen, die Weil daraufhin anstellt, können als wichtiger Beitrag zur Untersuchung *algebraischer Mannigfaltigkeiten* verstanden werden.

---

[119] «Als ich von der Bauchoperation wieder aufwachte, habe ich meine Füße und Hände durch das "Spielen" Bachscher Orgelchoräle "in Betrieb" genommen. Während des langsamen Abklingens der Nierenvergiftung in den ersten Dialysebehandlungen habe ich auf einem Zettel Additionen geübt und in den darauf folgenden Wochen mühsam versucht, einige Beweise zu rekonstruieren, die ich vor der Erkrankung nicht mehr aufgeschrieben hatte. Durch die Dialyse [...] konnte ich mich nur schwer und kurzfristig konzentrieren, wollte aber die Gedanken mit allen Fasern meines Herzens nicht der Vergessenheit anheimfallen lassen. Durch diese Erfahrungen habe ich gemerkt, wie sehr beide Tätigkeiten für mich elementare Lebenäußerungen sind, vergleichbar dem Sprechen.» Wolfgang Metzler, *Schöpferische Tätigkeit in Mathematik und Musik*, in: Musik und Mathematik, Salzburger Musikgespräch 1984, Hrsg. Heinz Götze und Rudolf Wille, Berlin 1985, 45sq.

[120] *La Boucle*, 383.

[121] Ib.

[122] Ian Stewart, *Mathematik, Probleme – Themen – Fragen*, Basel 1990, 48. André Weil ist Mitbegründer der Gruppe *Bourbaki*. Cf. Kapitel 2.

Der physikalische Aspekt des Zählens

Roubaud schreibt dem Zählen zusätzlich eine physikalische, körperliche Komponente zu: «[...] l'action de comptage est pour moi physique.»[123] Dies macht es ihm möglich, das Zählen mit anderen körperlichen Tätigkeiten zu vergleichen. Nachdem er sich zuvor als *nageur* und *marcheur* beschrieben hat, stellt Roubaud sich in *Le grand incendie de Londres* ebenfalls als *compteur* vor: «Que je nage, que je marche, donc, je compte: je suis un compteur. Être compteur fait partie de mon autoportait, dans sa partie *physique* («au physique» par opposition à «au morale»). Compter est le mètre de ma vie, comme l'alexandrin compte la poésie traditionnelle. C'est ma vérité métronomique.»[124] Die Forderung, die Alain Badiou in *Le Nombre et les nombres* aufstellt: «Que le nombre règne, que l'impératif soit: comptez! qui en doute aujourd'hui?»[125] wird von Roubaud übernommen und umgesetzt, sowohl in seinem Leben als auch in seinen literarischen Werken.

Die physikalische Komponente des Zählens impliziert die Möglichkeit einer *körperlichen* Abhängigkeit. Daß dies auf Roubaud zutrifft, wird deutlich, wenn er das Zählen als Laster bzw. als Manie darstellt. «La manie du comptage s'apparente à d'autres: se ronger les ongles, boire (ce n'est pas mon cas), fumer (ce n'est pas mon cas non plus). Si je suis seul, je compte bien volontiers vocalement, ce qui justifie encore plus la classification de ce trait parmi les «physiques».»[126]

Zählen, das einen großen Teil seiner Zeit einnimmt, ist für Roubaud auch dann möglich, wenn er mit anderen Dingen beschäftigt ist. «Plus généralement, je passe une grande partie de mon temps éveillé à compter (je suppose, sans preuve, que je dois compter aussi en dormant; mais je ne compte pas du tout pour m'endormir; compter ne m'endort pas, au contraire). Un peu plus développé que l'ex-président Ford, je peux faire deux choses en même temps, pourvu que l'une des deux soit compter: non seulement marcher ou nager, mais même lire, ou soutenir une conversation.»[127] Man kann vermuten, daß ein Gesprächspartner, der während einer Unterhaltung *zählt*, nicht sehr aufmerksam ist. Im Fall Roubaud ist wohl anzunehmen, daß die Unterhaltung für ihn durch Zahlen strukturiert wird und

---

[123] *Incendie*, 139.

[124] Ib.

[125] Badiou, *Le Nombre et les nombres*, l. c., 11.

[126] *Incendie*, 139.

[127] Ib.

somit leichter im Gedächtnis haften bleibt.[128] Ähnlich wie für Badiou, für den die Dinge erst *zählen*, wenn sie *gezählt* sind, ist Zählen für Roubaud ein elementares Grundbedürfnis: Die Dinge sind für ihn erst durch das Gezähltsein existent bzw. wahrnehmbar. Roubaud nennt einige Objekte seiner Zählleidenschaft: «Je compte tout sortes d'objets: les fruits que je cueille, les poissons que je pêche (à la main; mais je devrais plutôt dire: pêchais), les livres dans une bibliothèque quand je suis en visite.»[129]

Mathematisch gesehen hat das Zählen *zwei* Funktionen. Betrachtet man – um an das vorangehende Beispiel anzuknüpfen – beim Zählen die Reihenfolge, in welcher die Fische gefangen werden, dann wird eine Ordnung hergestellt und man zählt somit mit Hilfe der *Ordinalzahlen*: der *erste* Fisch, der *zweite* usw. Will man jedoch Vergleiche anstellen, indem man die Bücher einer Bibliothek zählt und feststellt, daß Person A 500 Bücher besitzt und Person B 800, dann werden *Kardinalzahlen* angewendet. Andererseits kann Roubaud auch die Anzahl der Fische, die er am Montag gefangen hat, mit der Anzahl vom Dienstag vergleichen und benutzt dann ebenfalls *Kardinalzahlen*: Montag 3 Fische, Dienstag 7 Fische. Ebenso ist es möglich, eine *Ordnung* beim Zählen der Bücher in einem Schrank herzustellen, wenn man beispielsweise oben links beginnt und dann Regal für Regal durchzählt. Dann ist Buch X das *erste*, Buch Y das *zweite* usw. Roubaud kann somit zählen, um zu ordnen oder um zu vergleichen. Die Tätigkeit des Zählens, die bei Roubaud bereits *automatisch* stattfindet, wird jedoch durch sich anschließende *Operationen* erweitert, die mit Zahlen durchgeführt werden können. Hierzu gehören die vier Grundrechenarten ebenso wie das Bilden von *Zahlenfolgen.*[130] Für Roubaud ist die Zahl kein isoliertes Einzelwesen, sondern das Glied einer Folge oder das Element einer Menge. So ist zum Beispiel die Zahl *Vier* ein Glied der Folge der Quadratzahlen (1, 4, 9, 16, ...), aber auch ein Element der Menge der ganzen Zahlen oder der geraden Zahlen. Die Beispiele lassen sich beliebig erweitern. Im Interview mit Aliette Armel bezeichnet Roubaud die Zahlen als *Mitglieder einer Familie*. Über die Zahlen, die er in seinen literarischen Werken verarbeitet, bemerkt Roubaud: «Ces

[128] Roubaud beschäftigt sich u.a. in *L'invention du fils de Leoprepes – Poésie et Mémoire*, Saulxures 1993, mit Mnemotechnik. Cf. Kapitel 4.1.1.

[129] *Incendie*, 139.

[130] Unter einer *Folge reeller Zahlen* versteht man eine Abbildung, die jeder natürlichen Zahl eine reelle Zahl zuordnet. Die mathematische Schreibweise lautet: $(a_n)_{n \in \mathbb{N}}$ oder $(a_1, a_2, \ldots)$. Das Bildungsgesetz dieser Folge heißt a_n. So ist beispielsweise $a_n = n^2$ die *Folge der Quadratzahlen* (1, 4, 9, ...) oder $a_n = 2n$ die *Folge der geraden Zahlen* (2, 4, 6, ...). a_1, a_2, a_3, ...usw. heißen Glieder der Folge.

nombres appartiennent à une famille. L'Oulipo travaille beaucoup par familles. C'est une famille d'abord, en un sens. Les mathématiciens, eux, ont une famille, celle des nombres premiers, partagée, aimée et adorée par tous les arithméticiens. Pour les Oulipiens, il existe une famille particulière que nous appelons les nombres de Queneau.»[131] Roubaud hat sich mit diesen *Queneau-Zahlen*[132] intensiv auseinandergesetzt, bzw. theoretische Artikel dazu verfaßt, wie *N-ines, autrement dit quenines*, und *N-ines, autrement dit quenines (encore).*[133]

An anderer Stelle wird Roubauds Leidenschaft für die Primzahlen und Primzahlzerlegungen deutlich, die ebenso intensiv ist wie seine Liebe zu den *nombres de Queneau*. Gleichzeitig wird man an ein ununterbrochen laufendes Uhrwerk erinnert, wenn Roubaud bemerkt:[134] «Ma raison numérologique, comme une machine intérieure presque autonome, presque indifférente au reste de mes facultés, ne cesse jamais (et souvent à mon insu) de recueillir des nombres, des chiffres, sans cesse compte, additionne, soustrait, multiplie, divise (avec quelques autres opérations légèrement plus complexe, comme la manipulation de groupements parenthésés, manipulation, qui, dans ma mathématique personnelle, est encore arithmétique, puisque se ramenant à des calculs sur des suites d'entiers, et non sur des entiers isolés, simples, ce qui ajoute au visage des nombres les possibilités nombreuses de leurs rencontres dans ces suites); et elle décompose en facteurs premiers, en dispositions additives, en nombres de Queneau (les nombres de

---

131 Armel, *Les cercles de la mémoire*, l. c., 103.

132 Wenn n eine Queneauzahl ist, dann ist $2n + 1$ eine Primzahl. Die Umkehrung gilt nicht. Hier die ersten 31 Queneauzahlen: 1, 2, 3, 5, 6, 9, 11, 14, 18, 23, 26, 29, 30, 33, 35, 39, 41, 50, 51, 53, 65, 69, 74, 81, 83, 86, 90, 95, 98, 99.

133 Erschienen in Bibliothèque Oulipienne No. 65 und No. 66.

134 Bei der Teilbarkeit von ganzen Zahlen unterscheidet man *echte* und *unechte Teiler*, dabei sind unechte Teiler einer Zahl $a \neq 0$ die Zahl a selbst, sowie die Eins. Zahlen, die nur unechte Teiler haben, nennt man *Primzahlen*: 2, 3, 5, 7, 11, 13, 17, 19, 23, ... Jede natürliche Zahl ist entweder selbst eine Primzahl oder läßt sich als Produkt von Primzahlen schreiben. *Primfaktorzerlegung*: zum Beispiel $120 = 2 \cdot 2 \cdot 2 \cdot 3 \cdot 5$. Den *Primzahlen* und den Verfahren zur Ermittlung von Primzahlen galt schon immer besonderes Interesse: *Das Sieb des Erastosthenes:* Erastosthenes von Kyrene (etwa 275 – 194 v.Chr.) gab ein Verfahren an, in einem Abschnitt der natürlichen Zahlen sämtliche Primzahlen zu finden. Heute benutzt man Computer, um Primzahlen zu berechnen. 1993 wurde von David Slowinski die Zahl $2^{859433} - 1$ als größte bekannte Primzahl gefunden. Man testet mit den Primzahlen u.a. die Schnelligkeit von Rechnern und Programmen, weiterhin dienen Primzahlen und die Zerlegung in Primfaktoren der *Kryptologie*. Euklid bewies (um 300 v. Chr.), daß die Folge der Primzahlen unendlich ist, daß es also keine größte Primzahl gibt.

Queneau, dont j'aurai à parler longuement, jouent beaucoup dans la construction de mon récit).»[135]

Zu den Zahlen, die Roubauds Werk und Leben prägen, gehören auch ganz persönliche Zahlen und Daten, die er genauso mathematischen Operationen unterzieht oder denen er mit Hilfe von Prim- und Queneauzahlen einen neuen *Sinn* gibt. «Mais je ne m'intéresse pas seulement à l'existence du nombre (des suites de nombres) dans le monde, comme marque d'un événement (d'une séquence), d'une distance, comme date. Pour mon malheur, ma mémoire arithmétique, exercée dès l'enfance, et tout à fait indépendamment de ma vocation tardive, volontariste, de mathématicien, retient des batteries de nombres, les manipule, les confronte, les dispose en échafaudages, en architectures mentales. Deux séries d'émotions numériques se rencontrent: celle des nombres associés aux points d'espace temps qui marquent ma vie, avec leur hierarchie sans cesse changeante d'horreur et de nostalgie; et celle, provenant de cette arithmétique tout idiosyncratique que je mentionnais plus haut (en paranthèses), où les ruines de ma carrière d'algébriste[136] se mêlent à l'histoire de l'Oulipo dont je suis membre. Dans la seconde série, les nombres premiers et les nombres que j'ai nommés «de Queneau» jouent le rôle essentiel.»[137]

Man kann von einer Wechselwirkung zwischen Zahl und Mathematik sprechen. Die Art des Zählens und der Umgang mit den Zahlen wird durch mathematische Methoden erweitert und eröffnet dem *compteur* neue Möglichkeiten für den kreativen Umgang mit Zahlen. «Sans doute la pratique des mathématiques a, en retour, beaucoup influencé mon activité de compteur: j'y ai incorporé bien des aspects enchanteurs de la notion d'entier tel que ceux qui s'associent aux nombres premiers, ou parfaits, à leurs combinaisons, à leurs séquences, et qui sont sources de grands mystères; j'en ai déduit des variations fort efficaces. Il est bon, quand on compte, que le plus grand nombre possible de nombres ait un visage propre, aux traits bien accusés, que l'on a alors le plaisir de reconnaître quand ils se rencontrent sur votre route.»[138] Obwohl man nicht bis in die *Unendlichkeit* zählen kann, ist der Begriff der Unendlichkeit mathematisch faßbar und erhält für Roubaud durch die transfiniten Zahlen nicht nur *un visage propre*, sondern nimmt ihm gleichzeitig die Furcht vor dem Unbekannten. Wir werden an mehre-

---

135 *Incendie*, 366.

136 An dieser Stelle wird die Affinität zur Algebra Grothendiecks deutlich und zugleich Roubauds Erkenntnis, die Leistungen dieses großen Vorbilds selbst nie erreichen zu können. Cf. Kapitel 4.3.1 und 4.3.3.

137 *Incendie*, 366sq.

138 Ib. 140.

ren Stellen sehen, daß Roubauds literarische Werke insbesondere durch die Einbeziehung von mathematischen Strukturen sein großes Bedürfnis nach Sicherheit und Ordnung wiederspiegeln.[139]

Die symbolische Komponente der Zahl

Roubauds Interesse an Zahlen beinhaltet die gleichzeitige Beschäftigung mit der Zahlensymbolik bzw. Numerologie: «Toutes ces choses nombres m'intéressent, mais le nombre entier dans son rôle de dénombrement reste ma passion première. (Je n'échappe pas à sa cousine, la passion numérologique.)»[140] Roubaud bezeichnet sich jedoch nicht als *gläubigen* Numerologen, er sieht die symbolische Bedeutung der Zahlen vielmehr in Verbindung mit persönlichen Ereignissen oder Interessenwie der Poesie: «Si les nombres m'occupent et me préoccupent, intervenant non seulement dans mes comptages mais par le biais d'innombrables «raisonnements» numérologiques dans les événements de ma vie (et donc en particulier dans la poésie; et ici, dans ce livre[141]), si je me soumets à ma passion du nombre, il s'agit toutefois d'une soumission sans croyance.»[142] Roubaud spricht sogar von einer Art Besessenheit: «Au début du deuxième *moment* de cette première *bifurcation* dans 'le grand incendie de Londres' [...] je suis dans un autre temps, un autre lieu. J'ai choisi le temps avec soin, si on peut appeler soin ce qui n'est peut-être qu'une manifestation nouvelle de mon obsession numérologique, déjà signalée.»[143]

Persönliche Zahlen

Jacques Roubaud ist wie sein Vorbild, Raymond Queneau, von Anekdoten über berühmte Mathematiker fasziniert, die ein außergewöhnliches Verhältnis zu Zahlen oder zur Mathematik haben.[144] Die Lektüre solcher Begebenheiten regt Roubaud zu eigenem kreativen Schaffen an: «Une anecdote de l'histoire des mathématiques [...] m'a beaucoup impressionné: il s'agit du mathématicien indien Ramanujan qui, mourant (jeune) et recevant sur son lit d'hôpital la visite de son ami Hardy (un éminent mathématicien comme lui), lui dit, quand celui-ci lui donna le numéro du taxi qui l'avait amené, ajoutant, un peu en excuse: «ce

[139] Zu den *transfiniten Zahlen* cf. Kap. I 2.1 und 4.3.1.

[140] *Incendie*, 140.

[141] Gemeint ist hier *Le grand incendie de Londres.*

[142] *Incendie*, 140sq.

[143] Ib. 365.

[144] Cf. Roubaud, *La Mathématique dans la méthode de Raymond Queneau*, Atlas, l. c., 42 – 72.

n'est pas un nombre bien intéressant!» «mais non! c'est le plus petit nombre qui peut s'écrire de deux manières différentes comme somme de deux cubes!» Et Hardy montrait ainsi ce que Ramanujan voulait dire quand il déclarait: «tout nombre (entier) est mon ami personnel». Plus humblement, car il ne s'agit nullement de pénétration arithmétique,[145] je fais mienne la parole de Ramanujan,[146] avec cette différence que je n'aime pas tous les nombres, il y en a même que je déteste franchement.»[147] Im Gegensatz zu Ramanujan, der die Zahlen als seine Freunde betrachtet und dessen Verhältnis zu Zahlen uneingeschränkt positiv ist, können Zahlen für Roubaud auch *Feinde* sein. Auffällig ist, daß Zahlen hier als Lebewesen aufgefaßt werden, für die man Gefühle wie Liebe, Haß und Gleichgültigkeit entwickeln kann. In *Le grand incendie de Londres* beschreibt Roubaud sein indifferentes Verhältnis gegenüber einigen Zahlen: «Si je fais mienne la parole de Ramanujan c'est bien sûr, à ma manière, pas vraiment mathématique, et je la restreins beaucoup; modifiée, l'affirmation devient: «Certains

[145] Aufgaben aus der *Zahlentheorie*, deren ursprünglicher Gegenstand der Ring $\mathbb{Z}$ der ganzen Zahlen ist, in dem Addition, Subtraktion und Multiplikation unbeschränkt ausführbar sind, nicht jedoch die Division. Ist für $a, b \in \mathbb{Z}$ auch $a : b \in \mathbb{Z}$, so heißt *a* durch *b teilbar*. Untersucht werden *Teilbarkeitsverhältnisse* in $\mathbb{Z}$. Die Teilbarkeit von *a* durch *b* ist gleichwertig damit, daß die Gleichung $bx = a$ eine ganzzahlige Lösung hat. Es ergibt sich dann die Frage nach den ganzzahligen Lösungen einer beliebigen algebraischen Gleichung oder eines Gleichungssystems.

[146] Der indische Mathematiker Srinivasa Ramanujan (1887 – 1920) beschäftigte sich vorwiegend mit Fragen aus der *Zahlentheorie*, insbesondere mit der mit unendlichen Reihen arbeitenden *analytischen Zahlentheorie*. «[...] im Alter von 23 Jahren hatte er eine Reihe von Entdeckungen gemacht, die ihm bedeutsam erschienen. Er wußte nicht, an wen er sich wenden sollte, hörte aber etwas von einem Mathematikprofessor namens G. H. Hardy im fernen England. Ramanujan stellte seine besten Ergebnisse zusammen» (cf. Hofstadter, *Gödel, Escher, Bach*, l. c., 600) und schickte sie an Hardy. «Das Ergebnis dieser Korrespondenz war, daß Ramanujan auf Hardys Einladung 1913 nach England kam, und darauf folgte eine intensive Zusammenarbeit, der Ramanujans früher Tod infolge von Tuberkulose im Alter von 33 Jahren ein Ende setzte. Ramanujan hatte verschiedene charakteristische Eigenschaften, die ihn von der Mehrheit der Mathematiker unterschied. Eine war der Mangel an Strenge. ... Die andere hervorragende Eigenschaft von Ramanujans mathematischer Persönlichkeit war seine „Freundschaft mit den ganzen Zahlen", wie sein Kollege Littlewood es nannte. Das ist eine Eigenschaft, die sich in verschiedenem Maß bei vielen Mathematikern findet, die aber Ramanujan in besonderem Maß besaß.» ib. 601. Hofstadter erwähnt anschließend die gleiche Anekdote, die Jacques Roubaud beeindruckte. Die Nummer des erwähnten Taxis lautet: 1729, denn es gilt: $1729 = 9^3 + 10^3 = 1^3 + 12^3$. Das gleiche Problem für Viererpotenzen kann Ramanujan nicht auf Anhieb lösen, er glaubt aber, daß diese Zahl sehr groß sein müsse. Die Lösung, die später dafür gefunden wird, lautet: $635\,318\,657 = 134^4 + 133^4 = 158^4 + 59^4$ (ib. 602).

[147] *Incendie*, 140.

nombres entiers sont mes amis.» Cela implique que d'autres me soient indifférents (la plupart des très grands nombres par example, sur l'existence desquels j'ai toujours eu des doutes, que l'arithmétique prédicative d'Edward Nelson[148] (un chef-d'œuvre de scepticisme en mathématique) a récemment renforcé, en leur donnant comme une justification technique, sérieuse) et que j'ai même une liste de nombres que je considère comme des ennemis.»[149]

Auch François Le Lionnais bezeichnet die Zahlen als seine *Freunde.* Sein Überlebenswille während der Deportation in Dora wurde durch Gedächtnisleistungen (Rekonstruktion bestimmter Gemälde im Louvre) gestärkt, aber auch durch den kreativen Umgang mit Zahlen. Dies scheint Roubaud zu übersehen, wenn er seine Leidenschaft für die Zahl mit der von François Le Lionnais vergleicht, dessen Interesse er als *rein mathematisch* bezeichnet und das auch keine Vorliebe für die ganzen Zahlen ausdrückt, welche für Roubaud in seiner Eigenschaft als *compteur* besonders wichtig sind.[150] «Mon paysage des nombres diffère assez fortement de celui de François Le Lionnais, le président-fondateur de l'Oulipo, tel qu'il apparaît dans son livre le *Dictionnaire de nombres remarquables.* Dans cet ouvrage, les raisons d'intérêt d'un nombre (et ces nombres ne sont pas tous entiers) sont essentiellement d'ordre mathématiques: de la vaste armoire à lectures du président furent ainsi extraits, pris dans des ouvrages courants aussi bien que dans des articles rares, des théorèmes, anecdotes ou réflexions de mathématiciens fort divers des propriétés de certains nombres qui sont, dans l'esprit du compilateur, l'énumération de leurs «titres de noblesse», justifiant leur apparition dans ce *Debrett* du nombre (cela tient, d'une façon assez disparate, bien dans l'esprit et la méthode générale de l'auteur, à la fois du récit généalogique, du pedigree, de la «vie brève» et de la chanson de geste (les exploits, les «res gestae» étant les théorèmes où le nombre en question intervient comme personnage)).»[151] Es stellt sich hier die Frage, ob Roubaud die mathematischen Eigenschaften der Zahlen als negativ abwerten will oder ob er die einseitige Betrachtungsweise bemängelt, da für ihn die Zahl weit mehr darstellt als in Formeln ausdrückbar ist.

---

[148] In *Tensoranalysis* befaßt sich Edward Nelson u.a. mit "*unendlichen Räumen*". Für den Leser, der sich mit Differentialgeometrie beschäftigt hat, sei hier etwas ausführlicher angefügt: «The principal object of interesst in tensor analysis is the module of $C\infty$ contravariant vector fields on a $C\infty$ manifold over the algebra of $C\infty$ real functions on the manifold, the module being equipped with the additional structure of the Lie product.» Edward Nelson, *Tensor analysis*, l. c., i.

[149] *Incendie*, 301.

[150] Cf. François Le Lionnais, *Les nombres remarquables*, l. c.

[151] *Incendie*, 302.

Der ästhetische Charakter einer Zahl, der in enger Verbindung zur Poesie steht, ist für Roubaud von größerer Bedeutung als deren mathematischen Eigenschaften. «Si, à mon tour, je me lançais dans une entreprise du même ordre, les «raisons» mathématiques seraient présentes, mais exclusivement; et, surtout, elles seraient très largement soumises à une autre «logique», à une stratégie de choix plus décisivement esthétique (l'aspect esthétique n'est pas absent de l'entreprise de Le Lionnais). Il est clair, par exemple que le 12 a un sens dans mon grand registre de nombres, qui lui vient de l'alexandrin; que le 6 a sa place parce que c'est le nombre de la sextine.»[152]

Für Roubaud sind Zahlen Repräsentanten bestimmter poetischer Formen, zugleich wecken sie jedoch ganz persönliche Erinnerungen. Dies hat zur Folge, daß ein und dieselbe Zahl gleichzeitig positive und negative emotionelle Reaktionen hervorrufen kann. Er macht dies an einem Beispiel deutlich. «Un nombre quelconque, le 17 par exemple, reçoit avant tout un éclairage de nature familiale (il est de la famille des nombres premiers, où il «naît» après le 13 et avant le 19); mais il a dans sa «généalogie» d'autres ancêtres que les nombres premiers: nombre des syllabes d'un haiku,[153] il *suit*, dans une autre descendance, 3 et 5 (nombres respectifs de vers du haiku et du tanka[154]) et précède 31 (nombre des syllabes du tanka), (c'est, dans son début tout au moins, une sous-séquence de celle des nombres premiers, mais sa signification est tout autre); par ailleurs, sa propre biographie (dans ma mémoire) contient des événements qui n'appartiennent qu'à lui (dans ce cas précis, celui de l'entier 17, il s'agit avant tout d'*un* événement du passé, de mon passé, dont je ne parlerai pas maintenant) et colorent ma réaction émotionnelle à son égard.»[155] Die Verwendung von Zahlen in seiner Dichtung hat also nicht nur einen ästhetischen Grund, sondern dient gleichzeitig der Verarbeitung von emotionellen Konflikten, die durch bestimmte Zahlen hervorgerufen oder ausgelöst wurden.

Die Zahl ist für Roubaud somit nicht nur die Abstraktion eines Mengenbegriffs. Zahlen besitzen für ihn eigene Persönlichkeiten mit dazugehörigen Geschichten, die oft mit Ereignissen aus Roubauds Leben verknüpft sind. Er betrachtet Zahlen auch nicht isoliert, sondern als Glied einer Kette, mit einem Vorgänger und einen Nachfolger oder als Mitglied einer oder mehrerer Zahlenfamilien. Damit weist er den Zahlen ein weiteres Mal menschliche Züge zu. Da Zahlen eine

---

[152] Ib.

[153] Gattung der japanischen Dichtung, welche ursprünglich aus drei humoristischen Versen bestand.

[154] Japanisches Gedicht aus fünf reimlosen Versen.

[155] *Incendie*, 302.

persönliche Komponente haben, ist die Beziehung zu ihnen auch nicht unveränderlich, sondern variabel: «Ainsi, mon rapport aux nombres ne reste pas immobile; étant un rapport à la fois sentimentale et esthétique, où se mêlent les élucubrations combinatoires et les circonstances de la vie privée, il peut passer de la fascination à l'exécration ou au mépris, jusqu'à l'oubli même; il y a des nombres qui sont devenus vides, comme des visages qu'on ne reconnait plus.»[156]

Zahlen sind also für Roubaud *eigenständige Wesen*, woraus folgt, daß der Zahlenbegriff Cantors, der auf der Abstraktion vom gezählten Objekt beruht, für Roubaud nur schwer zu akzeptieren ist.[157] Daß für ihn jede Zahl ein *eigenes* Gesicht hat, daß sie Versuchobjekt ist sowie Objekt von Spekulationen, wird in seinen autobiographischen Werken immer wieder deutlich: «J'ai la plus extrême méfiance pour ces entiers-là: les nombres, dans mon œil intérieur, sont plutôt des personnages debout sur une ligne noire et indéfiniment étendue à partir de son origine, le *Humpty Dumpty*[158] des nombres, 0. Mais ces personnages ne sont pas seulement des étiquettes, des titres, des noms de tribus, de clans écossais (Mac-un, Mac-huit, Mac-mille), ils ont un corps, une architecture, des capacités étendues de transformation, un visage et des membres, leurs propriétés; ils ont une histoire, il leur est arrivé plein de choses, il leur en arrivera d'autres.»[159]

[156] Ib. 301sq.

[157] Cf. ib. 303.

[158] *Humpty Dumpty* ist bekannt aus einem englischen Kinderlied und erscheint ebenfalls als eiförmige Gestalt in Lewis Carrolls *Through the Looking-Glass.*

[159] *Incendie,* 303. Roubaud erwähnt zwei berühmte mathematische Vermutungen: «La démonstration du Grand Théorème de Fermat, par exemple, ou de l'Hypothèse de Goldbach, amènerait, dans la vie des nombres, de sérieux bouleversements; il y a des choses, des accouplements qu'ils ne pourraient plus, comme aujourd'hui, laisser entendre qu'ils peuvent se les permettre: ainsi, en admettant que «Goldbach» soit établi, il deviendrait impossible d'imaginer un grand gros nombre pair, dissimulé dans les brumes de la distance et refusant d'être somme de deux nombres premiers, alors qu'il est en ce moment envisageable, monstre prétentieux, que peut-être nous allons débusquer dans le sentier d'un imprévisible calcul.» *Incendie*, 303. *<u>Goldbachsche Vermutung</u>* Im Jahre 1742 formuliert der deutsche Mathematiker Christian Goldbach (1690 – 1764) folgende Vermutung: «Jede gerade Zahl – außer 2 – ist die Summer zweier Primzahlen», z. B.: 4 = 2 + 2; 6 = 3 + 3; 8 = 3 + 5; 10 = 5 + 5; 12 = 5 + 7; etc. Diese Behauptung wird zwar als wahr angenommen, ist jedoch noch nicht bewiesen! *<u>Letztes Fermatsches Theorem</u>*. Pierre de Fermat (1601 – 1665) stellte folgende Behauptung auf: «Es gibt keine positiven ganzen Zahlen, welche die Gleichung $x^n + y^n = z^n$ lösen, wenn *n* eine natürliche Zahl größer als 2 ist.» Dieses Theorem ist kürzlich (1995) von R. Taylor und A. Wiles bewiesen worden. Cf. A. Wiles, *Modular elliptic curves and Fermat's Last Theorem*, in: Ann. Math 141, 1995, 443 – 551. Roubaud geht in *Mathématique: (récit)* auf diesen Beweis ein.

Aus dem erwähnten Klassenbegriff der Zahl resultiert für Roubaud Monotonie. Eine Zahl hingegen, die der Anzahl hübscher Mädchen zwischen zwei Busstationen entspricht, hat einen anderen emotionellen Wert als die abstrakte Zahl *a*. Die Mädchen gewinnen ihrerseits durch das Gezähltsein an Bedeutung, denn sie sind nicht mehr nur beliebige Elemente einer gesichtslosen Masse, sondern sie repräsentieren eine bestimmte Zahl.

Zwischen den einzelnen Zahlen stellt Roubaud Verbindungen – mittels mathematischer Operationen – her und ordnet damit seine Erfahrungen. Der Umgang mit Zahlen wird zur geistigen Befriedigung, dient aber auch zur Entspannung: «Quand je *vois* un nombre, et quand je le sollicite pour un de mes innombrables dénombrements, ou jeux mentaux de distrait et de solitaire, il m'apparaît avec toutes ses idiosyncrasies (dont certaines sont mathématiques, d'autres esthétiques, d'autres encore proviennent de nos rapports personnels, de nos aventures communes); si donc je lui confie provisoirement, une collection d'objets comptés de ma vie (des pas entre deux stations d'un parcours dans un paysage, les briques dans une portion de mur ensoleillé, les jeunes filles agréables aperçues entre deux arrêts éloignés d'une ligne d'autobus), c'est pour donner à cet assemblage en soi informe de «choses» toutes la richesse de divisions, recompositions, dispositions ou partitions que *ce* nombre est en mesure de leur conférer, momentanément, et pour la satisfaction de mon esprit. Les organisations et parentés ainsi établies dans mes collections de vie (celles que j'assemble à mesure que je bouge, pense et respire), dans les séquences que je crée ou révèle dans le monde des événements et des apparences, leur donnent une vivacité bien supérieure à la monotone opération obsessionnelle du comptage, de l'énumération et de la vérification de bi-univocité»[160]

Eines der beeindruckendsten Beispiele der ganz persönlichen Zahlensymbolik Roubauds ist die Zahl 1178, der im allgemeinen keine symbolische Bedeutung zugeschrieben wird. Ihren Wert erhält die Zahl durch ihre enge Verbindung zu dem gemeinsamen Leben Roubauds mit seiner geliebten Frau Alix-Cléo: «La raison numérologique est la suivante, son chiffre: 1178. *1178 jours.* J'ai connu Alix 1178 jours, et le moment de ce recommencement [...] est le premier qui passe, 1178 jours après le jour de sa mort. A tout jour de l'amour, la raison obsessionnelle numérisante en moi associe un jour de deuil. Et nuit pour nuit, l'éloignement palindromique du temps (palindromique par rapport au souvenir) me ramène au moment de notre rencontre, puis au moment d'avant notre rencontre, où, m'extirpant de la toute petite auto de Mitsou, je me suis trouvé sur le lieu d'une coïncidence à naître, exactement au bas de la fenêtre où monterait le

[160] Ib. 304.

bruit de voiture de livraison que j'ai *dit* au début du tout premier fragment de ce récit. On était en novembre, le 7 novembre 1979.»[161]

Die Zahl 1178 beinhaltet zugleich 1178 Tage *Glück* mit Alix – und 1178 Tage der *Trauer.*[162] Sie steht stellvertretend für seine große Liebe. Roubaud unterstreicht dies, wenn er noch einmal ausführt: «Je pourrais presque dire: tout est là, en ce nombre même, *1178*. La passion numérologique fait du nombre un nom propre, le nom d'un être invisible derrière toutes les choses, personnes, événements qui ont en commun ce nombre, qui le partagent: une divinité arithmétique (de nombreuses variantes, au cours du temps, ont fait des nombres des signes, des noms, des visages, de *La* divinité; je n'appartient pas à cette généalogie). Le temps boucle, et comme la masse noire et blanche des lignes du *récit* de ma première *branche* de prose, entièrement enclose dans l'intervall du deuil, commence au lieu initial de mon amour pour Alix, dont le moment maintenant est séparé de moi par déjà plus de *2376* jours[163] (1178 deux fois; 1178 plus et 1178 moins, ce qui fait un zéro pur), la bifurcation, ici, qui essaie de créer comme un deuxième œil pour l'établissement d'une image, d'un *double*, est écrite (continue à s'écrire) en un lieu où j'ai déjà vécu; avant le temps, à la fois plein et nul que je viens, au cours de cette nuit [...], que *quelque chose noir* en cette nuit (blanche ou presque), vient d'effacer, plus exactement d'enfermer en moi alors que je me mettais à écrire ceci: un autre enfermement, un double de l'enfermement des 2376 jours (qui sont aussi zéro) de ma vie avec Alix Cléo, ma femme. Dans ce lieu où je suis aujourd'hui, de 1970 à 1979, j'ai déjà habité; plus de huit ans.»[164] Der Stellenwert der Zahl 1178 ist vergleichbar dem der *Neun*. Beide symbolisieren die Liebe zu einer Frau. In dem Interview mit José-Luis Reina für die Zeitschrift *Lendemains*[165] weist Roubaud auch explizit auf die symbolische Bedeutung der Zahl *Neun* hin, mit der er – in Anlehnung an Dantes Verehrung für Beatrice und die Zahlensymbolik des Augustin – seine Liebe und seine Trauer poetisch verar-

---

161 *Incendie*, 366.

162 Die Zahl 1178 taucht auch in dem folgenden Abschnitt auf, in dem Roubaud seine Einsamkeit nach dem Tod von Alix-Cléo beschreibt: «La solitude, toujours, accompagne mon immersion dans un immense roman de Christina Stead ou P. D. James, seul je me hâte pour la cueillette de **1178** mûres rouges de mûrier. L'effort vers la solitude (comme toute passion, la solitude aussi me repousse, présente sa face angoissée, et mortelle) est aussi ancien en moi que les autres points cardinaux de mon univers physique et mental; peut-être même est-il leur axiome, leur centre invisible. Je me souviens d'avoir toujours ressenti son attraction (la répulsion est venue bien plus tard, avec ses terreurs).» *Incendie,* 145.

163 In Roubauds Text steht 2376 Tage, obwohl 1178 mal 2 die Zahl 2356 ergibt!

164 *Incendie*, 367.

165 José-Luis Reina, *Entretien avec Jacques Roubaud, Paul Braffort et Jacques Jouet, membres de l'Oulipo*, in: *Lendemains* No. 52, 1989, 33 – 40, 39.

beitet. Indem er Alix-Cléo einen Gedichtband widmet, der durch die *Neun* strukturiert ist – die Zahl 1178 ist auf Grund ihrer Größe weniger geeignet – setzt er sie auf die gleiche Stufe mit Beatrice. «*Reina*: Pour en revenir à votre dernier livre de poésie, *Quelque chose noir* une question formelle: pourquoi y a t-il neuf séquences de neuf poèmes chacune avec neuf phrases? *Roubaud*: C'est une organisation numérique qui est profondément liée au sens du chiffre neuf. C'est la tradition numérologique du neuf dans l'antiquité, chez Saint Augustin[166] et dans la poésie de la méditation médiévale et de la renaissance. C'est donc assez profondément liée au livre lui-même.» Der Titel des Buches – *Quelque chose noir* – bezieht sich auf eine Photoserie des fast gleichnamigen Titel *Si quelque chose noir* von Alix-Cléo Roubaud.[167]

Zahl und Schönheit

Permanente Zähltätigkeit und reines Vergnügen an der Manipulation mit Zahlen sind mit dem ästhetischen Genuß gekoppelt. Dies wird in dem folgenden Beispiel besonders deutlich: «Pour prendre un bref exemple: quand je monte un escalier, je compte les marches, c'est une chose que je fais. Il y a des correspondances infinies d'escaliers entre les étages de maisons différentes, qui se prêtent à bien des interprétations fictionnelles. Les trois étages du 16, rue Dauphine qui séparent le sol de la cour de l'appartement de Claude Roy comptent ainsi, respectivement, 23 marches pour le premier, 25 pour le deuxième, 28 pour le troisième: si on enlève le 20 commun aux trois étages, il nous reste la suite 3, 5, 8, où on remarque que 8 = 3 + 5. On se souvient alors que ce décompte est fait en négligeant deux nombres de pré-étages, ceux des marches qui conduisent au début véritable de l'escalier: une pour franchir la porte, deux ensuite pour pénétrer véritablement dans la maison. Bien sûr, 1 + 2 = 3 et 2 + 3 = 5. On voit alors apparaître le début d'une célèbre séquence, celle de la *suite de Fibonacci*, génératrice du *nombre d'or*. Vous imaginerez aisément tout le parti qu'on peut en tirer en ce qui concerne l'histoire de cette maison, de son architecte, et de ses habitants.»[168]

---

166 Jacques Roubaud gibt in *La Princesse Hoppy* einen Hinweis auf diesen Heiligen, wenn er im sechsten Kapitel das Eichhörnchen Augustinus lesen läßt: «L'écureuil lisait saint Augustin.» Hoppy, 66. Damit könnte er darauf hinweisen, daß die Zahlen in seiner Erzählung auch unter einem symbolischen Aspekt zu sehen sind. Cf. Kapitel 4.2.1 *Bedeutung und Symbolcharakter der Zahlen*.

167 Alix-Cléo Roubaud schreibt in ihrem *Journal*: «Puis, le 20, à Créteil, *si quelque chose noir*, suite de dix-sept photos, prises à st Félix, avec un texte en appendice.» Alix-Cléo Roubaud, *Journal 1979 – 1983*, Paris 1984, 146.

168 *Incendie*, 303sq.

Roubauds Leidenschaft für die Zahl ist ebenso eng mit dem Begriff der Schönheit verknüpft wie die *Fibonacci-Folge* 0, 1, 2, 3, 5, 8, 13, 21, 34, 55, 89, ...[169] mit dem *Goldenen Schnitt*, dem *Maß* für Schönheit.[170] In *L'invention du fils de Leoprepes* unterstreicht Roubaud den perfekten Charakter des *nombre d'or*.[171] Der Goldene Schnitt und die Fibonacci-Zahlen spielen nicht nur in der Kunst, der Architektur und in der Poesie eine bedeutende Rolle, sie treten auch in der Natur auf: der Aufbau vieler Pflanzen, die als schön empfunden werden, entspricht einer Fibonacci-Zahl-Struktur.

Abb. 5

Goldener Schnitt in einem Gemälde von Seurat

169 Berühmte Zahlenfolge, die nach Leonardo von Pisa, bekannter unter dem Namen Fibonacci – filius Bonacci – benannt (1180? – 1250?) ist und nach dem Gesetz $f_{n+2} = f_{n+1} + f_n$ (mit $f_0 = 0$ und $f_1 = 1$) gebildet wird: 0, 1, 1, 2, 3, 5, 8, 13, ... Auf Reisen lernt Fibonacci die Mathematik der Antike durch die von den Arabern vermittelten Schriften kennen. In seinem Liber abaci (1202) versucht er, die indisch-arabischen Ziffern heimisch zu machen. Cf. Kropp, *Geschichte der Mathematik*, l. c., 59. Den Fibonacci-Zahlen ist eine eigene Zeitschrift gewidmet, *The Fibonacci Quarterly*, die seit 1963 von der Fibonacci Association herausgegeben wird.

170 Bildet man nämlich den Quotienten zweier aufeinanderfolgender Fibonacci-Zahlen f_n/f_{n-1}, dann ist der Grenzwert dieser Folge gerade der *Goldene Schnitt* $(1 + \sqrt{5})/2 \cong 1{,}618033989$. Bildet man beispielsweise den Quotienten der elften und der zehnten Fibonaccizahl f_{11}/f_{10}, also 89/55, dann erhält man bereits eine gute Annäherung an den Goldenen Schnitt: $89/55 = 1{,}6\overline{18}$. Cf. Conway/Guy, *The Book of Numbers*, l. c., 111 – 117.
Der *Goldene Schnitt* ist bekanntlich dann gegeben, wenn sich der längere Teil zum Ganzen wie der kürzere zum längeren verhält: $d : 1 = (1 - d) : d$.

171 Cf. *L'invention du fils de Leoprepes*, 99sq.

Roubaud erkennt auf Grund seiner Zahlenliebe im Haus der *rue Dauphine* den Beginn der Fibonaccifolge und zieht Rückschlüsse auf den Architekten. Er erhält somit eine Information, die den meisten Bewohnern oder Besuchern des Hauses nicht zugänglich ist, da sie zuerst *berechnet* werden muß. Und selbst wenn die Absicht des Architekten eine andere ist, hat für Roubaud das Treppensteigen einen neuen Inhalt bekommen: es bedeutet ästhetisches Vergnügen. Es ist anzunehmen, daß Roubaud hier an Le Corbusier, einen der bekanntesten Architekten des 20. Jahrhunderts, denkt, von dem Ian Stewart in *Fearful Symmetry – Is God a Geometer?* sagt: «Several schools of architecture – often respectable and respected – are based upon number mysticism. Le Corbusier's *modulor*[172] emphasizes ratios based on Fibonacci numbers and the golden ratio.»[173]

[172] Cf. Le Corbusier, *Le Modulor and Other Buildings and Projects, 1944 – 1945*, New York, London, Paris 1983. Christopher Butler nennt Le Corbusier als beispielhaften Architekten für den Umgang mit Zahlenstrukturen. Über den *Modulor* schreibt er: «Le Corbusier has in fact been responsible for the erection of buildings whose proportions have been didacted throughout by the scale of the golden section based on the height of a man, the Modulor.» Cf. Butler, *Number Symbolism*, London 1970, 171. Als eines der bekanntesten Bauwerke erwähnt Butler die Kapelle von *Ronchamp*, die zwischen 1950 und 1953 nach dem Prinzip des Modulor entstand. Interessant ist, daß Le Corbusier, der mit bürgerlichem Namen Charles-Édouard Jeanneret hieß, auch der Autor zahlreicher Bücher ist, von denen Peter Sharratt bemerkt: «The writing parallels the architecture: it is lucid, dogmatic, provocative, and élitiste, at times austerely mathematical, at others poetic and striving for 'la forme pure dans des rapports précis'.» Peter Sharratt, *Le Corbusier*, in: The New Oxford Compagnion to Literature in French, Peter France Hrsg., Oxford 1995, 449 – 450.

[173] Ian Stewart, *Fearful Symmetry – Is God a Geometer?* London 1992, 249. Die Idee von Le Corbusier, der Architektur den nach Fibonaccizahlen gegliederten menschlichen Körper zugrundezulegen, ist jedoch keine Erfindung der Moderne. Bereits der römische Architekt Vitruvius hat einen Zusammenhang zwischen den menschlichen Proportionen und den architektonischen hergestellt. In der um 25 v. Chr. verfaßten Schrift *De architectura libri decem* definiert Vitruvius einen Symmetriebegriff, der der Auffassung der Pythagoreer, daß Zahlen die ordnenden Mächte der Natur seien, entspicht. Er untersucht insbesondere die symmetrischen Verhältnisse der Teile des menschlichen Körper zueinander und benutzt Kreis und Quadrat als Gliederungsprinzip am menschlichen Körper. Die geometrischen Proportionen des menschlichen Körpers findet man ebenfalls in der Kunst wie beispielsweise bei Leonardo da Vinci oder Dürer, die sich auch theoretisch mit diesem Thema auseinandergesetzt haben.

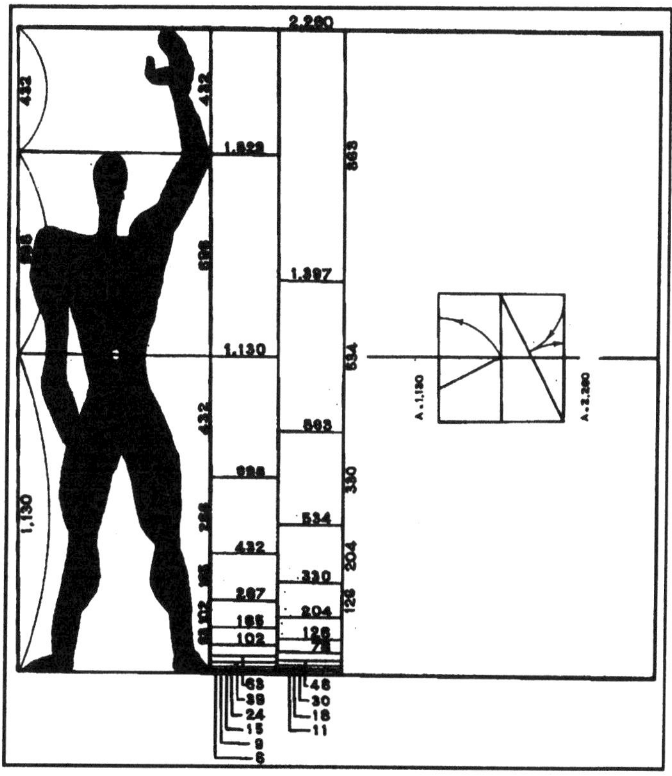

Abb. 6

Silhouette / Etude de l'échelle du modulor / silhouettes, hauteur.

Roubaud ist umgeben von Zahlen, die seine Welt ordnen und sichern, die sein Leben aber auch dort mit Schönheit bereichern, wo sie auf den ersten Blick nicht vorhanden sein mag.

2 Roubauds Verhältnis zur Mathematik

Die Zahlenleidenschaft ist erstaunlicherweise nicht die Ursache für die Entscheidung Roubauds, Mathematiker zu werden. Weder in seiner Kindheit noch in seiner Schulzeit sind Ambitionen auf mathematisch-naturwissenschaftlichen Gebieten zu erkennen. Erst in dem Moment, in dem seine literarischen Studien ihn in eine Sackgasse zu führen scheinen, beschließt Roubaud eine Unterbrechung des Anglistik-Studiums zugunsten eines Neuanfangs: *repartir pour ainsi dire à zéro, recommencer.* Ungewöhnlich ist auch seine Erkenntnis, das Literaturstudium sei *contradictoire* zur Poesie als *activité d'invention.* Obwohl er in der Mathematik zunächst kein Gebiet sieht, auf dem noch Erfindungen oder Entdeckungen möglich sind, erhofft er sich zum einen *la compréhension du monde,* zum anderen *des bénéfices indirectes pour l'exercice même de la poésie.* Außerdem glaubt Roubaud, daß er die Autonomie der Poesie verteidigt, indem er Mathematiker wird und mit dieser Tätigkeit auch seinen Lebensunterhalt verdient. Das zunächst diffuse Gefühl, die Mathematik könnte sich produktiv auf seine Dichtung auswirken, wird später zur Realität. Bevor wir jedoch im letzten Kapitel exemplarisch nachweisen, daß Roubaud durch die Integration der Mathematik in einen literarischen Text eine Gattung neu definiert, sollen zunächst einige wesentliche Aspekte aus der Geschichte der Mathematik betrachtet werden, die dem besseren Verständnis von Roubauds Entscheidung dienen.

2.1 Vom Wesen der Mathematik

Mathematiker weisen oft auf die ungenaue Verwendung der Begriffe *Zahl* und *Mathematik* hin. Georges Ifrah muß zum Beispiel zur Durchführung seiner Forschungsarbeiten für die *Histoire universelle des chiffres* aufklärerische Arbeit leisten: «Et comme je n'eus pas affaire qu'à des mathématiciens, je dus non seulement les persuader de mon sérieux, de ma probité et de l'intérêt de l'entreprise, mais les rassurer aussi dans l'idée que «chiffres» et «mathématiques» ne sont pas tout à fait la même chose.»[1] Ian Stewart unterstreicht zwar die Wichtigkeit der Zahl, betont jedoch, daß *Zahl* noch nicht *Mathematik* bedeutet: «Obgleich es die Mathematik nicht nur, nicht einmal in erster Linie, mit Zahlen zu tun hat»,[2] wie es mancher mathematische Laie oft fälschlich vermutet, «spielen

[1] Ifrah, *Histoire universelle des chiffres*, l. c., I, 5.

[2] Ian Stewart, *Mathematik, Probleme – Themen – Fragen*, l. c., 54.

diese doch eine grundlegende Rolle.»[3] Die folgende Aussage Jacques Roubauds, daß die Rolle des Mathematikers ihm oft nur deshalb abgenommen wird, weil er ein guter Kopfrechner ist, stellt somit keinen Einzelfall dar: «[...] j'avais tout naturellement acquis très jeune une certaine virtuosité de calculateur, dont j'ai encore aujourd'hui, bien que beaucoup plus lent et de plus en plus sujet à erreur, quelques restes (ce qui fait que les personnes non averties acceptent volontiers, pour cette mauvaise raison, le fait que je suis un mathématicien).»[4]

Ein Problem der Mathematik besteht darin zu vermitteln, womit sie sich beschäftigt. Was ist Mathematik? Zu allen Zeiten haben sich Mathematiker und Philosophen Gedanken über das Wesen der Mathematik gemacht, die sich hauptsächlich in zwei Richtungen bewegen. So wird die Mathematik einerseits als eine eigene abstrakte Welt bezeichnet, die nur sich selbst genügt und unabhängig vom Menschen existiert, was bedeutet, daß der Mensch Mathematik zwar *entdecken*, aber nicht *erschaffen* kann. Die zweite Auffassung von Mathematik steht im Gegensatz dazu und definiert Mathematik als *kreative* Tätigkeit. Die Existenz einer vom Menschen unabhängigen Mathematik wird erstmalig der griechischen Mathematik zugeschrieben, die einen Zeitraum von anderthalb Jahrtausenden (ca. 800 v. Chr. bis ca. 600 n. Chr.) umfaßt. Die vorgriechische Mathematik, insbesondere die Mathematik der Ägypter und Babylonier,[5] kennt noch nicht den mathematischen Beweis,[6] der Allgemeingültigkeit bedeutet, sondern sie besteht aus Beispielsammlungen und wird von Anwendungen bestimmt. Erst die Pythagoreer befreien die Mathematik von den praktischen Anwendungen. Ihre Lehre kann unter zwei Gesichtspunkten betrachtet werden: dem mathematisch-wissenschaftlichen und dem mystisch-religiösen. Laut van der Waerden führt der Tod des Pythagoras zur Spaltung der Pythagoreer in die *Mathematikoi*, welche die Lehre des Pythagoras erweiterten, ihre Kenntnisse verbreiteten und sich nicht mehr als Geheimbund verstanden und die *Akusmatikoi*, «die sich streng an die heiligen Lebensregeln hielten und die *Akusmata*, die heiligen Sprüche, gläubig überlieferten.»[7] Die Tradition der *Mathematikoi* wird in Italien fortgesetzt und findet bei Aristoteles unter der Bezeichnung *Pythagoreer in Italien* Erwähnung. Vier *Mathemata* waren den Pythagoreern bekannt: Zahlentheorie (Arithmetika), Musiklehre (Harmonika), Geometrie (Geometria) und Astronomie (Astrologia). Diese vier Lehrfächer werden später im Mittelalter als

---

3 Ib.

4 *La boucle*, 384.

5 Cf. u.a. van der Waerden, *Erwachende Wissenschaft*, l. c.

6 Van der Waerden schreibt Thales von Milet den ersten geometrischen Beweis zu. Cf. van der Waerden, *Erwachende Wissenschaft*, l. c. 146sq.

7 Ib. 178.

Quadrivium bezeichnet, wo sie mit dem *Trivium*, d.h. der Grammatik, Dialektik und Rhetorik die *sieben freien Künste* bilden, die an den Universitäten gelehrt werden. Der Begriff Mathematik entspricht zu dieser Zeit somit noch nicht unserem heutigen Verständnis.

Die Arbeiten Platons über die erkenntnistheoretisch-metaphysischen Aspekte des menschlichen Denkens und die Werke Aristoteles', die von einem logisch-ontologischen Gesichtspunkt ausgehen, also von der Frage nach den ersten Ursprüngen des Seienden als Seiendes, führen dann zum abendländischen Begriff der *Wissenschaft.*[8] Auch Morris Kline betont den nicht-wissenschaftlichen, empirischen Charakter der Mathematik der vorgriechischen Zeit, und weist dann auf die Abstraktion in der griechischen Mathematik hin,[9] die auf Axiomen beruht, also auf «truths so self-evident that no one could doubt them.»[10] Während es für Plato eine objektive Welt der Wahrheiten gibt, sind Axiome für Aristoteles durch unsere unfehlbare Intuition wahr. «From the axioms, conclusions were to be derived by reasoning. There are many types of reasoning, for example, induction, reasoning by analogy, and deduction.»[11] Eine richtige Schlußfolgerung ist jedoch nur deduktiv möglich.[12]

Obwohl die Anwendbarkeit der Mathematik nicht ausgeschlossen wird, geht es den Griechen vorrangig um die *Erkenntnis um ihrer selbst willen* wie Paul Germain ausführt: «Le géomètre grec ne vise pas à la difficulté. La connaissance est une vision intellectuelle. Pour découvrir il suffit à notre esprit de regarder; le savant ne crée pas le fait, il le constate. Cet idéal de pureté éloignait le mathématicien des buts utilitaires. Aucune application pratique n'était envisagée.»[13]

---

8 Warren Weaver setzt sich in *Science and Imagination*, New York 1967, ausführlich mit dem Wissenschaftsbegriff auseinander.

9 Morris Kline, *Mathematics – The Loss of Certainty*, New York 1980, 19.

10 Ib. 20.

11 Ib.

12 Morris Kline verdeutlicht dies: «Of the many types, only one guarantees the correctness of conclusion. The conclusion that all apples are red because thousand apples are found to be red is inductive and therefore not ansolutely reliable. Likewise the argument that John should be able to graduate from college because his brother who inherited the same faculties did so, is reasoning by analogy and certainly not reliable. Deductive reasoning, on the other hand, though it can take many forms does guarantee the conclusion. Thus, if one grants that all men are mortal and Socrates is a man, one must accept that Socrates is mortal» Ib. 21.

13 Paul Germain, *Les grandes lignes de l'évolution des mathématiques*, in: Les grands courants de la pensée mathématique, Hrsg. François Le Lionnais, Paris 1962, 226 – 241, 230.

Die späten Pythagoreer und Platoniker unterscheiden zwischen einer Welt der Dinge und einer Welt der Ideen. Kline bemerkt hierzu: «Plato insisted that the reality and intelligibility of the physical world could be comprehended only through the mathematics of the ideal world. There was no question that this world was mathematically structured.»[14] Während Objekte und die Beziehungen zwischen ihnen in der materiellen Welt als unvollkommen und dem ständigen Wandel unterworfen gelten, repräsentiert die ideale Welt, die mathematisch strukturiert ist, die absolute und unveränderliche Wahrheit. Wahrheitsbegriff und Mathematik sind also eng miteinander verknüpft. Dabei ergibt sich der Wahrheitsbegriff in der Mathematik aus der Geschichte der Philosophie. Morris Kline führt hierzu aus: «With their mathematical work and many scientific investigations, the Greeks gave substantial evidence that the universe is mathematically designed. Mathematics is immanent in nature; it is the truth about nature's structure, or, as Plato would have it, the reality about the physical world. There is law and order in the universe and mathematics is the key to this order. Moreover, human reason can penetrate the plan and reveal the mathematical structure.»[15] In Zusammenhang mit dem Wahrheitsbegriff schreibt der Begründer des Pragmatismus, Charles Sanders Peirce, über die Mathematik: «Mathematics is the study of what is true of hypothetical states of things. That is its essence and definition.»[16] Die Klärung von Begriffen erfolgt bei Peirce jedoch durch die *experimentelle* Auseinandersetzung mit der wirklichen Welt.

Ebenfalls nicht auf Anwendung bedacht ist die Mathematik des Euklid, dessen dreizehn Bücher umfassende *Elemente* Victor Katz als den bedeutendsten mathematischen Text aller Zeiten bezeichnet. Katz weist auf den rein theoretischen Charakter hin: «There are no examples; there is no motivation; there are no witty remarks; there is no calculation. There are simply definitions, axioms, theorems, and proofs.»[17] In Buch I der *Elemente* folgen nach Definitionen der wichtigsten geometrischen Größen, wie Punkt, Strecke, Fläche, Winkel etc. fünf Postulate, von denen die ersten drei als Hilfsmittel für geometrische Konstruktionen nur Zirkel und Lineal zulassen und das vierte Postulat die Gleichheit aller rechten Winkel festlegt. Von besonderem Interesse ist das fünfte Postulat, welches bereits im Altertum heftig diskutiert wurde, da es nicht bewiesen werden konnte. Es besagt, «daß, wenn eine gerade Linie beim Schnitt mit zwei geraden Linien bewirkt, daß wenn auf derselben Seite entstehende Winkel

---

[14] Morris Kline, *Mathematics – The Loss of Certainty*, l. c., 16.

[15] Ib. 29.

[16] Charles Sanders Peirce, *The Essence of Mathematics*, in: The World of Mathematics, Hrsg. James R. Newman, New York 1956, 4 vol., III, 1773 – 1783, 1775.

[17] Victor J. Katz, *A History of Mathematics*, l. c., 54.

zusammen kleiner als zwei rechte werden, dann die zwei geraden Linien bei Verlängerung ins Unendliche sich treffen auf der Seite, auf der die Winkel liegen, die zusammen kleiner als zwei rechte sind.»[18] Gleichbedeutend mit dem fünften Postulat, auch Parallelensatz genannt, ist die Aussage: *In einer Ebene läßt sich durch einen Punkt außerhalb einer Geraden nur eine Gerade ziehen, welche die erstere nicht schneidet.* Da der Beweis dieses Postulats nicht gelang, wurde später versucht, die Nichtbeweisbarkeit zu zeigen, was zur *nichteuklidischen Geometrie* führte, die das mathematische Weltbild ins Wanken brachte.

Als den letzten großen Mathematiker des Altertums bezeichnet van der Waerden Apollonios von Perga,[19] der in Alexandrien Mathematik studierte und dessen Werk sich insbesondere durch die Systematisierung der Lehre von den *Kegelschnitten* auszeichnet. Bis Descartes wird sich beispielsweise an der Geometrie der Kegelschnitte seit Apollonios nichts ändern. Die Werke einiger großer Mathematiker der Zwischenzeit gingen ganz oder teilweise verloren. Van der Waerden weist auf die Schwierigkeiten bei der schriftlichen Überlieferung der erhaltenen Texte hin, da sie ein langes gründliches Studium erforderten und einer *mündlichen* Erklärung bedurften.[20] Sobald durch äußere Umstände die Kette der mündlichen Überlieferunegen unterbrochen wurde, war es kaum noch möglich, die vorhandenen Arbeiten zu verstehen oder weiterzuentwickeln.

Insbesondere die Algebra macht in der Folgezeit große Fortschritte, und die griechische Tradition tritt in den Hintergrund. In der Erzählung *La Princesse Hoppy* steht der mathematisch-strukturelle Aspekt der Algebra, aber auch der Ursprung des Namens *Algebra* sowie die historische Entwicklung dieser Disziplin im Mittelpunkt, deshalb soll an dieser Stelle ein kurzer Abriß der Geschichte der Algebra in ihrem Gesamtzusammenhang eingefügt werden.

18 Hans Wußing/Wolfgang Arnold, *Biographien bedeutender Mathematiker*, Berlin 1975, 29.

19 «Apollonios aus Perga (–262?...–190?) hat in Alexandria und Perge gewirkt. Von seinen zahlreichen Schriften sind nur das Hauptwerk, *Die Kegelschnitte* (konika stoicheia), und (arabisch) die *Verhältnisschnitte* erhalten; aus den übrigen Schriften ist einiges durch Pappos bekannt geworden.» Kropp, *Geschichte der Mathematik*, l. c., 41.

20 Der Aspekt des Mündlichen ist ein wesentlicher Bestandteil der Erzählung *La Princesse Hoppy*. Cf. Kapitel 4.1.1.

Die Entwicklung der Algebra

Frühgeschichte

Untersucht man die frühe Geschichte der Algebra, ist es nötig festzulegen, was unter dem Begriff *Algebra* verstanden werden soll. Smith unterscheidet mehrere Hauptströmungen, die sich bestimmten Zeiten zuordnen lassen. Der am weitesten gefaßte Begriff von *Algebra* beginnt für ihn 1800 v. Chr. oder früher: «[...] if we say that we should class as algebra any problem that we should now solve by algebra (even though it was at first solved by mere guessing or by some cumbersome arithmetic process), then the science was known about 1800 B.C., and probably still earlier.»[21] Van der Waerden vermutet den Beginn der *Algebra* in der babylonischen Mathematik um 1700 v. Chr., deren Zahlzeichen aus zwei Symbolen bestehen, einem Keil für die Einheit und einen Winkel für die Zehn.

Abb. 7

Babylonische Tontafel mit Keilschrift-Zahlen in Stellenordnung, um 1800 v. Chr.

Karl Menninger führt hierzu aus: «Mit dieser neuen Zahlschrift, die nur noch zwei Zeichen braucht, um alle Zahlen zu schreiben, gelingt es den Babyloniern, eine hohe Fertigkeit im Rechnen und Hand in Hand damit auch eine Mathematik zu entwickeln, deren Aufgaben und Lösungen vornehmlich aus der Gleichungslehre wir heute staunend bewundern.»[22]

---

[21] D. E. Smith, *History of Mathematics*, New York 1953, 378.

[22] Menninger, *Zahlwort und Ziffer – Eine Kulturgeschichte der Zahl*, l. c., I, 178.

Es gelingt den Babyloniern, ein Positionssystem zur Basis 60 zu entwickeln, in welchem mit Brüchen wie mit ganzen Zahlen gerechnet werden kann. Zu dieser Zeit kann unter *Algebra* noch vorwiegend *Gleichungslehre* verstanden werden. Die ägyptische Mathematik hingegen, die sich bis in die Zeit um 3000 v. Chr. zurückverfolgen läßt, basiert insbesondere auf der Geometrie und kann wegen ihrer sehr umständlichen Bruchrechnung keine höhere Algebra aufbauen.[23] Während die Ägypter und die Babylonier Gleichungen noch mit Hilfe von Worten formulierten, führt Diophantos,[24] den Kropp als ersten Zahlentheoretiker der Mathematikgeschichte bezeichnet,[25] eine symbolische Schreibweise ein. So ist das Zeichen für das Quadrat beispielsweise Δ. Soll Y quadriert werden, schreibt Diophantos Δ^{Y}.[26] Zu dieser Zeit sind unsere heute benutzten Ziffern 1, 2, ..., 0 noch nicht bekannt. Diophantos rechnet mit den griechischen Buchstabenziffern.[27] Erst um 600 n. Chr. erscheint in Indien eine Zahlschrift, die nur die ersten zehn Zeichen der indischen Brahmischrift verwendet (vorher benutzte man auch Zeichen für Zehner, Hunderter und Tausender).[28] Da die Verbreitung der indischen Zahlschrift eng mit der Person verknüpft ist, die der mathematischen Disziplin *Algebra* ihren Namen gab, soll im folgenden eine kurze Darstellung der Geschichte unserer heutigen Ziffern gegeben werden.

Die indischen Ziffern, al-Khwarizmi und die Algebra

Der Beginn der von Mohammed verkündeten Religion des Islams, in der nicht mehr die Familie die Grenze ist, bis zu welcher die Verpflichtung des einzelnen reicht, sondern die Gemeinde *aller* Gläubigen, stellt die Grundlage zur politischen Herrschaft der Araber her und bewirkt ihr Vordringen nach Norden und Westen. Im Laufe von einigen Jahrhunderten entsteht ein arabisches Reich, das von der Grenze Indiens bis nach Spanien reicht. Die Kalifen des östlichen Kalifats der Abassiden mit der Hauptstadt Bagdad, al-Mansur, Harun-al-Raschid und al-Mamun,[29] gelten als besonders wissenschaftsfreundlich und fördern insbeson-

[23] Cf. van der Waerden, *Erwachende Wissenschaft*, l. c., I, 58sq.

[24] Diophantos aus Alexandria lebte um 250 n. Chr.

[25] Cf. Kropp, *Geschichte der Mathematik*, l. c., 49.

[26] Weitere Beispiele für die symbolische Schreibweise findet man u.a. bei Katz, *A History of Mathematics*, l. c., 163 oder bei H. L. Resnikoff/ R. O. Wells, *Mathematics in Civilization*, New York 1973, 204sq.

[27] Siehe hierzu die ausführliche Darstellung der Rechenweise bei Menninger, *Zahlwort und Ziffer*, l. c., II, 76sq.

[28] Cf. Menninger, *Zahlwort und Ziffer*, II, 209sqq. und Flegg, *Numbers – Their History and Meaning*, 66sqq.

[29] al-Mansur (754 – 775), Harun-al-Raschid (786 – 809), al-Mamun (813 – 833).

dere die Mathematik und die Astronomie. Kropp weist darauf hin, daß große Teile der griechischen Mathematik hauptsächlich in arabischer Fassung ins Abendland gedrungen sind, da die Araber den unterworfenen Völkern ihre kulturelle und religiöse Freiheit ließen und deren wichtigste wissenschaftlichen Arbeiten in ihre Sprache übersetzten.[30]

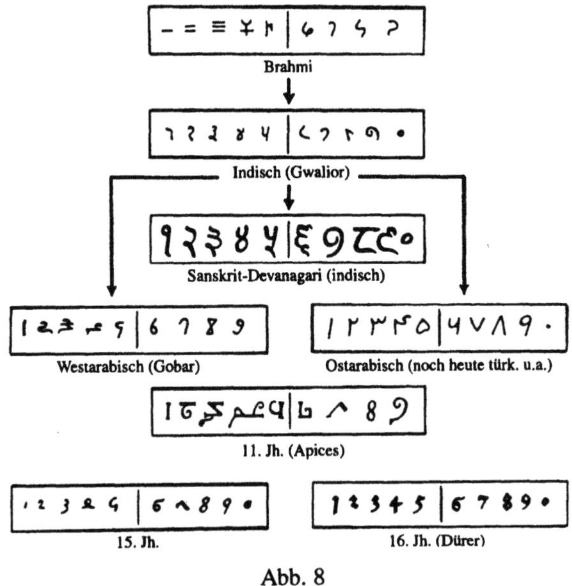

Abb. 8

Stammtafel der Zahlzeichen

Obwohl man annehmen kann, daß die indischen Zahlzeichen bereits seit der Mitte des siebten Jahrhunderts n. Chr. in der arabischen Welt bekannt waren, sorgt für ihre erste schriftliche Verbreitung ein Text des persischen Mathematikers und Astronomen Muhammad ibn-Musa al-Khwarizmi,[31] den Menninger als den wohl besten Mathematiker seiner Zeit bezeichnet. Über al-Khwarizmis Leben ist wenig bekannt, außer daß er am Hofe des Kalifen al-Mamun eines der wichtigsten Mitglieder einer Gruppe von Mathematikern und Astronomen war, die

[30] Cf. Kropp, *Geschichte der Mathematik*, l. c., 52sq.

[31] Muhammad ibn-Musa al-Khwarizmi (ca. 780 – 850) wurde in Khwarizm, dem heutigen Urgentsch. Die Schreibweise seines Namens ist in der Literatur sehr unterschiedlich: *al-Khwarizmi* bei van der Waerden, Osserman, Flegg und Katz, *al-Chwarazmi* bei Menninger, *al-Khorezmi* bei Stewart, *al-Khwarazmi* bei Kropp, *al-Hwârâzmî* bei Wußing/Arnold, *Al-Khuwarizmi* bei Ifrah, *Alkarismi* bei Jourdain, *al-Khowârizmî* bei Smith, um nur einige zu nennen.

dort im *Haus der Weisheit* (Bayt al Hikmah), der Akademie der Wissenschaften von Bagdad, arbeiteten und forschten. Al-Khwarizmi ist nach arabischen Quellen auch der erste, der über die Algebra schrieb. Van der Waerden nimmt jedoch an, daß al-Khwarizmi aus älteren Quellen schöpfte, die in Zusammenhang mit der babylonischen Algebra standen.[32]

Dieser algebraische Text, der ungefähr um 825 n. Chr. geschrieben wurde, trägt den Titel *Al-kitab al-muhtasar fi hisab al-jabr wa-l-muqabala.* Er wurde u.a. 1120 von dem Engländer Robert of Chester ins Lateinische übersetzt: *Ludus algebrae et almucgrabalaeque.* Unser heutiges Wort *Algebra* stammt also, in latinisierter Form, von dem arabischen *al-jabr*, was Reduktion von Termen[33] bei der Auflösung von Gleichungen bedeutet und wird seit dem 12. Jahrhundert als Name für die Gleichungslehre benutzt.[34] Auch die Latinisierung der Verfassernamens wird zu einem mathematischen Fachausdruck: aus al-Khwarizmi wird das Wort *Algorithmus* abgeleitet. Im Mittelalter war die Formel *dixit Algoritmi*, mit der die Übersetzung von al-Khwarizmis Buch beginnt, ein Kennzeichen für Klarheit und Autorität. Heute bedeutet Algorithmus die Beschreibung einer klaren und präzisen Prozedur zur Lösung eines gegebenen Problems. Stewart nennt es «ein Konzept, das den Kern praktischer und theoretischer Computerwissenschaft

[32] Cf. van der Waerden, *Erwachende Wissenschaft,* I, 461sq.

[33] Zur Definition einer Gleichung verwendet man den Begriff des *Terms.* Man versteht darunter Ausdrücke, die beispielsweise Variable wie x_1, x_2, ... enthalten. Dabei sind für die Variablen Elemete aus einer vorgegebenen Grundmenge G (z.B. die natürlichen Zahlen $\mathbb{N}$ oder die reellen Zahlen $\mathbb{R}$) einzusetzen. Beispiel: Sei der Term $2x_1 + 1$ gegeben und sei die Grundmenge $\mathbb{R}$, dann erhält man beispielsweise, wenn man für x_1 die reelle Zahl 0,7 einsetzt, die reelle Zahl 2,4. Lautet der Term $x_1 + x_2 - 3$, und sei die Grundmenge die Menge $\mathbb{N}$, dann können Zahlen wie 0,7 nicht eingesetzt werden, sondern nur natürliche Zahlen wie $x_1 = 4$ und $x_2 = 5$. In diesem Fall erhält man die Zahl $4 + 5 - 3 = 6$. Verbindet man zwei Terme durch das Gleichheitszeichen, so erhält man eine *Gleichung.*

[34] Zu diesem Themenkomplex schreibt Jourdain: «The word "algebra" is the European corruption of an Arabic phrase which means restoration and reduction – the first word referring to the fact that the same magnitude may be added to or subtracted from both sides of an equation, and the last word meaning the process of simplification. The science of algebra was brought among the Arabs by Mohammed ben Musa (Mahomet the son of Moses), better known as Alkarismi, in a work written about 830 A.D., and was certainly derived by him from the Hindoos. The algebra of Alkarismi holds a most important place in the history of mathematics, for we may say that the subsequent Arab and the early medieval works on algebra were founded on it, and also say that through it the Arabic or Indian system of decimal numeration was introduced into the West.» Philip E. Jourdain, *The Nature of Mathematics*, in: The World of Mathematics, l. c., 4 – 72, 23. Cf. dazu in: Smith, *History of Mathematics*, l. c., das Kapitel *Name for Algebra*, 386sqq.

und der Mathematik der Berechenbarkeit bildet.»[35] Der Name *al-Khwarizmi* umfaßt also den Beginn unserer modernen Mathematik auf der Basis der indischen aber *arabisch* genannten Zahlen über die Algebra bis hin zur modernen Computerwissenschaft.

Von großer Bedeutung, und zwar bis in die heutige Zeit, ist ein Teilgebiet der Algebra, das sich aus den Lösungsmethoden für Gleichungen entwickelt hat und als *Gruppentheorie* bezeichnet wird. Auf die Wichtigkeit dieses Begriffs weist Speiser hin, indem er einen Bogen von der pythagoreischen Zahl zum modernen mathematischen *Gruppenbegriff* spannt:[36] «Les Pythagoriciens disaient: tout est nombre. Nous pourrions, aujourd'hui, à la fois préciser et élargir cette pensée et dire: tout est groupe. En effet, les concepts par lesquels nous voyons et formons le monde ont le caractère d'un groupe.»[37] Die Aussage Speisers ist für uns von Interesse, weil sie deutlich macht, daß der mathematische Strukturbegriff in seiner Bedeutung für die heutige Zeit die Rolle, die bis vor kurzem die Zahl innehatte, übernommen hat. Da nicht davon ausgegangen werden kann, daß der Begriff *Gruppe* allgemein bekannt ist, soll er hier in seiner historischen Entwicklung, mit der sich auch Roubaud auseinandergesetzt hat, vorgestellt werden.[38]

Die historische Entwicklung des Gruppenbegriffs

Die Anfänge der Gruppentheorie gehen auf ein Problem zurück, mit dem sich schon die Mathematiker des Mittelalters beschäftigten: Dem Lösen algebraischer Gleichungen durch algebraische Methoden wie den Grundrechenarten und dem Radizieren. Die Theorie der quadratischen Gleichungen war bereits den Babyloniern bekannt, so daß insbesondere nach Lösungsmethoden für Gleichungen dritten und höheren Grades geforscht wurde. Richard Courant[39] nennt in seinem Artikel *Die Mathematik in der modernen Welt*[40] die Renaissance-Mathematiker

---

35 Stewart, *Mathematik, Probleme – Themen – Fragen*, l. c., 256.

36 Speisers Veröffentlichungen zur Gruppentheorie sind hier wegen ihrer ästhetischen *und* mathematischen Betrachtungsweise von besonderer Bedeutung.

37 Andreas Speiser, *La notion de groupe et les arts*, in: Le Lionnais, Les grands courants de la pensée mathematique, l. c., 475 – 479, 475.

38 Zur mathematischen Definition des *Gruppenbegriffs* cf. Anhang A 4.2.

39 Richard Courant (1888 – 1972), Mathematiker und Physiker. Er gehörte zu den mathematischen *Formalisten. Formalismus* bezeichnet nach David Hilbert (1862 – 1943) eine axiomatische Vorgehensweise, bei der inhaltliche Aussagen zunächst formalisiert und dann metamathematisch abgesichert werden.

40 Richard Courant, *Die Mathematik in der modernen Welt*, in: Mathematiker über die Mathematik, Hrsg. Michael Otte, Berlin 1974, 181 – 201.

Girolamo Cardano und Nicolò Tartaglia, denen es gelang, Gleichungen dritten und vierten Grades zu lösen. Klotz hingegen schreibt diesen Verdienst einer Gruppe italienischer Mathematiker zu, die hauptsächlich an der Universität von Bologna tätig waren. In seiner *Ars magna sive de regulis algebraicis* veröffentlicht schließlich Cardano 1545 die Auflösung der kubischen Gleichung.[41] Schwierigkeiten traten jedoch auf, als man versuchte, Gleichungen fünften und höheren Grades algebraisch zu lösen, was nicht gelang. Erst zu Beginn des 19. Jahrhunderts konnte dieses Problem dadurch gemeistert werden, daß die *Nichtlösbarkeit* gezeigt wurde. Zu den wichtigsten Mathematikern dieses gesamten Prozesses gehören die Wissenschaftler Joseph Louis Lagrange,[42] sowie Paolo

---

41 Die Lösung stammt indessen nicht von Cardano. Scipione del Ferro gelingt es um 1500, Spezialfälle kubischer Gleichungen zu lösen. Er veröffentlicht seine Ergebnisse jedoch nicht, sondern gibt sie an seine Schüler weiter, von denen einer – Antonio Maria Fior – in einen Wettstreit mit Nicolò Tartaglia gerät. Dieser schafft es, die ihm gestellten 30 kubischen Gleichungen richtig in einer festgesetzten Frist zu lösen. Daraufhin bitten ihn Fior und Cardano um die Bekanntgabe seines Lösungsverfahrens. Nach langem Zögern gibt Tartaglia seine Methode, in Versen angedeutet, an Cardano weiter, vom welchem er aber den Eid verlangt, Schweigen darüber zu bewahren. Die gewählte Gedichtsform zeigt, wie eng Mathematik und Dichtung in der Zeit der Renaissance noch verknüpft waren. In der englischen Übersetzung lautet das Gedicht wie folgt:

> When the cube and its things near
> Add to a new number, discrete
> Determine two new numbers different
> By that one; this feat
> Will be kept as a rule
> Their product always equal, the same,
> To the cube of a third
> Of the number of things named.
> Then, generally speaking,
> The remaining amount
> Of the cube roots subtracted
> Will be your desired count.

Cardano brach jedoch seinen Eid und veröffentlichte die Methode, wobei er aber die Namen aller der an der Lösung Beteiligten, auch den Tartaglias, nannte, was diesen dennoch nicht von einer üblen Polemik gegen Cardano abhielt. Cf. Katz, *A History of Mathematics*, l. c., 330.

42 Joseph Louis Lagrange (1736 – 1813). Er untersucht in seinem Werk *Réflexions sur la théorie algébrique des équations* von 1770, warum Gleichungen bis zum Grade *vier* lösbar sind. Er stellt einen Zusammenhang zwischen der Lösbarkeit und den *Permutationen* der Koeffizienten fest. Es gelingt ihm jedoch nicht zu zeigen, warum Gleichungen ab dem Grade *fünf* nicht lösbar sind.

Ruffini,[43] Niels Henrik Abel[44] und schließlich Evariste Galois,[45] der als erster den Begriff der *Gruppe* einführt hat. Sein Werk kann als einer der Schlüssel zur modernen Gruppentheorie bezeichnet werden.

In seinem *Traité des substitutions et des équations algébriques* von 1870 systematisiert Jordan[46] die Arbeiten über Permutationsgruppen.[47] Eine um 1849 entstandene Arbeit von Auguste Bravais über Symmetrien im dreidimensionalen Raum zur Klassifizierung der Kristallstrukturen regt Jordan an, Gruppen zu betrachten, deren Elemente keine Permutationen, sondern lineare Transformationen sind. Eine weitere die Gruppentheorie bereichernde Arbeit stammt von Sophus Lie: die Theorie der *kontinuierlichen Gruppen*. Die nach ihm benannten *Lieschen Gruppen* gehören zu den zentralen Gebieten der modernen Mathematik. Wesentlich zur Entwicklung der Gruppentheorie hat auch Felix Klein beigetragen, der u.a. an der Vereinheitlichung der in mehrere Disziplinen aufgespaltenen Geometrie[48] arbeitete. Seine Arbeit *Vergleichende Betrachtungen über neuere geometrische Forschungen* von 1872, die später als *Erlanger Programm* berühmt wurde, klassifiziert jeden Zweig der Geometrie als Invariantentheorie

---

[43] Paolo Ruffini (1765 – 1822). Der erste vorgestellte Beweis, daß Gleichungen fünften und höheren Grades nicht lösbar seien, stammt von Ruffini in einer privat gedruckten Abhandlung von 1798. Seinen Zeitgenossen war es jedoch nicht möglich, diesen Beweis zu verstehen.

[44] Niels Henrik Abel (1802 – 1829) gelingt der Beweis der Unlösbarkeit einer Gleichung fünften und höheren Grades. (Für die Lösung sind – wie bereits erwähnt – nur algebraische Methoden zugelassen: die Grundrechenarten und das Wurzelziehen)

[45] Evariste Galois (1811 – 1832). Galois benutzt – sehr vereinfacht gesagt – den Begriff der *Gruppe* in Zusammenhang mit den *Permutationen* der Wurzeln (Radikale) einer Gleichung *n*-ter Ordnung, die bestimmte Ausdrücke invariant lassen und leitet daraus die Lösbarkeit der Gleichung ab. Galois' Idee ermöglichte die Einsicht in die *Struktur* der Lösungen einer algebraischen Gleichung, indem jeder Gleichung eine eindeutig bestimmte Permutationsgruppe zugeordnet wird, an welcher man ablesen kann, ob diese Gleichung in Radikalen lösbar ist. Galois kann seine Arbeit nicht ausweiten, da er in einem Duell, möglicherweise von politischen Gegnern inszeniert, tödlich verwundet wurde. Am Vorabend schreibt er sein wissenschaftliches Testament. Seine Arbeiten, die zu Lebzeiten nicht anerkannt wurden, werden 1846 von Joseph Liouville (1809 – 1882) im *Journal des mathématiques* veröffentlicht.

[46] Jordans (1838 – 1922) *Traité* beinhaltet eine überarbeitete Fassung der Theorie Galois'.

[47] Die mathematische Definition der *Permutation* findet man im Anhang A 3.1.

[48] Hierzu gehörten u.a. die Euklidische und nichteuklidische Geometrie, projektive und affine Geometrie sowie die Differentialgeometrie.

besonderer Transformationsgruppen.[49] Damit wird die Gruppe zum ordnenden Prinzip der Geometrie.

Bis zu diesem Zeitpunkt wurde der Gruppenbegriff immer in Bezug auf bestimmte Elemente wie Permutationen oder Transformationen benutzt. Arthur Cayley definiert als erster die *abstrakte Gruppe*. Für ihn ist eine Gruppe «a set of symbols, 1, α, β, ..., all of them different, and such that the product of any two of them (no matter in what order), or the product of any one of them into itself, belongs to the set... It follows that if the entire group is multiplied by any one of the symbols, either [on the right or the left], the effect is simply to reproduce the group.»[50] In einer Arbeit von Samuel Eilenberg und Saunders MacLane aus dem Jahre 1945 wird durch die Verallgemeinerung des Erlanger Programms von Felix Klein weiter vom Gruppenbegriff abstrahiert: Eilenberg und MacLane führen den Begriff der *Kategorie* ein.[51] Die Theorie der Kategorien, die von Katz als «an abstraction of an abstraction» bezeichnet wird, gehört zu Roubauds bevorzugten mathematischen Arbeitsgebieten.[52]

---

49 Stewart verdeutlicht dies wie folgt: «Man betrachte beispielsweise die Euklidische Geometrie. Der Grundbegriff ist der kongruenter Dreiecke; und zwei Dreiecke sind kongruent, wenn sie dieselbe Gestalt und Größe haben. Mit anderen Worten, wenn sie durch eine starre Bewegung der Ebene ineinander überführt werden können. Uns liegt somit eine Transformationsgruppe der Ebene vor, und die in der Euklidischen Geometrie untersuchten Eigenschaften sind diejenigen, wie Längen und Winkel, die sich unter der Wirkung dieser Gruppe nicht ändern, also *invariant* bleiben». Cf. Stewart, *Mathematik,* l. c., 116.

50 Cf. Katz, *A History of Mathematics*, l. c., 606sq.

51 Unter einer *Kategorie* versteht man Objekte $A, B, C, \ldots$ *und* Mengen von strukturverträglichen Abbildungen. Man spricht dann von der Kategorie der topologischen Räume, der Kategorie der Gruppen etc. «Aufgabe der Kategorientheorie ist es, Analogien von Begriffen und Konstruktionen, die in verschiedenen Teilgebieten der Mathematik auftreten, mathematisch exakt zu definieren und deren gemeinsame Eigenschaften zu erfassen. Dazu verallgemeinert man strukturierte Mengen, wie beispielsweise Gruppen und topologische Räume, zu Objekten und strukturverträgliche Abbildungen, wie etwa Homomorphismen und stetige Abbildungen, zu Morphosmen einer Kategorie.» Hartmut Ehrig/ Michael Pfender, *Kategorien und Automaten*, Berlin 1972, Einleitung.

52 «L'exploration mathématique en vue du projet que j'ai menée parallèlement à celle de la poésie a passé par une série d'étapes dont je me contenterai maintenant d'énumérer quelques unes [...]: groupes formels, groupes simples, changements de parenthèses *n*-aires, démonstration automatique de théorèmes, théorie des catégories». *Incendie*, 191. Cf. *Mathematique: (récit)*, 129. Armel schreibt hierzu: «Jacques Roubaud est un explorateur: mathématicien de formation, il s'intéresse à la théorie des catégories qui s'attache à décrire la structure même des mathématiques.» Armel, *Les cercles de la mémoire*, l. c., 96.

Aufgrund des abstrakten Gruppenbegriffs wird es Raymond Queneau[53] und Jacques Roubaud möglich sein, eine Gruppenstruktur für *nichtmathematische* Elemente und Verknüpfungen zu prägen und literarisch einzusetzen. Die Umsetzung der mathematischen Gruppeneigenschaften in einem Prosatext wird von Roubaud auf geniale Weise in *La Princesse Hoppy ou le conte du Labrador* vorgeführt und bildet den Schwerpunkt der Analyse dieser Erzählung.[54]

Die Weiterentwicklung der Algebra

Für die Verbreitung der indischen Ziffern im Abendland trägt insbesondere Leonardo von Pisa, unter dem Namen *Fibonacci* bekannt, in seinen Buch *Liber abaci* aus dem Jahr 1202 bei.[55] Smith bezeichnet Fibonacci aufgrund seines Werkes *Liber Quadratorum* (ca. 1225) als den größten Algebraiker des Mittelalters. Dreihundert Jahre später trägt Adam Ries[56] zur Verbreitung der als schwierig empfundenen Rechenkunst bei, indem er in deutscher Sprache und allgemeinverständlich schreibt. Zu Beginn des 16. Jahrhunderts bekommt die Algebra zusätzlichen Aufschwung durch die Erweiterung des Zahlenbereichs. Das Lösen von Gleichungen 2., 3. und 4. Grades führt dann zu den *imaginären* und damit zu den komplexen Zahlen.

Die entscheidende Vervollkommnung der algebraischen Bezeichnungsweise wird Vieta und Descartes zugeschrieben. Vieta erkannte die Bedeutung des Rechnens mit Symbolen, d.h. mit Operationssymbolen und Buchstaben. Dadurch trat die Algebra gleichberechtigt neben die Geometrie, welche bis zu diesem Zeitpunkt mit Mathematik gleichgesetzt wurde. Descartes entwickelte ein System der Mathematik, welches Geometrie und Algebra verbindet und als Grundlage der *analytischen Geometrie* dient. Da Descartes die Eigenschaften der Materie auf

---

53 Cf. Raymond Queneau, *La relation x prend y pour z*, in: Oulipo, La littérature potentielle, l. c., 58 – 61 und Georges Perec, *x prend y pour z*, in: Oulipo, Atlas de la littérature potentielle, l. c., 174 – 177.

54 Cf. Kapitel 4.3.2.

55 Cf. Menninger, *Zahlwort und Ziffer*, l. c., II, 243.

56 Adam Ries (1492 – 1559), Bergbaubeamter und nebenamtlich Leiter einer Rechenschule, gehört zu den *Cossisten*. Abgeleitet aus dem lateinischen Wort *causa* für die Unbekannte linearer Gleichungen stammt das italienische *cosa*. Hieraus wurden die Wörter *Coß*, Bezeichnung für das Rechenverfahren und *Cossist*, für dessen Lehrer, gebildet. Adam Ries vollendet die Arbeiten an seiner *Coß* im Jahre 1524. Diese Arbeit liegt nur handschriftlich vor, sie wurde nie gedruckt.

die *Ausdehnung*[57] zurückführt, überwindet er die aristotelische Philosophie, die eindimensional ausgerichtet war. Die Handlungen des mathematischen Denkens beim Aufbau axiomatischer Systeme werden bei Descartes zu allgemeinen Handlungen des Intellekts. «Die Tatsache, daß Descartes den Aufbau seines mathematischen Systems mit einer Hinwendung zu geometrischen Objekten (Strecken) beginnt, bedeutet nicht, daß dieses System geometrischen Charakter besitzt. Die Verbindung mit der Geometrie wird erhalten, aber die „Universalmathematik" Descartes', das ist vor allem die Algebra. Die Strecken werden mit Buchstaben bezeichnet, und die Aufgabenlösung wird in die Aufstellung und Auflösung einer Gleichung überführt.»[58] Descartes löste diese Gleichungen jedoch nicht durch das Berechnen von Wurzeln, sondern durch Kurvenüberschneidung, also mit einem geometrischen Hilfsmittel. Diese Methode machte eine Klassifikation der Kurven nach ihren Gleichungen erforderlich, d.h. es mußten geometrische Formen mit den algebraischen Gleichungen in Verbindung gebracht werden. Dies wurde, nach Kedrovskij «mittels der Grundidee der analytischen Geometrie, der Einführung von Variablen und der Herstellung funktionaler Abhängigkeiten zwischen ihnen mit Hilfe der Koordinatenmethode, verwirklicht.»[59] Während bis ins 18. Jahrhundert *Algebra* das Lösen von Gleichungen bedeutet, versteht man ab dem 19. Jahrhundert unter Algebra «the study of various mathematical structures, that is, sets of elements with well-defined operations, satisfying certain specified axioms.»[60]

Einen entscheidenden Einfluß auf die Entwicklung des grundlegenden Begriffs der *Verknüpfung* hat u.a. Carl Friedrich Gauß[61] genommen. Seine Überlegungen führen bis zur allgemeinen Struktur der *endlichen abelschen Gruppe*.[62] Wichtig für unsere anschließende Textanalyse ist der von Friedrich Gauß eingeführte Begriff *modulo n*, der erstmalig in seinen *Disquisitiones Arithmeticae* definiert

---

[57] Noch heute ist das rechtwinklige Koordinatensystem, ein *zweidimensionales* System, nach Descartes als *kartesisches Koordinatensystem* benannt. Die Philosophie Descartes stellt somit gleichzeitig ein *geometrisches* Instrument dar.

[58] Oleg Ivanovic Kedrovskij, *Wechselbeziehungen von Philosophie und Mathematik im geschichtlichen Entwicklungsprozeß*, Leipzig 1984, 120 [Hervorhebung durch Unterstreichen Kedrovskij].

[59] Ib. 121.

[60] Katz, *A History of Mathematics*, l. c., 585.

[61] Carl Friedrich Gauß (1777 – 1855). Wir werden später auf Gauß zurückkommen.

[62] Auf den Begriff der *abelschen Gruppe* wird später eingegangen. Dieser Begriff ist bei der Analyse der Erzählung *La Princesse Hoppy* von Bedeutung. Cf. Anhang A 4.7.

wird. Ian Stewart beschreibt ihn auf sehr einfache Weise:[63] «Man betrachtet eine Uhr, die (in unorthodoxer Weise) mit den Stunden 0, 1, 2, ..., 11 numeriert ist. Eine solche Uhr weist eine ihr eigene besondere Arithmetik auf. Da beispielsweise 8 Uhr drei Stunden nach 5 Uhr ist, können wir sagen, daß wie üblich 3 + 5 = 8 ist. Drei Stunden nach 10 Uhr ist jedoch 1 Uhr, und 3 Stunden nach 11 Uhr ist 2 Uhr; aus dem gleichen Grunde ist also 3 + 10 = 1 und 3 + 11 = 2. [...] Nach Gauß beschreiben wir sie als Arithmetik *nach dem Modul* 12 und ersetzen „=“ durch das Symbol „■“ [...]. Die Relation „■“ heißt Kongruenz. In der Arithmetik *modulo* (d.h. nach dem Modul) 12 werden alle Vielfachen von 12 ignoriert. Es ist also 10 + 3 = 13 ■ 1, da 13 = 12 + 1 ist und wir die 12 ignorieren können.»[64]

Als weitere wichtige Etappen in der Entwicklung der Algebra nennt Bourbaki «algèbre de la Logique avec Boole, vecteurs, quaternions et systèmes hypercomplexes généraux avec Hamilton, matrices et lois non associatives avec Cayley.»[65] Zu Beginn des 20. Jahrhunderts treten insbesondere Emil Artin[66] und Emmy Noether,[67] sowie die Algebraiker ihrer Schule, u.a. der bereits mehrfach zitierte van der Waerden, mit einschneidenden algebraischen Forschungsergebnissen hervor, auf die hier nicht eingegangen werden soll, da sie zu umfangreiche mathematische Vorkenntnisse erfordern. Roubaud hat sich mit der Geschichte der Algebra und ihren berühmtesten Vertretern ausführlich beschäftigt wie er in *L'abominable tisonnier de John McTaggart Ellis McTaggart* in dem Kapitel über den Mathematiker Hilbert zeigt.[68]

«But it is into algebra that we must now look to discover the nature of Mathematics.»[69]

---

[63] Mathematische Definition cf. Anhang A 2.1.

[64] Ian Stewart, *Mathematik, Probleme – Themen – Fragen*, l. c., 30sq.

[65] Bourbaki, *Éléments d'histoire des mathématiques*, Paris 1960, 74.

[66] Emil Artin (1898 – 1962). Insbesondere sein Werk über algebraische Geometrie übt einen starken Einfluß auf Jacques Roubaud aus, wie wir anschließend in Kapitel 2.2 sehen werden.

[67] Emmy Noether (1882 – 1935). «Her 1921 paper on ideal theory was a landmark and has had a profound influence on ring theory and on algebra generally.» Keith Nicholson, *Abstract Algebra*, Boston 1993, 287.

[68] Jacques Roubaud, *L'abominable tisonnier de John McTaggart Ellis McTaggart – et autres vies plus ou moins brèves*, Paris 1997.

[69] Philip E. B. Jourdain, *The Nature of Mathematics*, l. c., 4 – 72.

Die Weiterentwicklung der Mathematik

Während Inder und Araber die griechische Tradition fortsetzten, ist in der christlich-abendländischen Welt der Wahrheitsbegriff, der vorher eng mit der Mathematik verbunden war, mit der Heiligen Schrift verknüpft – die materielle Welt ist nun von zweitrangigem Interesse. Morris Kline hält die Zeit von 500 bis 1500 für eine wenig fruchtbare Periode hinsichtlich mathematisch-philosophischer oder naturwissenschaftlicher Erkenntnisse:[70] «The conditions of life on this earth were immaterial and hardship and suffering were not only to be tolerated but were in fact to be undergone as a test of man's faith in God. Understandably, interest in mathematics and science which had been motivated in Greek times by the study of the physical world was at a nadir.»[71] Nach 1500 gewinnt die Lehre der Griechen wieder an Bedeutung. Aus der mathematischen Struktur der Natur und Gott als deren Schöpfer folgt die Doktrin, daß der christliche Gott das Universum nach mathematischen Gesichtspunkten geschaffen hat.

Das Zeitalter des Rationalismus

Der Gebrauch der Vernunft und die eigenständigen Leistungen der denkenden Individuen, sowie die Skepsis gegen Überlieferung und Autorität, führen im Zeitalter der Aufklärung, welches u.a. durch den Deismus geprägt ist, zu einer kritischen Haltung gegenüber der Religion, über die die Wissenschaften, insbesondere aber auch die Naturwissenschaften, die Oberhand gewinnen. Von nun an kann frei nach der Vernunft *(ratio)* argumentiert werden.

Die entscheidende Rolle, welche René Descartes der Vernunft zuweist, begründet die Bezeichnung *Rationalismus*. Der Aufbau der Wirklichkeit wird durch die Prinzipien des Denkens erkennbar. Vorbild ist für Descartes die Methode der *Mathematik*, aus wenigen aber sicheren Axiomen Schlüsse zu ziehen. Eine erfolgreiche naturwissenschaftliche Methode wurde aber erst durch die Kombination von Deduktion und Induktion möglich. Descartes mathematische Leistung besteht hauptsächlich darin, einen einheitlichen Formalismus angestrebt und in Teilen angewandt zu haben. Man kann ihn als einen der Wegbereiter der neuzeitlichen Mathematik bezeichnen. Bahnbrechend wirkt sich das Gravitationsgesetz aus,[72] welches Isaac Newton aus den Keplerschen Gesetzen herleitet. Während der Physik Descartes die Materie als objektive Realität, deren wichtigste Eigen-

---

70 Die Geschichte der Mathematik dieser Zeit ist noch nicht ausreichend erforscht.

71 Kline, *Mathematics – The Loss of Certainty*, l. c., 33.

72 Dieses Gesetz sagt aus, daß die Anziehung zwischen Massenkörpern umgekehrt quadratisch zur Entfernung proportional ist.

schaft ihre *Ausdehnung* ist,[73] zugrundeliegt, in der für die Entstehung von Bewegung ein erster Anstoß notwendig war, als dessen Urheber nur Gott in Frage kam, deutet das Kernstück der Newtonschen Physik, das Gravitationsgesetz, «die Bewegung als ein der Materie immanentes Prinzip und nicht mehr als ein Phänomen, das eines göttlichen Anstoßes bedurfte. Damit war ein großer Schritt zu einer atheistischen Weltanschauung der Zukunft getan.»[74] Isaac Newtons Arbeit *Philosophiae naturalis principia mathematica (1687)*, in welcher er u.a. das Gravitationsgesetz herleitet, kann als entscheidender Wendepunkt in der Geschichte der Naturwissenschaften aufgefaßt werden.[75]

Auch in der Mathematik leistet Newton bedeutende Arbeit. So stammt von ihm die Theorie der *unendlichen Reihen* als eine eigenständige mathematische Disziplin, welche er unter dem Titel *De Analysi per aequationes numero terminorum infinitas* 1669 fertigstellt, die aber erst im Jahre 1711 veröffentlicht wird. Weiterhin führt er kartesische Koordinaten als ein System von zwei einander orthogonal schneidenden Achsen ein, welches die Ebene in vier Quadranten teilt. Fast gleichzeitig mit Leibniz, aber unabhängig voneinander, führt Newton Überlegungen zur Integral- und Differentialrechnung durch, die unter dem Namen *Fluxionsrechnung* bekannt wurden. Allerdings konnte sich der Leibnizsche *Calculus* durchsetzen. Noch zu Lebzeiten beider Wissenschaftler hatte sich ein Prioritätsstreit erhoben, bei dem Leibniz des Plagiats bezichtigt wurde. Es konnte später bewiesen werden, daß Leibniz die Arbeiten Newtons zur Fluxionsrechnung nicht kannte. Leibniz leistet Entscheidendes nicht nur in der Differential- und Integralrechnung im Sinne ihrer in die Zukunft weisenden Formalisierung, sondern er wird auch als der *Vater* der modernen symbolischen Logik bezeichnet.

Das 18. Jahrhundert zeichnet sich durch ein gewaltiges mathematisches Schöpfertum aus, insbesondere auch als Folge der Arbeiten von Newton und Leibniz.

---

[73] Descartes unterscheidet zwischen *res cogitans* und *res extensa*. Er «untersucht das Ich, das ihm aus dem Zweifel bleibt und bezeichnet es als **res cogitans**, d.h. als denkendes Ding. In ihm fallen „Geist bzw. Seele bzw. Verstand bzw. Vernunft" zusammen. [...] Sein Gegenstück ist die **res extensa**, die die äußere Körperwelt darstellt. Diese äußeren Dinge sind v.a. durch *Ausdehnung* [...] und *Bewegung* ferner durch Gestalt, Größe, Anzahl, Ort und Zeit bestimmt. Diese sind die *primären Eigenschaften* der Körper. Sie sind ferner *rational*, weil quantitativ und mathematisch erfaßbar.» *dtv-Atlas zur Philosophie*, l. c., 107.

[74] Helga Bergmann, *Der Beitrag der Naturwissenschaften zur Säkularisierung des Weltbildes*, in: Französische Aufklärung – Bürgerliche Emanzipation, Literatur und Bewußtseinsbildung, Hrsg. Winfried Schröder u.a., Leipzig 1979, 169 – 189, 174.

[75] Die Physik Newtons wird im 20. Jahrhundert durch die Relativitätstheorie Einsteins in einen noch tieferen Zusammenhang eingebettet.

Neben den Bernoullis,[76] gilt Leonhard Euler als der große Mathematiker dieses Jahrhunderts. Er schafft beispielsweise Ordnung in Darstellungen und Bezeichnungsweisen: *e* als Basis des natürlichen Logarithmus, *i* als imaginäre Einheit und π als Kreiszahl. Von ihm stammen über 800 Forschungsarbeiten[77] auf den Gebieten «Arithmetik, Algebra, Analysis, Variationsrechnung, theoretische Mechanik, Astronomie. Hinzu kommen Bücher über Hydraulik, Schiffsbau, Artilleriewissenschaft, Optik, Musik sowie eine philosische Darstellung naturwissenschaftlicher Probleme in den *Lettres à une princesse d'Allemagne sur quelques sujets de physique et de philosophie* (1760 – 1772).»[78]

Nach Euler ist auch eine von Roubaud in der Erzählung *La Princesse Hoppy* erwähnte Konstante benannt:

$$C = \lim_{n \to \infty} (1 + 1/2 + 1/3 + \ldots + 1/n - \ln n) = 0{,}5772\ldots.$$

In Frankreich treten im 18. Jahrhundert insbesondere die Mathematiker d'Alembert, Lagrange, Laplace und Legendre hervor.

Abschließend läßt sich feststellen, daß die Fortschritte der Mathematik im 17. und 18. Jahrhundert diejenigen früherer Epochen weit hinter sich gelassen haben. Auf den Gebieten der Arithmetik, Algebra, Geometrie und Wahrscheinlichkeitsrechnung, insbesondere aber in der Analysis sind weitreichende Ergebnisse erzielt worden.

Das 19. Jahrhundert: Ordnung – und die Suche nach Wahrheit

Man kann das 19. Jahrhundert bezüglich der Mathematik sowie der Naturwissenschaften als *ordnendes* Jahrhundert bezeichnen, in dem die stürmischen Entwicklungen des 18. Jahrhunderts neu konzipiert und strukturiert wurden. Neben dem

---

[76] Gerhard Kropp vergleicht die Familie der Bernoullis mit der Familie Bachs: in drei Generationen trifft man auf acht hervorragende Mathematiker. Cf. Kropp, *Geschichte der Mathematik,* l. c., 140.

[77] Die Arbeiten von Euler sind so umfangreich, daß sie hier nicht ausführlich dargestellt werden können.

[78] Kropp, *Geschichte der Mathematik,* l. c., 150. Bei der Prinzessin handelt es sich um die Markgräfin Friederike Charlotte Ludovica Luise (1745 – 1808), Cousine zweiten Grades von Friedrich dem Großen und Äbtissin des Stiftes von Herford. Sie war während des Briefwechsels mit Euler 15 bis 17 Jahre alt. Cf. dazu auch: Leonhardi Euleri, *Opera Omnia*, Volumen undecimum, edidit Andreas Speiser, Turici MCMLX.

Gruppenbegriff ist der Begriff der *Invariante* für die Mathematik des 19. Jahrhunderts kennzeichnend, da er wie dieser eine Vereinheitlichung algebraischer und geometrischer Fragestellungen ermöglicht. Kropp führt hierzu aus: «Mit dem 19. Jahrhundert setzt eine Entwicklung in zwei Richtungen ein: Auf der einen Seite wird das Bedürfnis deutlich, frühere Ergebnisse logisch zu sichern und systematisch darzustellen. Andererseits werden ganz neue Disziplinen geschaffen, von den hier nur die Gruppentheorie, die Funktionentheorie und die Mengenlehre (set theory) genannt werden mögen.»[79]

Bis in die zweite Hälfte des 19. Jahrhunderts war man stets auf der Suche nach einer mathematischen Struktur des Universums, was immer zugleich mit der Suche nach absoluter Wahrheit verbunden war. Für Bertrand Russell war dies ein Hindernis an der Fortentwicklung der mathematischen Wissenschaft, die seiner Meinung nach – aber nur vom Standpunkt eines Logikers wie Russell richtig – erst zu diesem Zeitpunkt wieder entscheidende Fortschritte machte. «Nevertheless, in each decade since 1850 more has been done to advance the subject than in the whole period from Aristotle to Leibniz. People have discovered how to make reasoning symbolic, as it is in Algebra, so that deductions are effected by mathematical rules. They have discovered many rules besides the syllogism, and a new branch of logic, called the Logic of Relatives,[80] has been invented to deal with topics that wholly surpassed the powers of the old logic, though they form the chief contents of mathematics.»[81] In diesem Zusammenhang erwähnt Morris Kline insbesondere die nichteuklidische Geometrie, die von Nikolai Lobatschewski[82] entwickelt wurde, sowie die Einführung der Quaternionen durch William Hamilton.[83] Diese Entwicklungen in der Mathematik hatten bezüglich des Wahrheitsbegriffs schwerwiegende Konsequenzen. Wenn die Euklidische Geometrie wahr ist und das Universum beschreibt, wie kann dann eine nichteuklidische Geometrie existieren, die mathematisch ebenso korrekt ist?

---

79 Kropp, *Geschichte der Mathematik*, l. c., 162.

80 Diese wird auf C.S. Peirce zurückgeführt.

81 Bertrand Russell, *Mathematics and the Metaphysicians*, in: The World of Mathematics, Hrsg. James R. Newman, l. c., III, 1576 – 1590, 1576.

82 Nikolai Iwanowitsch Lobatschewski (1792 – 1856). Das fünfte Postulat des Euklid konnte nicht bewiesen werden. Lobatschewski versuchte deshalb, die Unbeweisbarkeit zu zeigen. Im Rahmen dieser Bemühungen entstand eine neue Geometrie, die nichteuklidische Geometrie, die anstelle des fünften Postulats von der Annahme ausging, «daß sich durch einen Punkt außerhalb einer Geraden mehr als eine nicht schneidende Gerade ziehen lassen.» Leonard Nelson, *Beiträge zur Philosophie der Logik und Mathematik*, Frankfurt 1959, 16.

83 Cf. Kline, *Mathematics – The Loss of Certainty*, l. c., 172.

Die Antwort kann nur sein, daß die Mathematik nicht von vornherein existiert, sondern von Menschen *geschaffen* wird. Dies entspricht der anfangs erwähnten zweiten Auffassung von Mathematik. Edward Kasner und James Newman schreiben über die Konsequenzen für die Mathematik des 20. Jahrhunderts: «Today mathematics is unbound; it has cast off its chains. Whatever its essence, we recognize it to be as free as the mind, as prehensile as the imagination. Non-Euclidean geometry is proof that mathematics, unlike the music of the spheres, is man's own handiwork, subject only to the limitations imposed by the laws of thought.»[84]

Auf den Freiheitsaspekt geht auch Morris Kline ein, wenn er die Bedeutung der nichteuklidischen Geometrie untersucht, die später in der Relativitätstheorie physikalische Anwendung fand: «Thus history teaches us that mathematicians should feel free to investigate axioms which have no immediate or obvious bearing on the physical world. Consequently, mathematics has been given a new dimension of freedom, the freedom to explore what the mind wishes to [...]»[85] Und er zitiert Georg Cantor, den Begründer der Theorie der *transfiniten Zahlen*, einen der bedeutendsten Mathematiker des späten 19. Jahrhunderts: «Cantor [...] was able to say, "The essence of mathematics is its freedom."»[86]

Wir wollen an dieser Stelle etwas näher auf die Arbeiten Cantors eingehen, da sie zum Verständnis einiger Passagen in Roubauds Erzählung *La Princesse Hoppy* nötig sind. Georg Cantor entdeckte, daß einige Unendlichkeiten größer sind als andere und konnte damit die *Paradoxa* beseitigen, die zuvor bei der Erklärung des *Unendlichen* auftraten. Mit dem Begriff der *Mächtigkeit* oder *Kardinalzahl* konnte Cantor eine Klassifikation der Zahlenmengen schaffen, die u.a. die *abzählbaren* Mengen wie die natürlichen oder rationalen Zahlen vom Kontinuum der reellen Zahlen trennt.

Mit dem Begriff der *transfiniten Kardinalzahl* gelingt es Georg Cantor, unendliche Mengen zu ordnen.[87] Die kleinste unendliche Menge ist diejenige, welche die natürlichen Zahlen $\{1, 2, 3, \ldots\}$ beinhaltet. Cantor bezeichnet ihre *Größe*

84 Edward Kasner/James Newman, *Mathematics and the Imagination*, New York 1947, 359.

85 Kline, *Mathematics – A Cultural Approach*, Menlo Park 1962, 574.

86 Ib.

87 Hierbei sind die *Cantorschen Kardinal- und Ordinalzahlen* nicht mit den im allgemeinen Sprachgebrauch üblichen – wie in Kapitel 1.4 beschrieben – zu verwechseln.

durch die transfinite Kardinalzahl $\aleph_0$ (Alephnull), und dies ist die kleinste *unendliche Zahl.* Für diese Kardinalzahl gelten die folgenden Eigenschaften:[88]

$$\aleph_0 + 1 = \aleph_0 , \qquad \aleph_0 + \aleph_0 = \aleph_0 , \qquad \aleph_0^2 = \aleph_0$$

Mengen mit der transfiniten Kardinalzahl $\aleph_0$ heißen *abzählbar.* Cantor gelingt es zu beweisen, daß nicht jede unendliche Menge *abzählbar* ist. Aus der Schulmathematik kennt man das *Cantorsche Diagonalverfahren*, das die Nichtabzählbarkeit der reellen Zahlen zeigt. Da die Menge der rationalen Zahlen jedoch abzählbar ist, die Menge der reellen Zahlen aber nicht, mußte es Zahlen geben, die nicht rational sind. Diese Folgerung sicherte zugleich die Existenz *transzendenter Zahlen* wie beispielsweise π. Der Beweis der Unmöglichkeit einer *Quadratur des Kreises* (mit Zirkel und Lineal) beruht gerade auf der Transzendenz von π. Cantor konnte beweisen, daß es mehr transzendente Zahlen als rationale gibt. Die *Reihe der transfiniten Kardinalzahlen* lautet:

$$\aleph_0, \aleph_1, \aleph_2, \aleph_3, \ldots, \aleph_{14}, \ldots$$

Im Umgang mit unendlichen Mengen schuf Cantor außerdem den Begriff der *transfiniten Ordinalzahl*, die er mit dem Buchstaben ω (Omega) bezeichnete. ω stellt die kleinste *transfinite Ordinalzahl* dar und ist als die erste Zahl, die größer als alle natürlichen Zahlen ist, definiert: $\omega = \{1, 2, 3, \ldots | \}$.

88 Ein berühmtes Beispiel eines Paradoxons ist unter dem Namen *Hilberts Hotel* bekannt. Es veranschaulicht auf einfache Weise die Probleme, die im Umgang mit dem Begriff *Unendlich* – vor Cantor – auftraten. Hilbert hat ein imaginäres Hotel mit unendlichen vielen Räumen beschrieben, die mit den Zahlen 1, 2, 3, ... numeriert waren. «Eines Abends, als das Hotel voll besetzt ist, trifft ein einzelner Gast ein und sucht nach Logis. Der findige Hotelmanager schiebt jeden Gast ein Zimmer weiter, so daß der Bewohner von Zimmer 1 nach Zimmer 2 verlegt wird, der von Zimmer 2 in Zimmer 3 und so weiter. Nachdem alle Gäste umverlegt sind, wird Zimmer 1 für den Neuankömmling frei! Am nächsten Tag trifft eine unendliche Reisekutsche ein, die unendlich viele neue Gäste enthält. Diesmal verlegt der Manager den Bewohner von Zimmer 1 in Zimmer 2, den von Zimmer 2 nach Zimmer 4, den von Zimmer 3 nach Zimmer 6, ..., den von Zimmer *n* nach 2*n*. Damit werden alle Zimmer mit ungerader Nummer frei, der Kutschenreisende Nummer 1 kann also in das Zimmer 3, Nummer 2 in Zimmer 3, Nummer 3 in Zimmer 5 und allgemein Nummer *n* in Zimmer 2*n* – 1. Selbst wenn unendlich oft Kutschen voller Reisender eintreffen, kann jeder untergebracht werden.» Ian Stewart, *Mathematik, Probleme – Themen – Fragen*, l. c., 78sq. Hilbert hat Entscheidendes auf dem Gebiet der Geometrie geleistet. Wichtig sind jedoch auch seine Arbeiten zur Zahlentheorie, Algebra und Analysis. Cf. auch Roubaud, *L'abominable tisonnier de John McTaggart Ellis McTaggart et autres vies plus ou moins brèves*, Kapitel XXIV *Vie de Saint Hilbert.*

Die *transfinite Ordinalreihe* lautet dann wie folgt:

$1, 2, \ldots, \omega, \omega+1, \omega+2, \ldots, \omega+\omega, \omega+\omega+1, \omega+\omega+2, \ldots, \omega+\omega+\omega, \ldots, \omega^2 \ldots$

Cantors Forschungsergebnisse können als grundlegend für die heutige Mathematik bezeichnet werden.

Kommen wir nun auf eine weitere wichtige Auswirkung der nichteuklidischen Geometrie zurück, nämlich die Erkenntnis, daß Mathematik keine Wahrheiten erzeugt. Während die Griechen die Axiome und die daraus folgenden Theoreme der Euklidischen Geometrie annahmen, da sie glaubten, sie seien Wahrheiten über die physikalische Welt, ist seit der Schaffung der nichteuklidischen Geometrie, und der damit verbundenen Existenz widersprüchlicher Geometrien, der Wahrheitsbegriff nicht mehr notwendig mit Mathematik verbunden.[89]

Als Wegbereiter zur Moderne gilt Carl Friedrich Gauß, der als einer der größten Wissenschaftler überhaupt bezeichnet werden kann. Durch sein erstes Werk, die *Disquisitiones arithmeticae*,[90] wird die Zahlentheorie, die bis zu diesem Zeitpunkt eine Sammlung interessanter Einzelergebnisse war, zu einer einheitlichen und systematischen Wissenschaft. Auch in der Algebra und Analysis erzielt Gauß entscheidende Forschungsergebnisse. Ihm gelingt u. a. der Beweis des *Fundamentalsatzes der Algebra*, der besagt, daß jedes Polynom n-ten Grades genau n Nullstellen besitzt.[91] Neben der reinen Mathematik arbeitet Gauß aber auch auf Gebieten wie der Astronomie, der Geodäsie und der Physik.

Im Zusammenhang mit dem Wahrheitsbegriff sind Gauß' Überlegungen zu nennen, welche der Frage nachgingen, ob die Euklidische oder die nichteuklidische Geometrie die wahre sei, womit die in der realen Wirklichkeit geltende Geometrie gemeint war. Er stellt fest, «daß sich Abweichungen zwischen beiden Geometrien nur in Effekten auswirken, die unterhalb der Beobachtungsgenauigkeit liegen.»[92]

Felix Klein gelingt es 1872 zu zeigen, daß Euklidische und nichteuklidische Geometrie nur unterschiedliche Aspekte einer übergreifenden Geometrie darstellen, in der sie als Spezialfälle enthalten sind.

89 Cf. Kline, *Mathematics – A Cultural Approach*, l. c., 572sq.

90 Gauß schrieb die *Disquisitiones arithmeticae* im Alter von 19 bis 21 Jahren, also von 1796 bis 1798. Das Buch wurde erst im Jahr 1801 gedruckt.

91 Gauß hat diesen Satz auf vier verschiedene Arten bewiesen.

92 Wußing/Arnold, *Biographien bedeutender Mathematiker*, l. c., 314.

Die Natur der Mathematik

Eine differenzierte Auffassung vom Wesen der Mathematik, die sich jedoch an die pythagoreische Auffassung anlehnt, finden wir bei Philip Jourdain. Er unterscheidet in seinem Werk *The Nature of Mathematics* zwischen *Mathematics* und *mathematics*, indem er *Mathematics* als vom Menschen unabhängig existierend definiert und mit *mathematics* das Wissen über die Mathematik bezeichnet. Für ihn gibt es eine abstrakte Wirklichkeit außerhalb der realen Welt, die sich entdecken und erforschen läßt, aber nicht geschaffen wird. «At last, then, we arrive at seeing that the nature of Mathematics is independent of us personally and of the world outside, and we can feel that our own discoveries and views do not affect the Truth itself, but only the extent to which we or others see it. Some of us discover things in science, but we do not really create anything in science any more than Columbus created America.»[93]

Im französischen Sprachraum wird oft zwischen *la mathématique* und *les mathématiques* unterschieden. In der Encyclopédie von Diderot und D'Alembert finden wir das Stichwort *mathématique ou mathématiques*. Die Unterscheidung wird hier jedoch eher historisch gesehen: «*Mathématiques* au pluriel est beaucoup plus usité aujourd'hui que *Mathématique* au singulier. On ne dit guere la *Mathématique*, mais les *Mathématiques.*» Etwas später in dem Artikel wird zwischen *Mathématiques pures,* unter der man Arithmetik und Geometrie versteht, und *Mathématiques mixtes* unterschieden. Zu den *Mathématiques mixtes* gehören «la Méchanique, l'Optique, l'Astronomie, la Géographie, la Chronologie, l'Architecture militaire, l'Hydrostatique, l'Hydraulique, l'Hydrographie ou Navigation.»[94] Der Philosoph und Begründer des Positivismus, Auguste Comte, spricht von *la mathématique*, «la science qui a pour but la mesure des grandeurs», einer Definition, die man schon bei Aristoteles und Descartes findet, wenn er den *esprit d'unité* dieser Wissenschaft hervorheben will. *La mathématique* ist bei Comte jedoch im Unterschied zu Jourdain, angewandte Mathematik.[95] Auch Nicolas Bourbaki[96] wirft in seinem Artikel *L'architecture des mathématiques* die Frage nach *La Mathématique, ou les Mathématiques* auf. Die Beantwortung ist jedoch nicht philosophischer Natur, sondern innermathematisch: «[...] nous n'entreprendrons pas d'examiner les rapports des mathématiques avec

93 Philip E. B. Jourdain, *The Nature of Mathematics*, in: The World of Mathematics, l. c., I, 4 – 72, 71.

94 Encyclopédie, l. c., Artikel *mathématique ou mathématiques.*

95 Cf. Auguste Comte, *Philosophie première – Cours de philosophie positive*, Leçon 3, Paris 1975, 66.

96 Auf Nicolas Bourbaki wird ausführlich in Kapitel 2.2 eingegangen.

le réel ou avec les grandes catégories de la pensée; c'est à l'intérieur de la mathématique que nous entendons rester [...]».[97]

Auch in der Gegenwart wird über das Wesen der Mathematik nachgedacht. Für Stewart hat Mathematik nichts mit Symbolen oder Berechnungen zu tun (diese sind nur Handwerkszeug), sondern mit *Ideen*. Er bemerkt hierzu, daß die Symbolik der Mathematik zwar ihre kodierte Form, nicht aber ihr Wesen darstellt; ebensowenig wie Noten auf einem Notenblatt die Natur der Musik beschreiben. Während sich jedoch auch ein zufälliger Hörer an einem Musikstück erfreuen kann, ohne die Noten zu beherrschen, fehlt es der Mathematik an jemandem, der dem Hörer entspricht.[98] Dabei läßt Stewart offen, ob die *Ideen* bereits in einer abstrakten Welt existieren und nur *entdeckt* werden können oder ob ein kreativer Akt des menschlichen Geistes vorliegt.[99]

Die enge Verbindung von Mathematik und Kunst

Die zweite Auffassung vom Wesen der Mathematik, die den Menschen aktiv eingreifen läßt, wird auch bei Emile Borel deutlich.[100] Mathematik ist für ihn zwar zum Teil Analogie zu bestehenden Objekten in der Natur, wie beispielsweise die Gerade oder der Kreis, zum anderen jedoch eine *Erfindung* der menschlichen Geistes, ein *kreativer* Akt. «Mais les nombres imaginaires, les nombres transfinis, bien d'autres êtres mathématiques, sont de pures créations de l'esprit humains.»[101] Emile Borels Auffassung von der Mathematik als kreativem Akt ist insbesondere dann von Bedeutung, wenn Mathematik in Zusammenhang mit Kunst untersucht wird.

Während sich viele Künstler mathematischer Methoden oder mathematischer Strukturen bedienen, kann nun auch die Mathematik selbst als Kunst gedeutet

---

97 Cf. Nicolas Bourbaki, *L'architecture des mathématiques,* in: Les grands courants de la pensée mathématique, l. c., 35 – 47, 36.

98 Ian Stewart, *Mathematik, Probleme – Themen – Fragen,* l. c., 15sq.

99 Paul Germain weist im Zusammenhang mit der griechischen Mathematik bezüglich der *Ideen* auf die Bedeutung der Begriffe *Schönheit* und *Harmonie* hin, die göttlichen Ursprungs sind. «La beauté se trouve „dans les idées et non dans ce que l'homme ajoute aux idées".» Germain, *Les grandes lignes de l'évolution des mathématiques,* l. c., 230.

100 Emile Borel (1871 – 1956), französischer Mathematiker.

101 Emile Borel, *La définition en Mathématiques,* in: Les grands courants de la pensée mathématique, l. c., 24 – 34, 24.

werden, und zwar dann, wenn man Kunst als *Kreativität* versteht. Seit der Mitte des 19. Jahrhunderts findet man vermehrt diese Auffassung.[102]

10_1	1_9	10_1	1_9	10_1	1_9	10_1	1_9	10_1	1_9	10_1	1_9	10_1	1_9	10_1	1_9	10_1	1_9	10_1
1_9	9_2	2_8	9_2	2_8	9_2	2_8	9_2	2_8	9_2	2_8	9_2	2_8	9_2	2_8	9_2	2_8	9_2	1_9
10_1	2_8	8_3	3_7	8_3	3_7	8_3	3_7	8_3	3_7	8_3	3_7	8_3	3_7	8_3	3_7	8_3	2_8	10_1
1_9	9_2	3_7	7_4	4_6	7_4	4_6	7_4	4_6	7_4	4_6	7_4	4_6	7_4	4_6	7_4	3_7	9_2	1_9
10_1	2_8	8_3	4_6	6_5	5_5	6_5	5_5	6_5	5_5	6_5	5_5	6_5	5_5	6_5	4_6	8_3	2_8	10_1
1_9	9_2	3_7	7_4	5_5	5_6	6_4	5_6	6_4	5_6	6_4	5_6	6_4	5_6	5_5	7_4	3_7	9_2	1_9
10_1	2_8	8_3	4_6	6_5	6_4	4_7	7_3	4_7	7_3	4_7	7_3	4_7	6_4	6_5	4_6	8_3	2_8	10_1
1_9	9_2	3_7	7_4	5_5	5_6	7_3	3_8	8_2	3_8	8_2	3_8	7_3	5_6	5_5	7_4	3_7	9_2	1_9
10_1	2_8	8_3	4_6	6_5	6_4	4_7	8_2	2_9	9_1	2_9	8_2	4_7	6_4	6_5	4_6	8_3	2_8	10_1
1_9	9_2	3_7	7_4	5_5	5_6	7_3	3_8	9_1	1_{10}	9_1	3_8	7_3	5_6	5_5	7_4	3_7	9_2	1_9
10_1	2_8	8_3	4_6	6_5	6_4	4_7	8_2	2_9	9_1	2_9	8_2	4_7	6_4	6_5	4_6	8_3	2_8	10_1
1_9	9_2	3_7	7_4	5_5	5_6	7_3	3_8	8_2	3_8	8_2	3_8	7_3	5_6	5_5	7_4	3_7	9_2	1_9
10_1	2_8	8_3	4_6	6_5	6_4	4_7	7_3	4_7	7_3	4_7	7_3	4_7	6_4	6_5	4_6	8_3	2_8	10_1
1_9	9_2	3_7	7_4	5_5	5_6	6_4	5_6	6_4	5_6	6_4	5_6	6_4	5_6	5_5	7_4	3_7	9_2	1_9
10_1	2_8	8_3	4_6	6_5	5_5	6_5	5_5	6_5	5_5	6_5	5_5	6_5	5_5	6_5	4_6	8_3	2_8	10_1
1_9	9_2	3_7	7_4	4_6	7_4	4_6	7_4	4_6	7_4	4_4	7_6	4_6	7_4	4_6	7_4	3_7	9_2	1_9
10_1	2_8	8_3	4_7	8_3	3_7	8_3	3_7	8_3	3_7	8_3	3_7	8_3	3_7	8_3	3_7	8_3	2_8	10_1
1_9	9_2	2_8	9_2	2_8	9_2	2_8	9_2	2_8	9_2	2_8	9_2	2_8	9_2	2_8	9_2	2_8	9_2	1_9
10_1	1_9	10_1	1_9	10_1	1_9	10_1	1_9	10_1	1_9	10_1	1_9	10_1	1_9	10_1	1_9	10_1	1_9	10_1

Abb. 9

Vasarely: Die Konstruktion eines Bildes

[102] Hier seien als Beispiele des 20. Jahrhunderts die Maler des Konstruktivismus und des Bauhauses genannt, zu denen u. a. Theo van Doesburg (1883 – 1931), mit *Kontrakomposition V*, 1924, Piet Mondrian (1872 – 1944) mit *Quadratkomposition in Rot, Gelb und Blau*, um 1925, Georges Vantongerloo (1886 – 1965) mit *Komposition XV, abgeleitet von der Gleichung* $y = ax^2 + bx + 18$, 1930, László Moholy-Nagy (1895 – 1947) mit *Komposition A XX*, 1924 oder Vasarely, 1908 –, mit *Laute II*, 1966, gehören.
Auch die Werke – insbesondere ab 1937 – von M. C. Escher (1898 – 1972) sind hier zu nennen. Dabei sei insbesondere auf die Arbeiten zur *regelmäßige Flächenaufteilung* hingewiesen.
Im Jahr 1975 veröffentlicht Roubaud *Etoffe* (poèmes accompagnant quatre sérigraphes de Vasarely). Ed. G. K., Genève. Zwei Jahre später *Quatre lectures en surface de toiles de Mercedes Gomez-Pablos, Catalogue d'Exposition*, galerie Skira, Madrid. Auf das Verhältnis Roubauds zur Kunst (Malerei) soll hier jedoch nicht näher eingegangen werden.

Raymond Queneau vergleicht Mathematik – und Wissenschaft allgemein – mit Kunst. Mathematik ist für ihn Technik *und* Kreativität, «Ainsi la science entière, sous sa forme achevée, se présentera et comme technique et comme jeu, c'est-à-dire tout simplement comme se présente «*l'autre*» activité humaine: l'art. L'art aussi se balance entre ces deux pôles: l'«art» pris au sens strict, le «métier», et la gratuité de l'«inspiration» aussi bien que de la «consommation».»[103] Newman und Kasner stellen die Mathematik auf eine Stufe mit den verschiedenen Kunstrichtungen: «Mathematics is an activity governed by the same rules imposed upon the symphonies of Beethoven, the paintings of Da Vinci, and the poetry of Homer.»[104] Auch Morris Kline setzt sich mit Mathematik *und* Kunst sowie mit Mathematik *als* Kunst auseinander: «Among the values which mathematics offers are its services to the arts. [...] Practical, scientific, philosophical, and artistic problems have caused men to investigate mathematics. But there is one other motive which is as strong as any of these – the search for beauty. Mathematics is an art, and as such affords the pleasures which all the arts afford.»[105]

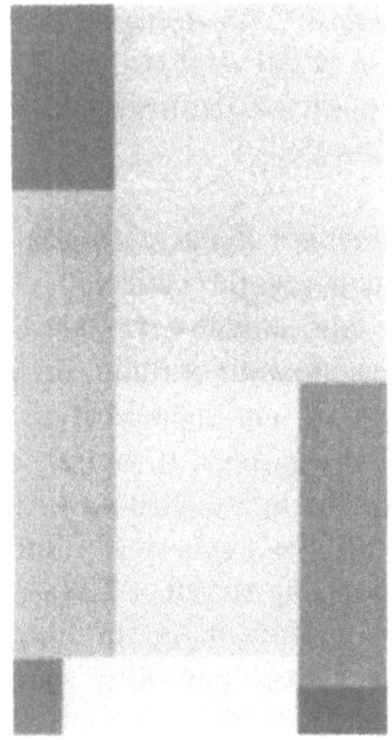

Abb. 10

Vantongerloo: Komposition XV, abgeleitet aus der Gleichung $y = ax^2 + bx + 18$

[103] Raymond Queneau, *La place des mathématiques dans la classification des sciences*, in: Les grands courants de la pensée mathématique, l. c., 393 – 397, 395.

[104] Kasner/Newman, *Mathematics and the Imagination*, l. c., 362.

[105] Kline, *Mathematics – A Cultural Approach*, l. c., 7sq.

Dugas spricht von Eleganz: «Le mot «élégance» si souvent répété par les mathématiciens, implique avant tout le souci esthétique, qu'ils placent au-dessus de la seule validation logique d'un résultat. Ils ne se déclarent satisfaits que lorsqu'ils ont pu réduire une démonstration qui paraissait barbare à leur sens esthétique pour la rendre plus simple, plus directe, plus suggestive, en un mot élégante.»[106]

Den Aspekt der Schönheit in der Mathematik untersucht Le Lionnais anhand mathematischer Beispiele. Er unterscheidet zwischen klassischer und romantischer Schönheit. Als Beispiel für die klassische Schönheit nennt er u.a. die *Eulersche Formel*: $e^{\pi i} = -1$. «La formule d'Euler [...] établit entre les nombres les plus importants des mathématiques: 1, π, e, une solidarité qui parut fantastique en son temps. On la considérait généralement comme LA PLUS BELLE FORMULE DES MATHÉMATIQUES.»[107] Le Lionnais stellt der klassischen Schönheit die romantische gegenüber: «En opposition avec la beauté mathématique classique, nous allons examiner une autre sorte de beauté que l'on peut qualifier de romantique. Elle a pour principe le culte des émotions violentes, du nonconformisme et de la bizarrerie.»[108] Als Beispiel erwähnt François Le Lionnais die Zahl ω, «qui est situé DE L'AUTRE COTÉ DE L'INFINI.» Und er fügt hinzu: «Les théologiens ne furent point les derniers à protester contre les idées qu'ils accusèrent de concurrence déloyale!»[109]

Auf den ästhetischen Charakter der Mathematik geht auch Bertrand Russell ein, wenn er ausführt: «Mathematics, rightly viewed, possesses not only true but supreme beauty – a beauty cold and austere, like that of a sculpture, without appeal to any part of our weaker nature, without the gorgeous trappings of painting or music, yet sublimely pure, and capable of a stern perfection such as only the greatest art can show. The true spirit of delight, the exaltation, the sense of being more than a man, which is the touchstone of the highest excellence, is to be found in mathematics as fully as in poetry.»[110] Interessant ist an dieser Stelle, daß Russell einen Zusammenhang zwischen *Poesie* und *Mathematik* herstellt. Wesentlich häufiger aber wird Mathematik im Vergleich zur Musik betrachtet, was sich bis zu den Pythagoreern und ihrer Harmonielehre zurückverfolgen

[106] René Dugas, *La mathématique – Objet de culture et outil de travail*, in: Les grands courants de la pensée mathématique, l. c., 339 – 345, 341.

[107] François Le Lionnais, *La beauté en mathématiques*, in: Les grands courants de la pensée mathématique, l. c., 437 – 465, 442sq. Die Eulersche Formel wird bei Le Lionnais falsch wiedergegeben als $e^{i\pi} = 1$ [Hervorhebung durch Großbuchstaben hier und im folgenden Le Lionnais].

[108] Ib. 444.

[109] Ib. 447.

[110] Zitiert nach Kline, *Mathematics – A Cultural Approach*, l. c., 8.

läßt.[111] John Sullivan verbindet zum Beispiel Mathematik *als* Kunst ebenfalls mit dem Begriff der Freiheit und zieht die Musik als Vergleichselement heran: «Since, then, mathematics is an entirely free activity, unconditioned by the external world, it is more just to call it an art than a science. It is as independent as music of the external world; and althought, unlike music, it can be used to illuminate natural phenomena, it is just as "subjective," just as much of a product of the free creative imagination.»[112] Als kreative Kunst kann die Mathematik somit als ein potentielles Element in der Literaturproduktion aufgefaßt werden, dessen ästhetischer Charakter sich auf das Kunstwerk auswirkt. Dabei soll der Begriff Mathematik diese Wissenschaft in ihrer Gesamtheit meinen, bis hin zur modernen Chaostheorie.[113]

---

[111] Z. B. in der Musiktheorie des Boethius (476 – 524). Seine Bearbeitungen und Kommentare griechischer Schriften, u.a. zur Zahlen- und Musiklehre, gehörten zu den wichtigsten Lehrbüchern des Mittelalters. Eco erwähnt Boethius, wenn er über das Verhältnis von Musik, Mathematik und Schönheit nachdenkt: «Wenn er von Musik spricht, so meint Boethius eine mathematische Wissenschaft von den Gesetzen der Musik; der Musiker ist der Theoretiker, der Kenner der mathematischen Regeln, die die Welt des Klanges beherrschen, während der Ausführende häufig nichts ist als ein verständnisloser Sklave und der Komponist nur instinktiv arbeitet und die unsagbaren Schönheiten nicht kennt, die allein die Theorie offenbaren kann. Nur wer Rhythmen und Melodien im Licht der Vernunft beurteilt, kann als Musiker bezeichnet werden. [...] Boethius flüchtet sich in das Bewußtsein von Werten, die nicht verloren gehen können, in die Gesetze der Zahl, die Natur und Kunst beherrschen, unabhängig von der gegenwärtigen Situation.» Umberto Eco, *Kunst und Schönheit im Mittelalter*, l. c., 51sq.

[112] JohnSullivan, *Mathematics as an Art*, in: The World of Mathematics, III, 2020.

[113] So versucht beispielsweise Cramer den Begriff Schönheit in der Kunst, aber auch in der Natur, durch die Synthese von antiker Mathematik und Chaostheorie zu erklären: «Der Goldene Schnitt ist die irrationalste aller möglichen irrationalen Zahlen und hat darum gleichzeitig etwas mit Chaos zu tun. In bestimmten Bahnen und mathematischen oder graphischen Beschreibungen von komplexen dynamischen Systemen breitet sich mit wachsender Nichtlinearität das Chaos immer stärker aus. Zum Schluß bleiben als Trennlinien zwischen den Chaosbereichen nur wenige Kurven, und diese schrumpfen schließlich auf eine allerletzte. Diese läßt sich mit dem Goldenen Schnitt in der oben beschriebenen Weise in Verbindung bringen. Wiederum ein Hinweis auf eine Harmonie an der Grenze von Ordnung und Chaos? Die irrationalsten Bahnen, das heißt diejenigen, die nach dem Verhältnis der goldenen Zahl gebaut sind, haben bei Störung die höchste Chance zu überleben. Sie können dem Einbruch des Chaos am längsten standhalten. Ist Schönheit eine „Flucht nach vorn"? Entsteht Schönheit dann, wenn ein dynamisches System gerade noch vor dem Chaos ausweichen kann? Ist Schönheit also eine „Gratwanderung"?» Friedrich Cramer, *Chaos und Ordnung*, Stuttgart 1988, 201sq. Auch die Gruppentheorie steht in enger Verbindung mit dem Schönheitsbegriff wie Andreas Speiser in *La notion de groupe et les Art*, l. c., nachweist.

2.2 Roubaud und die Mathematik

Das erste veröffentlichte literarische Werk Roubauds, der Poesieband ∈, erscheint fünf Jahre nach der Erlangung des Doktorgrades der Mathematik. Die folglich sehr intensive Auseinandersetzung mit mathematischen Inhalten und Fragestellungen kann seine Dichtung nicht unbeeinflußt gelassen haben, was bedeutet, daß eine Untersuchung seiner Werke ohne die Berücksichtigung der Mathematik kaum sinnvoll erscheint. In diesem Kapitel werden wir Roubaud aus der Perspektive der Mathematik betrachten, so daß später die Integration mathematischer Strukturen in einem literarischen Werk entsprechend analysiert und beurteilt werden kann.

Roubauds Hinwendung zur Algebra

Obwohl die *Zahl* nicht als Auslöser für die Entscheidung, Mathematiker zu werden, betrachtet werden kann, hat sie doch die Wahl der mathematischen Disziplin beeinflußt, die Roubaud zu seinem Spezialgebiet wählt. Seine Zahlenliebe, insbesondere zur *ganzen Zahl*, ist für Roubaud am besten mit der Algebra vereinbar, da diese der antiken Zahlentradition sehr nahe kommt. In *Le grand incendie de Londres* weist er auf den engen Zusammenhang von *Zahl* und *Algebra* hin: «Faire de l'Algèbre était protéger l'ancien sentiment pur du Nombre, musical, rythmique, esthétique autant que philosophique de la tradition antique en lui réservant dans ma vie une place ludique, sentimentale, obsessionnelle et surtout non professionnelle, cela est vrai.»[114] Diese Verbindung betont er auch an anderer Stelle: «Mais il est vrai également que l'algèbre, particulièrement dans ses excroissances modernes, est une manière généralisée, impérialiste, boulimique de «s'occuper» des nombres, en ce qu'elle a étendu considérablement le champ des objets de pensée que l'on peut raisonnablement désigner ainsi.»[115] In dem erst kürzlich erschienenen Werk *Mathématique: (récit)*, dem dritten Teil seiner autobiographischen Reihe, in dem sich Roubaud ausführlich mit seinem *mathematischen* Werdegang auseinandersetzt, kommt an vielen Stellen seine Vorliebe für die Algebra zum Ausdruck: «Le calcul algébrique élémentaire m'avait toujours plu»[116] und auch hier begründet er diese mit der Nähe zur Zahl: «C'était un jeu, aux règles bien définies, et qu'on jouait avec ce qui était le plus proche possible des nombres, avec des symboles se substituant à eux.» Die Algebra fasziniert ihn, so wie die Zahlen ihn faszinieren: «C'est bien, d'ailleurs, tou-

---

[114] *Incendie*, 299sq.

[115] Ib. 300.

[116] *Mathematique: (récit)*, 54.

jours, dans l'algèbre que je me suis senti mathématiquement à l'aise, une fois surmontée l'épreuve, difficile, de pénétration des modes axiomatiques de raisonnement: algèbre des groupes et des anneaux, des algèbres et des modules, si différente en apparence pourtant de l'algèbre élémentaire des lycées.»[117] Es ist somit nicht verwunderlich, daß in der Erzählung *La Princesse Hoppy* gerade der Algebra ein literarisches Denkmal gesetzt wird.

Im Unterschied zu anderen mathematischen Disziplinen bietet die Algebra Roubaud ein gewisses Maß an Sicherheit: «Les successions calculatoires de l'algèbre ou de l'axiomatique, bien décidées, irréductibles, nécessaires, ne détruisaient pas en fait toute rêverie mathématique: imaginations de théorêmes, conjectures, pressentiments de résultats non encore énoncés ou même previsibles. Mais elles impliquaient une double discipline, au fond assez rassurante: ne rêver qu'à partir d'elles, et revenir à elles toujours. Elles donnaient de la certitude.»[118] Dabei ist für Roubaud wichtig, daß es sich um keine persönliche, sondern eine *kollektive* Sicherheit handelt, die diejenigen Zweifel ausräumt und Irrtümer korrigiert, welche durch «l'intuition irresponsable» entstanden sind. Intuition, die er nicht zu haben glaubt, ist für Roubaud u.a. ein Kennzeichen der Geometrie: «Ce don d'intuition, de divination géométrique, intransmissible [...] ce don, je ne l'ai pas.»[119]

Das Sicherheitsbedürfnis, aus dem auch seine Abneigung gegenüber der Geometrie resultiert, ist in engem Zusammenhang mit seiner dichterischen Tätigkeit zu sehen. Das, was ihn auf dem Gebiet der Poesie beunruhigt und an der schöpferischen Tätigkeit hindert, nämlich der Mangel an Intuition, überträgt er auf die Mathematik bzw. auf deren Teilbereiche: «Ma méfiance envers la géométrie et tout ce qui, dans la mathématique, avait besoin des mêmes qualités intuitives, née d'une incapacité plutôt que d'une réflexion justifiée, était aussi une transposition: de la poésie vers la mathématique. Formé d'abord au vers régulier, je m'étais enthousiasmé, comme tout le monde, pour le vers-librisme torride des surréalistes et de leurs émules.»[120] Die «liberté formelle» des Surrealismus behagt ihm jedoch immer weniger, sie wirkt sich lähmend auf seine eigene schöpferische Tätigkeit aus und nimmt ihm schließlich die Freude am Dichten. Jacques Roubaud ist überzeugt, daß eine Abgrenzung zu seiner dichterischen Umgebung notwendig ist. Dies geschieht zu einer Zeit, als er sich in der Mathematik noch ziemlich unsicher fühlt, d.h. zu Beginn seines Mathematikstudiums:

---

[117] Ib. 55.

[118] Ib. 56.

[119] Ib.

[120] Ib. 57.

«...dans la mathématique, j'étais perdu. Pourtant, mais je ne le découvris que plus tard, je tenais là le remède à la «crise de poésie» où j'étais enfoncé dans ces années, et où m'avait jeté mon adhésion adolescente au modernisme surréaliste et dans une plus grande mesure encore (en me coupant en fait la voie d'un retour au vers traditionnel (en poésie «one never changes back»)) à sa correction «réaliste-socialiste».»[121] Roubaud braucht Sicherheit, um kreativ sein zu können. Diese Sicherheit findet er insbesondere in der axiomatisch aufgebauten Mathematik.

Roubauds Verhältnis zur Geometrie und anderen Disziplinen

Neben der Zahl sind Form und Gestalt weitere Quellen mathematischer Inspiration und Grundlage der *Geometrie.* Außer der ihm fehlenden Intuition ist ein weiterer Grund für Roubaud, die Geometrie oder die Zweige der Mathematik, die geometrischer Art sind, zu vermeiden, seine Überzeugung, nur eindimensional denken zu können und außerdem über ein nur schwach ausgeprägtes räumliches Vorstellungsvermögen zu verfügen: «Restant ainsi, même de manière furtive, dérivative, périphérique, «dans les nombres» au cours de mes études, puis de ma recherche en vue du doctorat, j'évitais, assez systematiquement, de franchir la frontière de ce que, pour simplifier, j'appellerais le monde géométrique. Là encore, je le répète, il s'agit d'une image élémentaire, d'une distinction presque scolaire, assez enfantine au fond; mais elle a beaucoup joué: ma pensée, ma figuration des objets mathématiques est, indiscutablement, uni-dimensionnelle, séquentielle, discontinue. Je n'ai pas la moindre imagination des «figures», dans l'espace (de quelque espèce qu'il soit, et Dieu sait si la variété est grande) ni même dans le plan (qui est par ailleurs le *lieu* où j'écris).»[122] Durch ein Werk von Emil Artin[123] über geometrische Algebra findet Roubaud jedoch einen ersten – *algebraischen* – Zugang zur Geometrie: «Je n'ai, véritablement, «saisi» le sens des grands théorèmes de la géométrie ordinaire, euclidienne, que du jour où j'ai lu, avec éblouissement (la mathématique, en effet, peut procurer des éblouissements), le petit livre merveilleux de l'algébriste Emil Artin (un des «pères» de l'algèbre moderne) intitulé *Algèbre géométrique*, qui offre une «clef» algébrique, une «clef» de nombres, donc, aux mystères de la géométrie. J'ai été, alors,

---

[121] Ib.

[122] *Incendie*, 300.

[123] Emil Artin, *Geometric Algebra*, New York 1957. Artin gelingt es, ein geometrisches Problem, das Theorema von Pappos, algebraisch zu lösen. Auf diesen Beweis wird hier nicht näher eingegangen, da er umfangreiche mathematische Kenntnisse erfordert.

«enchanté» par le «théorème de Pappus»,[124] ce résultat, dit «difficile», cette merveille de l'ingéniosité raisonnante de l'Antiquité tardive, et je m'en souviens avec une jubilation qui dépasse, largement, l'intérêt (mathématique) somme toute

---

[124] Pappus oder Pappos, griechischer Mathematiker, geboren Ende des 3. Jh. n. Chr. in Alexandria, verfaßte ein mathematisches Sammelwerk «Synagoge mathematike» dessen 8 Bücher bis auf Buch I und den Anfang von II erhalten sind; ebenso Kommentare zum *Almagest* und zur Harmonie des Ptolemaios. Neben den historisch wichtigen Angaben enthält die «Collectio» eigene Beiträge von Pappus zur metrisch-projektiven Geometrie und die meist nach Guldin benannten Sätze über Oberfläche und Rauminhalt von Rotationskörpern.
Das *Theorema von Pappos*, auf welches Roubaud verweist, besagt folgendes: «Wenn auf den Geraden AB und $\Gamma\Delta$ die Punkte E und Z angenommen werden und wenn $A\Delta$, AZ, $B\Gamma$, BZ, $E\Delta$ und $E\Gamma$ gezogen werden, so liegen die Schnittpunkte H, K, M auf einer Geraden.»
Pappos beweist den Satz zuerst für den Fall, dass AB und $\Gamma\Delta$ parallel sind [...], sodann für den Fall, dass sie sich schneiden [...]. Heute fasst man dieses Theorem als Spezialfall des Satzes von Pascal auf, der besagt, dass die Schnittpunkte der Gegenseiten eines einem Kegelschnitt einbeschriebenen Sechsecks auf einer Geraden liegen.» Van der Waerden, *Erwachende Wissenschaft*, l. c., I. 477.

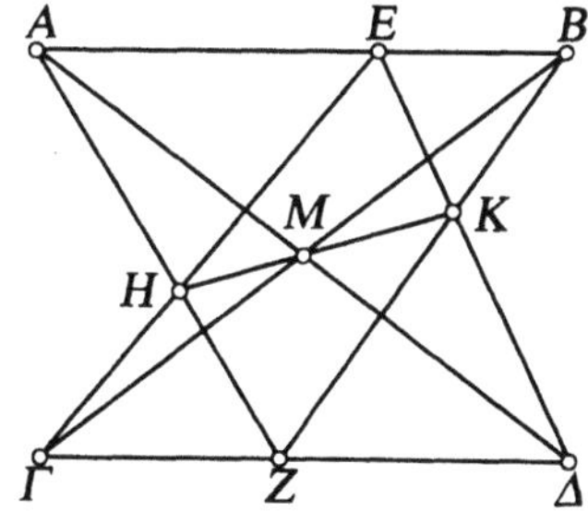

Interessant ist die poetische Umsetzung des *Theorema von Pappos* von Jean-Pierre Faye in *Les Troyens, Hexagrammes*, Paris 1970 (Es fehlen die Geraden $E\Delta$ und AZ):

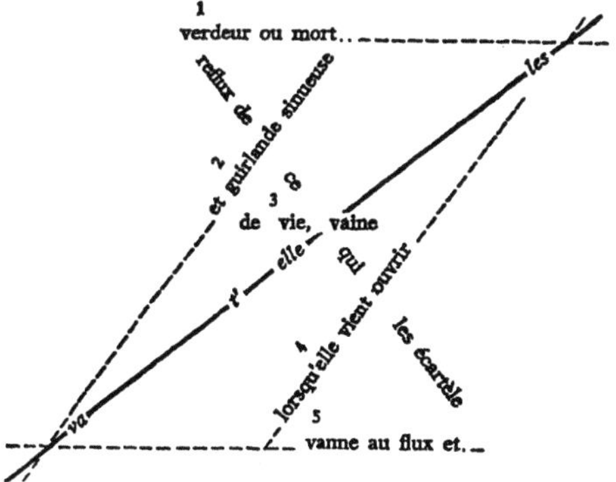

assez limité de ce résultat.»[125] Roubaud ist von Artins Werk fasziniert, da hier ein bedeutendes geometrisches Problem *algebraisch* gelöst wird.

In der Erzählung *La Princesse Hoppy* verwendet Roubaud dennoch einige Begriffe aus der Geometrie, die dann aber stets in Zusammenhang mit dem Weiblichen oder der Astronomie stehen. So beschreibt zum Beispiel der Astronom seine Geliebte – und seine Liebe zu ihr – mit geometrischem Vokabular und Bezeichnungen aus der geometrischen Optik.[126]

Die Abneigung gegenüber vielen mathematischen Disziplinen begründet Roubaud auch damit, daß deren Verhältnis zur Zahl für ihn kein ästhetisches ist: «Toutes ces choses nombres m'intéressent, mais le nombre entier dans son rôle de dénombrement reste ma passion première. C'est pourquoi, sans doute, quand j'ai été saisi, beaucoup plus tard, d'une passion secondaire et volontaire pour les mathématiques, mon goût des nombres entiers dans leur pureté naïve a fortement influencé mes choix: à la fois en ce que j'ai ressenti toujours une grande colère et méfiance devant l'approche «externe» de l'arithmétique, devant toutes ces méthodes modernes irrévérencieuses qui prétendent déduire des propriétés des nombres de secteurs fort différentes de la discipline comme l'analyse complexe ou les probabilités (et le scandale le plus grand est qu'elles y arrivent), et en ce que je n'ai pas cherché à faire de l'arithmétique mon terrain de (modestes) recherches, me refugiant dans l'algèbre, afin de ne pas brouiller un fort ancien sentiment du nombre, qui excède largement les mathématiques.»[127]

Roubaud nennt in diesem Zitat u.a. die *komplexe Analysis* oder *Funktionentheorie.* Diese beschäftigt sich mit speziellen komplexwertigen Funktionen mit komplexem Argument und ist hauptsächlich eine Schöpfung des 19. Jahrhunderts. Dazu findet man bei Fischer/Lieb[128] einen kurzen geschichtlichen Abriß. Roubaud erklärt diese mathematische Disziplin nicht zum Gegenstand seiner Forschungen, denn der Begriff der *komplexen Zahl* läßt sich nur schwer in sein persönliches Zahlenweltbild einordnen. Während es möglich ist, mit Hilfe der rationalen Zahlen – insbesondere der natürlichen Zahlen – zu *zählen,* da man diese anordnen kann, ist aufgrund des zweidimensionalen Charakters der komplexen Zahlen (siehe Abb. 2 in Kap. 1.2) hier eine Anordnung nicht mehr

---

[125] *Incendie*, 300sq.

[126] Es bleibt zu untersuchen wie Roubaud nicht nur Geometrie und Optik, sondern insbesondere auch den Begriff des Lichtes sowie die Photographie (Alix-Cléo war Photographin!) in seinen Werken in Beziehung zum Weiblichen setzt.

[127] *Incendie*, 139sq.

[128] Wolfgang Fischer/Ingo Lieb, *Funktionentheorie*, Braunschweig 1983.

gegeben.[129] Es wird verständlich, weshalb der *compteur* Roubaud eine mathematische Disziplin wie die *Funktionentheorie* meidet, deren Grundlage Zahlen sind, mit denen man nicht *zählen* kann.

Bourbaki

Einen entscheidenden Einfluß auf Roubauds beginnende Karriere als Mathematiker übt die Gruppe Bourbaki aus, die im folgenden Abschnitt näher vorgestellt werden soll, da sie die Mathematik des 20. Jahrhunderts, insbesondere aber den Mathematiker Roubaud sowie – unabhängig von ihm – die Gruppe *Oulipo*, auf die ausführlich in Kapitel 3.1 eingegangen wird, entscheidend durch ihren Strukturalismus beeinflußt hat.

Wer oder was ist Bourbaki*?*

Seit Ende des 19. Jahrhunderts hat die Anzahl mathematischer Forschungsarbeiten stark zugenommen, was eine zunehmende Verzweigung der mathematischen Disziplinen zur Folge hat. Daß die Mathematik dennoch übersichtlich geblieben ist und sogar noch an Transparenz gewonnen hat, ist einer Gruppe französischer und amerikanischer Mathematiker zu verdanken, die seit 1939 unter dem Pseudonym *Nicolas Bourbaki* den Versuch unternimmt, die einzelnen Teilbereiche der Mathematik unter einheitlich strukturellen Gesichtspunkten axiomatisch neu aufzubauen.

Bourbaki wurde von Henri Cartan, André Weil und weiteren Teilnehmern des Mathematischen Seminars unter der Leitung von Gaston Julia am Institut Henri Poincaré in Paris gegründet. Die Ziele dieser Gruppe, deren Mitglieder sich ständig erneuern und die zum Teil anonym bleiben, sind innermathematisch orientiert. Bourbaki will weder die Beziehungen der Mathematik zur Wirklichkeit, noch die großen Kategorien des Denkens untersuchen, sondern die überkommene Einteilung der Mathematik in Geometrie, Algebra und Analysis, d.h. ein Nebeneinander in sich geschlossener mathematischer Disziplinen, überwinden, indem von den historisch motivierten Zusammenhängen abgesehen wird. Dies wird möglich, wenn man nach den *tieferliegenden* Gemeinsamkeiten der verschiedenen Theorien sucht, d.h. mit Systemen beginnt, die auf wenigen Axiomen beruhen und somit einen hohen Grad von Allgemeingültigkeit aufweisen. «Là où l'observateur superficiel ne voit que deux ou plusieurs théories en apparence très distinctes, se prêtant, par l'entremise d'un mathématicien de génie, un «secours

[129] Anordnen bedeutet hier, es läßt sich immer angeben, welche von zwei Zahlen größer, kleiner oder gleich der anderen ist.

inattendu», la méthode axiomatique enseigne à rechercher les raisons profondes de cette découverte, à trouver les idées communes enfouies sous l'appareil extérieur des détails propres à chacune des théories considérées, à dégager ces idées et à les mettre en lumière.»[130] Das Werk Bourbakis, das unter dem Titel *Éléments de Mathématique* erscheint, umfaßt inzwischen mehr als dreißig Bände. Gerhard Kropp nimmt bezüglich des Titels an, «daß Bourbaki seinem Werke nicht ohne Grund den Namen „Éléments..." gegeben hat. Denn was die „Elemente" des Euklid für das vierte vorchristliche Jahrhundert bedeutet haben: eine auf Axiome gegründete, systematische Zusammenfassung der damaligen Mathematik, das erstrebt Bourbaki auch für unsere Zeit.»[131]

Meist benötigt Bourbaki zehn bis zwölf Jahre, um ein Kapitel bzw. eine Gruppe von Kapiteln der „Éléments..." zu schreiben. Victor Katz stellt diese Vorgehensweise wie folgt dar: « One member is assigned the task of writing a preliminary version of the work. A year or later, the work is brought before the Bourbaki meeting and subjected to detailed and merciless criticism. Once this version has torn apart, someone else is chosen to revise it, and the following year his version is also torn to shreds. Eventually, however, Bourbaki comes to unanimous agreement on the contents and the book is published.»[132] Wir werden sehen, daß *Oulipo* sich die strenge Arbeitsweise der Gruppe Bourbaki zum Vorbild nimmt. David Bellos schreibt über den Einfluß von Bourbaki auf *Oulipo*: «Oulipo was not a sect, or a chapel, or a campaign for an „ism"; indeed it was not really a writers' group at all. It was a research team that aimed to fashion new tools for writing and to refurbish old and forgotten ones. Its operational model was Bourbaki, the group of anonymous French mathematicians who reinvented their entire discipline by starting afresh from first principles.»[133]

Die Neustrukturierung der Mathematik führt zu drei Typen von Grundstrukturen, welche den *Mengenbegriff* zur Grundlage haben. Bourbaki unterscheidet: die *algebraische Struktur* (d.h. eine Menge wird mit einer algebraischen Struktur versehen, wenn in ihr eine oder mehrere Verknüpfungen erklärt sind, wie beispielsweise die Addition oder die Multiplikation in Zahlenmengen), sowie die *Ordnungsstruktur* (Anordnung von Elementen durch Vergleich) und die *topologische Struktur* (in ihr werden Begriffe wie Umgebung, offene Menge, abgeschlossene Menge, Berührungspunkt, Häufungspunkt, Konvergenz und Kompaktheit formuliert.).

---

[130] Nicolas Bourbaki, *L'architecture des mathématiques*, l. c., 35 – 47, 38.

[131] Kropp, *Geschichte der Mathematik*, l. c., 223.

[132] Katz, *A History of Mathematics*, l. c., 734.

[133] David Bellos, *Georges Perec – A life in words*, Boston 1993, 349.

Einen bedeutenden Raum in den Arbeiten Bourbakis nimmt gerade die *Algebra* ein, die über ein hohes Abstraktionsniveau verfügt. Interessant für Bourbaki ist, daß in dieser Disziplin unabhängig vom jeweiligen mathematischen Objekt Operationen – wie beispielsweise die vier Grundrechensarten – durchgeführt werden können: «Il est certain, en tout cas, que l'Algèbre a atteint ce niveau d'abstraction bien avant les autres parties de la Mathématique, et il y a longtemps déjà qu'on s'est accoutumé à la considérer comme l'étude des opérations algébriques, indépendamment des êtres mathématiques auxquels elles sont susceptibles de s'appliquer.»[134] Die Aussage Bourbakis läßt sich auch auf außermathematische, beispielsweise auf literarische, Operationen und Mengen ausweiten. So kann man sich als *Menge* die Protagonisten eines Romans und als *Operation* eine bestimmte Handlung zwischen den Elementen dieser Menge vorstellen.[135]

Roubaud und Bourbaki

In *Mathématique: (récit)* setzt sich Roubaud kritisch mit seinem Verhältnis zu Bourbaki auseinander, das mit einer Art von *Erleuchtung* beginnt: «La Mathématique avait retrouvé à la fois son unité et son élan. Pour la première fois peut-être depuis l'âge d'or méditerranéen et grec, depuis Euclide et Archimède, elle cessait d'avancer au hasard, livrée aux risques insupportables du désordre et de la contradiction, et se retrouvait neuve, porteuse d'une vision et d'une mission. Elle recommençait. Et il y avait un «traité» pour le «donner à voir». Cet ouvrage monumental avait commencé à paraître. Il paraissait sous le nom de Bourbaki.»[136] Er glaubt, die ihm fehlende Intuition, die Doktrin der Inspiration, die bis dahin die Mathematik beherrschte, durch die axiomatische Methode Bourbakis ausgleichen zu können: «Or la démarche bourbakiste offrait la possibilité de s'établir dans un terrain en friche, non encore sarclé des mauvaises herbes de l'intuition et de l'absence de rigueur, de choisir pour ce champ théorique les semences appropriées (les structures et leurs axiomes), puis labourer, semer, s'acharner, débusquer le chiendent de l'erreur, et enfin récolter le fruit du labour, la moisson de définitions, lemmes, propositions, théorêmes et corollaires [...] voilà ce que l'exemple de Bourbaki semblait permettre.»[137] Er ist von dem Neubeginn der Mathematik durch Bourbaki fasziniert und beschließt, Mathematik nur noch aus

[134] Nicolas Bourbaki, *Éléments de mathématique – Algèbre*, Paris 1964, 10.

[135] Cf. Raymond Queneau, *La relation x prend y pour z*, l. c. Die literarische Umsetzung, insbesondere der strukturellen Mathematik, ist ein wesentliches Ziel von Jacques Roubaud sowie der Gruppe *Oulipo* und wird in den folgenden Kapiteln genauer untersucht.

[136] *Mathématique: (récit)*, 68.

[137] Ib. 103sq.

der Sehweise dieser Gruppe zu betreiben und zunächst alle anderen Möglichkeiten mathematischen Arbeitens zurückzuweisen. Die Zeit für sein Studium der Werke Bourbakis begrenzt Roubaud auf genau zwanzig Monate,[138] wobei er nicht mit dem Buch über Algebra beginnt, der Disziplin, die ihm vertraut ist, sondern mit der für ihn bis dahin noch wenig bekannten Topologie: «C'est pourtant par le chapitre premier «Structures topologiques» du livre III, Topologie générale, que je commençai véritablement mon initiation solitaire.»[139] Wir werden in Kapitel 4.1.2 auf diese Werke Bourbakis zurückkommen, da sie einen entscheidenden Einfluß auf die Struktur, aber auch auf den Inhalt der Erzählung *La Princesse Hoppy* genommen haben.

Roubaud ist insbesondere von der Klarheit bei der Darstellung mathematischer Probleme fasziniert: «La manière bourbakiste de faire les phrases s'attache, assez consciemment je crois, à un tel idéal de clarté boileauesque: énoncer clairement ce que l'on conçoit bien [...]»[140] und er löst sich später nur schwer von dem, was er als seinen *jugendlichen Bourbakismus* bezeichnet: «[...] je ne commençait qu'avec peine à me détourner (mathématiquement, j'entends) de mon «bourbakisme» de jeunesse (comme j'avais abandonné, au profit de Bourbaki précisément, mon surréalisme adolescent)».[141] Die Nichtbeachtung der Logik und der Weiterentwicklung der Mathematik führt dazu, daß der Einfluß der Gruppe Bourbaki an Bedeutung verliert. Roubaud lehnt insbesondere den elitären Charakter ab, «l'idée qu'il existe une vérité supérieure et réservée au groupe et à ses membres, du seul fait de leur appartenance au cercle des élus [...], la passion de l'intolérance et de l'exclusion qui en résultent, l'esprit de secte pour tout dire[...].»[142] Diese Entwicklung leitet 1966 das Ende seiner Passion für Bourbaki ein. Es ist jedoch anzunehmen, daß Roubaud hierbei eher an Bourbaki als Gruppe, und weniger an Bourbaki als *Traité* denkt.[143]

Im gleichen Jahr lernt Roubaud François Le Lionnais kennen, den Mitbegründer der Gruppe *Oulipo* und Herausgeber von *Les grands courants de la pensée mathématique*, denen Roubaud in *Mathématique: (récit)* ein längeres Kapitel widmet. Wir werden uns an späterer Stelle mit dem Einfluß, den Le Lionnais auf

[138] Diese Entscheidung trifft Roubaud im Winter 1954.

[139] *Mathématique: (récit)*, 145.

[140] *Incendie*, 319.

[141] Ib. Unter «bourbakisme de jeunesse» ist vermutlich die Zeit von 1954 bis 1956 zu verstehen, in der Roubaud von dem Neubeginn der Mathematik fasziniert ist und anfängt, die Arbeiten Bourbakis zu studieren; zunächst jedoch ohne großen Erfolg. Cf. *Mathématique: (récit)*, 159.

[142] Ib. 129.

[143] Ib. 125.

Roubaud ausübte, beschäftigen und sehen, daß die Erzählung *La Princesse Hoppy* u.a. auch eine Hommage an Le Lionnais ist.

Roubaud als Mathematiker

In *Le grand incendie de Londres* und *La boucle* findet man wenige, eher vage Aussagen über Roubauds Leben als Mathematiker und sein Verhältnis zur Mathematik. Dazu gehört beispielsweise die Erwähnung seiner *mathematischen* Dissertation: «[...] puis de ma recherche en vue du doctorat»[144] oder «[...] qui est beaucoup plus que la thèse de mathématique (quand elle n'avance pas), (et plus tard quand elle est achevée, ce qui n'est pas mieux)»,[145] und an anderer Stelle bemerkt er: «[...] puisque je m'étais lancé, à la suite de ma thèse de mathématique et dans le sillage de mon maître J.-P. Benzécri, dans l'exploration d'un modèle concurrent de la syntaxe des langues naturelles [...]»[146] Schließlich erwähnt Roubaud seinen akademischen *Titel* bei der Beschreibung seines Amerikaaufenthaltes, wo er an der Johns Hopkins Universität in Baltimore (Maryland) lehrt: «*thank you, Docteur Roubaud, have a good trip!*».[147] Auch Alix Cléo, Roubauds zweite Frau, erwähnt in ihrem Tagebuch seine mathematischen Arbeiten kaum. Sie nennt beispielsweise einen Text zur Arithmethik, der jedoch unter poetischen und musikalischen Gesichtspunkten zu sehen ist und sich höchstwahrscheinlich auf Roubauds Zusammenarbeit mit seinem Freund Pierre Lusson bezieht: «You prepare a lecture on *arithmétique élémentaire et rythme* while I sleep and grumble.»[148]

In *Mathématique: (récit)* geht Roubaud genauer auf seine Karriere als Mathematiker ein: «En m'engageant, au début de 1962, dans la voie d'une insertion (même modeste et tardive (j'avais presque trente ans)) dans la communauté des mathématiciens (par la préparation et l'achèvement d'une thèse, accompagnée d'une élévation lente mais constante dans la hiérarchie de l'enseignement supérieur) j'avais sans trop me l'avouer, abandonné en fait mon intention première, à la fois vague et excessive, celle qui m'avait [...] soutenu dans la lecture acharnée du Traité de Bourbaki, et certainement jusqu'aux années 1960 et 1961: comprendre La Mathématique.»[149]

---

[144] *Incendie*, 300.
[145] Ib. 161.
[146] Ib. 275.
[147] Ib. 379.
[148] Alix Cléo Roubaud, *Journal 1979 – 1983*, l. c., 89.
[149] *Mathématique: (récit)*, 218.

1970 wird Roubaud als Hochschullehrer an die *Université de Paris X-Nanterre* berufen. Er widmet sich besonders der Lehre, und seine Forschungsarbeiten stammen wie zu erwarten aus dem Bereich der Algebra. Veröffentlichungen wie zum Beispiel *Morphismes rationnels et algébriques dans les types d'A-algèbres discrètes à une dimension,*[150] *Elements de syntaxe combinatoire I; parenthèses binaires*[151] oder *La Notion d'associativité relative*[152] setzen erhebliche Kenntnisse in Algebra voraus und lassen sich in einem literarischen Werk kaum allgemeinverständlich erklären. Obwohl ihm bewußt ist, daß der Leser in den meisten Fällen deren Bedeutung nicht kennt, benutzt Roubaud in den ersten beiden autobiographischen Werken dennoch Fachvokabular wie *théorie des catégories* oder *algèbre commutative.*[153] Die wissenschaftliche Tätigkeit auf dem Gebiet der Mathematik wirkt sich immer wieder auf sein literarisches Schaffen aus. Roubaud verwendet oft komplizierte Strukturen, die nicht zum mathematischen Allgemeinwissen gehören, sondern bereits sehr speziell sind, wie die *Quaternionen*, ein Begriff, der aus der Nichtkommutativen Algebra stammt.[154]

In dem 1997 erschienenen Buch *L'abominable tisonnier de John McTaggart Ellis McTaggart et autres vies plus ou moins brèves* beschreibt Roubaud die Lebensläufe einiger bedeutender Mathematiker. Er geht dabei zwar bis in die Antike zurück, beschäftigt sich jedoch besonders intensiv mit dem Mathematiker David Hilbert und dessen Zeitgenossen, zum Beispiel Minkowski (1864 – 1909) und deren Vorgängern Jacobi[155] und Gauss. Es wird deutlich, daß Roubaud sich ausführlich mit der Geschichte der Mathematik befaßt hat und die Entwicklung der Algebra sein besonderes Interesse hervorruft. Mathematiker wie Evariste Galois, aber auch Felix Klein, der zusammen mit Hilbert eine Blütezeit mathe-

[150] Jacques Roubaud, *Morphismes rationnels et algébriques dans les types d'A-algèbres discrètes à une dimension,* in: Publication de l'institut de statistique de l'université de Paris 1968, Vol. XVII, No. 4, 1 – 77.
Für den mathematischen Hintergrund siehe Werke über *endlichdimensionale Algebren.*

[151] Jacques Roubaud, *Elements de syntaxe combinatoire I; parenthèses binaires,* Département de mathématiques. Université de Paris X-Nanterre 1976, 1 – 44.

[152] Jacques Roubaud, *La Notion d'associativité relative,* in: Mathématiques et sciences humaines 1971, No. 34, 43 – 59.

[153] Cf. *Incendie,* 160.

[154] Siehe hierzu: Nicolas Bourbaki, *Éléments d'histoire des mathématiques,* l. c. und hier insbesondere das Kapitel über „Algèbre non commutative". Dieser Zweig der Algebra wurde um 1843 von Hamilton und Grassmann entwickelt.

[155] Carl Gustav Jacob Jacobi (1804 – 1851). Seine Tätigkeiten erstreckten sich nicht nur auf die Forschung, sondern insbesondere auch auf die Lehre, wobei er bemüht war, Studenten an die Probleme der aktuellen Forschung heranzuführen.

matischer Forschung herbeigeführt hat, gehören für ihn zu den großen Vorbildern. Während Roubaud hier biographisch tätig ist, verarbeitet er die *Geschichte der Mathematik* bzw. Teilaspekte davon in *La Princesse Hoppy* auf literarische Weise.[156]

Die Bedeutung der Mathematik für Roubauds Dichtung

Die gleichen Schwierigkeiten, die im Rahmen dieser Arbeit auftreten, nämlich Mathematik so darzustellen, daß sie korrekt und nicht trivial ist, für den Laien aber trotzdem verständlich, treten auch für Roubaud auf, wenn er mathematische Vorgehensweisen und Inhalte in seine Dichtung, und in seine Studien über Dichtung,[157] integriert. «Mathématicien travaillant sur le formel poétique je suis, moi, dans une contradiction redoublée: ceux qui peuvent comprendre ce qui est dit n'ont aucun intérêt pour ce qui est dit, ne lisant pas la poésie, ou, à l'extrême, lisant la poésie (ou toute autre œuvre d'art) précisément pour ce qu'il y a en elle de non formel, de non calculable (et sont donc tentés non seulement de négliger de telles recherches, mais de les récuser). Et ceux qui pourraient, devraient, voudraient s'y intéresser ne possèdent pas les outils nécessaires à la compréhension. Les choses formellement et mathématiquement les plus simples leur semblent invraisemblablement mystérieuses, difficiles. Les plus bienveillants, qui me lisent comme poète, vont jusqu'à admettre ce que je dis par confiance, me croient sur ma bonne mine, mais admettraient n'inporte quel raisonnement faux du même genre [...].»[158]

Daß Roubaud trotzdem nicht auf den mathematischen Aspekt in seiner Poesie verzichtet, ist damit zu erklären, daß sich die Mathematik zwar zu einem bestimmten Zeitpunkt, den er nicht nennt, als Sackgasse erweist, für sein literarisches Schaffen aber einen neuen Weg eröffnet: Poesie als angewandte Mathematik! Dies ist für Roubaud der Ausweg aus dem Dilemma, nicht einer der großen Forscher auf dem Gebiet der Mathematik geworden zu sein: «Petit à petit [...] j'ai senti de plus en plus nettement que la voie que j'avais suivie jusqu' alors allait devenir, et donc était devenue, une impasse. Je pouvais accumuler les lectures, pénétrer plus ou moins profondément les innombrables et fascinantes

[156] Dies werden wir in Kapitel 4.3.1 zeigen.

[157] In der Diskussion zum Thema «Le rythme, le formel, le formalisme» (cf. *Action poétique*, No. 62, 1975, oder Robert Davreu, *Roubaud*, Paris 1985, 141 – 159) mit Henri Deluy, M. Ronat und Pierre Lusson weist Roubaud auf seine gemeinsamen Studien mit Lusson hin, die sich mit formeller Poesie und Rhythmus beschäftigen.

[158] *Incendie*, 329.

théories qui proliféraient, explosivement, dans toutes les directions de l'algèbre. Mais pour quoi faire? Trouver, dans une de ses branches? A mesure que les choses que je lisais, les séminaires que je suivais se rapprochaient de l'état contemporain des théories, je voyais clairement que la compréhension, qui avait été mon but, devait passer outre le seul déchiffrement des résultats acquis, par l'affrontement à l'inconnu, au non-pensé, au non-démontré, au non-trouvé. Devenir un «chercheur», alors?» Dies hätte jedoch eine extreme Spezialisierung zur Folge: «...ce faisant je perdrais la vision vaste, quasi galactique, que m'avait offerte Bourbaki; pourquoi? Parce que je ne pourrais faire tout en même temps; parce que, de toute façon, je m'y étais mis beaucoup trop tard; j'étais trop tard venu, je ne rattraperais jamais mon retard.»[159] Die Entdeckung, bestimmte Bereiche der Poesie, aber auch der Prosa, als *angewandte Mathematik* auffassen zu können, bietet Roubaud eine neue, alternative Vision: «Là était la voie.»[160]

Aber erst nachdem er kürzlich als Hochschullehrer in Pension gegangen ist, kann Roubaud sich vollständig auf diesen neuen Weg konzentrieren. Er erlebt nun umso intensiver den spielerischen Aspekt der Mathematik und eine neue Leichtigkeit. «Elles [les mathématiques] ne jouent qu'un rôle accessoire (même si inévitable) dans le «cours» ou «séminaire» de «Poétique formelle» dont je m'occupe à l'École des hautes études en sciences sociales (EHESS).»[161] Die Mathematik bekommt einen anderen Stellenwert, da kein Zwang zur Einhaltung von Lehrplänen und Lehrmeinungen mehr auf Roubaud ausgeübt wird. Dieses Gefühl der *mathematischen Freiheit* führt zu dem dritten Teil seiner autobiographischen Reihe, dessen Titel bereits auf die Verknüpfung des literarischen Aspekts mit der Mathematik hinweist:

Mathematique:
(*récit*).

[159] *Mathématique: (récit)*, 244 [Hervorhebung Roubaud].

[160] Ib. Diese Vision führt zu dem, was Roubaud *le Projet* nennt, das er in *Le grand incendie de Londres* beschreibt: «Le *Projet* était un projet de poésie. [...] Le *Projet* était un projet de mathématique.» Cf. *Incendie*, 188 und 190.
Dies ändert sich nach dem Tod von Alix-Cléo: Poesie ist für Roubaud nun nicht mehr möglich: «Or, ce qui est devenu nul, pour moi, depuis janvier de l'année 1983, ce que je ne peux plus même penser, c'est la *poésie*» schreibt Roubaud in *Le grand incendie de Londres*, «La prose, du moins aquelle je m'exerce ici, m'apparaît, à l'inverse, le lieu d'absolue neutralité qui n'a et pour longtemps, besoin ni des yeux d'un lecteur ni des oreilles d'un auditoire. La poésie, parce que j'avais pris l'habitude de la dire à haute voix, de lire en public, et pour elle, avec qui je vivais, s'est arrêté pour moi.» *Incendie*, 55. Das Projekt wird ein *échec*; was bleibt, ist der autobiographische Roman gleichen Titels.

[161] *Mathématique: (récit)*, 20.

Das Lesen mathematischer Bücher und deren Einfluß auf Roubauds Prosa

Einen entscheidenden Einfluß auf Roubauds Prosawerke haben mathematische Bücher ausgeübt. Diese unterscheiden sich beispielsweise von Romanen dadurch, daß man sie nicht im herkömmlichen Sinn *lesen* kann. Während der Romanschriftsteller in vielen Fällen den Leser dazu anregt, ohne Unterbrechung zu lesen, keine Abschnitte zu überspringen oder vorzeitig im letzten Kapitel nachzuschlagen, bedeutet einen mathematischen Text zu lesen, nicht passive Wissensaufnahme, sondern fordert, mit Stift und Papier, die aktive und kreative Mitarbeit am Text.[162] Armstrong formuliert dies treffend folgendermaßen: «Mathematics is not for spectators; to gain in understanding, confidence, and enthusiasm one has to participate.»[163] Auch Roubaud erkennt dies sehr früh: «Les mathématiques, la philosophie, les livres de pensée sont plus départ de réflexion, intervalles de compréhension, préparation de déductions, d'analyses que lectures. Et j'ai eu un mal extrême, puisque la lecture (comme je le dis, de romans) était une habitude d'enfance très ancienne et très ancrée, avec ses modes de déroulement et surtout sa vitesse, à me mettre à lire, quand j'ai commencé à avoir besoin de le faire, ayant décidé de devenir mathématicien, le traité de Bourbaki. Je lisais, comme toujours, une page rapidement, je comprenais, mot après mot, chacun des mots, mais je ne saississais littéralement aucun sens dans ce que je lisais ainsi. Et il m'était impossible de ralentir.»[164] In *Mathématique: (récit)* beschreibt Roubaud sehr eindrucksvoll seine Erfahrungen bei der ersten Lektüre der *Topologie* von Bourbaki zu Beginn seines Studiums. Nachdem er die ersten beiden *Definitionen* zitiert, bekräftigt er sein Nicht-Verständnis beim Lesen des Textes: «J'ai lu et relu d'innombrables fois ces définitions, toute cette première page et les pages suivantes, sans rien comprendre, littéralement sans rien comprendre. Mais je n'ai pris que peu à peu conscience du fait que la difficulté essentielle venait non d'une extrême impénétrabilité du sujet (ce n'est certes pas le cas) ni d'une incapacité congénitale de ma part à le comprendre (heureusement), <u>mais de ce que je ne savais pas lire</u>.»[165] Roubaud wird sich bewußt, daß seine Schwierigkeiten, einen mathematischen Text zu verstehen, in der falschen Arbeitstechnik begründet liegen, nicht aber in einem generellen Unverständnis. Dieses Problem tritt für Roubaud vielleicht deutlicher als für andere Studenten auf, da er sich zuvor sicher war, *lesen* zu können.

[162] Mathematische Texte sind nicht die einzigen, die die aktive Teilnahme des Lesers voraussetzen. Das gleiche gilt für Sachtexte, aber auch für moderne literarische Texte. Hier sei nur *La vie mode d'emploi*, Paris 1978, von Georges Perec genannt, der dieses Werk wie eine *Enzyklopädie* anlegt.

[163] M. A. Armstrong, *Groups and Symmetrie*, New York 1988, Preface.

[164] *Incendie*, 308.

[165] *Mathématique: (récit)*, 159sq [Hervorhebung E. L.-C.].

Mathematische Texte sind im Normalfall Prosatexte und verfügen über einen eigenen Stil, der hier jedoch nicht näher untersucht werden soll. Interessant ist für uns an dieser Stelle, daß der Leser oft direkt angesprochen wird, wie beispielsweise mit Aussagen der Art: *Der Beweis sei dem Leser überlassen* oder indem er aufgefordert wird, *Übungsaufgaben* zu lösen. Oft findet man Hinweise wie: *Dieser Abschnitt kann beim ersten Lesen übergangen werden*; d.h., obwohl der entsprechende Abschnitt von Bedeutung ist, ist seine Kenntnis keine Voraussetzung für das Folgende und kann später gelesen und berücksichtigt werden. Die Schwierigkeit, mathematische Texte zu lesen, besteht u.a. auch darin, daß sie nicht chronologisch aufgeschrieben sind, d.h. der Gedanken*prozeß* des Autors wird nicht oder nur schwer deutlich. Der Leser muß selbst nachvollziehen, wie der Autor zu der Aussage eines *Theorems* oder zu einzelnen Beweisschritten gekommen ist. Über einen Text von Bourbaki schreibt Roubaud: «En passant rapidement sur une douzaine de pages, je ne retrouvais absolument pas le fil d'une narration» und er fügt hinzu: «Si le discours bourbakiste de la toplologie était une narration (il l'était en un sens), cette narration n'était d'aucun type éprouvé par moi jusqu'alors.»[166]

Ungewöhnlich aus der Sicht eines Mathematikers ist die Art Roubauds, mit diesem Problem umzugehen. Er liest die Topologie so als würde es sich um Poesie handeln: «Je me mis donc, et sans réfléchir, à lire les paragraphes du chapitre 1 du livre de Topologie comme s'il s'agissait d'une séquence de poèmes. J'ai mis longtemps, très longtemps à admettre que je ne pourrais progresser dans ma lecture qu'en m'exerçant à la lenteur, en me refusant les curiosités de l'anticipation, les paresses du glissement sur des zones restées obscures.»[167] Das Lesen der *Topologie* als Gedicht hat zur Folge, daß Roubaud den mathematischen Text fast auswendig kennt.

Roubaud ist von der Lesart und Schreibart mathematischer Texte stark beeinflußt. In *Le grand Incendie de Londres* geht Roubaud ebenfalls nicht chronologisch vor.[168] Arliette Armel spricht in der Einleitung zu ihrem Interview mit Jacques Roubaud von einer «autobiographie qui renouvelle totalement le genre. Elle fontionne en courts modules regroupés en sections qui correspondent aux

---

[166] Ib. 160. Die Texte Bourbakis sowie die in den letzten Jahrzehnten geschriebenen mathematischen Texte, unterscheiden sich von dem literarischen Stil früherer Texte durch eine Vielzahl von Formeln, Sätzen und Beweisen, ohne jedoch viel erklärenden Text zu beinhalteten.

[167] *Mathématique: (récit)*, 160.

[168] Auch andere Autoren, zum Beispiel Stendhal, gehen beim Schreiben ihrer Autobiographie nicht chronologisch vor.

différent niveaux d'approche du souvenir: récit, insertions, bifurcations.»[169] Roubaud benutzt Hilfsmittel mathematischer Texte, die er zum Teil auch in seinen literarischen Werken erklärt oder aber auf sie hinweist. Als Beispiel sei hier der erste Abschnitt des Kapitel 5 aus *Le grand incendie à Londres* genannt, dessen Überschrift lautet: *Ce chapitre est un peu difficile.* Roubaud weist zu Beginn dieses Abschnitts auf Aussagen wie: *kann beim ersten Lesen übergangen werden*, hin und erklärt sie dem Leser, nutzt diese Form jedoch anschließend auch literarisch: «Dans les livres de mathématique [...] un avertissement initial disait quelque chose comme: «Ce chapitre peut être omis en première lecture.» On indiquait par là que certains développements étaient d'une difficulté supérieure aux autres, ou bien qu'il s'agissait de digressions, de résultats secondaires, et qu'un lecteur un peu pressé, ou insuffissamment sûr de lui, pouvait sans trop de dommages s'en tenir à ce que lui était désigné comme essentiel.»[170] Humorvoll bezieht er sich auf seinen eigenen Text: «Mais je ne peux guère avoir recours, maintenent, à cette disposition de présentation car, en un sens, tout ce que j'écris peut être omis [...], le facile comme le difficile. Le chapitre devra donc demeurer sans excuse.»[171]

Daß Roubauds Prosatexte stark von den Werken Bourbakis beeinflußt worden sind, wird an vielen Stellen deutlich: *«Mon idée de la prose a beaucoup été influencée par... le célèbre traité de Bourbaki.»*[172] An anderer Stelle sagt er: «Mon idée de la prose a beaucoup été influencée par de tels ouvrages [Mathematikbücher], dont le modèle est le célèbre traité de Bourbaki, sur lequel, en ces années dont je parle, j'ai passé d'innombrables heures. Dans ma présentation mentale du «Grand Incendie de Londres», la prose mathématique, et ses idiosyncrasies «modernistes» (Bourbaki, bien évidemment), constituait un des horizons de mes ambitions stylistiques (il en reste un écho, affaibli, ici, dans l'idée d'*insertion*).»[173] Roubaud verarbeitet Strukturen mathematischer Texte, wie zum Beispiel die Nichtlinearität (die nicht nur für Bourbaki typisch ist) beim Aufbau seiner autobiographischen Texte *Le grand incendie de Londres*, *La boucle* und *Mathematique: (récit)*: «Pour m'en tenir ici au problème de la digression, de l'impossibilité de me limiter à un récit linéaire, qui est l'origine de la *stratégie des insertions* à laquelle je m'exerce, je me suis tourné spontanément vers les *Éléments de mathématiques* de Nicolas Bourbaki, à la fois parce que c'est, de ce

[169] Armel, *Les cercles de la mémoire*, l. c., 96.

[170] *Incendie*, 148.

[171] Ib. 148sq.

[172] Ib. 314.

[173] Ib. 148.

genre d'ouvrages, celui que je (ou plutôt j'ai) maîtrise (maîtrisé) le mieux (quand la mathématique était ma préoccupation dominante), et parce que son ampleur, l'immensité de son ambition [...] présente des analogies assez claires avec la vastitude de mon propre *Projet* (que je voulais, seul, amener aux dimensions de cette cathédrale collective et anonyme).»[174]

In diesen Werken lassen sich weitere Analogien zu mathematischen Texten nachweisen. Roubaud übernimmt hier u.a. die axiomatische Vorgehensweise der Mathematik. So stellt er *Axiome* auf, die die Grundlage seines Projektes bilden. Aus diesen läßt sich dann sein Roman, der Teil des Projektes ist, *herleiten*: «Il fallait un axiome stratégique d'ensemble, une direction unificatrice. Je le formulais plutôt comme un axiome extérieur (échappant donc à la numérotation précédente): (63) Tout le *Projet* serait sous la maxime de la mémoire. (M') La poesie est mémoire de la langue. *Le Grand Incendie de Londres*, alors, pourrait être «déduit».»[175] Auch in anderen Werken Roubauds finden wir die axiomatische Darstellung innerhalb eines Prosatextes. In *Graal fiction* nennt Roubaud ein Kapitel *L'axiomatique de Gauvain*: «Les récits de Gauvain [...] obéissent à un ensemble de règles que nous appellerons *axiomatique Gauvain* et que nous allons élucider au cours des prochains chapitres.»[176] Das Grundaxiom, dessen literarischer Hintergrund das Werk von Chrétien de Troyes ist, formuliert Roubaud mit Hilfe des *Zornschen Lemma*,[177] einem Satz aus der Theorie der *Geordneten Mengen*:[178] «Formulons-le de manière un peu plus moderne: *(GVI). Gauvain est le plus grand élément de l'ensemble ordonné des chevaliers.*»[179]

In *La Princesse Hoppy* erinnert die Art des Anhangs ebenfalls an einen mathematischen Text, wenn Roubaud dem Leser (Hörer) zu jedem Kapitel der Erzählung Aufgaben stellt, die das Verständnis des Textes überprüfen sollen: «J'ai rassemblé dans cet opuscule quelques questions [...]. Elles constitueront pour lui [l'auditeur], en somme, des Exercices, lui permettant de vérifier qu'il a bien assimilé le conte.»[180]

---

[174] Ib. 314, cf. dazu auch die folgenden Seiten.

[175] Cf. ib. 195.

[176] Jacques Roubaud, *Graal fiction*, Paris 1978, 82.

[177] Cf. van der Waerden, *Algebra I*, Berlin 1971, 210sq. Das Zornsche Lemma besagt in seiner allgemeineren Formulierung durch Bourbaki: (an dieser Stelle soll das Lemma nicht näher erklärt werden): *Jede teilweise geordnete, abgeschlossene Menge M enthält ein maximales Element m.*

[178] Cf. Kapitel 4.3.1.

[179] *Graal fiction*, 83.

[180] *Hoppy*, 128.

Der Einfluß der Mathematik auf Roubauds literarische Texte ist also unübersehbar. Allerdings stellt die Integration der Mathematik in die Literaturproduktion keinen Einzelfall dar. Wie gut Roubauds Vorgehensweise in Einklang mit der Arbeit der Gruppe *Oulipo* steht, die u. a. versucht, die Literatur zu *mathematisieren* und deren Mitglied Roubaud auf Grund seines ersten Werkes $\in$ wird, werden wir im nächsten Kapitel zeigen.

3 Die Gruppe *Oulipo* und Roubaud

In den vorangegangenen Kapiteln wurde Jacques Roubaud aus zwei Perspektiven betrachtet, die sein Leben bereits vor Beginn seiner Laufbahn als Schriftsteller entscheidend beeinflußt haben. Wir haben mehrfach darauf hingewiesen, daß Roubauds eigentliche Berufung die eines Dichters ist, daß sich aber bei ihm weder die Zahlen noch die Mathematik aus den literarischen Werken wegdenken lassen. Dies wird bereits im Titel seines ersten – im Jahr 1967 erschienenen – Poesiebandes deutlich, den er $\in$ nennt.[1] Es handelt sich hierbei um das mathematische Zeichen für *Element einer Menge.*[2] Auf Grund dieses Werkes bekommt Roubaud sehr schnell Kontakt zu einer Gruppe – bekannt geworden unter dem Namen *Oulipo* – von Schriftstellern, Wissenschaftlern, insbesondere Mathematikern, und Künstlern, die gemeinsam den Versuch unternehmen, neue Wege in der literarischen Produktion zu beschreiten.[3]

3.1 Wer oder was ist *Oulipo*?

Roubaud bezeichnet seine Erzählung *La Princesse Hoppy ou le conte du Labrador* nicht nur als *histoire d'un groupe à quatre éléments*, was eine Untersuchung aus der Sicht eines Mathematikers erfordert, sondern zugleich als *conte oulipien*, womit auch der *oulipotische* Hintergrund des Autors von Bedeutung ist. Eine Auseinandersetzung mit der Gruppe, ihren Zielen und Denkansätzen ist somit nötig. Dies ist in der Literaturkritik trotz der umfangreichen und ständig zunehmenden literarischen Produktion von *Oulipo* bis jetzt nur wenig geschehen. Wenn doch, handelt es sich meist um kurze Zusammenfassungen, die sich hauptsächlich auf die Vorstellung der *Grundideen* dieser Gruppe beschränken.[4] Die Auseinandersetzung mit einzelnen Texten bezieht sich auf wenige Autoren

---

1 Roubaud wurde insbesondere von Raymond Queneau unterstützt, der zu dieser Zeit bei Gallimard beschäftigt war. Cf. David Bellos, *Georges Perec, a life in words*, Boston 1993, 348.

2 Dieses Zeichen wird oft falsch interpretiert. So wird es beispielsweise häufig als der griechische Buchstabe ε gelesen – und geschrieben – (darauf hat bereits Jean José Marchand in seinem Artikel *Faisant son bien de tout*, littéraire No. 592, Janvier 1992, hingewiesen) oder sogar als Σ (Sigma) wie in der Seghers-Ausgabe der *Belle Hortense*! Im Französischen wird $\in$ als „appartient à" bezeichnet.

3 *Oulipo* steht abkürzend für *Ouvroir de Littérature Potentielle.*

4 Cf. beispielsweise Héloïse et Jacques Neefs, *contraintes et combinatoires.* In: La Quinzaine littéraire, No. 506, Paris 1988, 15.

wie Raymond Queneau, Georges Perec, Italo Calvino, Jacques Roubaud und – in der amerikanischen Literaturkritik – auf Harry Mathews. Hervorzuheben ist dabei das Dossier *Oulipo* in der Zeitschrift *Lendemains*, dessen erster Artikel einem der Autoren der Gruppe, Georges Perec,[5] gewidmet ist, während in einem zweiten die Gruppe *Oulipo* vorgestellt wird. Eva Ludwig geht hier auf die Gründung des *Ouvroir de Littérature Potentielle* ein und beschreibt Zielsetzungen und Vorgehensweisen bei der Schaffung eines literarischen Textes: Sie vergleicht *Oulipo* mit einer Fabrik für Muster zur Literaturproduktion bzw. mit einer Sprach- und Literaturwerkstatt,[6] welche es sich zum Ziel gesetzt hat, eine Systematik im Denken in die Literatur einzuführen. In einem weiteren *Lendemains*-Artikel nehmen einige Mitglieder von *Oulipo* Stellung zu Ursprung, Hintergründen und Intentionen ihrer Arbeit.[7] Auch in verschiedenen anderen Zeitschriften finden sich von den *Oulipiens* verfaßte Artikel, die sich mit dem *oulipotischen* Autor und dessen Methoden beschäftigen.[8]

Eine gute Einführung in die Entstehung und Denkweise der Gruppe *Oulipo* gibt Michael Mrozowicki in dem 1989 erschienenen Artikel: *L'Ouvroir de littérature potentielle ou l'art d'inventer des contraintes.*[9] Er geht insbesondere auf die Gründungsgeschichte ein und weist zugleich auf die Problematik einer Definition von *Oulipo* hin. Es gelingt ihm, die Gruppe mit Hilfe ihrer literarische Zielvorstellungen zu beschreiben: «Le but principal du groupe serait ainsi de renouvelerla littérature par l'introduction de nouveaux procédés, de nouvelles formes, règles, contraintes,[10] structures.»[11] Mrozowicki klassifiziert die Werke der *oulipotischen* Autoren und macht dabei drei Haupttendenzen aus: *Anoulipisme*, *Prothoulipisme* und *Synthoulipisme*, mit denen er sich sehr eingehend

---

5 Denis Dumas, *Georges Perec: Paris vu de l'intérieur*, in: Lendemains No. 52, 1988, 17 – 27.

6 Eva Ludwig, *Rückkehr ohne Ankunft – Zum Ouvroir de littérature potentielle*, Lendemains No. 52, 29 – 32.

7 José-Luis Reina, *Entretien avec Jacques Roubaud, Paul Braffort et Jacques Jouet, membres de l'Oulipo*, in: Lendemains, 52, 33 – 40.

8 z. B. Jacques Roubaud, *L'auteur oulipien*, in: L'auteur et le manuscrit, Presses Universitaires de France 1991. Jacques Jouet, *Un peu d'histoire littéraire à la lumière de la méthode S+7*. SubStance XVII, 57, 1988, 22 – 25. Paul Fournel et Jacques Jouet, *l'Ecrivain oulipien*, in: Magazine littéraire No. 245, September 1987, 90 – 96.

9 Michael Mrozowicki, *L'Ouvroir de littérature potentielle ou l'art d'inventer des contraintes*, in: Kwartalnik Neofilologiczny, XXXVI, 2/1989, 133 – 157.

10 Zum Begriff *contrainte* cf. insbesondere Kapitel 3.2.

11 Mrozowicki, *L'Ouvroir de littérature potentielle*, l. c., 136.

auseinandersetzt.[12] Auch Jürgen Ritte nennt drei Bereiche, in denen *Oulipo* tätig wird: «die historische Arbeit, die Sichtung und Sicherung der europäischen Tradition des Sprachspiels [...] die sogenannte analytische Arbeit. Bereits vorhandene Texte werden, ähnlich wie Duchamps Mona Lisa (*s. Abb. 11*), nach bestimmten, vorweg festgelegten Regeln, grundlegenden Modifikationen unterworfen. Hier könnte einem der Begriff des Zitats oder, neuer, der Intertextualität, einfallen: aus jedem beliebigen Text kann eine Vielzahl von anderen Texten entstehen, das heißt, der literarische Text wird als *Möglichkeit* gelesen. Und schließlich ist noch der synthetische Aspekt der Arbeit zu nennen, die Neuentwicklung von Regeln, Strukturen und Programmen für die Literatur. Stets aber geht es um eines: Ausschaltung der Inspiration, der Biographie, der Meinung, des Realismus und dergleichen außerliterarischer Unwägbarkeiten, statt dessen: Kalkül, selbstbewußter Umgang mit Sprache.»[13] Ritte bezieht sich hier hauptsächlich auf *oulipotische Arbeiten* und nicht auf literarische Arbeiten der

---

12 Innerhalb der *oulipotischen* Arbeit unterscheidet Le Lionnais bezüglich der Formzwänge zwei Haupttendenzen: «il y a deux Lipos: une *analytique* et une *synthétique*. La lipo analytique recherche des possibilités qui se trouvent chez certains auteurs sans qu'ils y aient pensé. La lipo synthétique constitue la grande mission de l'Oulipo, il s'agit d'ouvrir de nouvelles possibilités inconnues des anciens auteurs.» (Oulipo, *La Littérature potentielle*, l. c., 33.) An anderer Stelle sagt er: «En résumé l'anoulipisme est voué à la découverte, le synthoulipisme à l'invention. De l'un à l'autre existent maints subtils passages» (Oulipo, *La Littérature potentielle*, l. c., 18). Als bekannte Beispiele für *anoulipismes* seien genannt: *Palindrome, lipogramme, hétérogramme*. An dieser Stelle ist insbesondere *Georges Perec* zu erwähnen, der aus sportlichem Ehrgeiz bemüht ist, bestehende Rekorde, die Länge eines Palindroms oder eines Lipograms betreffend, zu schlagen. Bemerkenswert ist sein lipogrammatischer Roman *La Disparition* (1969) der nicht nur vom Verschwinden des Buchstaben *e* handelt, sondern auch kein einziges *e* enthält. Dimitri Borgman zitiert in seinem Werk *Language on Vacation* (1965) ein französisches Palindrom, das aus dreiundsechzig Buchstaben besteht und das er als «splendid» bezeichnet. Perec schreibt ein *Palindrom*, das aus 5 000 Buchstaben besteht! Cf. Oulipo, *La littérature potentielle*, l. c., 97 – 102. Als Beispiele der *synthoulipismes* sind insbesondere mathematische und Spielstrukturen zu nennen. Die Textproduktion mittels mathematischer Verfahren wird im nächsten Kapitel eingehend behandelt, da sie Voraussetzung für das Verständnis von Roubauds *La Princesse Hoppy* ist. Noël Arnaud macht eine dritte Tendenz aus: Le Prothoulipisme: «La prothèse littéraire (terme de Le Lionnais) est une amélioration, le dopage d'une œuvre existante un peu faible de constitution.» Eine ausführliche Auseinandersetzung mit diesen drei Tendenzen, die als Triade „DERAIN" bezeichnet werden, findet man bei Mrozowicki. (Cf. Mrozowicki, *L'Ouvroir de littérature potentielle*, l. c.)

13 Jürgen Ritte, *Nebenwege, Hauptwege – Über unterirdische Tendenzen der französischen Literatur*, in: Extreme Gegenwart. Französische Literatur der 80er Jahre, Christine Baumann/Gisela Lerch, Hrsg., Bremen 1989, 59 – 69.

einzelnen Oulipiens. In der Literaturkritik wird oft nicht zwischen diesen beiden Formen unterschieden. Der Gruppe geht es nicht vorrangig um eigene Dichtung. Roubaud versucht in dem 1995 erschienenen Werk *Poésie, etcetera: ménage* dieses Mißverständnis auszuräumen: «Le but de l'Oulipo est d'inventer (ou réinventer) des contraintes de type formel et de les proposer aux amateurs désirant composer de la littérature. Éliminons donc tout de suite un malentendu possible: il n'est pas dans les buts premiers de l'Oulipo, en tant que groupe, de créer des œuvres littéraires. Une œuvre littéraire, médiocre ou pas, méritant d'être appelée oulipienne peut avoir été composée par un membre de l'Oulipo, mais peut l'être par un non-membre de l'Oulipo. Il s'ensuit que les publications proprement oulipiennes, publiées sous son nom, ou sous son autorité, ne prétendent pas nécessairement au statut d'œuvres littéraires (d'où certains malentendus critiques, pas toujours innocents).»[14] Die letzte Bemerkung könnte sich auf den 1984 erschienenen Artikel von Felix Philipp Ingold beziehen, der u.a. die These aufstellt, daß die Texte der *Oulipiens* «also keinerlei außerliterarische Wirklichkeitsbezüge aufweisen und folglich auch keine Darstellungsfunktion erfüllen. *Oulipistische* Texte haben weder Inhalt noch Bedeutung; sie haben nicht Zeichen-, sondern Dingcharakter; sie enthalten keine Botschaft [...]».[15] Wir werden später sehen, daß Ingold hier nicht nur undifferenzierte Aussagen trifft, sondern auch das Wort *Botschaft* sehr eng auffaßt.[16] Die Botschaft eines Textes kann beispielsweise gerade auch darin bestehen, *keine* Botschaft zu beinhalten.

Abb. 11

Marcel Duchamps: L.H.O.O.Q. 1919

---

[14] Jacques Roubaud, *Poésie, etcetera: ménage*, Paris 1995, 203sq [Hervorhebung Roubaud].

[15] Felix Philipp Ingold, *Oulipo – Hinweis auf den «Werkkreis für potentielle Literatur»*, in: Vive la littérature! Französische Literatur der Gegenwart, Verena von der Heyden-Rynsch, Hrsg., München 1989, 214 – 218. (Erstabdruck: Neue Zürcher Zeitung, 22.6.1984), 214sq.

[16] Cf. dazu Kapitel 4.1.1 *Ulcérations und Hundesprache*.

Im Jahr 1993 ist von Bernd Kuhne und Heiner Boehncke das Buch *Anstiftung zur Poesie – Oulipo – Theorie und Praxis der Werkstatt für potentielle Literatur* erschienen, in dem die Autoren ein Porträt «dieser lebendigen literarischen Gruppe» vorlegen möchten.[17] Insbesondere sind hier ins Deutsche übersetzte Beispiele *oulipotischer* Texte, sowie theoretischer Schriften zusammengestellt, es findet jedoch keine kritische Auseinandersetzung mit den Arbeiten dieser Gruppe statt.[18]

Hinweise auf den *Spielcharakter* der *oulipotischen* Texte und die *mathematischen* Grundlagen ihrer Konstruktion – die jedoch nicht näher ausgeführt sind – werden von Warren F. Motte in: *L'Oulipo: pour une littérature non-jourdanienne* gegeben. Spiel heißt jedoch nicht, daß Oulipo zu den *fous littéraires* zu rechnen ist. Denn trotz des oft spielerisch erscheinenden Umgangs mit Sprache betreibt die Gruppe ernsthafte Forschung: «Le sérieux de l'Oulipo apparaît le plus clairement dans sa conception de l'écriture comme "problem-solving," le texte littéraire étant le résultat concret d'un problème résolu.»[19] Die Eleganz der Lösungen hängt von Schwierigkeitsgrad des gestellten Problems ab. In diesem Zusammenhang spricht Motte von einer *estétique de contrainte.*

Nachdem er zuvor auf literarische Vorbilder für *Oulipo* hingewiesen hat, vergleicht Motte die Gruppe *Oulipo* mit den *grands rhétoriqueurs*: «Parmi toutes ces influences, la plus intéressante est sans doute celle des grands rhétoriqueurs. Le parallélisme est frappant: dévouement à l'élaboration d'une poétique originale, constitution d'une école collective, recherches formelles basées sur la contrainte. Paul Zumthor, dans son ouvrage sur les grands rhétoriqueurs, a résumé leur entreprise de la façon suivante: "cette tentative organisée d'aller jusqu'au bout des possibilités d'un langage." Or, c'est la même pulsion qui anime l'Oulipo.»[20] Diese Aussage ist von Bedeutung, da sie den Gruppencharakter der oulipotischen Arbeiten unterstreicht, der sonst in der Literaturkritik oft ignoriert wird. Auch Jean-Jacques Thomas weist auf die spielerische Komponente bei der Textproduktion hin, betont jedoch ebenfalls die Ernsthaftigkeit der Vorgehensweise: «Une caractéristique est immédiatement évidente: l'Oulipo ne prétend pas

---

[17] Bernd Kuhne/Heiner Boehncke, *Anstiftung zur Poesie – Oulipo – Theorie und Praxis der Werkstatt für potentielle Literatur*, Bremen 1993.

[18] Ins Deutsche übersetzt sind von François Le Lionnais *La Lipo* und *Le deuxième Manifest*; die Artikel *Petite histoire de l'Oulipo* von Jean Lescure; *Littérature Potentielle* von Raymond Queneau aus *Bâtons, chiffres et lettres;* sowie *Quatre figures* von George Perec und *Ordinateur et écrivain* von Paul Fournel.

[19] Warren F. Motte, Jr., *L'Oulipo: pour une littérature non-jourdanienne*, in: Romance Quaterly Vol. 33, No. 2, May 1986, 169 – 180, 175.

[20] Ib. 173.

à l'exhibitionnisme racoleur des avant-gardes de l'entre-deux-guerres, mais à l'introversion productive de la recherche et de l'expérimentation rigoureuse.»[21] Insgesamt läßt sich jedoch sagen, daß hauptsächlich literaturwissenschaftliche und linguistische Aspekte der *Oulipo*-Texte Gegenstand der Forschung sind.[22] Da die Autoren der Gruppe äußerst produktiv sind und ununterbrochen neue Texte verfassen, kann eine Auseinandersetzung mit ihren Arbeiten immer nur eine unvollständige sein. Es gibt hingegen nur sehr wenige Werke oder Aufsätze, die sich inhaltlich mit der Bedeutung der *Mathematik* in den literarischen Texten der *Oulipiens* beschäftigen oder sie gar wissenschaftlich untersuchen, trotz des zentralen Stellenwertes, den diese in den *oulipotischen* Werken innehat. Die Dissertation von Sonja Schak, *Mathematik und Literatur: George Perecs Roman «La vie mode d'emploi»*, ist eine der wenigen Ausnahmen.[23]

Eine Idee wird geboren

Die Gründung der Gruppe *Oulipo* ist insbesondere zwei ganz unterschiedlichen Persönlichkeiten zu verdanken, die hier kurz vorgestellt werden sollen, da sie einen entscheidenden Einfluß auf Roubaud ausgeübt haben. Der in Paris geborene Mathematiker François Le Lionnais war seit Beginn des zweiten Weltkrieges, wie auch Jacques Roubaud, Bewunderer des Schriftstellers Raymond Queneau und insbesondere der mathematischen Abschweifungen in dessen Werken. Die Herausgabe der *Grands courants de la pensée mathématique* gibt Le Lionnais endlich die Gelegenheit, Queneau, den er um einen Artikel bittet, kennenzulernen.[24] Als Le Lionnais nach dem zweiten Weltkrieg aus der Deportation zurückkommt, finden regelmäßige Treffen mit Raymond Queneau statt, u.a. um sich eingehend mit mathematischen Fragestellungen zu beschäftigen. Zwar hat Queneau Mathematik nicht studiert, er verfügt jedoch über umfassende

[21] Jean-Jacques Thomas, *Machinations formelles: sur l'Oulipo*, in: L'Esprit Créateur, Vol. XXVI, No. 4, Winter 1986, 71 – 86, 73.

[22] Cf. dazu Michel Sirvent, *Lettres volées, métareprésentation et lipogramme chez E.A. Poe et G. Perec*, littérature, 83, Oct. 1991, 12 – 30. Oder: Sydney Lévy, *"A la recherche du savon perdu... "*, in: L'Esprit Créateur, Vol. XXXI, No. 4, Winter 1991, 41 – 50. Lévy setzt sich mit Perecs *35 Variations sur un thème de Marcel Proust* von 1974 auseinander und vergleicht diesen Text, der von Jacques Jouet 1988 in New York vorgetragen wurde, mit dem Artikel *Pierre Menard, Autor des Quijote* von Jorge-Luis Borgès und dem Original von Cervantes. (Cf. auch Borgès, *Fiktionen*, München 1992 (Originalfassung Buenes Aires 1974), 35 – 45.)

[23] Schak, Sonja, *Mathematik und Literatur – Georges Perecs Roman «La vie mode d'emploi»*, Wien 1991 (Dissertation an der Universität für Bildungswissenschaften Klagenfurt).

[24] Raymond Queneau, *La place des Mathématiques dans la classification des Sciences*, in: Les grands courants de la pensée mathématique, l. c., 393 – 397.

Grundkenntnisse und bildet sich ständig fort. Jacques Roubaud schreibt in *La Mathématique dans la méthode de Raymond Queneau*: «Queneau n'a jamais commencé les mathématiques. Il les a toujours pratiquées, toujours gratuitement, et souvent sous le manteau; de la littérature.»[25] Seit 1948 ist Queneau außerdem *Membre de la Société mathématique de France*. Da in dieser Gesellschaft jeder Mitglied sein kann, wäre es zur Beschreibung eines Mathematikers nicht hervorhebenswert. Da Queneau jedoch Dichter ist, wird hier seine Affinität zur Mathematik deutlich. Das gleiche gilt für seine Auseinandersetzung mit mathematischen Zeitschriften. Er ist auf mehrere mathematische Zeitschriften, meist amerikanische, abonniert; zum Beispiel *Bulletin of the American Society, Journal of Symbolic Logic,* und *Mathematical Reviews*. Queneau und Le Lionnais sind außerdem passionierte Leser der *Mathematical Games* von Martin Gardner im *Scientific American*. Mathematisch arbeitet Queneau insbesondere auf den Gebieten der *Zahlentheorie* und der *Kombinatorik*. Seine Veröffentlichungen insbesondere zur Metamathematik sind u.a. in *Bords* zusammengefaßt.[26]

Die Gründung der Gruppe *Oulipo*

Im September 1960 organisieren Jean Lescure und Georges Emmanuel Clancier im Centre Culturel International de Cerisy-la-Salle eine 10 Tage dauernde Tagung, die Raymond Queneau unter dem Titel *Une nouvelle défense et illustration de la langue française*[27] gewidmet ist. Außer den beiden Organisatoren nehmen u.a. auch François Le Lionnais, Jean Queval, Jacques Bens, Jacques Duchateau, André Blavier und Raymond Queneau selbst teil. Die vage Idee, eine Forschungsgruppe für experimentelle Literatur zu gründen, die Le Lionnais und Queneau bereits zuvor hatten, wird hier konkreter. Zwei Monate später kommt es tatsächlich zur Gründung einer solchen Gruppe. Sie findet am 24. November 1960 im Keller des Restaurants *Au vrai Gascon* statt. Gründungsmitglieder sind Jean Queval, Raymond Queneau, Jean Lescure, François Le Lionnais, Jacques Duchateau, Claude Berge und Jacques Bens. Außerdem ergeht eine Einladung an Albert-Marie Schmidt, Noël Arnaud und Latis, an der nächsten Sitzung teilzu-

[25] Jacques Roubaud, *La Mathématique dans la méthode de Raymond Queneau,* l. c.

[26] Raymond Queneau, *Bords – Mathématiciens, Précurseurs, Encyclopédistes,* Paris 1963. U.a. enthält *Bords* die Veröffentlichungen *Bourbaki et les Mathématiques de demain, Conjectures fausses en Théorie des Nombres, Dialectique hégélienne et Séries de Fourier* und *Les mathematiques dans la classification des sciences.*

[27] Anspielung auf die Schrift (1549) von Joachim Du Bellay (1524 – 1585), bedeutender Vertreter der Pléiade wie Ronsard): «La deffence et illustration de la langue françoise».

nehmen. Inzwischen hat sich die Zahl der Mitglieder auf dreißig, davon zwei Frauen, erhöht.[28]

Es wird beschlossen, eine Gruppe innerhalb des Collège für Pataphysik[29] zu gründen, deren Name bei der ersten Versammlung[30] im November noch *S.L.E.* ist, eine Abkürzung für *Sélitex = Séminaire de littérature expérimentale.* Am 19. Dezember 1960 erfolgt der Vorschlag von Albert-Marie Schmidt, den Namen zu ändern. Nach ausführlicher Diskussion wird er in *Oulipo: Ouvroir de littérature potentielle* abgewandelt.[31] Besonders wichtig wird der Begriff der *Potentialität*, der selbst dann noch gilt, wenn die experimentelle Energie fehlt.

---

28 Die Mitglieder von *Oulipo* 1997 – in alphabetischer Reihenfolge: Noël Arnaud, président; Marcel Bénabou, né en 1939 à Meknès (Maroc), Docteur ès lettres, professeur d'histoire ancienne à l'université de Paris VII – Jussieu; Jacques Bens, Gründungsmitglied; Claude Berge, Gründungsmitglied, Mathematiker; André Blavier; Paul Braffort; Italo Calvino (1923 – 1985); François Caradec; Bernard Cerquiglini; Ross Chambers, Literaturhistoriker; Stanley Chapman; Marcel Duchamp (1887 – 1968); Jacques Duchateau, Gründungsmitglied; Luc Etienne; Paul Fournel; Michelle Grangaud; Jacques Jouet; Latis, Pataphysiker; François Le Lionnais, Fondateur (1901 – 1984), Mathematiker, leidenschaftlicher Schachspieler und Pataphysiker; Jean Lescure, Gründungsmitglied; Harry Mathews; Le Tellier, trésorier; Michèle Métail, Sinologin; Oskar Pastior, einziges deutsches Mitglied; Georges Perec (1936 – 1982); Raymond Queneau, Fondateur (1903 – 1976), Pataphysiker; Jean Queval, Gründungsmitglied, Journalist in London; Pierre Rosenstiehl; Jacques Roubaud, Mathematiker; Albert-Marie Schmidt, Literaturhistoriker.

29 Mit dem Aspekt der *Pataphysik* in den Arbeiten von *Oulipo* haben sich insbesondere Jürgen Ritte und Warren F. Motte befaßt. Cf. Ritte, *Nebenwege, Hauptwege*, l. c. und Motte: *L'Oulipo: pour une littérature non-jourdanienne*, l. c., 167. Die 'Pataphysik wurde von Doktor Faustroll, einer Romanfigur von Alfred Jarry (1873 – 1907) gegründet, der sie u. a. wie folgt definiert: Die 'Pataphysik «ist die Wissenschaft von dem, was zur Metaphysik hinzukommt, sei es innerhalb derselben, sei es außerhalb derselben, und die sich genau so weit über diese erhebt wie jene über die Physik». 1949 wurde das Collège de 'Pataphysique gegründet, zu dessen Mitgliedern u.a. Eugène Ionesco und Boris Vian gehörten sowie Albert-Marie Schmidt, Noël Arnaud, Latis, Raymond Queneau und Jacques Duchateau. Nach dem Beispiel des *Collège de 'Pataphysique*, sollte die Gruppe ursprünglich eine Geheimgruppe sein, was jedoch nicht lange andauerte. Die Arbeiten und Veröffentlichungen aus dieser ersten Zeit sind rar.

30 Während dieser Versammlung wird Queval mehrfach – für die Dauer von insgesamt 297 Jahren! – ausgeschlossen und jedesmal per Akklamation wieder zugelassen. Warum es sich gerade um 297 Jahre handelt, läßt sich ohne weitere Informationen schwer sagen. Die Zahl 297 ist weder Prim- noch Queneauzahl, vielleicht ist sie als Produkt von 11 und 27 oder 9 und 33 von Bedeutung?

31 Cf. Jean Lescure, *Petite histoire de l'Oulipo*, in: Oulipo, La littérature potentielle, l. c., 24 – 35.

Potentialität und Offenheit

Der Begriff der *Potentialität* ist von der Literaturkritik bisher wenig beachtet worden. In Zusammenhang mit *Oulipo* wird zwar notwendigerweise auf den Terminus *littérature potentielle* verwiesen, es findet jedoch keine literarische oder ästhetische Auseinandersetzung mit Bedeutung und Inhalt dieses Begriffes statt. Dies ist um so erstaunlicher, als der *potentielle* Charakter der Literatur nicht nur von François Le Lionnais als essentiell für die Arbeit von *Oulipo* bezeichnet wird, sondern bereits in der voroulipotischen Literatur existierte.[32] Queneau nennt in diesem Kontext die Sestine,[33] deren Potentialität mathematisch in der Gruppentheorie begründet liegt.[34]

Die Definition des Begriffs *potentiell* läßt sofort an den von Umberto Eco eingeführten Terminus des *offenen Kunstwerkes* denken.[35] Es lassen sich – wie beim *offenen Kunstwerk* – zwei Haupttendenzen der Potentialität unterscheiden, zum einen bei der Rezeption eines Kunstwerkes, zum anderen bei dessen Kreation.[36] Betrachten wir zunächst die Rezeption eines literarischen Textes, dann beinhaltet dies das Vorhandensein eines Rezipienten (bzw. Lesers), der den Text *interpretiert*. Der potentielle Charakter liegt hier in der *möglichen* Textinterpretation. Jean Lescure drückt dies wie folgt aus: «[...] tout texte littéraire est littéraire par une quantité indéfinie de significations potentielles.»[37] Aus einer beliebigen Anzahl von Bedeutungen eines Textes folgt für Lescure: «toute la littérature est potentielle.»[38] Diese Aussage wird von Eco relativiert, wenn er schreibt: «Zu sagen, daß ein Text potentiell unendlich sei, bedeutet nicht, daß *jeder* Interpretationsakt gerechtfertigt ist. Selbst der radikalste Dekonstruktivist

---

32 Cf. ib. 33. Lescure zitiert hier Le Lionnais aus einer Ansprache vom 28.8.1961.

33 Bei der *Sestine* handelt es sich um eine aus der Provence stammende italienische Liedform, die aus sechs sechszeiligen Strophen und einer dreizeiligen Geleitstrophe besteht. Innerhalb einer Strophe gibt es keine Reime. Die Endworte einer Strophe wiederholen sich jedoch mittels *Permutationen* in jeder Strophe. Auf die Form des Sestine und den Begriff Permutation wird später eingegangen.

34 Queneau geht auf den gruppentheoretischen Aspekt sehr ausführlich in einem Vortrag am Séminaire de Linguistique de M. J. Favard, mit dem Titel *Littérature Potentielle*, ein, den er am 29. Januar 1964 gehalten hat. Er ist abgedruckt in Raymond Queneau, *Bâtons, chiffres et lettres*, Paris 1965, 297 – 320.

35 Cf. Umberto Eco, *Opera aperta*, Mailand 1962.

36 Der *oulipotische* Ansatz der Potentialität läßt sich analog auf Musik und Kunst ausdehnen.

37 Jean Lescure, *Petite histoire de l'Oulipo*, l. c., 31.

38 Ib.

akzeptiert die Vorstellung, daß es Interpretationen gibt, die völlig unannehmbar sind. Das bedeutet, daß der interpretierte Text seinen Interpreten Zwänge auferlegt. Die Grenzen des Textes fallen zusammen mit den Rechten des Textes (was nicht heißen soll, sie fielen zusammen mit den Rechten seines Autors).»[39] Die *Interpretation* vorhandener Texte stellt jedoch nicht das Anliegen der Oulipiens dar, sondern der *potentielle* Charakter der Literaturproduktion. Im *offenen Kunstwerk* – dessen Artikel bereits 1958 aus einem Beitrag zum XII. Internationalen Philosophiekongreß entstanden – spricht Eco bereits vom *Kunstwerk in Bewegung*.[40] In der Literatur findet er jedoch kein zeitgenössisches Werk – *Oulipo* ist noch nicht gegründet – und so verweist er auf Mallarmés nicht vollendetes *Livre*,[41] das er als «inzwischen klassisch gewordene Antizipation» eines offenen Textes bezeichnet.[42] Eine ähnliche Bezeichnung findet man später auch bei *Oulipo*: «plagiats par anticipation».[43]

---

39 Umberto Eco, *Die Grenzen der Interpretation,* München 1992, 22.

40 Cf. Eco, *Das offene Kunstwerk*, l. c., 42sqq.

41 Stéphane Mallarmé (1842 – 1898). «Im *Livre* sollten selbst die Seiten keine feste Anordnung haben: sie sollten nach *Permutationsgesetzen* verschieden zusammengestellt werden können. Bei einer Reihe loser (nicht durch einen die Reihenfolge bestimmenden Einband zusammengehaltener) Hefte sollte jeweils die erste und die letzte Seite auf einen in der Mitte gefalteten großen Bogen geschrieben sein, der Anfang und Ende des Heftes bezeichnet hätte; innerhalb der Hefte wäre es dann zu einem freien Spiel von einzelnen, einfachen, beweglichen und untereinander austauschbaren Blättern gekommen, jedoch so, daß bei jeder Kombination ein fortlaufendes Lesen sinnvollen Zusammenhang ergeben hätte.» Eco, *Das offene Kunstwerk*, l. c., 44.

42 Ib. 43.

43 Cf. u.a. Roubaud, *Indications liminaires,* in: La Bibliothèque Oulipienne I, l. c., VIII. In Abgrenzung zu den Surrealisten und der Gruppe Bourbaki, schreibt Roubaud 1995 in *Poésie, etcetera: ménage*: «Il est manifeste pour quiqconque a un peu fréquenté la littérature d'inspiration oulipienne que bien des contraintes qui y sont utilisées l'ont été antérieurement à la fondation de l'Oulipo (on les trouve un peu partout dans le monde, un peu partout dans les siècles). C'est un phénomène que nous avons décrit sous le vocable de **Plagiat par anticipation**. Au-delà du caractère paradoxal et provocant de la désignation (qui est en même temps une moquerie à l'égard des surréalistes et de Bourbaki qui traitent les poètes ou les mathématiciens du passé comme s'ils n'étaient que des surréalistes (ou des bourbakistes) à qui la grâce a manqué), il s'agit, un peu plus sérieusement, de marquer qu'une partie de la littérature passée peut être examinée avec des yeux neufs en la situant «du point de vue de la contrainte» (Michèle Métail a ainsi pu récemment déchiffrer des poèmes de la tradition antique chinoise qui sont littéralement incompréhensibles si on les aborde pas dans cet esprit.» Ib. 205sq [Hervorhebung Roubaud].

Einen der wenigen Hinweise auf eine Verbindung zwischen Eco und *Oulipo* gibt Brian McHale, wenn er bezüglich des *Foucaultschen Pendels*[44] ausführt: «In this context, Eco's Abulafia appears as a kind of literalization of the mechanical procedures of procedural writing, a *literal* writing-machine, and perhaps even as a kind of witty homage to OuLiPo and Oulipian poetics.»[45]

Als ein Schlüsselwerk der potentiellen Literatur werden von Warren F. Motte und Eva Ludwig Queneaus *Cent mille milliards de poèmes*[46] bezeichnet, deren Basis zehn Sonette bilden. Dabei sind die vierzehn Verse der einzelnen Sonette in Lamellen zu zerschneiden, so daß man sie vor- und zurückblättern kann. Queneau schafft so die Möglichkeit, die Verse auf 10^{14} Arten zu kombinieren. Ludwig hat ausgerechnet, daß bei 45 Sekunden pro Gedicht und 15 Sekunden zum Umblättern der entsprechenden Lamellen, die Lektüre fast 200 000 000 000 Jahre dauern würde, unter der Voraussetzung, ununterbrochen zu lesen. Dies ist zwar unmöglich, die 10^{14} Sonette sind jedoch *potentiell* vorhanden. Mit Eco könnte man diees Werk als *offenes Kunstwerk* bezeichnen.

In seinem Artikel *Queneau Oulipien* setzt sich Jacques Bens insbesondere mit dem Begriff der Potentialität auseinander. Für ihn gelten die *Cent mille milliards de poèmes* nicht als erstes Werk der potentiellen Literatur, «car la littérature potentielle existait avant la fondation de l'OuLiPo.»[47] Von diesen vorоulipotischen Werken ist dann gewiß Mallarmés *Livre* eines der bedeutendsten.

Jacques Roubaud sieht den Begriff *Potentialität* insbesondere im Zusammenhang mit der Kombinatorik: «La potentialité est [...] explicitement liée aux recherches d'un nouvel <u>art combinatoire</u>, (Qui va de Bruno à Leibniz, après LLull) et s'appuiera ensuite sur les développements mathématiques les plus récents.»[48]

Potentialität bezieht sich für *Oulipo* jedoch nicht nur auf das *tatsächliche Vorhandensein,* sondern beinhaltet gleichzeitig eine zukunftsweisende Komponente. Jean Lescure drückt dies wie folgt aus: «Le mot «potentiel» porte sur la nature

---

44 Umberto Eco, *Das Foucaultsche Pendel,* München 1989; Titel der Originalausgabe: *Il pendolo di Foucault,* Mailand 1988.

45 Brian McHale, *Constructing Postmodernism,* New York 1992, 184.

46 Raymond Queneau, *Cent mille milliards de poèmes,* Paris 1961.

47 Jacques Bens, *Queneau Oulipien,* in: Oulipo, Atlas de littérature potentielle, l. c., 22 – 33.

48 *Poésie, etcetera: ménage,* 208 [Hervorhebung Roubaud].

même de la littérature, c'est-à-dire qu'au fond, il s'agit peut-être moins de littérature proprement dite que de fournir des formes au bon usage qu'on peut faire de la littérature. Nous appelons littérature potentielle la recherche de formes, de structures nouvelles et qui pourront être utilisées par les écrivains de la façon qui leur plaira.»[49]

Definition der Gruppe *Oulipo*

Es war zunächst nicht einfach, *Oulipo* auf eine befriedigende Weise zu definieren. Queneau versuchte es 1964 anläßlich des *Séminaire de Linguistique quantitative de J. Favard* auf negative Weise: «Qu'est-ce que n'est pas l'OU.LI.PO?[50] 1° Ce n'est pas un mouvement ou une école littéraire. [...]. 2° Ce n'est pas non plus un séminaire scientifique, un groupe de travail «sérieux» entre guillemets [...]. Enfin 3° Il ne s'agit pas de littérature expérimentale ou aléatoire [...].»[51]

Michael Mrozowicki sieht dies anders: «C'est un mouvement littéraire, car les œuvres créées par ses représentants, en réalisant les conceptions théoriques du groupe, d'une part ont beaucoup de points communs, et d'autre part se distinguent nettement de toute la production littéraire contemporaine. C'est aussi un séminaire scientifique. [...] De profondes et objectives recherches sur la littérature et sur le fonctionnement du langage faites par l'Ouvroir de Littérature Potentielle justifient pleinement l'emploi de cette étiquette "scientifique".[52] [...] l'Oulipo c'est aussi parfois de la littérature aléatoire. Il suffit de se rappeler la technique oulipienne M+*x* dont S+7[53] est la plus célèbre concrétisation, pour s'en convaincre. Quoi de plus aléatoire que le texte dont chaque mot (M) ou chaque substantif (S) résulte non pas d'une intention consciente de l'auteur, mais du dictionnaire choisi et de l'ordre de mots dans ce dictionnaire?»[54]

49 Jean Lescure, *Petite histoire de l'Oulipo*, l. c., 33.

50 Die Schreibweisen des Namens *Oulipo* variieren häufig. In den Zitaten wird die jeweilige Version des entsprechenden Textes beibehalten.

51 Queneau: *Bâtons, chiffres et lettres*, l. c., 297sq.

52 Mrozowicki fügt hinzu, daß die Arbeiten der Gruppe *Oulipo* auch auf Interesse bei Informatikern gestoßen sind, zu denen u.a. M. Starynkevitch und die Firmen wie IBM und BULL gehören.

53 Cf. Lescure, *La méthode S+7*, in: Oulipo, La littérature potentielle, l. c., 139 – 144; Queneau, *Contribution à la pratique de la méthode Lescurienne S+7*, ib. 145 – 146; Queneau, *Variations sur S+7*, ib. 147; Jacques Jouet, *Un peu d'histoire littéraire à la lumière de la Méthode S+7*, l. c.

54 Mrozowicki, *L'Ouvroir de Littérature Potentielle ou l'Art d'inventer des contraintes*, l. c., 134sq.

Mrozowicki weist anschließend auf die Schwierigkeit oder sogar die Unmöglichkeit hin, eine exakte Definition von *Oulipo* zu geben. Weniger Probleme treten im anglo-amerikanischen Raum auf: Für Brian McHale gehört die *littérature potentielle* zu dem, was er «poetics of "procedural" writing»[55] nennt: «Procedural writing, as practiced by many poets (John Cage, Jackson MacLow, the L=A=N=G=U=A=G=E poets) and a few prose writers (especially the OuLiPo group [...]) involves partial (rarely total) surrender of authorial control over the production of the text, as a means of evading or overriding the constraints of literary and cultural norms and personal psychology.»[56] Ein Zusammenhang zwischen der Gruppe *Oulipo* und den amerikanischen *"procedural" writers* besteht auch für Marjorie Perloff: «Oulipo, as its name indicates, was designed not as a movement but primarily as a workshop, whose members – poets, novelists, scientists, mathematicians, philosophers – could come together to discover new ways of creating literature. Its early membership included such important writers as Italo Calvino, Jacques Roubaud, Georges Perec, and the American Harry Matthews,[57] and while there may be no direct relationship or exchange between Oulipo on the one hand and American "procedural" texts like Zukofsky's *80 Flowers* or Cage's *Roaratorio* on the other, the links between these poetics are worth examining.»[58] Die Definition von Perloff, *Oulipo – whose members [...] could come together to discover new ways of creating literature*, ist vielleicht am besten geeignet, die Arbeit der Gruppe zu beschreiben, deren Texte ebenso verschiedenartig sind wie die Lust am Experimentieren mit Sprache. Von Georges Perec, der wie Roubaud eines der ersten Mitglieder von *Oulipo* ist, stammt eine Definition, die bereits auf den Begriff *contrainte* hinweist und der die *oulipotische* Arbeit maßgebend bestimmen wird: *«Oulipiens: rats qui ont à construire le labyrinthe dont ils se proposent de sortir».*[59]

Aus der Sichtweise des Mathematikers Roubaud ist *Oulipo* eine Hommage an Bourbaki. In *Poésie, etcetera: ménage* schreibt Roubaud 35 Jahre nach der Gründung der Gruppe rückblickend: «Pour bien comprendre la deuxième originalité [die erste bezieht sich auf die Art der Mitgliedschaft, E. L.-C.] profonde de l'Oulipo, il faut sortir du champ littéraire pour se tourner vers la Mathématique. [...] Je proposerai la formule suivante:

---

55 Brian McHale, *Constructing postmodernism*, l. c., 183.

56 Ib. 183sq.

57 In der Literatur finden sich unterschiedliche Schreibweisen für den Namen Mathews.

58 Marjorie Perloff, *Radical Artifice – Writing Poetry in the Age of Media*, Chicago 1991, 139.

59 Cf. Lescure, *Petite histoire de l'Oulipo*, l. c., 32.

Le groupe Bourbaki a servi de contre-modèle au groupe Surréaliste pour la conception de l'Oulipo. On peut dire aussi que l'Oulipo est un hommage à Bourbaki, une imitation de Bourbaki. En même temps il est, de manière non moins évidente, une parodie de Bourbaki.»[60] Einen wesentlichen Unterschied zwischen Bourbaki und *Oulipo* sieht Roubaud hingegen im universellen Anspruch: «Le Projet fondateur de Bourbaki, réécrire l'ensemble de la Mathématique et lui donner des fondements solides à partir d'une source unique, la Théorie des Ensembles, et d'une méthode rigoureuse, la Méthode Axiomatique, est à la fois sérieux, admirable, impérialiste, sectaire, mégalomane et pompeux. (L'humour n'est pas sa charactéristique première). Le projet oulipien, qui «traduit» la visée et la méthode bourbakiste dans le domaine des arts du language est également sérieux, ambitieux, mais non sectaire, et non persuadé de la validité de sa démarche à l'exclusion de toute autre approche.»[61] Wir werden in Kapitel 4 den Einfluß Bourbakis auf Roubauds Erzählung *La Princesse Hoppy* nachweisen können.

Die Arbeitsweise der *Oulipiens*

Die Mitglieder von *Oulipo* treffen sich seit der Gründung der Gruppe in regelmäßigen Abständen um neue Wege in der Produktion von Literatur zu entdecken. Zunächst ist ihre Anzahl auf zehn begrenzt; es werden zu bestimmten Forschungsthemen Arbeitsgruppen gebildet.[62] Um Ergebnisse auszutauschen und gegebenenfalls die Veröffentlichung einzelner Arbeiten vorzubereiten, findet einmal im Monat ein gemeinsames Arbeitsessen statt. Das anwesende Plenum entscheidet darüber, ob die vorgestellten Verfahren und Arbeitsergebnisse den Ansprüchen von *Oulipo* genügen bzw. als *oulipotisch* bezeichnet werden können

---

[60] *Poésie, etcetera: ménage*, 200sq [Hervorhebung Roubaud].

[61] Ib. 201sq. Auch Bellos betont einen der wichtigen Unterschiede: «Membership of *Oulipo* was not a secret, as was that of Bourbaki, but it was meant to be confidential.» David Bellos, *Georges Perec – A Life in Words*, l. c., 349. Eine Besonderheit von *Oulipo* ist die Dauer der Mitgliedschaft: sie gilt nicht nur lebenslänglich, sondern darüber hinaus bis in die Ewigkeit. Es gibt nur eine einzige Möglichkeit, sie zu beenden. Bellos formuliert dies folgendermaßen: «*Oulipo*'s constitution stipulates that a member is a member once and for all time. No one can ever be expelled; deceased members are excused from attendance at meetings but are not allowed to withdraw. (Only by committing harakiri at a properly constituted meeting, specifically, and exclusively in order to resign, can a member win the right to claim ex-membership. No one has yet taken advantage of this provision of the group's constitution.)» ib. Cf. zu dieser letzten Aussage auch *Poésie, etcetera: ménage*, 200.

[62] Damit wird die These von Mrozowicki unterstützt, daß die Gruppe *Oulipo* auch *séminaire scientifique* ist.

oder nicht.[63] Diese Vorgehensweise erinnert an die Arbeit der Gruppe *Nicolas Bourbaki*.

Die ersten Treffen der *Oulipo*-Mitglieder sind von Diskussionen um Zielsetzungen und Begriffsklärungen geprägt. Es werden Texte der älteren Literatur gesichtet und gesammelt, angefangen bei den *Grands Rhétoriqueurs* über die Literatur der *Kabbala*[64] bis in unser Jahrhundert. So entsteht eine umfangreiche Anthologie experimenteller Literatur. Die *Oulipiens* versuchen herauszufinden, ob bekannte Texte bislang unbekannte Strukturen aufweisen und ob sie sich für die Anwendung ihrer eigenen, neu entwickelten Methoden eignen. Aufgrund dieser intensiven Arbeit mit Texten, entdecken die *Oulipiens* die Lust, nicht nur eigene Regeln und Methoden zu erfinden, sondern diese auch durch Experimente zu erproben, also selbst Literatur zu produzieren.[65] Das wichtigste Instrument des *oulipotischen* Dichter für die Schaffung eines Textes wird das, was er *contrainte* (Formzwang) nennt.

Seit einiger Zeit findet man *Oulipo* auch im Internet. Dort erfährt man zum Beispiel unter *Les jeudi de l'Oulipo* die Themen und Daten des monatlichen Auftretens einzelner Gruppenmitglieder in der Öffentlichkeit. So fand kürzlich, am 11. Dezember 1997, ein Vortrag mit dem Thema *L'Oulipo et le nombres* statt. Eine ungewöhnliche Form von *L'Oulipo en public* wurde im Juni 1996 organisiert: «Pour la première fois de son histoire, l'Oulipo fait une animation dans un grand magasin! *Le Bon Marché* accueille l'Oulipo en les personnes de Marcel Bénabou, Jacques Roubaud, Hervé Le Tellier, Jacques Jouet (en retard comme souvent), Paul Fournel et la présence exceptionnelle (car très rare) de Harry Mathews. Une lecture des classiques de l'Oulipo, suivie d'un coktail/buffet. *What a man!* et ses traductions monovocaliques, les perverbes et autres locutions introuvables lus par un Oulipien survolté ont ravi un public enthousiaste où se cotoyaient des fidèles de l'Oulipo et les habitués du *Bon Marché* qui n'en croyaient pas leurs oreilles.»[66] Die Aktivitäten der Gruppe sind zu umfangreich – und beschränken sich nicht nur auf literarische Texte, wie wir gesehen haben – um an dieser Stelle aufgeführt zu werden. Die Bedeutung der *contrainte* für den oulipotischen Autor hat sich im Laufe der Jahre allerdings nicht verändert.

63 Cf. Kuhne/Boehncke, *Anstiftung zur Poesie*, l. c., 135sq.

64 Cf. Georges Perec, *Histoire du Lipogramme*, in: Oulipo, la littérature potentielle, l. c., 73sq.

65 Le Lionnais drückt dies wie folgt aus: «L'Oulipo a pour but de découvrir des structures nouvelles et de donner pour chaque structure des exemples en petite quantité.» Cf. Lescure, *Petite histoire de l'Oulipo*, l. c., 33.

66 Cf. Internet: http://www2.ec-lille.fr/~book/oulipo/rdv/lectures96.html [Schreibweise: Oulipo].

3.2 Alles ist *contrainte*

Oulipo will sich durch den *texte contraint* insbesondere von den Surrealisten und somit von einer auf dem nichtrationalen Unbewußten basierenden und durch spontane Assoziationen geprägten Literatur distanzieren oder, wie die Gruppe es anläßlich des *Festival de la Chartreuse de Villeneuve-lès-Avignon* (1978) formuliert: «L'OuLiPo, qui compte en son sein des écrivains, des scientifiques, se propose de réintroduire dans l'écriture littéraire contemporaine, la notion de contrainte qui en avait été un peu chassé par l'idéologie post-romantique du spontanéisme, de l'aléatoire et du génie inné, tumultueux.»[67] Wenn sich *Oulipo* hier gegen die *aleatorische* Dichtung, welche auf dem Zufallsprinzip beruht, ausspricht, dann wendet sich die Gruppe insbesondere gegen den Schaffensprozeß literarischer Strömungen wie den Dadaismus oder Surrealismus und somit gegen die von diesen Richtungen propagierte *Freiheit* in der künstlerischen Produktion. Das heißt jedoch nicht, daß *Oulipo* auf diese Weise entstandene Werke ablehnt. Während Le Lionnais als ein Extrem der literarischen Produktion strenge Strukturen wie das Akrostichon[68] oder den Schüttelreim,[69] um nur zwei zu nennen, ansieht, befindet sich für Oulipo zum Beispiel der Dadaismus am anderen Ende der Skala: «A l'autre extrémité, celle du refus de toute contrainte, la littérature-cri ou la littérature borborygme. Elle a ses diamants et les membres de l'OuLiPo ne comptent pas parmi ses moindres admirateurs... dans les moments, bien sûr, où ils ne se livrent pas à leur sacerdoce oulipien.»[70] Die Erfindung von neuen *contraintes* stellt für *Oulipo* eine Herausforderung dar. Aber auch die Verarbeitung und Perfektionierung bereits bekannter Formzwänge, denen neue insbesonders aus der *modernen* Mathematik stammende *contraintes* hinzugefügt werden, ist Ziel der Gruppe.

Oulipo setzt den Hauptakzent seiner Literaturproduktion auf die *Form* und grenzt sich somit von Tendenzen ab, welche auf die *contrainte* verzichten oder

---

67 Oulipo, *Atlas de littérature potentielle*, l. c., 431.

68 Bei dem *Akrostichon* handelt es sich um ein Wort (Satz), der aus den ersten Buchstaben, manchmal auch Silben, aufeinanderfolgender Verse gebildet wird.

69 Beim *Schüttelreim* werden die Anfangskonsonanten oder -silben der Reimwörter ausgetauscht, so daß eine neue sinnvolle Wortfolge entsteht.

70 Le Lionnais, *Le second Manifeste*, in: Oulipo, La littérature potentielle, l. c., 21. Der Maler Marcel Duchamps, späteres Mitglied von *Oulipo*, wird von Jean-Charles Gateau als *aîné du groupe dada* bezeichnet. Duchamps beschränkt sich nicht nur auf Kunst, sondern beginnt, Texte zu schreiben und sich für das Schachspiel zu begeistern. Interessant ist, daß André Breton den mathematischen Charakter der Texte Duchamps, die dieser unter dem Pseudonym *Rrose Sélavy* veröffentlicht, hervorhebt. Cf. Jean-Charles Gateau, *Abécédaire critique*, Genf 1987, 41.

sie ablehnen. Roubaud schreibt 1995 hierzu: «L'Oulipo [...] offre une position artistique, esthétique, avec ses modes de justification, ses arguments, ses exemples. Il ne prétend pas détenir la vérité. L'écriture sous contrainte, l'écriture oulipienne, cherche à retrouver un autre mode d'exercice de la liberté artiostique, celui (qui est à l'œuvre dans toutes les poésies et littératures du passé, ou presque) de la difficulté vaincue. [...] Il est clair, d'après ce qui précède, que les procédures oulipiennes sont aussi éloignées que possible de l'«écriture automatique» et plus généralement, de l'idée d'une littérature dont la stratégie serait le hasard.»[71]

Indem er auf die *Wiedereinführung* der *contrainte* in die Literatur Bezug nimmt, macht Le Lionnais deutlich, daß es sich keineswegs um eine *oulipotische* Erfindung handelt.[72] Formzwänge in der Literatur, aber auch in Kunst oder Musik, haben stets existiert – neu an *Oulipo* ist also vor allem der konsequente Einsatz mathematischer Verfahren, auf die im nächsten Kapitel ausführlich eingegangen wird. Bereits 1867 hat sich A. Canel in seinem zweibändigen Werk *Recherches sur les jeux d'esprit, les singularités et les bizarreries littéraires principalement en France* ausführlich mit Formzwängen, die er unter dem Begriff *littérature aux formes excentriques* zusammenfaßt, beschäftigt.[73] *Oulipo* zitiert diese Arbeit in *La littérature potentielle*, was darauf schließen läßt, daß die Gruppe mit dem Inhalt vertraut ist und auf die hier genannten *contraintes* zurückgreift. Aber auch die bereits erwähnten *grands rhétoriqueurs*, zu deren bedeutendsten Vertretern Guillaume Crétin, Jean Molinet und Jean Marot[74] gehören, dienen *Oulipo* als Vorbilder für den *texte contraint*: Die Form hat Vorrang vor dem Inhalt. Komplizierte, ausgefallene oder auf Wortspielen beruhende Reime gelten als Gipfel der Dichtkunst. In *Impressions de France – Incursions dans la littérature du premier XVIe siècle 1500 – 1550*[75] setzt sich Roubaud u.a. mit der Dichtkunst der *rhétoriqueurs* auseinander. Die *oulipotischen* Autoren gehen bis

71 *Poésie, etcetera: ménage*, 209.

72 So schreibt beispielsweise Jürgen Ritte: «Was aber will, was soll Oulipo? Nun, könnte man antworten, nichts anderes, als schon Mallarmé, Roussel oder der Saussure der Anagrammstudien wollten. Nichts anderes auch, als die großen Hauptwege der französischen Literaturtheorie und -praxis der letzten Dezennien.» Jürgen Ritte, *Nebenwege, Hauptwege*, l. c., 66.

73 A. Canel, *Recherches sur les jeux d'esprit, les singularités et les bizarreries littéraires principalement en France*, l. c.

74 Guillaume Crétin (1460 – 1525), Jean Molinet (1435 – 1507). Nach Jean Marot (1450 – 1526) wurde eine ganze Schule benannt, *l'école marotique*, zu der auch Marguerite de Navarre und Thomas Sébillet zu rechnen sind.

75 Jacques Roubaud, *Impressions de France – Incursions dans la littérature du premier XVIe siècle 1500 – 1550*, Paris 1991.

in die Antike zurück, um nach Formen zu suchen, die sie in ihre Textproduktion einbinden können. Dabei ist nicht nur die reine Form von Interesse, sondern der gewissenhafte Oulipien recherchiert auch deren Geschichte. Georges Perec, beispielsweise, hat sich mit der historischen Entwicklung des Lipogramms, eine Kunst, die er selbst meisterhaft beherrscht, auseinandergesetzt.[76] Marcel Benabou arbeitet an einer umfangreichen Studie über „*oulipotische* Werke", die bereits vor Gründung der Gruppe *Oulipo* geschrieben wurden.[77]

In seinem *premier Manifeste*[78] nennt Le Lionnais verschiedene Arten der *contrainte*, die jeder Autor benutzt, auch wenn er sich dessen nicht bewußt ist, unabhängig davon, ob er Dadaist oder Existentialist ist: «Toute œuvre littéraire se construit à partir d'une *inspiration* (c'est du moins ce que son auteur laisse entendre) qui est tenue à s'accommoder tant bien que mal d'une série de contraintes et de procédures qui rentrent les unes dans les autres comme des poupées russes. Contraintes du vocabulaire et de la grammaire, contraintes des règles du roman (division en chapitres, etc.)...»[79] Anschließend verweist er auf bereits allgemein bekannte *contraintes*, wie «la tragédie classique (règle des trois unités), contraintes de la versification générale, contraintes des formes fixes (comme dans le cas du rondeau ou du sonnet), etc.»[80] Das Hauptinteresse von Oulipo stellt jedoch die Erfindung oder Entdeckung neuer Strukturen dar wie von *Oulipo* immer wieder betont wird: «Doit-on s'en tenir aux recettes connues et refuser obstinément d'imaginer de nouvelles formules? ... L'humanité doit-elle se reposer et se contenter, sur des penser nouveaux faire des vers antiques?»[81] Eine ähnliche Frage hatte sich bereits im Jahr 1952 eine Gruppe von Wiener Künstlern gestellt (Autoren, Maler, Komponisten), die am Dadaismus und Surrealismus anknüpften und vor allem sprachexperimentell arbeiteten. Unter dem Namen *Wiener Gruppe*

---

[76] Cf. Georges Perec, *Histoire du Lipogramme*, l. c. Ein Lipogramm ist ein Vers oder ein Text, in dem absichtlich auf einen oder mehrere Buchstaben verzichtet wird. Das älteste bekannte Lipogramm stammt von dem Dichter und Musiker Lasos, 6. Jh. v. Chr., der Gedichte ohne den griechischen Buchstaben σ schrieb. Auch in der kabbalistischen Zahlen- und Buchstabenmystik findet das Lipogramm Anwendung. Perec selbst gelingt, wie bereits erwähnt, der lipogrammatische Roman *La Disparition*, der nicht nur auf den häufigsten Buchstaben der französischen Sprache verzichtet, sondern zugleich von dessen Verschwinden handelt.

[77] Aussage von M. Benabou anläßlich eines persönlichen Treffens im März 1995.

[78] Die Titel *Le premier Manifeste* und *Le deuxième Manifeste* (François Le Lionnais: Oulipo, *La Littérature potentielle)* sind evtl. ein Verweis auf Bretons *erstes und zweites Manifest des Surrealismus.*

[79] Oulipo, *La Littérature potentielle*, l. c., 16.

[80] Ib.

[81] Ib. 16sq.

bekannt geworden, suchten Autoren wie F. Achleitner, H. C. Artmann oder K. Bayer auch die theoretische Auseinandersetzung mit Kybernetik, Neopositivismus und Sprachphilosophie (Wittgenstein). Der Selbstmord Bayers im Jahr 1964 führte jedoch zur Auflösung dieser Gruppe.

Oulipo will darüber hinaus den Versuch unternehmen, auf wissenschaftlicher insbesondere *mathematischer* Grundlage, die traditionellen Strukturen der Texterzeugung zu erweitern. Die Analyse von Sprache und Formzwängen sowie deren Bewußtmachung einerseits und die systematische Erforschung neuer Möglichkeiten zur Texterzeugung andererseits unterscheiden *Oulipo* wesentlich von seinen Vorgängern, die zwar *contraintes* anwandten, sie im allgemeinen jedoch nicht bewußt in den *Vordergrund* stellten.[82] Für *Oulipo* bedeutet die Einführung neuer Prozesse, Formen, Spielregeln und Strukturen in den literarischen Text sowie eine konsequente Ablehnung des Verzichts auf Logik eine Möglichkeit, Kreativität zu fördern und Mittel für eine zukünftige Literaturproduktion bereitzustellen.[83] Hier sei nochmals betont, daß die Erfindung einer *contrainte* nicht unbedingt zur Anwendung führen muß. Roubaud bemerkt hierzu: «Il existe en outre toute une «ligne» oulipienne recherchant des contraintes combinatoirement passionnantes, mais pour lesquelles les textes possibles sont extrêmement peu nombreux.»[84]

Oulipo betritt hinsichtlich der Schöpfung von *contraintes* also kein Neuland. Bereits Canel deutet die *contrainte* als sinnvolles Werkzeug für den Umgang

[82] Man beachte, daß es trotzdem Ausnahmen gibt. Wenn Dante auch nicht in dem gleichen Maße wie *Oulipo* im Text benutzte *contraintes* für den Leser durchschaubar macht, so gibt er dennoch Hinweise auf außersprachliche Bedeutungen. Umberto Eco bemerkt, daß «Dante als erster behauptete, seine Dichtungen enthielten jenseits und hinter dem sprachlichen einen tieferen Sinn, den es „sotto il velame delli versi strani" zu entdecken gelte.» Cf. Umberto Eco, *Zwischen Autor und Text,* Wien 1994, 61sq.

[83] Fournel und Jouet verweisen auf Erfahrungen, die die Gruppe *Oulipo* hierbei gemacht hat: «A l'expérience, la contrainte est féconde, au sens où la clarté de son énoncé, son caractère strictement formel est capable d'engendrer une infinité de textes potentiels. La contrainte remplit aisément son contrat de production, ce qu'illustre son incontestable efficacité pédagogique: dans le droit fil de son souci d'expérimentation, l'Oulipo a développé une activité de stages largement ouverts au grand public et surtout fréquentés par des enseignants à la recherche de techniques susceptibles de débloquer le stylo de leurs élèves. Demandez à quelqu'un d'écrire un poème et il restera le plus souvent le crayon en l'air, demandez-lui d'écrire un poème sans *e* ni *s* et il sera aussitôt au travail, comme si le texte à produire n'avait pas le même enjeu.» Paul Fournel/Jacques Jouet, *L'écrivain oulipien,* in: Magazine littéraire No. 245, Sept. 1987, 90 – 94, 91.

[84] *Poésie, etcetera: ménage,* 210sq.

mit Sprache: «Il faut le dire tout d'abord: ces œuvres difficiles, ces tours de force littéraires, quelle que soit leur singularité ou leur bizarrerie, ne sont peut-être pas restés sans quelques utilité. Les efforts tentés pour les *commettre* ont pu contribuer à rendre la langue plus malléable et surtout à préparer les écrivains à manier plus aisément la phrase. Quand on s'est bien torturé à faire produire à un idiome je dirais presque l'impossible, il ne doit plus y avoir de sérieux obstacles pour le plier aux exigences raisonnables.»[85]

An anderer Stelle, wenn Canel von den *vers et poëmes abécédaires* spricht, gibt er eine weitere mögliche Erklärung für den Einsatz von *contraintes*: «Cependant il y eut des versificateurs qui suivirent aussi ce mode de composition uniquement pour recommander leur œuvre par le prestige qu'ils voulaient bien attacher à la difficulté vaincue.»[86] Auch für die Mitglieder von *Oulipo* ist das Überwinden eines Hindernisses in Form einer vorgegebenen *contrainte* ein ehrgeiziges Ziel. So lassen sich auch die Versuche erklären, bestehende „Rekorde" brechen zu wollen: *La Disparition* ist wohl das längste bekannte Lipogramm!

Contrainte und Zufall

Mit Hilfe der *contraintes* versucht *Oulipo* – wie bereits erwähnt – den Zufall, d.h. das Unbekannte, Unvorhergesehene in der Produktion eines Textes auszuschalten. Roubaud stellt dazu die folgende These auf, die auf Queneau zurückgeht: «Le travail de l'Oulipo est un anti-hasard.»[87] Es stellt sich an dieser Stelle zum einen die Frage, wieweit es überhaupt möglich ist, das *Zufällige* aus der Textproduktion herauszuhalten und zum anderen, wenn dies doch möglich wäre, ob solche Texte den Leser noch ansprächen. Michael Nerlich hat sich in einer Arbeit über Montaigne[88] mit dem Zufall in der Textproduktion auseinandergesetzt und kommt zu folgendem Ergebnis: «Comme la vie en général, l'écriture est déterminée par le hasard. D'une part, il y a le caractère accidentel des matériaux eux-mêmes qui rendent hasardeux le produit auquel ils ont fourni la matière première, d'autre part le hasard intervient directement dans la production du texte puisque c'est "la fortune" qui livre "le premier argument" à l'auteur.»[89] Somit erscheint es angebracht, die Aussage Roubauds zu relativieren: Oulipo will beim Schreiben eines Textes *so wenig wie möglich* dem Zufall überlassen.

---

85 Canel, *Recherches sur les jeux d'esprit*, l. c., I, 6.

86 Ib. 13.

87 Roubaud, *La mathématique dans la méthode de Raymond Queneau*, l. c., 56.

88 Michael Nerlich, *Apollon et Dionysos ou la science incertaine des signes – Montaigne, Stendhal, Robbe-Grillet*, Marburg 1989.

89 Ib. 57.

Im Zusammenhang mit dem Begriff *hasard* spricht Queneau jedoch auch davon, daß es sich bei oulipotischen Texten nicht um eine *littérature aléatoire* handelt. Wenn man jedoch der Definiton des Aleatorischen von Nerlich folgt, welcher diesen Begriff in enger Verbindung mit dem Spiel sieht – «L'Idée de l'aléatoire contient nécessairement l'idée de jeu»[90]– dann steht dies im Widerspruch zum Einsatz des *Spiels* als *contrainte*, denn Spiel beinhaltet *hasard*. Allerdings ist der *hasard* im aleatorischen Sinne vorhersehbar. Michael Nerlich führt als Beispiel das Würfelspiel an: «Le jeu de dés en revanche est le système par excellence avec lequel je produis de l'imprévisible prévu, ce qui veut dire un imprévisible selon des règles [...], un imprévisible limité et attendu à l'intérieur d'un système et correspondant à ses règles.» Für Nerlich folgt aus der Kalkulierbarkeit des Aleatorischen jedoch Langeweile, es können nur die Zahlen 1 bis 6 gewürfelt werden, aber keine 7. Wir haben es in diesem Fall mit dem mathematischen Zufallsbegriffs zu tun, der, in Wahrscheinlichkeiten ausgedrückt, berechenbar wird. In der Realität ist der Zufall *unberechenbar*, enthält dafür aber das Element der *Spannung* und des *Abenteuers.*[91] Gerade diese Form des Zufalls versucht Oulipo jedoch bei der Schaffung eines Textes bewußt auszuschließen.

Dichtung als Spiel

Der Ansatz der *oulipotischen Literaturtheorie* ist in erster Linie spielerischer Natur. Motte betont dies, wenn er sagt: «Le concept de la littérature comme récréation est visiblement au centre de la poétique oulipienne: le texte littéraire, qu'il s'agisse d'un roman policier ou d'un sonnet, constitue avant tout un jeu engagé entre auteur et lecteur, un pacte de solidarité entre production et réception. L'enjeu est d'une part le plaisir de créer, de l'autre le plaisir de lire.»[92] Der literarische Text wird somit zu einem *Spiel* zwischen Autor und Leser und erlaubt einen Vergleich mit den *Mathematical Games* von Martin Gardner, in denen der spielerische Charakter der Mathematik zum Ausdruck kommt, ohne daß die Wissenschaft an Ernsthaftigkeit verliert. Daß Gardner die Gruppe beeinflußt hat, wird besonders in einem Martin Gardner gewidmeten Gedicht deutlich, welches *Oulipo* an den Anfang des *Atlas de Littérature Potentielle* stellt *(siehe Abb. 12)*.

Es handelt sich hierbei um eine Anspielung auf die Rautendarstellung der Ziffern von Fakultäten. «Quand le nombre de chiffres d'une factorielle est égal à la somme de deux carrés consécutifs, comme c'est le cas pour 35! qui comporte

---

90 Ib. 10.

91 Cf. ib. 55 – 67.

92 Motte, *L'Oulipo: pour une littérature non-jourdanienne*, l. c., 175.

O *à Martin Gardner*
to
see
man's
stern
poetic
thought
publicly
espousing
recklessly
imaginative
mathematical
inventiveness,
openmindedness
unconditionally
superfecundating
nonantagonistical
hypersophisticated
interdenominational
interpenetrabilities.
HarryBurchellMathews
JacquesDenisRoubaud
AlbertMarieSchmidt
PaulLucienFournel
JacquesDuchateau
LucEtiennePerin
MarcelMBenabou
MicheleMetail
ItaloCalvino
JeanLescure
NoelArnaud
PBraffort
ABlavier
JQueval
CBerge
Perec
Bens
FLL
RQ
• **H. M.**

Abb. 12

Oulipo: A Martin Gardner

$4^2 + 5^2 = 41$ chiffres, ceux-ci peuvent être imprimés en forme de losange. Il suffit de mettre le plus petit arbre de 4^2 chiffres la tête en bas et de faire correspondre sa base avec celle de l'arbre de 5^2 chiffres.»[93] (*s. Abb. 13*). Auch Gardner spielt hier mit dem Leser, wenn er in dem abgebildeten Beispiel die Ziffer in der Mitte wegläßt: «J'ai volontairement omis le chiffre du centre pour proposer un petit problème au lecteur: quel est le chiffre manquant?»[94] Bei der fehlenden Ziffer handelt es sich um die *6*.

Der Zusammenhang von *Dichtung* und *Spiel* wird von Johan Huizinga in der vielzitierten Arbeit *Homo Ludens – Vom Ursprung der Kultur im Spiel* analysiert.[95] Nach Huizinga hat man sich jedoch von der Annahme zu befreien, daß die Dichtkunst nur eine ästhetische Funktion hat, bzw. mittels ästhetischer Grundlagen zu erklären ist. Für ihn besitzt die Poesie eine vitale, soziale und liturgische Komponente: «Jede alte Dichtkunst ist gleichzeitig und in einem: Kult, Festbelustigung, Gesellschaftsspiel, Kunstfertigkeit, Probestück- oder Rätselaufgabe, weise Belehrung, Überredung, Bezauberung, Wahrsagen, Prophetie und Wettkampf».[96] Aus dieser Sichtweise läßt sich jede auf der Grundlage von Formzwängen oder *contraintes* geschriebene Literatur als Spiel bezeichnen.

1
033
31479
6638614
4929 6665
1337523
20000
000
0

Abb. 13

Rautendarstellung

---

93 $n! = 1 \cdot 2 \cdot 3 \cdot \ldots \cdot n$ heißt *n-Fakultät.*

94 Martin Gardner, *Math' Festival*, Bibliothèque pour la Science, Paris 1977, 37.

95 Johan Huizinga, *Homo Ludens – Vom Ursprung der Kultur im Spiel*, Hamburg 1994. Die Originalausgabe erschien 1938 unter dem Titel *Homo Ludens.* Roubaud kennt dieses Buch, er erwähnt es in *Le Grand Incendie de Londres*, l. c., 142.

96 Huizinga, *Homo Ludens*, l. c., 134.

Während das spielerische Element bei der Textproduktion nicht für jeden Autor von Bedeutung ist, hat es für *Oulipo*, insbesondere innerhalb der Gruppengemeinschaft, einen hohen Stellenwert.

Huizinga beschreibt die Elemente der Dichtung, zu welchen für den Oulipien auch die *contraintes* gehören, als Spielfunktionen, die ihre Gültigkeit in der Gemeinschaft haben und somit auch den *Leser* miteinbeziehen: «Warum ordnet der Mensch das Wort dem Maß, der Kadenz und dem Rhythmus unter? Wer sagt, der Schönheit wegen oder aus Ergriffenheit, tut nichts anderes, als die Frage in eine unzugänglichere Sphäre zu verschieben. Wer aber antwortet: der Mensch dichtet, weil er in Gemeinschaft spielen muß, hat den wesentlichen Punkt getroffen. Das metrische Wort entsteht allein im Spiel der Gemeinschaft; dort hat es seine Funktion, seinen Sinn und seinen Wert, und es verliert diese in dem Maße, wie das Gemeinschaftsspiel seinen kultischen und feierlichen oder festlichen Charakter einbüßt. Reim, Satzparallelismus,[97] Distichon[98] haben alle ihren Sinn nur in den zeitlosen Spielfiguren von Schlag und Gegenschlag, Hebung und Senkung, Frage und Antwort, Rätsel und Auflösung.»[99]

Es wäre allerdings notwendig, den Begriff *Spiel* eindeutig zu definieren, da er in den einzelnen Disziplinen unterschiedlich aufgefaßt wird. Roger Caillois, der sich intensiv mit dem Spielbegriff in der Kultur auseinandergesetzt hat, schreibt: «Le monde des jeux est si varié et si complexe qu'il existe de nombreuses façons d'en aborder l'étude. La psychologie, la sociologie, la petite histoire, la pédagogie et les mathématiques se partagent un domaine dont l'unité finit par ne plus être perceptible. Non seulement des ouvrages comme *Homo ludens* de Huizinga, le *Jeu de l'enfant* de Jean Chateau et la *Theory of Games and Economic Behavior* de Neumann et Morgenstern ne s'adressent pas aux mêmes lecteurs, mais il semble qu'ils ne traitent pas d'un même sujet.»[100]

---

97 Man versteht unter (Satz-)*Parallelismus* in weiterem Sinne ein strukturales Kompositionselement in Dichtungen, das auf der Wiederholung gleichrangiger Teile (Sätze) basiert. Häufig taucht der *Parallelismus* in Märchen (Conte!) auf, z.B. bei der meist dreimaligen Wiederholung von Wünschen, Aufgaben, und Begegnungen. Im Abenteuerroman findet man parallel strukturierte Abenteuer, jeweils mit bestimmenden Abweichungen, oft auch Steigerungen. Im Roman oder Drama ist *Parallelismus* vielfach durch die Wiederholung bestimmter Personengruppierungen auf unterschiedlichen Ebenen gegeben. Cf. Metzler, *Literaturlexikon*, Stuttgart 1990.

98 Das *Distichon* ist ein Gedicht oder eine Strophe von zwei Zeilen.

99 Huizinga, *Homo Ludens*, l. c., 156sq.

100 Roger Caillois, *Les jeux et les hommes*, Paris 1967, 311.

Was *Oulipo* betrifft, so kann man feststellen, daß *Spiel* in zweifacher Hinsicht von Bedeutung ist. Einerseits ist der spielerische Charakter der Literaturproduktion zu unterstreichen, zum anderen wird das Spiel, wobei hauptsächlich Strategiespiele wie *Schach* und *Go* oder *mathematical games* gemeint sind, als texterzeugende *contrainte* verwendet.[101]

Das Spiel als *contrainte*

Während Dichtung – insbesondere von Johan Huizinga – einerseits als Spiel aufgefaßt wird, und zwar nicht nur als Spiel bei der Textproduktion, sondern ebenfalls zwischen Autor und Leser, stellt es andererseits eine äußerst komplexe Form der *contrainte* in der Literatur dar. Man denkt hier sofort an Lewis Carrolls Erzählung *Alice in Wonderland*, in der einige Protagonisten Spielkarten sind, oder an die Fortsetzung *Through the Looking-glass*, die auf dem Schachspiel basiert. Der Einfluß Carrolls auf die moderne Literatur ist unübersehbar. So hat Michael Nerlich gezeigt, daß Jean Genet in *Le Balcon* nicht nur die Bridge-Spiel-Konzeption von Carroll übernommen hat, sondern daß es ihm gleichzeitig gelungen ist, sie mit dem Schachspiel aus *Through the Looking-glass* zu verbinden.[102] Brian McHale weist auf den Einfluß Carrolls auf die Werke von Christine Brooke-Rose hin[103] und Evelyne Sinnassamy stellt Parallelen zwischen *Alice in Wonderland* und *Through the Looking-Glass* mit der *Règle du jeu* und *Les Demoiselles d'Hamilton* von Alain Robbe-Grillet fest.[104]

Auch *Oulipo* verwendet wie Carroll, der als einer der bedeutenden *plagiaires par anticipation* bezeichnet wird, das Schachspiel. Der Roman *La vie mode d'emploi* von Perec basiert zum Beispiel auf dem schachtheoretischen Problem des *Rösselsprungs (siehe Abb. 14)*:

---

[101] *Oulipo* beschäftigt sich auch theoretisch mit dem *Spiel*. Cf. hierzu: Claude Berge, *Théorie des jeux alternatifs*, Paris 1952. Le Lionnais arbeitet über den Zusammenhang *Mathematik – Spiel*. Cf. Le Lionnais, *Les mathématiques sontelles un jeu?* in: Science Progrès Découverte, No. 3427, Nov. 1970, 20 – 23.

[102] Michael Nerlich, *Alice im Bordell. Annäherung an Jean Genets 'Le Balcon'*, in: Lendemains No. 19, August 1980, 85 – 107.

[103] Cf. Brian McHale, *Constructing Postmodernism*, l. c.

[104] Cf. Evelyne Sinnassamy, *Von der Trobadora Beatriz und Alice through the Looking-Glass. Anmerkungen zu einem Mißverständnis über Alain Robbe-Grillet*, in: Lendemains No. 22, Juni 1981, 109 – 114.

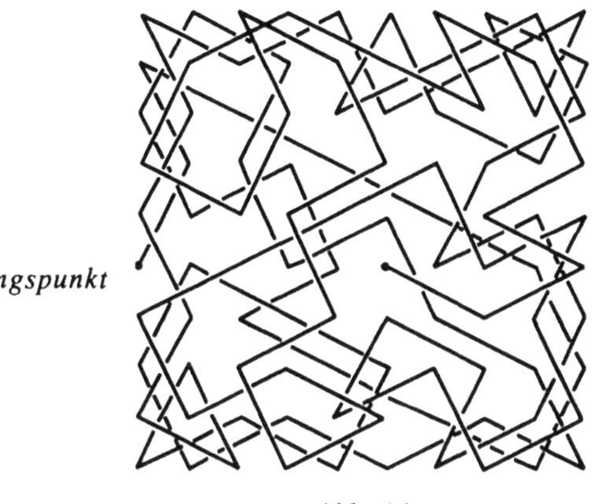

Abb. 14

Rösselsprung

«Il aurait été fastidieux de décrire l'immeuble étage par étage et appartement par appartement. Mais la succession des chapitres ne pouvait pas pour autant être laissée au seul hasard. J'ai donc décidé d'appliquer un principe dérivé d'un vieux problème bien connu des amateurs d'échecs: la polygraphie du cavalier;[105] il s'agit de faire parcourir à un cheval les 64 cases d'un échiquier sans jamais s'arrêter plus d'une fois sur la même case. Il existe des milliers de solutions dont certaines, telle celle d'Euler,[106] forment de surcroît des carrés magiques.

[105] Cf. François le Lionnais, *Dictionnaire des Echecs,* P.U.F., 1974, 304sq.

[106] Zur Lösung von Euler cf. Theoni Pappas, *The Magic of Mathematics*, San Carlos 1994, 297. Die Summe der Zahlen in jeder Zeile und Spalte, sowie in den Diagonalen, ergibt 260.

1	48	31	50	33	16	63	18
30	51	46	3	62	19	14	35
47	2	49	32	15	34	17	64
52	29	4	45	20	61	36	13
5	44	25	56	9	40	21	60
28	53	8	41	24	57	12	37
43	6	55	26	39	10	59	22
54	27	42	7	58	23	38	11

Dans le cas particulier de *La Vie mode d'emploi*, il fallait trouver une solution pour un échiquier de 10 × 10. J'y suis parvenu par tâtonnements, d'une manière plutôt miraculeuse.»[107]

Perec ist jedoch nicht der erste Autor, der den Rösselsprung verwendet. So findet man beispielsweise bei A. Canel ein mittels Schachbrett verschlüsseltes Gedicht.

très	ce	en-	bruit	guer-	pour	té	sim-
tout	un	re	sur-	sci-	qu'un	la	j'ai
ren-	peu	tra-	ce	pré-	re	ple	ber-
re	par-	fé-	la	tout	plo-	truit	me
c'est	vail	gloi-	dé-	co-	paix	li-	dé-
plus	l'en-	la	qui	re	dé-	j'ai-	arts
ter-	que	vaut	la	ne	dé-	boi-	mais
jeu	que	re	de	re	ja-	qu'on	Si

Abb. 15

Schachbrett-Gedicht

Die einzelnen Silben in jedem Feld ergeben das ursprüngliche Gedicht, wenn sie in der Reihenfolge eines bestimmten Rösselsprungs gelesen werden, den Canel mit Hilfe von Zahlen angibt: «...pour les profanes, il nous a paru nécessaire d'y ajouter l'échiquier à chiffres qui suit.» [108] (*siehe Abb. 16*)

Jacques Roubaud verwendet in seinem ersten Werk ∈ das Spiel Go als eine von mehreren texterzeugenden Strukturen. Auf die Bedeutung dieses Spiels für die Konstruktion des Gedichtbandes werden wir in Kapitel 3.4 zurückkommen.

[107] Georges Perec, *Quatre figures pour La Vie mode d'emploi*, in: Oulipo, Atlas, l. c., 389sq.

[108] Canel, *Recherches sur les jeux d'esprit*, l. c., II, 2.

Mathematical games werden von Roubaud u.a. in der Erzählung *La Princesse Hoppy* verarbeitet und in Zusammenhang mit der Analyse dieses Textes untersucht.

7	38	45	24	5	34	43	26
48	23	6	39	44	25	4	33
37	8	49	46	35	54	27	42
22	47	36	55	40	61	32	3
9	50	21	60	53	56	41	28
18	15	12	51	62	31	2	57
13	10	17	20	59	52	29	64
16	19	14	11	30	63	58	1

Abb. 16

Schachbrett: Lösung

Daß *Oulipo* Spiele nicht nur im literarischen Umfeld anwendet, sondern sich auch theoretisch mit ihnen auseinandersetzt, wird dann deutlich, wenn man sich die Publikationen ansieht: Von Le Lionnais stammen u.a Veröffentlichungen zum *Schachspiel,*[109] ebenso von Marcel Duchamp.[110] Italo Calvino schreibt über das Kartenspiel *Tarot,*[111] Claude Berge publiziert Arbeiten aus der mathemati-

[109] François Le Lionnais, *Alice joue aux échecs,* in: Lewis Carroll, L'Herne, No. 17, 1971; *Un nouveau joueur d'échecs: l'Ordinateur,* in: IBM-Informatique, No. 10, 1973; *Les Prix de beauté aux échecs,* Paris 1939; Le jeu d'échecs, Que-sais-je? No. 1592, Presses Universitaires de France, 1974; Echecs et Maths [titre véritable: «Marcel Duchamp, joueur d'échecs et aussi, un peu la pensée mathématique»] in: Abécédaire: L'Œuvre de Marcel Duchamp, Centre Georges Pompidou, 1977.

[110] Marcel Duchamp, *Comment il faut commencer une partie d'échecs*, Paris-Lille 1954. Für Marcel Duchamp war das Schachspiel nicht nur eine Leidenschaft, sondern auch eine symbolische Tätigkeit. So ließ er sich beispielsweise bei der Eröffnung der Duchamp-Retrospektive in Pasadena, Kalifornien, im Jahre 1963, mit einer unbekannten nackten Frau beim Schachspiel fotografieren.

[111] Italo Calvino, *Tarocchi. Il mazzo visconteo di Bergamo e New York*, Parme 1969.

schen Spieltheorie.[112] Der Band 23 der *Encyclopédie de la Pléiade*[113] mit dem Titel *Jeux et Sports* wird von Raymond Queneau herausgegeben.

Die *contrainte* und ihre Anwendung durch den *écrivain oulipien*

Für den *écrivain oulipien* haben die *contraintes* verschiedene Bedeutungen, so daß man anhand des Umgangs mit ihnen eine Typologie des *écrivain oulipien* aufstellen kann.[114] Einige Gruppenmitglieder bevorzugen eine diskrete Vorgehensweise. Sie benutzen *contraintes* nur im Vorfeld ihrer Arbeiten, bzw. als Vorübung oder *entraînement.* Dies entspricht dem „klassischen" Umgang mit Formzwängen. Fournel und Jouet beschreiben diese Art wie folgt: «Ils se livrent à des exercices comparables à ceux de la musculation qui ne prennent leurs sens que lorsque l'athlète donne le meilleur de lui-même dans la discipline qu'il a choisie.»[115]

Für den Typ des *écrivain oulipien secret* ist die *contrainte* wie ein Gerüst beim Hausbau, das nach Fertigstellung des Hauses abgerissen wird und dem Betrachter, bzw. Bewohner nicht mehr zur Verfügung steht: «Certains écrivains oulipiens fabriquent de soigneux échafaudages et se hâtent, l'œuvre terminée, de les démonter.»[116] Dieser Typ des *oulipotischen* Autors lehnt aus unterschiedlichen Gründen das Offenlegen der *contrainte* ab. Einmal sind es ästhetische Gründe, denn das vollendete Werk sucht seinen Erfolg nicht in der Technik, zum anderen läßt sich das formelle Modell oft nicht auf andere Werke anwenden, so daß es sich nicht lohnt, die *contrainte* bekanntzugeben. Auch eine Modifizierung der *contrainte* im Verlauf einer Arbeit, die damit an Klarheit verliert, hält einige Autoren davon ab, Aussagen zur Konstruktion eines Textes zu machen.[117] Allerdings kann auch hier *Oulipo* nicht den Anspruch erheben, etwas Neues einzuführen, da viele Schriftsteller nach der gleichen Weise verfahren.

---

[112] Auf Claude Berge verweist auch Herbert De Ley in dem Artikel *The Name of the Game: Applying Game Theory in Literature*, in: Substances No. 55, 1988, 33 – 46: «An example of game-theory-generated literature might be French game-theoretician Claude Berge's combinatory poem, La reine aztèque ou contraintes pour un sonnet à longueur variable.» 46. Allerdings hat sich De Ley im Titel geirrt, der richtig *La princesse aztèque...* heißt und in der Bibliothèque Oulipienne No. 22 erschienen ist.

[113] Roger Caillois, *Jeux et Sports*, Encyclopédie de la Pléiade, 23 vol., Tours 1967.

[114] Cf. Fournel/Jouet, *L'écrivain oulipien*, l. c., 92.

[115] Ib.

[116] Ib.

[117] Fournel und Jouet erwähnen, daß Raymond Queneau es Claude Simonnet überläßt, in *Le Chiendent* die arithmetischen Strukturen zu dechiffrieren.

Andere Oulipiens legen Teile offen: Italo Calvino erklärt zum Beispiel einem ausgewählten Leserkreis der Bibliothèque Oulipienne (sie wird zunächst nur in 150 Exemplaren gedruckt): *Comment j'ai écrit un de mes livres*, eine Anspielung an Raymond Roussels *Comment j'ai écrit certains de mes livres.*[118] Calvino beschreibt hier die Konstruktion seines Romans *Si par une nuit d'hiver un voyageur*. Auch Georges Perec erklärt dem Leser innerhalb seines Romans *La vie mode d'emploi* Konstruktionsprinzipien und weist beispielsweise auf die Autoren hin, deren Texte er im Roman verarbeitet hat. Von ihm stammt auch der Artikel *Quatre figures pour La vie mode d'emploi*, in welchem er zusätzliche Hinweise auf die Konstruktion des Werkes gibt. Das Offenlegen gab es jedoch – und zwar nicht nur bei Dante oder Roussel – bereits in der Vergangenheit: A. Canel erwähnt hier den Dichter Jean Joret: «Parmi les poëtes français qui ont sacrifié à la forme abécédaire, uniquement pour recommander leur œuvre par le mérite de la difficulté vaincue, je citerai le Normand Jean Joret. Il attachait un tel prix à son procédé, que, dans la crainte que le lecteur ne le remarquât pas, il prit soin de l'indiquer lui-même, après son *exoration* au roi. Voici son annotation intéressée: «Cy après commance le brief traictié du Jardrin salutaire composé par l'atteur pour le roi nostre sire Charles huitiesme de ce nom, selon les XXIII lettres de A B C, ou mois de Décembre MCCCCLXXXVIII, et sur chacune lettre sont deux coupletz.»»[119]

Auch aus der Sicht des Lesers lassen sich zwei sehr unterschiedliche Typen des *texte contraint* unterscheiden: Werke, die auf traditionelle Weise gelesen werden können, als *non-contraint*, wie z. B. Calvinos *Si par une nuit d'hiver un voyageur*, Perecs *La vie mode d'emploi* oder Roubauds *La belle Hortense* und Texte, die man nicht lesen kann, ohne die Regel zu kennen, mit der sie erzeugt wurden. Hierzu gehören zum Beispiel die *cent mille milliards de poèmes* von Queneau (Das Buch enthält eine Gebrauchsanweisung[120] für die Lektüre) oder *Conte des trois alertes petits pois*, ebenfalls von Queneau (Hier muß der Leser über Grundkenntnisse der *Graphentheorie* verfügen bzw. mathematische Baumstrukturen erkennen können.).

118 Italo Calvino, *Comment j'ai écrit un de mes livres*, Bibliothèque Oulipienne No. 20, II, 25 – 44. Cf. auch Benabou, *Pourquoi je n'ai écrit aucun de mes livres*, Paris 1986. Raymond Roussel, *Comment j'ai écrit certains de mes livres*, Paris 1963. Eine intensive Auseinandersetzung mit diesen drei Arbeiten findet man bei Frédérique Chevillot, *Le jeu de la règle*, in: L'Esprit Créateur, Vol. XXXI No. 4, Winter 1991.

119 A. Canel, *Recherches sur les jeux d'esprit*, l. c., I, 45.

120 Mit dem Thema der *Gebrauchsanweisung* hat sich insbesondere Jean-Jacques Thomas in seinem Artikel *Machinations formelles: sur l'Oulipo*, l. c., befaßt.

Es gibt auch *oulipotische* Texte, bei denen die *contraintes* nicht ins Auge springen, deren Lektüre man aber umso besser genießen kann, je mehr *contraintes* man identifiziert hat. Fournel/Jouet bemerken: «Libre au lecteur de rejoindre Queneau dans sa théorie du livre en *forme d'oignon* et de décortiquer une à une les couches successives de lecture, d'élucider le faisceau de contraintes de *La vie mode d'emploi*, de deviner les carrés de Greimas qui tendent l'intrigue de *Si par une nuit d'hiver un voyageur...*»[121] Zu diesem Texttyp gehören u.a. *La Disparition* von Perec und Roubauds *La Princesse Hoppy ou le conte du Labrador.*

3.3 Textkonstruktion nach mathematischen Verfahren

Der *oulipotische* Umgang mit der *contrainte* bewegt sich hauptsächlich in drei Richtungen: Als erste *vocation oulipienne* wird von Claude Berge die Substitution klassischer *contraintes* vom Typ Sonett durch andere linguistische Formzwänge genannt.[122] Unabhängig davon bezeichnet er als zweites Anliegen «la recherche de *méthodes de transformations automatiques* de textes; par exemple, la méthode S + 7 de J. Lescure.»[123] Wesentlich für die *oulipotische* Arbeit ist jedoch die Einbeziehung mathematischer Methoden in die Literaturproduktion: «Enfin, la troisième vocation, celle qui nous intéresse peut-être le plus, est la *transposition* dans le domaine des mots de concepts existants dans les différentes branches des mathématiques: Géométrie (poèmes tangents entre eux, de Le Lionnais), Algèbre de Boole (intersection de deux romans, de J. Duchateau), Algèbre matricielle (multiplication de textes, de R. Queneau), etc...»[124]

Mathematik in der Literatur finden wir jedoch bereits vor *Oulipo.* So ist Dantes *Divina Commedia* nicht nur zahlenmäßig strukturiert, sondern beinhaltet gleichzeitig Objekte der euklidischen Geometrie wie den Kegel oder den Kreis.[125]

---

[121] Fournel/Jouet, *L'écrivain oulipien*, l. c., 92.

[122] Bens nennt hier: «alphabétiques (poèmes sans *e* de G. Perec), phonétiques (rimes hétérosexuelles de Noël Arnaud), syntaxiques (romans isosyntaxiques de J. Queval), numériques (sonnets irrationnels de J. Bens), voire même sémantiques.» Oulipo, *La littérature potentielle*, l. c., 45.

[123] Ib. Hierunter fallen auch durch Computerprogramme erstellte Texte. Cf. *Oulipo et informatique*, in: Atlas de littérature potentielle, l. c., 295 – 331.

[124] Oulipo, *La littérature potentielle*, l. c., 45sq.

[125] Dante beschreibt den Weg durch die Hölle als Weg durch neun Kreise, in denen sich Menschen befinden, die nach ihren Sünden geordnet sind. Auf dem Weg nach unten nimmt die Kreisfläche ab, so daß eine Kegelform entsteht. Bei Roubaud spielt die Kreisstruktur ebenfalls eine Rolle, wie wir in der Analyse der *Princesse Hoppy* sehen werden.

Elementare geometrische Objekte sind immer wieder Gegenstand künstlerischer und literarischer Werke gewesen. Man kann zum Beispiel bei Alain Robbe-Grillet von einer Auflösung der Kreisform zu Gunsten einer Spiralstruktur sprechen, welche eine Entwicklung beinhaltet, ohne auf den Charakter der Rekursivität zu verzichten.[126] Mit dem mathematischen Begriff des Unendlichen setzt sich Jorge Luis Borges literarisch in *The book of Sand*[127] oder in *Die Bibliothek von Babel*[128] auseinander. Die Beipiele lassen sich beliebig fortsetzen. Das ungewöhnliche an *Oulipo* jedoch ist die Zusammensetzung der Gruppe, die es ermöglicht, daß nicht nur elementare Begriffe, sondern auch moderne mathematische Theorien literarisch verarbeitet werden. Denn nicht nur Dichter, die gleichzeitig Mathematiker sind, wie es auch Lewis Carroll war, gehören dazu, sondern auch reine Mathematiker. Diese Nähe zur Mathematik wird von *Oulipo* sehr oft hervorgehoben: «Reste que l'incontestable originalité de l'Oulipo fut de s'interroger, en plein milieu de notre petite ère séculaire sur les rapports des mathématiques et de la création littéraire.»[129] Oder an anderer Stelle: «L'Oulipo rassemble des écrivains et des mathématiciens. [...] l'Oulipo dans son ensemble est écrivain *et* mathématicien.»[130]

Der Mathematiker Le Lionnais sieht denn auch in der strukturellen Mathematik Möglichkeiten, neue Wege in der Literaturproduktion zu beschreiten: «Les mathématiques – plus particulièrement les structures abstraites des mathématiques contemporaines – nous proposent mille directions d'exploration, tant à partir de l'Algèbre (recours à de nouvelles lois de composition) que de la Topo-

126 Cf. Sybil Dümchen, *Das Gesamtkunstwerk als Auflösung der Einzelkünste: zur subversiven Ästhetik Alain Robbe-Grillets*, Dissertation, Marburg 1994, 111sq.

127 «„The number of pages in this book is no more or less than infinite. None is the first page, none the last. I don't know why they're numbered in this arbytrary way. Perhaps to suggest the terms of an infinite series admit any number." This book adversely changes his life and his outlook of things, until he realizes he must find a way to dispose of it – „I thought of fire, but I feared that the burning of an infinite book might likewise prove infinite and suffocate the planet with smoke."» Zitiert nach Theoni Pappas, *The Magic of Mathematics*, l. c., 61. Dieses Beispiel ist von besonderem Interesse, da auch Jacques Roubaud in *La Princesse Hoppy* von einem Buch mit unendlicher Seitenzahl spricht.

128 Cf. Jorge Luis Borges, *Fiktionen*, l. c. Der Begriff *unendlich* taucht zusammen mit dem *Zyklischen* auf: *Die Bibliothek ist unendlich, da sie unbegrenzt und zyklisch ist.*

129 Oulipo, *La Bibliothèque Oulipienne*, I, l. c., Vorwort von Noël Arnaud, II.

130 Ib. *Indications liminaires* von Jacques Roubaud, VII.

logie[131] (considérations de voisinages, d'ouverture ou de fermeture de textes).»[132] Insgesamt läßt sich feststellen, daß Oulipo nicht nur mathematische Strukturen und Inhalte verwendet und dabei weit über die bisher in der Literatur verwendete Mathematik hinausgeht, sondern gleichzeitig versucht, die Mathematik konsequent und systematisch in die literarische Arbeit einzubeziehen.[133]

Der Einfluß Bourbakis ist in diesem Zusammenhang offensichtlich. Roubaud nennt zum Beispiel die *méthode axiomatique* von Nicolas Bourbaki: «La méthode axiomatique n'est à proprement parler pas autre chose que cet art de rédiger des textes dont la formalisation est facile à concevoir. Ce n'est pas là une invention nouvelle; mais son emploi systématique comme instrument de découverte est l'un des traits originaux de la mathématique contemporaine. Peu importe en effet, s'il s'agit d'écrire ou de lire un texte formalisé, qu'on attache aux mots ou signes de ce texte telle ou telle signification, ou même qu'on ne leur attache aucune; seule importe l'observation correcte des règles de la syntaxe. C'est ainsi qu'un même calcul algébrique, comme chacun sait, peut servir à résoudre des problèmes portant sur des kilogrammes ou des francs, sur des paraboles ou des mouvements uniformes accélérés.[134] Le même avantage s'attache, et pour les mêmes raisons, à tout texte rédigé suivant la méthode axiomatique...»[135] Roubaud vergleicht diese Methode Bourbakis mit der *oulipotischen „méthode par contrainte"*: «On pourrait dire que la méthode oulipienne *mime* la méthode axiomatique, qu'elle en est une transposition, un transport dans le champ de la littérature.»[136] Diese Nachahmung bezieht sich hierbei hauptsächlich auf die Art der Texterstellung, auf dessen Formalisierung, weniger auf den inhaltlichen Aspekt: «L'écriture sous contrainte oulipienne est l'équivalent littéraire de l'écriture d'un texte mathématique formalisable selon la méthode axiomatique.»[137]

---

131 In der *Topologie* werden Begriffe wie Umgebung, offene Menge, abgeschlossene Menge, Berührungspunkt, Häufungspunkt, Konvergenz, Zusammenhang und Kompaktheit definiert, mit deren Hilfe man Punktmengen untersucht und klassifiziert. Wesentlich hierfür ist die axiomatische Festlegung der topologischen Struktur.

132 Oulipo, *La littérature potentielle*, l. c., 17.

133 Wir werden sehen, daß Roubaud in *La Princesse Hoppy* die Gruppenstruktur nicht nur auf der äußeren Ebene, sondern auch auf der Handlungsebene einsetzt.

134 Ein Beispiel hierzfür ist der *abstrakte Gruppenbegriff*.

135 Bourbaki, *Introduction à la Poésie des ensembles*, zitiert nach Roubaud, *Raymond Queneau et l'amalgame des mathématiques et de la littérature*, in: Oulipo, Atlas de littérature potentielle, l. c., 34 – 72, 58sq.

136 Ib. 59.

137 Ib.

Auch der *oulipotische* Strukturbegriff ist von dem Bourbakis abgeleitet: «l'objet, dans le cas mathématique, est un (des) ensemble(s) avec quelque chose «dessus» (une, des lois en algèbre; des voisinages en topologie...); dans le cas oulipien l'objet est linguistique et sa structure est un mode d'organisation.»[138] Dem mathematischen *Mengenbegriff* ordnet Roubaud den Begriff *Text* zu, der Begriff *contrainte* wird dem des *Axioms* zugeordnet: « ...ainsi un ensemble muni d'une loi de composition aura une structure de monoïde si cette loi satisfait à l'axiome d'associativité; un texte aura une structure lipogrammatique s'il satisfait à la contrainte du même nom.»[139]

Ein Text wird somit ein mathematisches Objekt, für das mengentheoretische Aussagen gelten. Zu stellen bleibt jedoch die Frage, ob ein lipogrammatisches Sonett auf die gleiche Weise zu analysieren ist wie ein lipogrammatischer Roman, da die Grundmenge, die hier jeweils ein literarischer *Text* ist, in beiden Fällen eine andere ist. Als eine wirksame Methode, Bourbakis Vorgehensweise auf *oulipotische* Textarbeit anzuwenden, wird von Roubaud der «transport de structure» bezeichnet: «un ensemble, muni d'une structure donnée, est «interprété» en texte; les éléments de l'ensemble deviennent des données du texte, les structures existants sur l'ensemble sont converties en procédure de composition du texte, avec contraintes.»[140]

Als Beispiel nennt Roubaud die Konstruktion eines Textes von Georges Perec – *La vie mode d'emploi* – auf der Basis griechisch-lateinischer Quadrate[141] (bicarré latin). Claude Berge schreibt zu der nachstehend abgebildeten, nicht voll-

---

[138] Ib. 67.

[139] Ib.

[140] Ib.

[141] Man unterscheidet *lateinische* und *griechisch-lateinische (bi-carré latin) Quadrate*. Hierbei werden n verschiedene Zahlen, Buchstaben, Zeichen auf den Feldern einer (n, n) – Matrix, einem Zahlenschema mit n Zeilen und n Spalten, so verteilt, daß jeder Buchstabe (Zahl, Zeichen) in jeder Zeile und jeder Spalte genau einmal vorkommt. Man nennt die Matrix in diesem Fall *lateinisches Quadrat der Ordnung n*. Für $n > 1$ gibt es eine Vielzahl von Möglichkeiten *lateinischer Quadrate* der Ordnung n. Wird aus zwei *lateinischen Quadraten* Q_1 und Q_2 ein neues Quadrat, gebildet, das durch Überlagerung entsteht, so heißen Q_1 und Q_2 orthogonal, wenn alle im neugebildeten Quadrat auftretenden Paare verschieden sind. In diesem Fall nennt man das neue Quadrat *griechisch-lateinisch*. Interessant ist, daß es zu jedem $n \in \mathbb{N}$ *griechisch-lateinische Quadrate* der Ordnung n gibt, außer für den Fall $n = 6$. Cf. Perec *La vie mode d'emploi*, l. c. Hinsichtlich des Aufbaus des Romans auf griechisch-lateinischen Quadraten sei auf Perecs *Cahier des charges de «La vie Mode d'emploi»*, Paris 1993, sowie auf die Dissertation von Sonja Schak, l. c., verwiesen.

ständig ausgeführten Struktur eines solchen Quadrates: «Comme on le voit, l'apport de la combinatoire aux domaines des mots, des rimes, des métaphores, est plus complexe qu'il ne paraît; et l'on se sent bien loin des anagrammes des rhétoriqueurs ou des balbutiements des poètes protéiques.» [142]

Anoulipismes

Figure 8

Spécimen du carré bi-latin d'ordre* 10 *; les lettres représentent un attribut caractéristique :* A = *amoureux violent,* B = *bête à manger du foin,* C = *canaille, etc... Les chiffres représentent l'action dominante du personnage :* 0 = *ne fait rien,* 1 = *vole et assassine,* 2 = *se comporte d'une façon étrange et inexplicable ; etc...

	M. Demaison	Paul	Mme Demaison	Le comte de Bellerval	Archimède	Le poisson rouge	La Destinée	Valérie	Don Diègue	M. Membre
Conte n° 1	A_0	G_7	F_8	E_9	J_1	I_3	H_5	B_2	C_4	D_6
2	H_6	B_1	A_7	G_8	F_9	J_2	I_4	C_3	D_5	E_0
3	I_5	H_0	C_2	B_7	A_8	G_9	J_3	D_4	E_6	F_1
4	J_4	I_6	H_1	D_3	C_7	B_8	A_9	E_5	F_0	G_2
5	B_9	J_5	I_0	H_2	E_4	D_7	C_8	F_6	G_1	A_3
6	D_8	C_9	J_6	I_1	H_3	F_5	E_7	G_0	A_2	B_4
7	F_7	E_8	D_9	J_0	I_2	H_4	G_6	A_1	B_3	C_5
8	C_1	D_2	E_3	F_4	G_5	A_6	B_0	H_7	I_8	J_9
9	E_2	F_3	G_4	A_5	B_6	C_0	D_1	I_9	J_7	H_8
10	G_3	A_4	B_5	C_6	D_0	E_1	F_2	J_8	H_9	I_7

Abb. 17

Anoulipismes

142 Claude Berge, *Anoulipismes,* in: Oulipo, La littérature potentielle, l. c., 57.

Eine weitere Anlehnung an Bourbaki und die moderne Mathematik sind Darstellungsformen, die sich am Aufbau mathematischer Vorlesungen orientieren, wie sie seit neuerer Zeit üblich sind, d.h. sie sind nach dem Prinzip *Definition, Satz, Beweis, Beispiel, (Anwendung)* konzipiert. Hierzu gehören u.a. die Artikel *Les Génitifs*[143] und *Séries et aide mémoire.*[144] Nach mathematischem Vorbild versucht *Oulipo* seine Arbeiten zu klassifizieren, so z. B. in *Classification des travaux de l'Oulipo.*[145]

Mathematische Strukturen dienen aber nicht nur zur Konstruktion eines Textes, sondern besitzen zugleich eine inhaltliche Komponente. Die folgende Forderung – bekannt unter dem Namen «principe de Roubaud» – macht dies deutlich: «Un texte écrit suivant une contrainte mathématisable contient les conséquences de la théorie mathématique qu'elle illustre»[146] Roubaud nennt als Beispiel seine Erzählung *La Princesse Hoppy*: «Le Conte de *La Princesse Hoppy* qui raconte les aventures d'*un groupe à 4 éléments* tient compte des propriétés de ce groupe.»[147] Wir werden bei der Analyse dieses *contes* sehen, daß Roubaud hier auf eine *contrainte* von Queneau aus dem Bereich der Gruppentheorie – *La relation X prend Y pour Z*[148] – zurückgreift und diese perfektioniert.

Neben algebraischen Strukturen werden weitere mathematische Disziplinen für *oulipotische* Schöpfungen genutzt. Zum Bereich der Kombinatorik gehören u.a. *Les cent mille milliards de poèmes* von Queneau, die griechisch-lateinischen Quadrate und *L'arbre à théâtre – Comédie combinatoire.*[149]

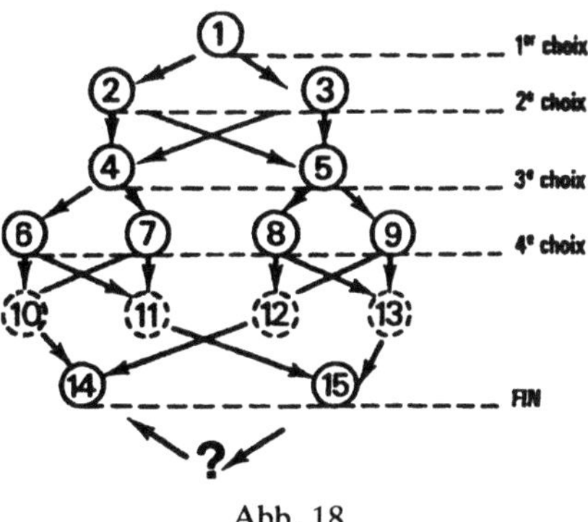

Abb. 18

L'arbre à théâtre

[143] Oulipo, *Atlas*, 257 – 260.

[144] Ib. 261 – 270.

[145] Ib. 73 – 77.

[146] Ib. 90.

[147] Ib. In Kapitel 4 wird nachgewiesen, daß Roubaud diese Forderung erfüllt.

[148] Queneau, *La relation X prend Y pour Z*, l. c.

[149] Paul Fournel, *L'arbre à théâtre*, in: Oulipo, La littérature potentielle, l. c., 277. Fournel stellt hier eine Baumstruktur vor, welche wie in der Abbildung konstruiert ist und somit für den Schauspieler im Rahmen des Möglichen liegt, da er auf Wunsch des Publikums jeweils *nur* eine von zwei Varianten zu spielen hat.

Mit Hilfe der Graphentheorie[150] wurde beispielsweise *Un conte à votre façon* von Raymond Queneau erzeugt.

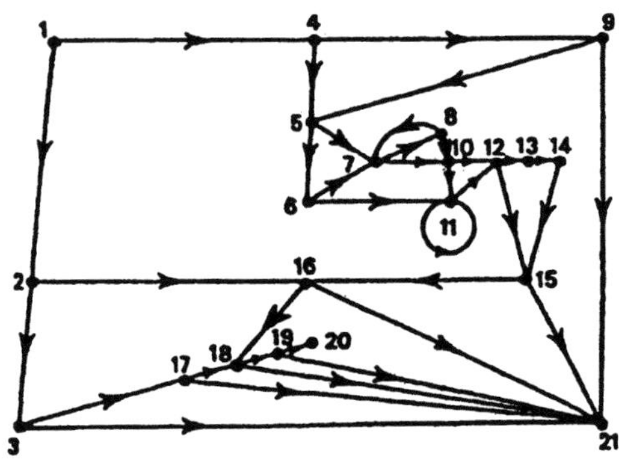

Abb. 19

Un conte à votre faon

Die mathematische Theorie dient der Konstruktion des Textes, ist aber auch Mittel zu seiner Beschreibung und wurde hier von Queneau konsequent umgesetzt wie sich nachweisen lassen konnte. Der Leser wird aktiv mit einbezogen und trifft Entscheiden über den Verlauf der Erzählung. Differentialtopologische Aspekte findet man zum Beispiel in *Poèmes à métamorphoses pour rubans de Moebius* von Luc Etienne.

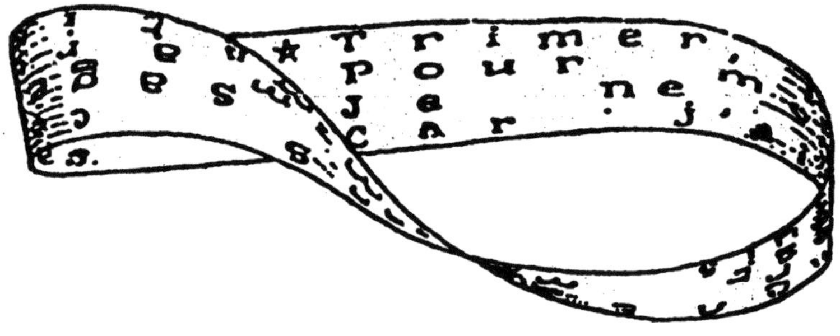

Abb. 20

Poèmes à métamorphoses pour rubans de Moebius

[150] Mit Claude Berge gehört ein Mathematiker der Gruppe *Oulipo* an, welcher auf Graphentheorie spezialisiert ist. Cf. Berge, *Théorie des graphes et ses applications*, Paris 1958, bzw. *Graph Theory and Its Applications*, N. Y. 1961.

Eine künstlerische Anwendung des *Möbiusbandes*, einer geometrischen Fläche, die nicht *orientierbar* ist – was vereinfacht ausgedrückt bedeutet, daß man sich stetig auf der Fläche bewegen und auf die *andere* Seite gelangen kann, ohne die Fläche zu verlassen – stammt von M. C. Escher.[151]

Abb. 21

Möbiusstreifen II – Rote Waldameisen, 1963

Diese Beispiele geben nur einen kleinen Einblick in die umfangreiche Textproduktion mittels mathematischer Strukturen. Eine systematische Aufarbeitung der einzelnen von *Oulipo* benutzten mathematischen *contraintes* ist noch zu leisten. Man wird dabei feststellen können, daß nicht nur kurze Texte entstehen, denen man den mathematischen Charakter sofort ansieht, sondern ebenso Erzählungen und Romane wie *La belle Hortense* und *La Princesse Hoppy* von Jacques Roubaud oder *La vie mode d'emploi* von Georges Perec.

[151] M. C. Escher, *Leben und Werk*, Hrsg. J. L. Locher, Eltville am Rhein 1984. Cf. hierzu auch den Begriff der Endlosschleife bei Douglas R. Hofstadter, *Gödel, Escher, Bach*, l. c.

3.4 Roubaud als *oulipotischer* Autor

Der Mathematiker Jacques Roubaud beginnt aufgrund eines Traumes im Dezember 1961 mit dem Schreiben.[152] Bereits in seiner Schulzeit beschließt er, Poet zu werden, so wie er nur kurze Zeit später beschließt, Mathematiker zu werden, beide Ideen sind zunächst Wünsche für die Zukunft. Während die Mathematik jedoch Grundlage seines Lebensunterhaltes wird, dauert es einige Zeit, bis Roubaud fast dreißig Jahre alt ist, bevor er seinen ersten Wunsch in die Tat umsetzt.[153]

Schon in seinem ersten Werk $\in$ werden oulipotische Qualitäten des Autors deutlich, die Queneau, der das Manuskript liest, auch sofort erkennt. «J'ai parlé, à un autre endroit, de mon «maître» Raymond Queneau. Et si Queneau fut mon maître, c'est sans doute que je fus son disciple. Comment, alors, être disciple sans l'être? Mais il n'y a pas là de véritable contradiction. D'autre part parce que je ne me serais vraisemblablement pas reconnu comme disciple oulipien de Queneau s'il ne m'avait pas reconnu, lui, comme déjà oulipien sans le savoir quand je lui ai envoyé, au début de 1966, le manuscrit de mon premier livre de poèmes[154] (je n'aurais pas cherché l'Oulipo si je ne l'avais pas déjà trouvé!). Il ne me serait sans cela jamais venu à l'idée de choisir l'Oulipo comme modèle, même si j'en avais reconnu l'existence et la valeur.»[155] Roubaud ist also bereits *Oulipien*, wie an seiner ersten Veröffentlichung deutlich wird, bevor er von der Gruppe als erstes neues Mitglied aufgenommen wird.

In $\in$ arbeitet Roubaud mit mehreren Strukturen gleichzeitig, welche sich überlagern und in sich nach unterschiedlichen Gesetzmäßigkeiten strukturiert sind. Der Text ist in fünf Paragraphen eingeteilt, die aus mehreren numerierten Abschnitten bestehen, die nochmals untergliedert sind. Vorangestellt ist ein Paragraph *Null*, der eine Gebrauchsanweisung zum Lesen des Textes gibt. Die Grundstruktur von $\in$ ist dem Go-Spiel nachempfunden. Daraus würde eine Einteilung in 361 Texte, welche die Anzahl der Steine des Go-Spiels darstellen

---

[152] Jacques Roubauds Traum war es, einen Roman mit dem Titel *Le Grand Incendie de Londres* in Verbindung mit einem Projekt der Mathematik und der Poesie zu schreiben.

[153] *Mathématique: (récit)*, 24sq.

[154] Roubaud spricht hier von seinem Werk $\in$.

[155] *La Boucle*, 269.

sollen, folgen.[156] Als Basis-*contrainte*, bzw. vorgegebenen *Formzwang*, verwendet Roubaud jedoch eine nicht beendete Go-Partie zwischen Masami Shinohara (8e dan) und Mitsuo Takei (2e Kyu), bei der Mitsuo Takei einen Vorsprung von sieben schwarzen Steinen bekam. Der in der Aprilnummer von 1965 der Zeitschrift *Go Review* abgedruckte Spielplan umfaßt jedoch nur die Züge 1 bis 157.[157] Folgerichtig beträgt somit die Anzahl der Texte in $\in$ nicht 361, sondern nur 157. Die einzelnen Texte sind unterschiedlich gestaltet. Sie unterliegen auf dieser zweiten Textebene verschiedenen *contraintes*: «Les textes ou pions appartiennent aux variétés suivantes: sonnets, sonnets courts, sonnets interrompus, sonnets en prose, sonnets courts en prose, citations, illustration, grilles, blancs, noirs, poèmes, poèmes en prose.»[158] Die Texte sind jeweils mit einer Nummer in eckigen Klammern versehen, die den entsprechenden Zug in der Go-Partie repräsentiert.

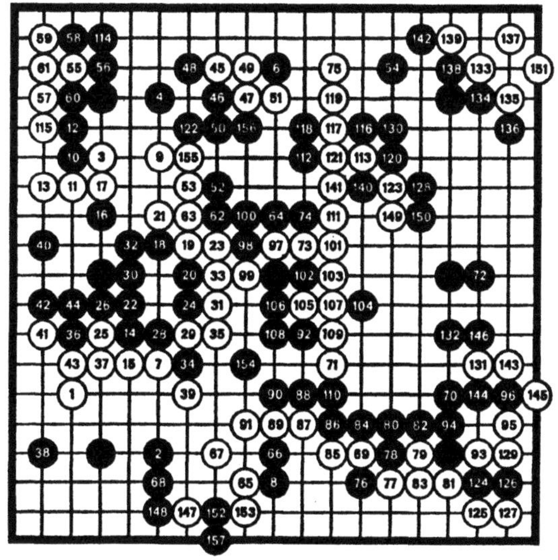

Abb. 22

Go-Partie zwischen Masami Shinohara und Mitsuo Takei

[156] «Ce livre se compose, en principe, de 361 textes, qui sont les 180 pions blancs et les 181 pions noirs d'un jeu de go.» $\in$, 7.

[157] Die Zahl 157 wird in *La Princesse Hoppy* ebenfalls eine Rolle spielen. Cf. Kapitel 4.2.1.

[158] $\in$, 7.

Allerdings stimmt die Reihenfolge der Texte nicht mit der Reihenfolge der Züge überein. So wird dem ersten Text (Text 1.1.1 weiß) der 115. Spielzug zugeordnet [Go 115], dem zweiten (Text 1.1.2 schwarz) jedoch der Zug [Go 131]. Es überlagern sich hier zwei numerische Strukturen, die somit zwei Lesarten ermöglichen, die beide linear sind, sich aber einerseits nach der Textnummer richten, zum anderen nach dem Zug im Go-Spiel. Eine weitere Markierung ist durch einen schwarzen bzw. weißen Kreis gegeben, entsprechend den Farben der Spielsteine. Im Spiel von Masami Shinohara und Mitsuo Takei sind die weißen Steine mit ungeraden Zahlen, die schwarzen mit geraden Zahlen bezeichnet. Im Text von Roubaud sind die schwarzen und weißen Kreise nach einer eigenen Struktur geordnet und richten sich nicht nach der Go-Nummer. Die beiden oben angegebenen Textnummern zeigen dies bereits. Der Text [Go 131] ist mit einem schwarzen Kreis versehen, obwohl es sich bei 131 um eine ungerade Zahl handelt. Durch die Zuordnung *Text – Kreis* wird der Text mit einer weiteren Struktur versehen, die von den anderen beiden unabhängig ist.

Alle fünf Paragraphen des Textes sind im Aufbau verschieden. Im ersten wechseln sich weiße und schwarze Kreise ab, beginnend mit weiß. Die Verteilung der Go-Nummern ist nach der Form des Sonetts (zwei vierzeilige, zwei dreizeilige Strophen) angelegt, wobei auf eine Sonettstruktur mit ungeraden Endziffern eine mit geraden Endziffern folgt. Die Struktur ist somit nicht willkürlich gewählt, sondern entspricht den Texten, die ebenfalls das Sonett[159] variieren. Roubaud gibt zu Beginn des Kapitels eine Gebrauchsanweisung: «Ce paragraphe comporte vingt-neuf sonnets en prose, composant deux sonnets de sonnets suivis d'un pion isolé: ces deux sonnets sont séparés par un pion noir, les quatrains et tercets de chaque sonnet de sonnet par des pions blancs.»[160] Dies sei am Beispiel des Aufbaus des ersten Kapitels von ∈ verdeutlicht.

1.0 Disposition

1.1 Premier sonnet

Sonett-No.	Stein	Text	Go-No.
1.1.1	○		115
1.1.2	●		131
1.1.3	○		133
1.1.4	●		117

[159] Lyrische Formen sollen in dieser Arbeit jedoch nur soweit behandelt werden wie sie in direkter Verbindung zu Zahlen oder mathematischen Begriffen stehen. Roubaud hat sich ausführlich in mehreren theoretischen Arbeit mit Lyrik befaßt.

[160] ∈, 14.

1.1.5	○	blanc	
1.1.6	●		135
1.1.7	○		119
1.1.8	●		137
1.1.9	○		121
1.1.10	●	blanc	
1.1.11	○		127
1.1.12	●		141
1.1.13	○		139
1.1.14	●	blanc reste blanc	
1.1.15	○		123
1.1.16	●		125
1.1.17	○		129
1.2	●	noir	

1.3 Deuxième sonnet

Sonett-No.	Stein	Text	Go-No.
1.3.1	○		112
1.3.2	●		114
1.3.3	○		130
1.3.4	●		118
1.3.5	○	blanc	
1.3.6	●		134
1.3.7	○		128
1.3.8	●		108
1.3.9	○		122
1.3.10	●	blanc	
1.3.11	○		126
1.3.12	●		132
1.3.13	○		104
1.3.14	●	blanc reste blanc	
1.3.15	○		120
1.3.16	●		106
1.3.17	○		110
1.3.18	●	noir	
1.4	○		124

Während das erste Sonett mit ungeraden Go-Nummern, bei denen eine zweier-Sukzession vorliegt, versehen ist, wird das zweite Sonett mit geraden Go-Nummern von 104 bis 134 gekennzeichnet, dabei fehlt jedoch die Zahl 116. Ein Reimschema wie im ersten Sonett (*abba abab abb bba*) oder eine mathematische Zahlenfolge sind nicht erkennbar.

Roubaud gibt dem Leser in diesem Gedichtsband vier mögliche Lesarten des Textes vor, die sich an den Strukturen des Textes orientieren und die das Lesen zum aktiven Handeln an einem potentiellen Text werden lassen.[161] Es wird deutlich, daß Roubaud den Umgang mit klassischen *contraintes* sowie die Kombination mit in der Poesie ungewöhnlichen Strukturen bereits zu diesem Zeitpunkt hervorragend beherrscht.

Seine Aufnahme in die Gruppe erweist sich für *Oulipo* somit als gute Entscheidung. David Bellos drückt es wie folgt aus: «Jacques Roubaud was OuLiPo's first investment in the future, the first youngster recruited outside the founding circle, and he was charged implicitly with the task of carrying the groups's work forward in new ways. He was, in a sense, a natural Oulipian – not only a mathematician and a poet before he had ever heard of the group, but a mathematician-poet, writing in the intersection of games, formal languages and words. Once he had been co-opted, he was asked about his ideas for other possible recruits.»[162]

Später werden Georges Perec und Marcel Benabou auf Vorschlag Roubauds als Gruppenmitglieder aufgenommen. Während Perec als Oulipien neue Kraft für seine Literaturproduktion schöpft und sich voll einsetzt, wird Roubaud nie ein bedingungsloser Oulipien: «J'ai d'ailleurs, pendant des années, gardé une réserve profonde (et une incompréhension partielle, qui en est la conséquence) à l'égard des buts et des stratégies oulipiennes, craignant pour mon indépendance poétique, que j'ai toujours voulue absolue. (Et c'est vraisemblablement en partie pour cette raison que je n'ai pas été un oulipien aussi conséquent, aussi attentif (je ne dis pas inventif), que Georges Perec, qui choisit, lui, délibérément, comme une véritable voie de salut, cette situation de disciple, en en faisant le moteur d'un *sorpasso* génial.) Ce n'est qu'après la mort de Queneau que je me suis affirmé oulipien sans réticences. Raymond Queneau est mon maître, mais c'est moi qui décide et sais en quoi, comment et jusqu'où.»[163]

Roubaud ist Meister der mathematischen *contrainte*, und obwohl auch *contraintes* sprachlichen Charakters, wie beispielsweise Anagramme, Lipogramme oder Palindrome in seinem literarischen Werk einen gewissen Stellenwert einnehmen, sollen diese hier jedoch nur soweit Berücksichtigung finden, wie sich ein Zusammenhang mit mathematischen Strukturen nachweisen läßt. Innerhalb der Mathematik stellt die Zahl für Roubaud ein faszinierendes Mittel zur Textproduktion dar. An einigen Beispielen, ohne Anspruch auf Vollständigkeit, soll

---

161 $\in$, § 0, Mode d'emploi de ce livre, 7sqq.

162 Bellos, *Georges Perec, a life in words*, l. c., 359.

163 *La boucle*, 296sq.

der Einsatz von Zahlen*contraintes* verdeutlicht werden, die Roubaud als erfindungsreichen oulipotischen Autor zeigen.

Die Zahl als *contrainte* und ihre literarische Umsetzung

Nach dem Erfolg seines ersten Gedichtbandes, setzt Roubaud auch in den nachfolgenden Werken – sowohl in Poesie als auch in Prosa – Zahlen auf verschiedene Arten, mit unterschiedlicher Gewichtung und Bedeutung als *contrainte* ein. Die Zahl 31 taucht in Roubauds Arbeiten immer wieder auf, so beispielsweise im Titel von *Trente et un au cube*,[164] wo diese Zahl – mit der Drei potenziert – auf den strukturellen Aufbau des Werkes hindeutet: Das Buch ist in 31 durchnumerierte Teile eingeteilt, die jeweils aus einer einfachen Seite und einer aufklappbaren Doppelseite bestehen, also aus drei Seiten, welche die dritte Potenz andeuten. Die Texte auf dem inneren Teil der Doppelseiten haben jeweils fünf Abschnitte, mit Ausnahme des Teils in der Mitte, der die Nummer sechzehn trägt und nur aus zwei Abschnitten besteht. Die Struktur basiert hier nicht nur auf der Zahl 31, der eine lyrische Form, der *Tanka* – eine japanische Gedichtsform in fünf Versen mit 31 Silben, wobei die Silben die Zahlenfolge 5–7–5–7–7 repräsentieren – zugrunde liegt, sondern sie ist ebenfalls symmetrisch zur Mitte angeordnet. Auch die Struktur der Danksagungen[165] am Ende des Textes, die durch gruppierte schwarze Kreise entsteht, entspricht dem Schema des *Tanka*. Bestimmte Teile der Erzählung *La Princesse Hoppy* werden ebenfalls auf diese Weise strukturiert.

Obwohl Roubaud meist *natürliche Zahlen,* wie die eben genannte 31, zur Textproduktion einsetzt, werden die erweiterten Zahlenbereiche nicht ausgegrenzt.[166] Ein Beispiel für den Einsatz einer *irrationalen* Zahl ist im 1975 erschienenen Werk *Mezura, roman morale* zu finden, welches seine Struktur, außer der klassischen Einteilung in Kapitel, der Zahl π mit ihren tausend ersten Dezimalstellen verdankt.[167] Roubaud schreibt in einem *avertissement*: «Si le *poème en prose* peut emprunter sans dommage des bribes et des cadences à la métrique qui le baigne, la *prose en poésie* en revanche, dont on offre dans ce qui suit un exemple, se doit de répudier toute scansion régulière; ce qui ne peut guère être atteint que par la soumission à une contrainte du type de celle qui joue ici. Nous

---

[164] Roubaud, *Trente et un au cube*, Paris 1973.

[165] Roubaud gibt hier einen Hinweis auf von ihm verwendete Texte anderer Autoren, die u.a. von Raimbaut d'Orange, Goethe, Nicolas Bourbaki und Saint Augustin stammen.

[166] Cf. Kapitel 1.2.

[167] Jacques Roubaud, *Mezura*, Paris 1975.

remercions le nombre pi, en ses mille premières décimales.»[168] *Mezura* ist in zwei Hauptteile zu je zehn Kapiteln mit jeweils 50 «Versen» eingeteilt: $2 \times 10 \times 50 = 1000$. Diese tausend Verse bestehen aus einzelnen Abschnitten, die durch Schrägstriche voneinander getrennt sind. Die Anzahl der Abschnitte eines Verses läßt sich an der entsprechenden Dezimalstelle von π ablesen.[169]

Zahlensymbolik als Strukturelement

Wir haben bereits in Kapitel 1.3 gesehen, daß Zahlen nicht nur einen mathematisch-strukturellen Charakter besitzen, sondern daß ihnen darüberhinaus auch ein symbolischer Gehalt zugeschrieben wird. Der Band *Quelque chose noir*,[170] der in neun Kapitel mit jeweils neun Gedichten, die ihrerseits aus neun Strophen bestehen, eingeteilt ist, macht den Einsatz von Zahlensymbolik in Roubauds Werk

---

168 Ib. 4.

169 π = 3.14159265358979323846264338327950288419716939937510
5820974944592307816406286208998628034825342117067 9
82148086513282306647093844609550582231725359408128
48111745028410270193852110555964462294895493038196
44288109756659334461284756482337867831652712019091
45648566923460348610454326648213393607260249141273
72458700660631558817488152092096282925409171536436
78925903600113305305488204665213841469519415116094
33057270365759591953092186117381932611793105118548
07446237996274956735188575272489122793818301194912
98336733624406566430860213949463952247371907021798
60943702770539217176293176752384674818467669405132
00056812714526356082778577134275778960917363717872
14684409012249534301465495853710507922796892589235
42019956112129021960864034418159813629774771309960
51870721134999999837297804995105973173281609631859
50244594553469083026425223082533446850352619311881
71010003137838752886587533208381420617177669147303
59825349042875546873115956286388235378759375195778
18577805321712268066130019278766111959092164201989

Jede Zeile in der obigen Darstellung von π stellt ein Kapitel dar, jede Ziffer der einzelnen Zeile steht für einen Vers und die Anzahl seiner Abschnitte. Eine ähnliche Methode beschreibt Bens: «Nous appelons *Sonnet irrationnel* un poème à forme fixe, de quatorze vers (d'où le substantif *sonnet*), dont la structure s'appuie sur le nombre π (d'où l'adjectif *irrationnel*). Ce poème est, en effet, divisé en cinq strophes successivement et respectivement composées de: 3 – 1 – 4 – 1 – 5 vers, nombres qui sont, dans l'ordre, les cinq premiers chiffres significatifs de π.» Cf. Jacques Bens, *Le sonnet irrationnel*, in: Oulipo, La littérature potentielle, l. c., 250.
Aufgrund der Transzendenz (cf. Kapitel 4.3.1) von π ist die *Quadratur des Kreises* mit Zirkel und Lineal nicht möglich.

170 Jacques Roubaud, *Quelques chose noir*, Paris 1986.

besonders deutlich. In dem der Gruppe Oulipo gewidmeten Dossier in der Zeitschrift *Lendemains*, stellt José-Luis Reina die Frage nach der Bedeutung der *Neun* in *Quelque chose noir* und Roubaud weist an dieser Stelle auf die Tradition der Zahlensymbolik bzw. Numerologie in der Literatur hin: «C'est une organisation numérique qui est profondément liée au sens du chiffre neuf. C'est la tradition numérologique du neuf dans l'antiquité, chez Saint Augustin et dans la poésie de la méditation médiévale et de la Renaissance. C'est donc assez profondément liée au livre lui-même.»[171] Roubaud strukturiert den Gedichtsband mit Hilfe einer einzigen Zahl, die er aufgrund ihrer symbolischen Bedeutung wählt. Es ist anzunehmen, daß Roubaud hier an Dante gedacht hat, der in seiner *Vita Nuova* an zahlreichen Stellen auf die Rolle der Zahl Neun hinweist, die diese bei seiner Begegnung mit Beatrice gespielt hat. Insbesondere nach deren Tod setzt Dante die «Zahl mit der Person Beatrices gleich („questo numero fue ella medesima") und führt beide, Zahl und Person, zurück auf die göttliche Dreieinigkeit. Beatrice ist ein Wunder der Trinität; so wie die Neun aus ihrer Wurzel, der Drei, ohne Mitwirkung weiterer Faktoren entsteht, so ist dieses Wunder Beatrice aus der Dreieinigkeit hervorgegangen.»[172] In der deutschen Übersetzung sagt Dante: «...so ward dieses Weib von der Zahl Neun begleitet, auf daß verstanden werde, daß sie eine Neun, das heißt ein Wunder war...»[173] Diese Aussage Dantes ist im Kontext mit dem Gedichtsband *Quelque chose noir* deshalb von Bedeutung, weil Roubaud dieses Werk seiner verstorbenen Frau Alix-Cléo widmet und sich literarisch mit ihrem Tod auseinandersetzt. Bereits der Titel des Werkes weist auf Alix-Cléo hin, die eine aus siebzehn Photos bestehende Photoserie unter dem Namen *si quelque chose noir* veröffentlicht hat.[174] Wenn Roubaud eine Verbindung zwischen Alix-Cléo und der Zahl Neun herstellt, dann wahrscheinlich im Sinne Dantes: Sie bezeugt seine große Liebe zu dieser Frau.

Ein ganz anderer für Roubaud wichtiger Bereich, in dem die Zahlensymbolik eine Rolle spielt, ist die Kultur der Indianerstämme Amerikas. *Partition rouge*, eine Hommage an die Indianer Nordamerikas, wird von Roubaud durch die Zahl *Vier* strukturiert: «*Partition rouge* est divisé en quatre parties: «Naissances», «Noms», Métamorphoses», «Médecines». Parce que quatre est le nombre cosmologique sacré des Indiens de l'Amérique, qu'il y a quatre mondes, quatre direc-

[171] José-Luis Reina, *Entretien avec Jacques Roubaud, Paul Braffort et Jacques Jouet, membres de l'Oulipo*, l. c., 39.

[172] Hardt, *Die Zahl in der Divina Commedia*, l. c., 293.

[173] Dantes Werke, *La Vita Nuova – La divina Commedia*, dt.-ital., Hrsg. Erwin Laaths, Wiesbaden, 44.

[174] Cf. Alix-Cléo Roubaud, *Journal 1979 – 1983*, l. c.

tions, quatre saisons, quatre couleurs fondamentales, etc.»[175] Daß die Zahl *Vier* eng mit der Kultur und Religion der nordamerikanischen Indianer verbunden ist, kommt im *vierten* Kapitel «La piste du vent» des Gedichtsbandes *Dors – précédé de Dire la poésie* zum Ausdruck. Dieses Kapitel besteht aus vier mal vier Gedichten, die jeweils einem Indianerstamm zugeordnet sind.[176]

Wir haben bereits in Kapitel 1.4 darauf hingewiesen, daß es für Roubaud Zahlen mit einem persönlichen symbolischen Gehalt gibt. So ist *Autobiographie, chapitre dix, poèmes avec des moments en prose*[177] in sechs *cahiers* mit insgesamt 317 Abschnitten eingeteilt, die teils aus Poesie[178] – dem überwiegenden Teil – teils aus Prosa bestehen. Die Zahl 317 ist in der Zahlensymbolik nicht von Bedeutung, hat jedoch andere interessante Eigenschaften wie später gezeigt werden wird.[179]

Die Bedeutung der Struktur

Mit Hilfe von Zahlen *konstruiert* bzw. *strukturiert* Roubaud bewußt seine Gedichtsbände, «puisque pour la poésie il me fallait (il me faut toujours, je ne

---

175 Delay/Roubaud, *Partition rouge*, l. c., 9sq.

176 *Dors – précédé de Dire la poésie*, Paris 1981, 131sqq. Ähnlich wie in ∈ zeigt Roubaud in einer *Indication* die Struktur des Gedichtbandes auf. *Dors* ist in vier Kapitel eingeteilt. Das erste Kapitel, «dors» besteht aus drei Sequenzen zu jeweils 31 Gedichten, das zweite, «tombeaux de Pétrarque» wird aus neun Gedichten konstruiert, die Roubaud *stèles* nennt. Jeder Vers besteht aus zehn Silben mit einem freien stummen *e*, welches gesprochen wird oder nicht. Das vierte Kapitel weist bereits im Titel auf die Anzahl der Gedichte hin: «Neufs éclats de l'âge des saints». *Dors*, 33sqq.

177 Jacques Roubaud, *Autobiographie, chapitre dix*, Paris 1977.
Autobiographie, chapitre dix ist insbesondere hinsichtlich einer Untersuchung von *Intertextualität* interessant, da Roubaud Texte verwendet, die in den achtzehn Jahren vor seiner Geburt geschrieben wurden. Cf. *Autobiographie*, Klappentext, Rückseite.

178 Von den Gedichten gehören einige bestimmten Zyklen an, die entsprechend gekennzeichnet sind, wie mit *elastic-poems* oder *codac*, und über den Gesamttext verstreut sind. Die einzelnen Gedichte dieser Zyklen sind numeriert, tauchen jedoch in willkürlicher Reihenfolge auf (es ließ sich keine Gesetzmäßigkeit feststellen). Als Beispiel seien hier die 19 *elastic-poems* erwähnt, die wie folgt bezeichnet sind: 8, 5, 19, 14, 1, 2, 13, 16, 17, 10, 9, 2, 3, 18, 15, 12, 11, 7, 4. Die Zahl 2 erscheint zweimal, die Zahl 6 hingegen fehlt.
Der Titel *elastic poems* ist mit Sicherheit ein Hinweis auf die 19 *Poèmes élastiques* aus dem Jahr 1957 von Blaise Cendrars (1887 – 1961).

179 Cf. Kapitel 4.2.1.

suis pas un poète «libre») compter».[180] Wie wesentlich die Zahl hierbei für ihn ist, wird in *La vieillesse d'Alexandre, Essai sur quelques états récents du vers français* deutlich, wo Roubaud Louis Zukofsky zitiert:[181] «If number, measure and weighing be taken away from art, that which remains will not be much...».[182] Für Roubaud kann dies als Rechtfertigung dafür dienen, die Inspiration hinter die Struktur oder Form eines Textes zu stellen. Die Zahl als strukturierendes Element ist für ihn nicht nur unverzichtbar beim Gerüstbau eines künstlerischen Werkes, nach dessen Abriß das Kunstwerk in voller Schönheit erstrahlt, sondern bereits eng mit dem Begriff des Schönen verknüpft. Dies gilt ebenso für das Kunstschöne wie für das Naturschöne. Beginnend mit den Pythagoreern haben sich, wie wir gesehen haben, Philosophen und Naturforscher mit den in der Natur vorkommenden Proportionen und Symmetrien beschäftigt. Sehr häufig entsprechen hierbei als schön empfundene Erscheinungen dem Goldenen Schnitt. Man kann zeigen, daß die in der Natur auftretenden Spiralen und Schneckenformen, hier seien nur Kiefernzapfen, Distelblüten oder Sonnenblumen genannt, den Gesetzen der *Fibonacci-Folge* gehorchen. Friedrich Cramer hat sich in *Chaos und Ordnung – Die komplexe Struktur des Lebendigen*,[183] eingehend mit der *Spiraltendenz* der Natur befaßt. Damit übernimmt er einen bereits von Goethe geprägten Begriff.[184]

Spiralen erscheinen auch in Roubauds Werken – der zweite autobiographische Roman trägt sogar den Titel *La boucle.* Meist finden wir sie jedoch in Zusammenhang mit der *Sestine*, was auf die von Roubaud gewollte enge Verknüpfung von Mathematik und Dichtung hindeutet.

Verknüpfung von Inhalt und Struktur, von lyrischen und mathematischen Formen

Roubaud beschränkt eine konsequente Strukturierung nicht nur auf seine poetischen Arbeiten, sondern weitet diese ebenfalls auf die Prosawerke aus. Hierzu gehören vor allem der Romanzyklus *La belle Hortense*[185] und die Erzählung

[180] *La Boucle*, 385.

[181] Roubaud, *La vieillesse d'Alexandre*, l. c.

[182] Louis Zukofsky, *All (Anew, 14)*, zitiert nach Roubaud, *La vieillesse d'Alexandre*, 113.

[183] Cramer, *Chaos und Ordnung – Die komplexe Struktur des Lebendigen*, l. c.

[184] Johann Wolfgang von Goethe, *Naturwissenschafliche Schriften, Über die Spiraltendenz in der Natur*, Goethe-dtv-Gesamtausgabe, Bd. 39, 123sqq.

[185] Roubaud, *La belle Hortense; L'Enlèvement d'Hortense; L'Exile d'Hortense*, Seghers Paris 1990. Roubaud hat sechs Romane zu diesem Zyklus geplant!

La Princesse Hoppy ou le conte du Labrador. In beiden Werken läßt sich eine enge Verbindung zwischen Struktur und Inhalt nachweisen. *La belle Hortense*, ebenso wie die Fortsetzungen des Romans, sind von Roubaud zwar auf einer auf den ersten Blick poetisch erscheinenden *contrainte,* der *Sestine,*[186] aufgebaut, diese lyrische Form steht jedoch in engem Zusammenhang mit den mathematischen Begriffen der *Permutation,*[187] die Eco mit der Kunst des *Anagramms*[188] vergleicht, und der *Spirale.*[189] In der einfachen Variante der Sestine wird das letzte Reimwort (hier dargestellt durch die Ziffer 6) der ersten Strophe das erste Reimwort der zweiten Strophe, wobei sich die anderen Reimworte jeweils um

[186] Der provenzalische Dichter Arnaut Daniel gilt als Erfinder des *Sestine.* Sie wird zum Beispiel von den provenzalischen Trobadors verwendet, sowie von zahlreichen italienischen Dichtern wie Dante und Petrarka. Die Sestine tritt ebenfalls im spanischen Drama bei Lope de Vega auf. In neuerer Zeit wird sie außer von Queneau, Roubaud und weiteren Oulipiens auch von Ezra Pound und Kipling eingesetzt. Laut A. Canel haben sich jedoch nur wenige französische Dichter der Form der Sestine gewidmet. Als eine der Ausnahmen nennt er Salomon Certon, der fünfzehn Sestinen geschrieben hat. Cf. Canel, *Recherches sur les jeux d'esprit,* II, 328. Interessant ist, daß Roubaud den Lachs (saumon) in *La Princesse Hoppy «Salomon»* nennt.

[187] Zur Definition der *Permutation* cf. A 3.1 sowie A 3.2 und A 3.3.

[188] Cf. Umberto Eco, *Die Suche nach der vollkommenen Sprache,* München 1994. Stellt man sich anstelle der *Zahlen* einer Permutation *Buchstaben* vor, sei also beispielsweise die Menge X_3 = {e, a, t} gegeben, welche die Buchstaben des englischen Wortes *eat* enthält, dann gibt es genau sechs Permutationen: {e, a, t}, {e, t, a}, {a, e, t}, {a, t, e}, {t, e, a} und {t, a, e} und zwei *Anagramme* (Anagramm bedeutet Umstellen der Buchstaben eines Wortes zu einem neuen sinnvollen Zusammenhang) zu *eat*, nämlich *ate* (Imperfekt von eat) und *tea*.

[189] Unter einer *Spirale* versteht man eine Kurve, deren Radiusvektor r eine eindeutige Funktion des Winkels φ ist.

Archimedische Spirale

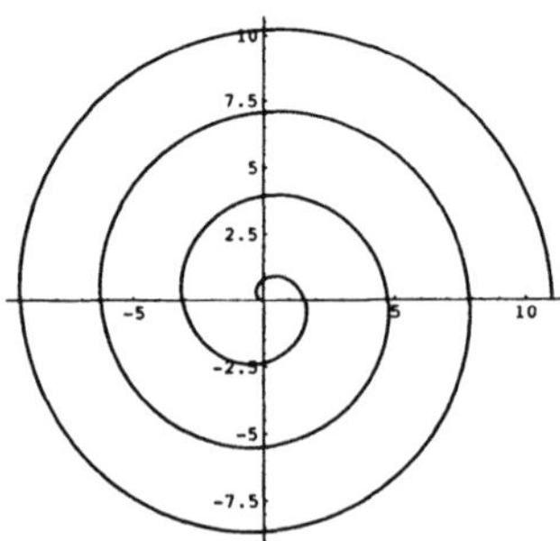

Logarithmische Spirale

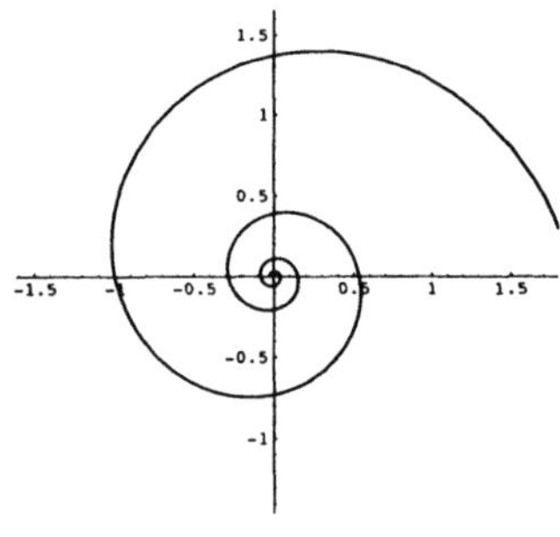

eine Position verschieben. Bei insgesamt sechs Strophen sieht das Schema wie folgt aus, wobei die Ziffern die Reimworte der ersten bis sechsten Zeile angeben:

1 2 3 4 5 6	*1. Strophe*
6 1 2 3 4 5	*2. Strophe*
5 6 1 2 3 4	*3. Strophe*
4 5 6 1 2 3	*4. Strophe*
3 4 5 6 1 2	*5. Strophe*
2 3 4 5 6 1	*6. Strophe*

Die kompliziertere Variante entsteht durch kreuzweise Vertauschung: Das letzte Reimwort der ersten Strophe wird zum ersten der zweiten Strophe, das erste wird zum zweiten, das fünfte zum dritten, das zweite zum vierten, das vierte zum fünften und das dritte zum sechsten:

1 2 3 4 5 6	*1. Strophe*
6 1 5 2 4 3	*2. Strophe*
3 6 4 1 2 5	*3. Strophe*
5 3 2 6 1 4	*4. Strophe*
4 5 1 3 6 2	*5. Strophe*
2 4 6 5 3 1	*6. Strophe*

Diese zweite Variante, die durch eine *permutation en spirale* entsteht, erklärt Roubaud folgendermaßen (er wählt für *spirale* das Wort *escargot*): «Et voilà le mode d'emploi: on dessine l'escargot avec les mots-rimes 1 à 6 selon l'ordre initial. Le tracé est ordonné dans le sens obligatoire en commençant par l'entrée [...] de l'escargot, et cela vous donne l'ordre de la seconde cobla. Il n'y a plus qu'à recommencer, en dessinant six beaux escargots.»[190]

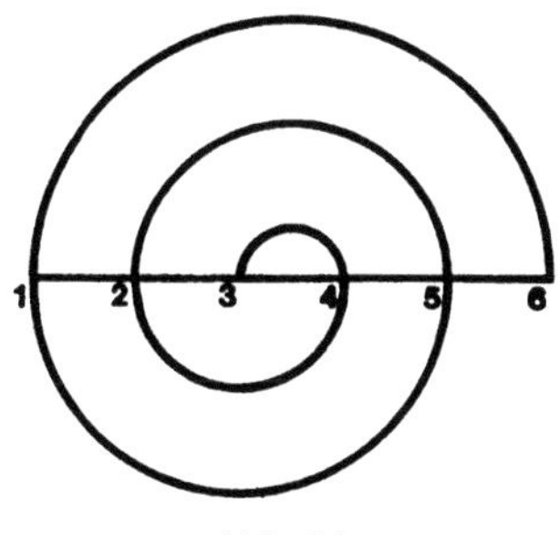

Abb. 23

L'Escargot

[190] Jacques Roubaud, *La fleur inverse*, Paris 1986, 297.

Hier sei nur kurz erwähnt, daß Queneau die *Sestine* in eine *n-ine*, bzw. in eine später nach ihm benannte *quenine* verallgemeinerte.[191] Roubaud analysiert in *N-ine, autrement dit quenine (encore)*, den mathematischem Hintergrund dieses Themas.[192]

Der Romanzyklus der *Belle Hortense* ist von Roubaud auf der Basis der *Sestine* – und damit einer bestimmten Art der Permutation – angelegt. Dabei bestimmt die *Sestine* nicht nur die äußere Form, sondern wird auch auf unterschiedliche Weise inhaltlich verarbeitet: «La veille, Mme Blognard avait utilisé la recette du célèbre cuisinier Pierre Lartigue, qui se présente sous la forme d'un poème de six strophes avec un envoi, une *sextine*. Le résultat était une merveille ...»[193]

Susan Ireland nennt ein weiteres Beispiel, das die Erbfolge der *poldavischen Dynastie* regelt: «Queneau comments that the sestina is „particulièrement potentielle" for potential literature, and in *L'Enlèvement d'Hortense*, Roubaud exploits its full potential as a productive mechanism. Queneau traces the form back to the thirteenth century and attributes it to Arnaut Daniel, who appears in the novel under the name of Arnaut Danieldzoï. As the first Poldevian prince, he establishes the laws of succession of the Poldevian dynasty. These laws are

---

191 Oulipo definiert die *quenine* folgendermaßen: «la *quenine* ou *n-ine* désigne une famille de formes poétiques, généralisant la sextine. Si *n* est un entier, la *permutation de Queneau-Daniel d'ordre n* est définie par:

$$\begin{matrix} 1 & 2 & 3 & 4 & 5 \ldots n \\ n & 1 & n-1 & 2 & n-2 \end{matrix}$$

[...] Si la permutation de Queneau-Daniel d'ordre *n* est d'ordre *n* (c'est-à-dire redonne l'ordre de départ après *n* pas), elle peut définir une *n*-ine; sinon, non. Si la *n*-ine (ou quenine) est définissable, c'est un poème de *n* strophes sur *n* mots-clefs (ou mots-rimes) qui se présentent au bout des vers de chaque strophe, suivant l'ordre imposé par la permutation.» Bibliothèque Oulipienne No. 65, 7sq. Oulipo nennt ebenfalls ein Gegenbeispiel: «contre-exemple: la quenine de 4 n'est pas possible:

$$\begin{matrix} 1 & 2 & 3 & 4 \\ 4 & 1 & 3 & 2 \\ 2 & 4 & 3 & 1 \\ 1 & 2 & 3 & 4 \end{matrix}$$

L'ordre de départ est atteint trop tôt» Bibliothèque Oulipienne No. 65, 8.
Die Zahlen *n*, für welche die quenine möglich ist, sind gerade die Queneau-zahlen: 1, 2, 3, 5, 6, 9, 11, 14, 18, ..., *n*,..., wobei $2n+1$ Primzahl ist. (Cf. ib.)

192 Bibliothèque Oulipienne No. 66, 1993.

193 *L'Enlèvement d'Hortense*, 135.

based on „une permutation fixée immuablement depuis le XIIIe siècle," that of the permutations of the six stanzas of a sestina (36 lines), which means that „l'ordre initial était rétabli [...] au bout de six générations.»[194]

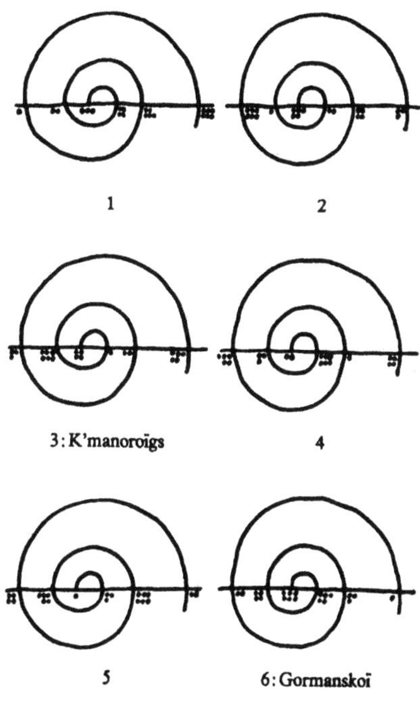

Abb. 24

Tätowierungen

Die im Roman auftretenden Prinzen sind durch eine spiralförmige Tätowierung gekennzeichnet, ähnlich einer Schnecke, die ihnen die jeweilige Permutation zuordnet.[195] Der Kreis schließt sich, wenn man berücksichtigt, daß *escargot* und *sextine* in der Sprache der Troubadoure übereinstimmen. «Au fait, «escargot» se dit «sextine» en langue troubadour.»[196]

[194] *La Belle Hortense*, 45.

[195] *L'Enlèvement d'Hortense*, 176.

[196] Jacques Jouet, *Les enquêtes du commissaire Blognard,* Magazine littéraire No. 247, Nov. 1987, 90.

Jouet deutet in seiner Besprechung des Romans *L'Enlèvement d'Hortense* ebenfalls auf einen Zusammenhang zwischen Aufbau und Inhalt hin: «*L'Enlèvement d'Hortense* est un roman involutif, comme l'escargot, il est le roman d'un système de permutation d'éléments qui crée ce qui se raconte, et dont le coup de théâtre énigmatique tout en fournissant les indices de sa résolution.»[197]

Die Zahlen und deren Permutationen sind das Mittel, mit dessen Hilfe der Romanheld Inspektor Blognard den Mörder überführen wird. «In a parody of an Agatha Christie ending, Blognard demonstrates how the rules of permutation reveal the criminal. Each of the six princes appear six times, „dans un certain ordre," that of the sestina.[198] That is, they appear in a different order each time, which Blognard expresses numerically:

6 1 5 2 4 3
3 6 4 1 2 5
5 3 2 6 1 4 etc.

Identifying the assassin thus leads to a baring of the mathematical model which has generated the text. Blognard recognizes the murderer, the false Poldevian detective, because he appears seven times, thus breaking the pattern of the sestina: „L'assassin est identifieé parce qu'il *apparaît sept fois*. Cette apparition surnuméraire, désordonnée, démesurée, orgueilleuse, le trahit."[199]»[200]

Auch die äußere Struktur dieses Romans ist nach der Form einer *Sestine* angelegt: Sechs Teile, die jeweils sechs Kapitel enthalten, spiegeln die 36 Zeilen der *Sestine* wieder.

Während *La Belle Hortense* auf Permutationen, also auf mathematisch relativ einfachen Gebilden, und der Zahl *Sechs* beruht, ist die Erzählung *La Princesse Hoppy* nicht nur durch die Zahl *Vier,* sondern zugleich durch den abstrakten Gruppenbegriff strukturiert, der in ähnlicher Weise wie in der *Belle Hortense* zur Lösung eines Rätsels beiträgt, und damit auch inhaltlichen Charakter hat. In *La Princesse Hoppy* offenbart sich Roubaud als *Oulipien*, Mathematiker und Zahlenliebhaber, wenn er diese drei Leidenschaften meisterhaft verbindet.

---

197 Ib.

198 *L'Enlèvement d'Hortense*, 278.

199 Ib. 279.

200 Susan Ireland, *The Comic World of Jacques Roubaud*, L'Esprit Créateur, Vol XXXI, No. 4, 22 – 31, 28sq.

4 La Princesse Hoppy ou le conte du Labrador

Wurden bisher die drei Eckpfeiler der Erzählung allgemein betrachtet, soll nun untersucht werden, wie Roubaud *Zahl, Mathematik* und *oulipotische Formzwänge* in einem literarischen Werk vereint.

4.1 Eine oulipotische Erzählung

Trotz der algebraischen *contrainte*, die dem Text zugrundeliegt, handelt es sich bei *La Princesse Hoppy ou le conte du Labrador* zunächst um ein *literarisches* Werk. Bevor wir nachweisen werden, daß in Roubauds Erzählung anspruchsvolle Mathematik betrieben wird, soll der *oulipotische* Charakter, der jedoch nicht losgelöst von Zahlenmanipulationen und mathematischen Prozeduren betrachtet werden kann, herausgearbeitet werden. Zum einen werden wir uns in diesem Kapitel mit dem *conte* als Gattung beschäftigen und die Vielzahl der verarbeiteten *contraintes* offenlegen, zum anderen soll der Aufbau des Textes analysiert werden, der gerade durch die Verwendung von Zahlen und den Einsatz mathematischer Strukturen geprägt ist.

4.1.1 Le Conte

Wir widmen uns zunächst der *Funktion* der im Titel genannten Gattung *conte*, die in Roubauds Werk eine Ausnahme darstellt. Während er mit *La belle Hortense* eine Destabilisierung des Romans anstrebt wie er in seinem Interview mit Aliette Armel aussagt,[1] geht es ihm in *La Princesse Hoppy ou le conte du Labrador* weniger um die Gattung, als um die Möglichkeiten, die sie ihm eröffnet.

Der Ursprung des Wortes *conte*, abgeleitet aus dem lateinischen Verb *computare*, das im Französischen zu *conter/compter* wird, läßt vermuten, daß Roubaud hier eine adäquate Form für die künstlerische Verbindung von *Erzählen* und *Zählen*, von *Literatur* und *Zahl* bzw. *Mathematik* vorfindet.

[1] In dem bereits zitierten Interview bemerkt Roubaud: «La série, en cours, des «Hortense» est une expérience ironique. C'est un travail oulipien: il appartient à mes obligations en tant que poète de destabiliser le roman. C'est une lutte contre le roman.» Armel, *Les cercles de la mémoire*, l. c., 102.

Im Französischen wird der seit dem 12. Jahrhundert verwendete Begriff *conte* vielfach in Abgrenzung zur *nouvelle* definiert: «The term *conte* suggests the relation to the oral *conte populaire*, or folk-tale, and it tends to mean a short story containing supernatural or otherwise improbable elements. *Nouvelle*, on the other hand, is frequently used for longer, more literary narratives of real contemporary life.»[2] Seit dem 17. Jahrhundert verbindet man mit *conte* hauptsächlich eine erzählende Kurzform, die in Prosa oder Versen geschrieben sein kann und zu der auch das Kunstmärchen gehört. Bemerkenswert ist die Entwicklung des *conte* im 18. Jahrhundert. Insbesondere Autoren wie Voltaire, Diderot und Marmontel, um nur einige zu nennen, verwenden diese Form für philosophische Fragestellungen oder moralische Abhandlungen. Im folgenden Jahrhundert werden unzählige *contes* und *nouvelles* – zum Teil in Form von Fortsetzungsgeschichten – in Zeitschriften und Zeitungen veröffentlicht. Während im 19. Jahrhundert viele der großen Autoren wie Balzac, Hugo, Stendhal, Flaubert und Zola *contes* und *nouvelles* geschrieben haben, hat diese Form im 20. Jahrhundert an Bedeutung verloren: «Short stories continue to be written and read in quite large numbers, but they rarely win prizes which dominate the French literary scene.»[3] In frankophonen Ländern zeichnet sich jedoch eine andere Tendenz ab, wenn Autoren wie Roch Carrier in Quebec oder Bernard Binlin Dadie, inspiriert durch seine Arbeit am Institut Français d'Afrique Noire in der Côte-d'Ivoire versuchen, lokale Traditionen des Geschichten-Erzählens wieder neu zu beleben, indem sie vor allem den mündlichen Charakter des *conte* betonen.

Der Dichter und Mathematiker Roubaud findet im *conte* eine adäquate Form für die Verbindung seiner Leidenschaften des *Erzählens* und *Zählens*. Es gelingt ihm, nicht nur einen *conte* mit mathematischen Inhalten zu verfassen, sondern gleichzeitig die *Geschichte* des *conte* und der Mathematik[4] zu schreiben bzw. literarisch zu verarbeiten. Dies geht soweit, daß die Bezeichnung *conte* teilweise synonym mit *mathématique* verwendet wird. In Kapitel 4.1.2 werden wir sehen, daß Roubaud den *Nouvelles indications sur ce que dit le conte* einen Text von Bourbaki zugrundelegt, in dem das Wort *mathématique* systematisch durch *conte* ersetzt wird, was den Austausch weiterer Worte erfordert, um einen Sinn zu ergeben.[5]

---

2 *The New Oxford Companion to Literature in French*, Hrsg. Peter France, Oxford 1995, 763.

3 Ib. 764.

4 Cf. dazu Kapitel 4.3.1

5 In diesem Kapitel werden wir uns mit dem *conte* befassen, dem in *La Princesse Hoppy* zwei vollständige Kapitel gewidmet sind, die sich aufgrund ihrer abweichenden Numerierung von den restlichen Kapiteln abheben.

Zunächst stellen wir jedoch folgende These auf: Roubaud läßt *le Conte* die Geschichte des *contes* innerhalb des *contes* eines *comtes* erzählen.[6] Dies scheint insofern gerechtfertigt, als Roubaud in *Indications sur ce que dit le conte* schreibt, «Celui qui raconte, c'est le Conte et celui qui raconte le conte c'est le comte, le Comte du Labrador.»[7] Weitere Hinweise auf Elemente einer Geschichte des *conte* finden wir im Titel *La Princesse Hoppy ou le* *conte* *du Labrador*. Roubaud schließt hier an eine lange Tradition an. Man denke beispielsweise an die *Contes philosophiques* von Voltaire, die *Contes moraux* von Marmontel, die *Contes drôlatiques* von Balzac oder *Ceci n'est pas un conte* von Diderot, in denen die Bezeichnung *conte* ebenfalls im Titel erscheint. Die Wahl des Namens *Labrador*[8] kann hierbei einerseits auf die Ursprünge des *conte* hinweisen, wenn man ihn mit der mündlich weitergegebenen indianischen Poesie oder Prosa verbindet, zum anderen haben wir gesehen, daß gerade im französischsprachigen Nordamerika zum gegenwärtigen Zeitpunkt der *conte* zu neuer Bedeutung gelangt. Roubaud erzählt in *La Princesse Hoppy* die Geschichte des *conte* mit den Mitteln des *conte*.

Texte oral

Die literarischen Möglichkeiten, die die Gattung *conte* dem Autor eröffnet, liegen wie wir gesehen haben in deren Historie begründet. Ursprünglich ist der *conte* eine kurze *mündliche* Erzählung. Der mündliche Charakter bleibt auch in der späteren Schriftform erhalten. *La Princesse Hoppy* ist als schriftlich fixierter mündlicher Text intendiert und stellt somit den Beginn der Geschichte des *conte* dar.

Indian Tale

Im Jahr 1975 veröffentlicht Roubaud das erste Kapitel der *Princesse Hoppy*. Ein Jahr zuvor, im Mai 1974, findet in der *rue de la Harpe* in Paris eine Lesung des amerikanischen Poeten Jerome Rothenberg statt, was zu dieser Zeit in Frankreich

[6] Roubaud scheint allerdings nicht konsequent die Großschreibung für den Begriff *Conte* als Gattung zu verwenden.

[7] *Hoppy*, 5. Interessant ist in diesem Zusammenhang ein Vergleich mit der englischen Übersetzung: Aus dem *comte du Labrador* wird *the tail of Labrador*. Es wird also das Sprachspiel *conte/comte* übersetzt: *tale/tail*, und nicht die inhaltliche Bedeutung.

[8] Im nächsten Kapitel werden wir zeigen, daß mit dem Namen *Labrador* eine Kreisstruktur des Textes intendiert ist, die hier bereits deutlich wird, da Anfangs- und Endpunkt der geschichtlichen Entwicklung in diesem Namen zusammentreffen.

ein seltenes Ereignis ist. Noch ungewöhnlicher ist die Art des Vortrages, von der Roubaud besonders fasziniert ist: «Une certaine stupeur fut perceptible parmi les quelque vingt assistants quand, de son sac, Rothenberg sortit sa calebasse indienne et commença à l'agiter rythmiquement pour se préparer à exécuter des chants de chevaux qu'il avait empruntés au poète navaho Frank Mitchell. Quelques minutes après, on était parmi les chevaux.»[9] Beim Abschied hinterläßt Jerome Rothenberg sein Buch *Shaking the Pumpkin* (*en agitant la calebasse*), das Resultat mehrerer Jahre Arbeit.[10] Roubaud nimmt dies zum Anlaß, sich gemeinsam mit Florence Delay mit indianischer Poesie zu beschäftigen. In dem 1989 geführten Interview mit Reina weist Roubaud auf die Möglichkeiten hin, die die indianische Poesie für sein eigenes Werk eröffnet und nennt hier insbesondere den Poesieband *Dors – précédé de Dire la poésie*, auf den wir bereits in Kapitel 3.4 hingewiesen haben.[11]

Indianische Dichtung ist in erster Linie mündliche Dichtung. Auch wenn Erzählungen oder Lieder in schriftlicher Form vorliegen, so sind sie doch für den mündlichen Vortrag konzipiert. Diesem mündlichen Charakter mißt Roubaud große Bedeutung bei: «Un aspect important de la pratique poétique indienne dont il faut essayer de rendre compte est sa dimension orale. [...] En effet l'acte de parole indien c'est que le dire est le faire. Les «j'ai dit» «j'ai parlé» des fins de discours de chefs sont autant de traités fermes. La parole blanche, elle, a généralement fait le contraire de ce qu'elle prononçait.»[12] In *La Princesse Hoppy* wird der mündliche Aspekt mehrfach betont: *Pour dire le conte; en disant le conte, dites, dites le conte*; *le conte est dit dans la langue du conte,* etc.[13] Roubaud wendet sich in seiner Erzählung in erster Linie an einen *Zuhörer* und nicht wie zu erwarten an einen Leser: «... n'ayant pas l'habitude de perdre son temps ni celui de ses auditeurs dans des digressions oiseuses en vue d'agréments superfétatoires.»[14]

In Kapitel 00 weist Roubaud auf bestimmte Charakteristika der mündlichen Erzählung hin wie das episodenhafte, nicht chronologische Vorgehen des Erzählers:

---

9 Delay/Roubaud, *Partition rouge*, l. c., 7.

10 Jerome Rothenberg, *Shaking the Pumpkin – Traditional Poetry of the Indian North Americas*, Revised Edition, Albuquerque 1992 (Erste Veröffentlichung 1972).

11 Cf. Lendemains No. 52, 40.

12 Delay/Roubaud, *Partition rouge*, l. c., 9.

13 Vergleiche hierzu insbesondere die Kapitel 0 und 00 [Hervorhebung E. L.-C.].

14 *Hoppy*, 22 [Hervorhebung E. L.-C.].

«De plus, les nécessités de la récitation exigent que les paragraphes, les chapitres et les parties se suivent dans un ordre agréable et rigoureusement déterminé. L'utilité de certaines énigmes n'apparaîtra donc à l'<u>auditeur</u> que s'il a déjà une connaissance assez étendue du Conte ou s'il a la patience de suspendre son endormissement jusqu'à ce qu'il ait eu l'occasion de s'en convaincre (ou même de les résoudre).»[15] In *Orality & Literacy* hat sich Walter Ong ausführlich mit diesem Thema befaßt. So setzt er den episodenhaften, nichtlinearen Charakter der mündlichen Erzählung in Beziehung mit der *Gedächtnisleistung* des Erzählers, der sich auf keinen schriftlich niedergegelegten Text stützen kann.[16] Da sich Roubaud in einigen seiner letzten Werke intensiv mit dem Gedächtnis und der Gedächtniskunst auseinandergesetzt hat, werden wir darauf später noch eingehen.

In der Erzählung *La Princesse Hoppy ou le conte du Labrador* finden sich zahlreiche *indianische* Elemente, angefangen beim Titel, dessen Eigenname *Hoppy* sich im Französischen phonetisch nicht oder nur unwesentlich von *Hopi* unterscheidet. Die Indianer des Stammes der Hopi verfügen über eine große mündliche Erzähltradition. Terry P. Wilson[17] bemerkt hierzu: «...Thus begins the extraordinary Hopi story of the Creation. It is extraordinary because this story, and the teaching that flow from it, represent what is certainly the oldest and most comprehensive existing oral history of the native peoples of North America.»[18] 1963 gibt Frank Waters mit Unterstützung durch Oswald White Bear Frederick zum ersten Mal die Geschichte der Hopis in schriftlicher Form heraus.[19] Es handelt sich dabei um die Schöpfungsgeschichte und zugleich um den historischen Ablauf der Stammenswanderungen. Ebenfalls im Titel verwendet Roubaud den Namen *Labrador*, eine Halbinsel im Osten Kanadas, über deren indianische Bewohner zwar wenig bekannt ist, die aber eine eigene Erzählkultur haben, deren Geschichten Lawrence Millman in *Wolverine creates the World – Labrador Indian Tales* gesammelt und veröffentlicht hat. Auch hier wurden ursprünglich mündliche Texte niedergeschrieben. Es ist somit nicht unwahrscheinlich, daß Roubaud seine Erzählung als *Hommage* an die indianischen Völker und deren Poesie und Dichtung konzipiert haben könnte.

Roubaud schreibt in *Partition rouge* über die indianische Literatur, deren mündlicher Hintergrund in *Shaking the Pumpkin* betont wird: «L'écriture

15 Ib. 50 [Hervorhebung E. L.-C.].

16 Walter J. Ong, *Orality & Literacy*, New York 1982.

17 Terry P. Wilson ist Professor of Native American Studies an der University of California, Berkeley.

18 Terry P. Wilson, *Hopi – Following the Path of Peace*, San Francisco 1994, 21.

19 Frank Waters, *Book of the Hopi*, New York 1963.

poétique du dire est alors une partition. Il faut essayer, dans la mesure du possible, de transcrire les intonations, les silences, distinguer ce qui est crié de ce qui est chuchoté, ce qui est lent de ce qui est rapide et, par-dessus tout conserver la magie de la répétition ainsi que les syllabes dites non-signifiantes...»[20] In *La Princesse Hoppy* finden wir die hier genannten Elemente mit leichten Abwandlungen wieder. So beschreibt Roubaud einmal das Schweigen der Prinzessin durch eine Leerzeile, die aber nur dadurch erkennbar wird – da zuvor eine Graphik abgebildet ist – daß sie in der anschließenden Zeile bekanntgegeben wird: ««Ça par exemple» dit la princesse, après un silence d'une ligne de conte.»[21] An anderer Stelle macht Roubaud das *Nichtzuhören* der Prinzessin während der Erzählung des Astronoms durch waagerechte Linien ohne jeglichen Text deutlich:

«Comme l'albatros qui, lassé d'un long voyage, trouve en rentrant son champ rasé par le tonnerre, et que ses ailes de géant empêchent de marcher,

«Comme le bouc émissaire, au moment où, ______________________
____
____
____

[...] C'est à ce moment, qu'après une période de surdité sélective dont le conte a témoigné par les lignes de points et tirets que vous avez entendues, car il ne pouvait honorablement reproduire des paroles ou relater des événements ignorés de la princesse à qui le conte se destine.»[22]

Auch die Sprache des Hundes wird typographisch hervorgehoben (In Roubauds Buch finden wir hier ebenso wie in der amerikanischen Ausgabe eine fette Groteskschrift anstelle der sonst verwendeten Antiquaschrift). Die unterschiedlichen Tonlagen des lautstarken Gesangs des Hundes sind einer Notenschrift ähnlich notiert und verdeutlichen damit den musikalischen Aspekt: «Et, s'étant éclairci la voix au moyen de deux ou trois aboiements, il se mit à crier, sur l'air dit «de la petite fille en robe jaune» ou encore «air d''Aloysius stinks'»:

ra oh ra
Fa day, oh, Fa day!»[23]

[20] Delay/Roubaud, *Partition rouge*, l. c., 9.

[21] *Hoppy*, 62.

[22] Cf. ib. 33 – 37.

[23] Ib. 57.

Besonders auffällig ist der Partitur-Charakter im letzten Kapitel, wenn der Hund auf eine ihn bedrohende, schreckenserregende Gestalt trifft. *Distinguer ce qui est crié* ist nicht nur optisch vom restlichen Text abgehoben, sondern Roubaud weist hier explizit auf seine Transkription des Mündlichen hin:

«CHIEN»

cria l'immonde apparition d'une voix si forte que le Conte a été forcé de l'indiquer par l'emploi de caractères en majuscules en relief et en corps 18

«CHIEN
ENFIN JE TE RENCONTRE.
VIENS ICI TE BATTRE
AVEC MOI,
SI TU ES UN HOMME!»[24]

Indianische Namen oder Bezeichnungen finden wir mehrfach in Aufzählungen, die aus vier Elementen bestehen.[25] So trägt beispielsweise eine der vier Königinnen den Irokesennamen für einen Stamm der Algonkin,[26] *Adirondack*:[27] «Or, dit le conte, les rois Aligoté, Imogène, Babylas et Eleonor étaient cousins germains et ils avaient quatre cousines germaines pour femmes. C'étaient les reines **Adirondac**, Botswanna, Eleonore (avec un e) et Ingrid.»[28] Der Indianerstamm *Chippewa* wird mit der Ergänzung *écorce de bouleau* verwendet. «Les draps frais, dit le conte, l'oreiller plus frais encore de la princesse, étaient d'une même couleur. Tantôt bleus. Tantôt amarante. Indigo parfois. Parfois couleur **écorce de bouleau chippewa**.»[29]

[24] Ib. 123 [Hervorhebung durch Unterstreichen: E. L.-C.].

[25] Die Bedeutung dieser Aufzählungen wird in Kapitel 4.3.1 untersucht.

[26] Die Algonkin sind eine indianische Sprachfamilie, zu der ca. zwanzig unterschiedliche Stammesverbände gehören, die zwischen Neufundland (Labrador!) und Ontario beheimatet sind.

[27] Roubaud schreibt über diesen Namen in *Partition rouge*: «Hatirontak, «mangeurs d'arbres», en iroquois, désignait des Algonquins pauvres qui mangeaient, dans les périodes de famine, l'écorce intérieure des pins, des trembles ou des bouleaux: *Adirondack.*» 59.

[28] *Hoppy*, 15 [Hervorhebung E. L.-C.].

[29] Ib. 42 [Hervorhebung E. L.-C.].

Roubaud erinnert hier an den sehr musikalischen Indianerstamm der Chippewa oder Ojibwas. Die *Chants pour écorce* wurden durch die Arbeit von Frances Densmore einem breiten Publikum zugänglich. *Partition rouge* ist u.a. dieser außergewöhnlichen Musikerin gewidmet, von der Roubaud schreibt: «Frances Densmore, elle, était musicienne. Dans les premières années de notre siècle, armée d'un phonographe et de rouleaux de cire, elle entreprit un long périple de presque trente ans, de réserve en réserve, notant, enregistrant, traduisant et commentant le fonds magique musical de nombreuses tribus.»[30] Ein Kapitel in *Partition Rouge* beschäftigt sich mit diesen Gesängen: «Il existait pour chaque chant une mémoire écrite, une «partition», sous la forme d'un dessin tracé sur écorce de bouleau, dont la présentation évoquait le chant et le suscitait.»[31] (*siehe Abbildungen 25 bis 27*)

---

[30] Delay/Roubaud, *Partition rouge*, l. c., 9. Cf. Frances Densmore, *Chippewa Music*, Washington D.C. 1910.

[31] Delay/Roubaud, *Partition rouge*, l. c., 175. Interessant ist die Ähnlichkeit der indianischen Songs mit japanischer Poesie, mit der sich Roubaud wie wir wissen intensiv beschäftigt hat: «Another reason Indian songs may at first puzzle modern American readers is that their style differs markedly from most of the corpus of English poetry. Surprisingly, they bear a strong resemblance to Japanese poetry, particulary the Chippewa and Teton Sioux songs. On the printed page, ***Chippewa songs*** resemble ***haiku***, the seventeen-syllable classical Japanese verse form. ... Harold Henderson describes haiku as poems "intended to express and evoke emotion" depending for their effect on the power of suggestion and employing as their chief technique a "clear-cut picture which serves as a starting point for trains of thought and emotion." For instance:

The tower high
I climb; there, on that fir top,
sits a butterfly!

... This haiku, like most, is set out of doors and implies a close relationship between human beings and nature. Haiku are traditionally set in a particular *ki*, or season, which the reader recognizes by traditional symbols. For instance, cherry blossoms symbolize spring; snow symbolizes winter; and the butterfly, summer.
The Chippewa poem that follows is similar to traditional haiku in that it is brief yet manages to evoke a range of thoughts and emotions:

As my eyes search the prairie
I feel the summer in the spring.»

American Indian Literature, An Anthology – Edited and with an Introduction by Alan R. Velie, University of Oklahoma Press, Norman and London, revised Edition, 1991, 74sq [Hervorhebung E. L.-C.].

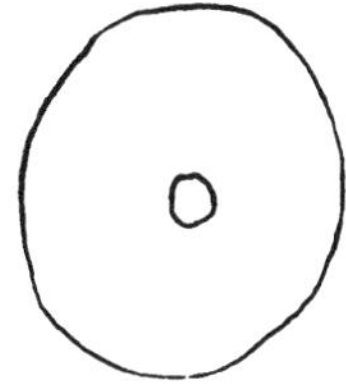

Abb. 25

at the center of the earth
is where I'm from

Abb. 26

when the water's calm &
the frog's just drifting
in – thast's when I show
up now and then

Abb. 27

water's flowing the
sound comes toward
my home

Ein weiteres Indianervolk nennt Roubaud in Zusammenhang mit bedeutenden Kulturen, die besonders auf dem Gebiet der Mathematik hervortreten: «Ah, si jamais tu donnes un poutou à quiconque sans mon autorisation que je ne te donnerai jamais, tu m'entends, jamais, que ce soit homme, enfant, vieillard, animal, végétal ou minéral, qu'il soit Araméen, Babylonien, Egyptien ou **Inca**, aussi vrai que je m'appelle Marmaduke Pacha, je te donnerai la fessée.»[32] Die Inkas sind u.a. für ihre besondere Schrift bekannt, die aus Knotenschnüren, *Quipu* genannt, bestand und auf Zahlen basiert.

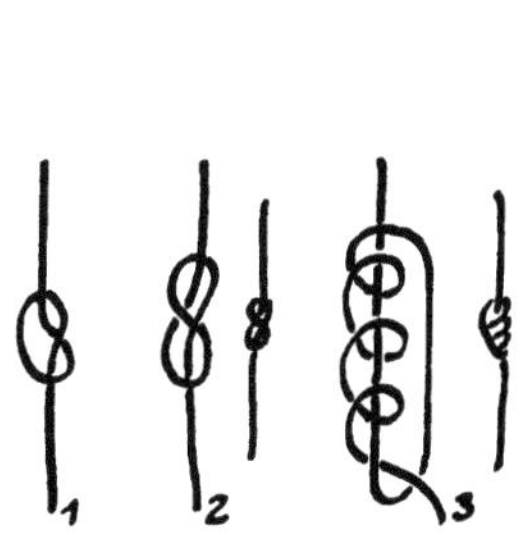

Abb. 28

Die Knoten auf einem peruanischen Quipu
(1) Einzel-, (2) Doppel-, (3) 3-facher Schlingknoten. (4) Die Kopfschnur K, die durch die Köpfe von (hier drei) Schnüren mit den Zahlen 150, 42, 231 gezogen ist, trägt deren Summe 423.

[32] *Hoppy*, 91 [Hervorhebung E. L.-C.].

Karl Menninger vermutet in dieser Schrift eine Art Geheimschrift, welche die Alleinherrschaft der Inkas stützen sollte. Interessant ist, daß die Inkas Quipus nicht nur für ihre Buchführung verwendeten, sondern auch «ihre Geschichte, ihre Gesetze und Verträge auf Quipus 'schrieben'.»[33] Anhand einer Anekdote macht Menninger deutlich, daß «*unzahlige* Sachen und Ereignisse in *Zahlen* übersetzt wurden als Gedächtnisstützen für die mündliche Weitergabe.»[34] Im gleichen Kontext weist er auf die frühe *Verzahlung* hin, welche heute in perfektionierter Form die Grundlage der Computertechnik bildet.

Die auffällige Verwendung der indianischen Namen in *Vierergruppen*[35] läßt sich mit der außergewöhnlich großen Bedeutung der Zahl *Vier* in der indianischen Tradition erklären. In *Partition Rouge* weisen Delay und Roubaud auf die heilende Funktion des *contes* für die Gemeinschaft hin: «Que le chant, le poème, est médecine, la peinture cérémonie, la danse une cure, **le conte une tentative de guérison collective**, que tous ces arts ne sont pas de l'art uniquement mais un moyen de vivre, que le poème peint, chanté, dansé, tissé, emplumé, voire cuisiné, est nécessaire à la santé, Partition rouge ne peut que s'en souvenir.»[36] Die Vielzahl der öffentlichen Lesungen von *Oulipo* hat vielleicht hier ihren Ursprung, ausgelöst durch Jerome Rothenberg und *Shaking the Pumpkin*.

Die mündliche Weitergabe von Wissen

Auch in der Entwicklungsgeschichte der Mathematik sowie den anderen Wissenschaften spielte das Mündliche eine wichtige Rolle. Wir haben in Kapitel 3.1 darauf hingewiesen, daß Schwierigkeiten bei der schriftlichen Überlieferung der erhaltenen mathematischen Texte aus der Zeit des Apollonios von Perga auftra-

---

33 Menninger, *Zahlwort und Ziffer*, l. c., II, 62.

34 Ib.

35 Auch der indianische Name einer Heilpflanze, *Ipecacuana*, wird als Teil einer Vierergruppe genannt: «...c'était une jambe de bois boisue (la gauche, la plus sinistre) composée pour parts égales de quatre essences: Acacias, Ipecacuana, Bouleau, et Hêtre des Etangs.» *Hoppy*, 123.
Eine Ausnahme bilden zum einen die *Dakota*, die nicht innerhalb einer Vierergruppe erscheinen: «Le conte rapporte en cet endroit qui en vaut un autre que le roi Desmond (anciennement Aligoté) se faisait réveiller tous les jours ponctuellement à 8 (4 fois 2) heures après 8 (2 fois 4) heures d'un sommeil réparateur par un de ses deux hommes de confiance, South Dakota et North Dakota, dromadaires qui avaient autrefois servi sous ses ordres aux Dardanelles.» *Hoppy*, 95.
Zum anderen erwähnt Roubaud einen Irokesen: «Un chef Iroquois passe dans sa Pirogue.» Ib. 108.

36 Delay/Roubaud, *Partition Rouge*, l. c., Klappentext, Rückseite [Hervorhebung E.L.-C.].

ten, denn sie erforderten ein langes gründliches Studium und bedurften zusätzlich einer *mündlichen* Erklärung. Die Unterbrechung der Kette der mündlichen Überlieferungen durch äußere Umstände hatte zur Folge, daß die vorhandenen Arbeiten kaum noch zu verstehen oder weiterzuentwickeln waren. Für die mündliche Weitergabe von Wissen sind hohe Gedächtnisleistungen nötig, da diese es erst ermöglichen, schriftlich nicht fixierte Inhalte aufzubewahren und weiterzugeben. Interessant ist, daß die Weiterentwicklung der Mathematik durch Newton und Leibniz insbesonders aufgrund bildhafter Symbole möglich wird, deren Bildhaftigkeit in enger Verbindung zum Gedächtnis steht.[37]

Le Conte de la Mémoire

In den beiden letzten Abschnitten haben wir darauf hingewiesen, daß mündliche Überlieferung immer nur aufgrund ausgeprägter Gedächtnisleistungen möglich ist. «Toute décision narrative, tout commencement de raconter met nécessairement en mouvement la mémoire» formuliert Roubaud diesen Gedanken in *Mathématique: (récit)*. Bereits in seinem 1993 erschienenen Werk *L'invention du fils de Leoprepes – poésie et mémoire* befaßt er sich intensiv mit Gedächtniskunst und deren Bedeutung für Poesie und Literatur: «Au commencement il y a un conte, le **Conte de la Mémoire**, qui nous est parvenu en prose latine, la prose ornementale de Cicéron en son traité de l'art oratoire, le *De Oratore*»[38] schreibt Roubaud und rekonstruiert anschließend die Geschichte des Simonides, dem «Erfinder» der Gedächtniskunst.

Jacques Roubaud erinnert damit an Frances Yates und ihr grundlegendes Werk *The Art of Memory*,[39] das mit dem für die Gedächtniskunst entscheidenden Erlebnis des Poeten Simonides von Ceos beginnt, der mit Hilfe seines guten Gedächtnisses die durch einen Dacheinsturz ums Leben gekommenen Gäste eines Banketts anhand der Sitzordnung identifizieren kann: «He inferred that persons desiring to train this faculty (of memory) must select places and form mental images of the things they wish to remember and store those images in the places, so that the order of the places will preserve the order of the things, and the images of the things will denote the things themselves, and we shall employ the

---

37 Yates bemerkt in *The Art of Memory*: «If, as has been suggested, Leibniz's 'characteristica' as a whole comes straight out of the memory tradition, it would follow that the search for 'images for things', when transferred to mathematical symbolism, resulted in the discovery of new and better mathematical or logico-mathematical, notations, making possible new types of calculation.» Chicago 1966, 384.

38 *L'invention du fils de Leoprepes*, 9 [Hervorhebung: Roubaud].

39 Yates, *The Art of Memory*, l. c.

places and images respectively as a wax writing-tablet and the letters written on it.»[40]

In *L'invention du fils de Leoprepes* beschreibt Roubaud die gleiche Episode, die Cicero dazu benutzt hat, auf die Bedeutung von *Orten* und *Bildern* für die Gedächtniskunst hinzuweisen:[41] «The first step was to imprint on the memory a series of *loci* or places. [...] The images by which the speech is to be remembered [...] are then placed in imagination on the places which have been memorised.»[42] An dieser Stelle wird noch einmal der Wert der Gedächtniskunst für die mündliche Weitergabe von Wissen oder die Rede unterstrichen. Wenn wir in *La Princesse Hoppy* die folgende Passage lesen, deren Aufzählungen willkürlich gewählt und zum Teil absurd erscheinen, ist aufgrund der Kenntnisse Roubauds zu vermuten, daß er hier die Technik der *Orte* und *Bilder* anwendet: «La scène représente la salle à manger de la princesse dans le château de la princesse. Tout autour de la table, on aperçoit successivement: la princesse; le roi Desmond; la reine Ingrid; le roi Faraday; la reine Eleonore; le chien; le roi Onophriu; la reine Adirondac; le roi Upholep; la reine Botswanna; [...] Un verre d'apfelsaft est posé sur un guéridon. Dans le coin gauche de la scène, face au public, un Bémol en plâtre flanqué de deux dièses. A droite, un Epigone, immobile: perruque

[40] Yates verweist hier auf Cicero, *De oratore*, II, lxxxvi, 351 – 354.
«At a banquet given by a nobleman of Thessaly named Scopas, the poet Simonides of Ceos chanted a lyric poem in honour of his host but including a passage in praise of Castor and Pollux. Scopas meanly told the poet that he would only pay him half the sum agreed upon for the panegyric and that he must obtain the balance from the twin gods to whom he had devoted half of the poem. A little later, a message was brought in to Simonides that two young men were waiting outside who wishes to see him. He rose from the banquet and went out but could find no one. During his absence the roof of the banqueting hall fell in, crushing Scopas and all his guests to death beneath the ruins; the corpses were so mangled that the relatives who came to take them away for burial were unable to identify them. But Simonides remembered the places at which they had been sitting at the table and was therefore able to indicate to the relatives which were their dead. The invisible callers, Castor and Pollux, had paid for their share in the panegyric by drawing Simonides away from the banquet just before the crash. And this experience suggested to the poet the principles of the art of memory of which he is said to have been the inventor. Noting that it was through his memory of the places at which the guests had been sitting that he had been able to identify the bodies, he realised that orderly arrangement is essential for good memory.» Yates, *The Art of Memory*, l. c., 1sq.

[41] Cf. hierzu auch den Begriff *Topoi* als Teil der *inventio* (Stoff-Findung) in der antiken Rhetorik. Auch in der Poesie (Dichtung) werden Bilder für (Text-) Zusammenhänge verwendet.

[42] Yates, *The Art of Memory*, l. c., 3.

tirés on aperçoit un ou deux plans de paysage: Bosquets de Marihuana; Choux de Bruxelles. Un Lièvre et une Loutre montent et descendent sur un Toboggan. Un chef Iroquois passe dans sa Pirogue.»[43] Hier sind *Orte* mit *Bildern* belegt. Aussagen wie *Dans le coin gauche de la scène, face au public, un Bémol en plâtre flanqué de deux dièses*, die sonst unverständlich wirken, bekommen somit einen anderen Sinn. Die Bedeutung der einzelnen Bilder (Apfelsaft, Bémol etc.) soll hier jedoch nicht weiter behandelt werden, wichtig ist für uns an dieser Stelle nur der Einsatz der Gedächtniskunst in einem literarischen Werk.

Roubaud fährt in *L'invention du fils de Leoprepes* später fort: «Le conte [...] dit des choses graves et ne prononce pas de paroles inutiles.»[44] Der dann folgende Abschnitt ist identisch mit einem Textabschnitt aus *La Princesse Hoppy*: «**Que le Conte dit vrai.** Le conte dit toujours vrai. Ce que dit le conte est vrai parce que le conte le dit. Certains disent que le conte dit vrai parce que ce que dit le conte est vrai. D'autres que le conte ne dit pas le vrai parce que le vrai n'est pas un conte. Mais en réalité ce que dit le conte est vrai de ce que le conte dit que ce que dit le conte est vrai. Voilà pourquoi le conte dit vrai.»[45]

Roubaud hat mit der *Princesse Hoppy* bewußt eine Erzählung gegen das Vergessen geschrieben. Für ihn ist Gedächtniskunst *Kunst* und nicht reine Technik. Diese Auffassung ist insofern gerechtfertigt, als spätestens mit Beginn des 19. Jahrhunderts und den Innovationen im Bereich der Kommunikation, die insbesondere zur Informationsverbesserung des Individuums beitragen, eine Speicherung von Daten aller Art nötig wird, die erst heute in so großem Umfang technisch möglich ist. In seiner Untersuchung *Mnemosyne. Literatur unter den Bedingungen der Moderne: ihre technik- und sozialgeschichtliche Begründung* spricht Gotthart Wunberg von dem Phänomen der *Aufbewahrung* von Information, welche dem Subjekt in einem Thesaurisierungsvorgang bis dahin unbekannten Ausmaßes abgenommen wird. «Das Subjekt, das diese Entwicklung seit dem frühen 19. Jahrhundert erlebt und durchlebt, ist geschichtlich dem Informationsüberschuß bereits ausgesetzt, lange bevor es zögernd in den Genuß seiner so gut wie gleichzeitig entwickelten Abhilfe gelangt. Zunächst muß das Individuum selbst die neuen Informationen in seinem Gedächtnis speichern, bevor es sein Gedächtnis an Datenbanken delegieren und deshalb selbst vergessen

---

[43] *Hoppy*, 108.

[44] *L'invention du fils de Leoprepes*, 10 [Hervorhebung Roubaud].

[45] Ib. [Hervorhebung Roubaud] und *Hoppy*, 6.

kann.»[46] Aufgrund der modernen technischen Möglichkeiten scheint das Überleben der Gedächtniskunst eines Ramon Lull oder Giordano Bruno *als Kunst* nur noch in der Kunst möglich zu sein.[47] Roubaud führt hierzu folgendes aus: «La chute des Arts de mémoire en 'mnemotechnie' a été, en effet, à peu près continue depuis le XVIIe siècle, parallèlement au progrès des sciences exactes. [...] Plus tard, rendues suspectes aux lettrés par le triomphe des inventions de 'méthode', ramusiennes ou autres (qui furent celles des écoles, imposant rigueur, et système rationnel au lien entre mémoire et savoir, avant que la Pédagogie ne les détruise à son tour, au nom de la spontanéité, pour prêcher, avec les résultats catastrophiques que l'on connaît, la liberté du souvenir) elles entrèrent dans une sorte de clandestinité, côtoyant la 'magie', les 'tours de carte' et les 'voyances'...»[48]

Eine Verbindung zwischen dem *l'art pour l'art*-Gedanken und der Erinnerung wird von Baudelaire in *Salon de 1846* hergestellt: «J'ai déjà remarqué que le souvenir était le grand criterium de l'art; l'art est une mnémotechnie du beau; or, l'imitation exacte gâte le souvenir.»[49] In *Mathématique: (récit)* betont Roubaud die Bedeutung des Gedächtnisses als Grundlage der Erzählkunst und somit des *contes*: «Toute décision narrative, tout commencement de raconter met nécessairement en mouvement la mémoire.»[50] Da die Gedächtniskunst, die eingehend in dem Standardwerk von Frances Yates, welches Roubaud mehrfach zitiert, untersucht worden ist, aber immer *un art personnel* ist, «il s'agit de <u>notre</u> mémoire»,[51] finden wir in der Erzählung *La Princesse Hoppy* typische Vorgehensweisen eines Mathematikers, um Ereignisse zu speichern. Roubaud verwendet nicht nur Zahlen als Gedächtnisstützen, sondern ebenfalls geometrische und algebraische Strukturen. Während die Verwendung der mathematischen Gruppentheorie in diesem Zusammenhang als Neuerung verstanden werden kann, ist der Einsatz geometrischer Elemente auf Grund der historischen Entwicklung der

[46] Gotthart Wunberg, *Mnemosyne. Literatur unter den Bedingungen der Moderne: ihre technik- und sozialgeschichtliche Begründung,* in: Mnemosyne – Formen und Funktionen der kulturellen Erinnerung, Frankfurt am Main 1991, 83–100, 85.

[47] Cf. Yates, *The Art of Memory*, l. c., Kapitel VIII *Lullism as an Art of Memory* und Kapitel IX *Giordano Bruno: The Secret of Shadows.*

[48] *L'invention du fils de Leoprepes,* 150. Roubaud befaßte sich bereits 1982 im Rahmen des poetischen Werkes *la fenêtre veuve* mit der Gedächtniskunst.

[49] Charles Baudelaire, *Œuvres Complètes,* Paris 1976, 455.

[50] *Mathématique: (récit),* 42.

[51] *L'invention du fils de Leoprepes,* 26 [Hervorhebung Roubaud].

Mathematik schon lange bekannt.[52] Roubaud erwähnt ein *Kreismodell*, welches die Nachteile eines *Netzsystems* oder der *Baumstruktur* eines Gesualdo aufhebt:[53] «Or l'Antiquité et le Moyen Age sans doute, la Renaissance certainement ont connu un autre modèle géométrique de la mémoire, [...]. Il s'agit d'un modèle circulaire, dont le prototype 'logique' fut le Grand Art du catalan Ramon Llull (qui n'ignora pas non plus [...] les structures arborescentes).»[54] Die von Roubaud in *La Princesse Hoppy* zugrundegelegte zyklische Struktur kann somit auch in den Methoden der Gedächtniskunst begründet liegen.

Die in *La Princesse Hoppy* immer wieder verwendete Zahl *Vier* erscheint bereits im Mittelalter in der Gedächtniskunst, denn sie steht für die *vier* Gedächtnisregeln des Thomas von Aquin: «There are four things which help a man to remember well. The first is that he should dispose those things which he wishes to remember in a certain order. The second is that he should adhere to them with affection. The third is that he should reduce them to unusual similitudes. The fourth is that he should repeat them with frequent meditation.»[55]

Obwohl man davon ausgehen kann, daß literarische Werke oft autobiographisch geprägt sind und somit auch Erinnerungen verarbeiten, um sie vor dem Vergessen zu schützen, scheint sich Roubauds Erzählung insofern zu unterscheiden, als er bewußt ein Werk der Gedächtniskunst schafft, das er mit Hilfe von Zahlen und mathematischen Strukturen zu diesem Zweck konstruiert. Roubauds Vorgehensweise ist den vier Regeln des Thomas von Aquin sehr ähnlich: er ordnet Gegebenheiten durch die Bildung von Vierergruppen.[56] Seine gefühlsmäßige Bindung wird mehrfach deutlich, wenn man die autobiographischen Werke zu Hilfe nimmt. Die dritte Regel – *reduce them to unusual similitudes* – wird immer dort eingehalten, wo bestimmte Textteile befremdlich auf den Leser wirken. Auch häufige Wiederholungen von Namen aber auch von Situationen wie in den nachstehenden Zitaten sind in *La Princesse Hoppy* zu beobachten:[57]

Im ersten Kapitel schreibt Roubaud: «Le premier roi avait nom **Aligoté.** Il était roi du **Zambèze** et des environs. Le deuxième roi avait nom **Babylas.** Il était roi

[52] Kreis- und Spiralstrukturen lassen sich bereits bei Dante nachweisen. Cf. u.a. Jacqueline Risset, *Dante écrivain*, Paris 1982.

[53] Cf. F. Gesualdo, *Plutosofia*, Padua 1592.

[54] *L'invention du fils de Leoprepes,* 48 [Hervorhebung Roubaud].

[55] Yates zitiert hier Giovanni di San Gimignano, *Summa de exemplis ac similitudinibus rerum*, Lib. VI, cap. xlii. Cf. Yates, *The Art of Memory*, l. c., 86.

[56] Die *Vierergruppen* werden in Kapitel 4.3.2 aufgeführt.

[57] Die durch Wiederholungen entstehenden Strukturen sind Thema des Kap. 4.1.2.

d'**Ypermétrope** et ses environs. Le troisième roi avait nom **Eleonor** (sans e) et le quatrième **Imogène.** Eleonor (sans e) et Imogène n'étaient pas rois de rien du tout. Ils avaient chacun un royaume très grand et très beau mais le conte ne dit pas où présentement pour des raisons de sécurité.»[58] Leicht abgewandelt lesen wir im fünften Kapitel: «Mon nom à moi est **Onophriu (sans s)**. Je suis le roi d'«**Ephèse et des alentours**». [...] Mon nom à moi est **Upholep**. Je suis le roi d'**Alcala et des environs**. Le troisième des rois vos oncles est mon cousin. Il a nom **Faraday**, et le quatrième **Desmond**. Faraday et Desmond ne sont pas des rois de rien du tout. Ils ont chacun un royaume très grand et très beau mais le conte ne dit pas où par précautions.»[59]

Wenden wir uns nochmals der dritten Regel zu, ist schon bei der ersten Lektüre der *Princesse Hoppy* auffällig, daß Roubaud durchgängig Elemente verwendet, die entweder im Text als Fremdkörper erscheinen wie der Einschub über die französischen Autofahrer innerhalb der Schilderung des verliebten Igels Bartleby: «Or, Bartleby était sérieusement myope, comme tous les hérissons; et en outre extrêmement distrait. Il courait donc des risques terribles en traversant sans précautions le chemin pour rendre visite à sa fiancée. <u>Le conte profite de l'occasion qui lui est ici fournie pour s'élever une fois de plus [...] avec vigueur contre le **hérissonicide** dont se rendent coupables des automobilistes sur les routes de France, avec la complicité des pouvoirs publics. C'est un déshonneur pour notre pays.</u>»[60] Oder es tauchen Namen, Begriffe, aber auch Ereignisse auf, die dem Leser willkürlich gewählt erscheinen, da sie in keinem erkennbaren Zusammenhang zur Handlung stehen. Wenn Jacques Roubaud den Igel Bartleby und das Eichhörnchen Epaminondas als sprechende Protagonisten aus dem Tierreich im Text einführt, dann ist es nicht von Bedeutung, um welche Tierart es sich handelt – die Rollen könnten ebenso von anderen Tieren, aber auch von Menschen eingenommen werden. Auch die Wahl von vier <u>Enten</u> als Antrieb der Boote des Königs Babylas erscheint ungewöhnlich.[61] Seltsam ist auch die dritte Person, die sich auf der Yacht des Königs Desmond befindet: «et la troisième? – la troisième est une jeune demoiselle que nous ne connaissons pas encore. Elle s'appelle Brigid, mais ce nom à résonances scandinavoises ne doit pas nous dissimuler qu'il s'agit en fait d'une jeune <u>cigogne rose de Californie.</u>»[62]

---

[58] *Hoppy,* 11 [Hervorhebung Roubaud].

[59] Ib. 54 [Hervorhebung Roubaud].

[60] Ib. 23 [Hervorhebungen durch Unterstreichen E. L.-C.].

[61] Eine mögliche Erklärung ist die Ähnlichkeit des französischen Wortes *canard* mit *Carnot,* einem Namen, den Roubaud den Enten in der Erzählung gibt und der auf den Carnotschen Kreisprozeß hinweist. Cf. Kapitel 4.3.1.

[62] *Hoppy,* 106 [Hervorhebungen E. L.-C.].

In einigen Fällen scheint Roubaud mit dem Unwahrscheinlichen zu spielen, was an Elemente aus dem Märchen erinnert und die Verwunderung des Lesers hervorruft: «Soit que le soleil en se levant à l'ouest, le dimanche, dit le conte, traverse la baie de l'ouest pour se rendre à la chambre de la princesse.»[63]

Innerhalb der Erzählung findet man keine Erklärung für diese Phänomene. Erst wenn man die autobiographischen Werke konsultiert, wird deutlich, daß Roubaud in *La Princesse Hoppy* seine persönlichen Erinnerungen verarbeitet und damit vor dem Vergessen schützt. So stehen der Igel und das Eichhörnchen stellvertretend für Zeiten auf dem Lande, die Roubaud mit seiner zweiten Frau Alix-Cléo erlebt hat: «Le pulumussier, qui grandit chaque année sans abandonner sa forme, quasi hémisphérique, est le domaine incontesté, l'avant-poste exploratoire du hérisson (il ne s'agit d'aucun hérisson nominatif mais du hérisson «générique» copropriétaire depuis longtemps du lieu, chaque année sans doute descendant lui-même, comme l'écureuil dans les cyprès au-dessous du potager). Je n'ai jamais eu la patience de l'apprivoiser [...]; j'ai eu cependant l'honneur de pouvoir le présenter à Alix, en août, dans les mêmes circonstances nocturnes.»[64]

Die im Text auftretenden Enten gehören zu den Tieren, die Roubaud verehrt wie er in *La Boucle* bei der Beschreibung eigener Kindheitserlebnisse bemerkt: «Les poules et poulets, les lapins, le cochon étaient enfermés. Ils n'avaient pas la liberté de circulation dans le jardin. Mais la famille de canards qui vint brusquement partager notre existence ne fut pas, elle [...] soumise à cette restriction. De ce seul fait découlait déjà la plus grande élévation des canards dans l'échelle des êtres: leur supériorité, en tant qu'espèce, sur les poules et cochons, et mêmes sur les lapins. J'ai acquis, alors, cette intime conviction. Et je la conserve encore, intérieurement, au moins sous une forme ludique: j'aime et estime les canards. Je ne manque pas une occasion de faire leur éloge, oral, poétique, ou fictionnel.»[65]

Der zuvor genannte *cigogne rose* könnte einen Japaner ins Gedächtnis rufen, den Roubaud im US-Staat Iowa kennengelernt und dessen Namen er bereits vergessen hat. «... il [le Japonais] ne refusa pas de parler quelque temps avec moi de la poesie japonaise ancienne, qui m'avait passionné longtemps, avant ma venue aux USA; du renku (renga), que je venais de composer avec Paz, Tomlinson, et Sanguineti (Edouardo). [...] Je ne pouvais déchiffrer son expression, pendant

63 Ib. 38 [Hervorhebungen E. L.-C.].

64 *Incendie*, 112 [Hervorhebungen E. L.-C.].

65 *La Boucle*, 115sq [Hervorhebungen E. L.-C.].

qu'il m'écoutait et me répondait, en un anglais lent et précis, en buvant du rosé de Californie.»[66] Der *cigogne rose* in *La Princesse Hoppy* heißt *Brigid*, d.h. er trägt den Namen der Göttin der Poesie.[67] Wenn Roubaud wirklich an den japanischen Dichter denkt, dann könnte der Name *Brigid* als Entschuldigung für das Vergessen des richtigen Namens und als Ehrung des Poeten zugleich gelten.

In *La Boucle* finden wir die Erklärung für die im Westen aufgehende Sonne: ««Le soleil se lève à l'ouest, le dimanche.» «Je répète: Le soleil se lève à l'ouest, le dimanche.» [...] ce message-là, que mon père avait choisi et transmis à Londres, était celui qu'en retour il reçut, deux ou trois soirs de suite avant le 6 juin: il annonçait l'ouverture tant attendue du «second front», le débarquement des Alliés sur la côte normande.»[68]

Auch die Wahl der in der Erzählung vorkommenden Namen wirkt befremdlich. Aus welchem Grund heißt einer der vier Könige plötzlich Jugurtha, wie der 160 v. Chr. geborene König von Numibien?[69] Es ist nicht anzunehmen, daß Roubaud hier auf die historische Persönlichkeit aufmerksam machen will. In *Impressions de France*, finden wir ein Zitat von Pierre Crignon, das sich auf Jean Parmentier bezieht: «Combien qu'il n'ait pas beaucoup hanté les escolles, sy toutes fois estoit il congnoissant en plusieurs sciences que le grand precepteur et maistre d'escolle, par don de grace infuse, luy avoit eslargi. Il a translaté le *Catilinaire* de Saluste de latin en françoys, et avoit commencé à translater Jugurte sus son voyage, esperant le parfaire à son retour, et en faire present au Roy.»[70] Der in *La Princesse Hoppy* verwendete Name *Jugurtha* erinnert an die Gedichte von Jean Parmentier und zugleich an die Poesie der Zeit, in der das gedruckte Buch seinen Siegeszug antritt und das Mündliche nach und nach verdrängt. Für Roubaud ist dies ein wichtiger Grund, auch in der Zukunft daran erinnert zu werden.

---

66 *Incendie*, 75 [Hervorhebungen E. L.-C.]. Eine weitere Interpretationsmöglichkeit hinsichtlich des *cigogne rose de Californie* namens Brigid, der sich auf einer Yacht befindet, könnte sein, daß Roubaud hier einen bekannten Strand von St. Tropez meint, der *Californie* heißt und mit dem Namen Brigitte Bardot in Verbindung steht.

67 R. J. Stewart spricht in *The Way of Merlin*, London 1991, von «the Goddess of Poetic Inspiration (known as Brigid or Minerva).»

68 *La Boucle*, 173 [Hervorhebungen E. L.-C.].

69 Jugurtha, König von Numidien, geb. nach 160 v. Chr., hingerichtet in Rom 104 v. Chr.

70 *Impressions de France*, 66 [Hervorhebungen durch Unterstreichen E. L.-C.].

Beispiele dieser Art lassen sich beliebig fortsetzen.[71] Berücksichtigt man Roubauds intensive Auseinandersetzung mit der Gedächtniskunst, die auch deutlich wird, wenn er *Le grand incendie de Londres* als «tentative de *mémoire*»[72] bezeichnet, dann scheint die weitere These gerechtfertigt, daß die Erzählung *La Princesse Hoppy* als Werk dieser Kunst konzipiert ist, wobei Zahlen wie die *Vier* und mathematische Strukturen in ihrer literarischen Umsetzung die Rolle von Ciceros *loci* übernehmen.

chanson de geste – conte de fées

Der Begriff *conte* läßt sich hinsichtlich der *Princesse Hoppy* enger eingrenzen, wenn wir den Untertitel der Erzählung *Fées et Gestes* betrachten, der zum einen auf den französischen Begriff *conte de fées* hinweist, zum anderen auf die *Chanson de geste*, eine altfranzösische epische Form, der zur Heldensage umgestaltete historische Stoffe zugrundeliegen.[73] Während die *Feengeschichten* ihren Ursprung in keltischen und indisch-orientalischen Traditionen haben und eine erste Blüte in literarisierter Form im 12. Jahrhundert mit den höfischen Romanen um König Artus – und dessen Schwester, der Fee Morgane – erleben, ist die Vorgeschichte und Entstehung des *Chanson de geste* in der Forschung umstritten. So werden sie zum Beispiel als volkssprachlich literarisierte Folgegattung der in lateinischer Sprache geschriebenen *Gesta* darstellt, die im Unterschied zu historisch „korrekten" Informationen wie man sie in Chroniken oder Annalen findet,

[71] Im Rahmen einer hier nicht beabsichtigten Untersuchung der Intertextualität wird man auf viele Autoren und ihre Werke treffen, zum Beispiel auf Stendhal. Wenn der Astronom in der Erzählung *La Princesse Hoppy* im Zusammenhang mit seiner zukünftigen Liebe sagt: «je m'étais attardé dans l'Observatoire désert un peu plus longtemps que de coutume sans m'en rendre compte et je ne compris pas que la teinte plus crémeuse de la **Voie Lactée** dans ma lunette était due à l'adjonction au firmament d'une dose légère de lait de l'aube» (*Hoppy,* 27), dann weist dies auf ein Vorwort zu Stendhals *De l'amour* hin: «L'amour est comme ce qu'on appelle au ciel la ***Voie lactée***, un amas brillant formé par des milliers de petits étoiles, dont chacune est souvent une nébuleuse.» Stendhal, *De l'amour*, premier essai de préface, Ed. de Cluny, 1938, 26.

[72] Cf. *Incendie*, 15.

[73] Zugleich könnte *gestes* auch auf den *mündlichen Vortrag* hinweisen: Unter *Gestus* verstand man ursprünglich eine normierte Gebärde für den *rednerischen Vortrag*, die in der antiken Rhetorik neben der Stimmführung und dem Mienenspiel von Bedeutung war: «The oral mind is uninterested in definitions. Words acquire their meanings only from their always insistent actual habitat, which is not, as in a dictionary, simply other words, but includes also ***gestures***, vocal inflections, facial expression, and the entire human, existential setting in which the real, spoken word always occurs.» Walter Ong, *Orality & Literacy*, London 1982, 47 [Hervorhebung E. L.-C.].

wegen der künstlerischen Stilisierung und Parteinahme der Autoren als weniger zuverlässige Geschichtsquellen aufgefaßt werden. Einigkeit besteht jedoch in der Auffassung, daß es sich um eine epische Form mit Tendenz zu einer zyklischen Verknüpfung handelt. Man unterscheidet drei große *Zyklen* oder *gestes*, deren Helden *Roland*, *Wilhelm von Orange* zu den bekanntesten gehören. Für die jüngere, vor allem französische Forschung ist die *Chanson de geste* eine im 11. Jahrhundert neugeschaffene Gattung, der als Quellen chronistische Aufzeichnungen, «lokale Sagen- und Legendenbildungen um Karl den Großen, um seine Pairs, um volkstümliche Helden aus den (Glaubens-)Kriegen gegen die Heiden, gebunden an Gedenkstätten, insbesondere entlang der großen Heeres- und Pilgerstraßen»[74] und Märchenmotive zugrundeliegen.

In *La Princesse Hoppy* kann man in der folgenden Szene einen Hinweis auf die *Chanson de geste* vermuten, wenn Roubaud den Astronomen die Abenteuer des Eichhörnchens und seiner Freunde erzählen läßt: «Epaminondas,[75] après la liquidation favorable d'un petit héritage [...], venait de se retrouver à la tête d'une somme assez ronde quoique modeste. Jeune, sans charges de famille, de mœurs sobres et de goûts peu dispendieux, il lui plut de consacrer ce superflu inattendu de biens terrestres à la réalisation d'un vieux rêve: un voyage jusqu'à la Pentapole de Palestine, pèlerinage aux sources des Pères du désert; remettre ses pas sur les sentiers autrefois foulés par son maître Joachim de Flore, telle était son ambition. Et, au retour, un mois de retraite dans la "selva" calabraise, hantée du souvenir du grand mystique du XIIIe siècle.»[76] Obwohl es sich hier um keine chronistischen Aufzeichnungen handelt – Epaminondas lebte lange Zeit vor Joachim de Flore – ist dieses Abenteuer jedoch an *Gedenkstätten entlang der Pilgerstraßen* geknüpft und dem *Helden* Epaminondas gewidmet.

Mit *gestes* werden ebenfalls bestimmte Rituale innerhalb religiöser Gemeinschaften beschrieben, zu denen u.a. auch das *Küssen* gehört. Eine ausführliche Darstellung finden wir bei Jean-Claude Schmitt:[77] «Mais le Maître innove aussi: avec le développement institutionnel du monachisme, l'investiture d'un nouvel abbé devient un rituel extrêmement complexe, avec la transmission d'objets symbo-

[74] J. B. Metzler, *Literaturlexikon*, Stuttgart 1990.

[75] Epaminondas ist in *La Princesse Hoppy* der Name des Eichhörnchens und erinnert an den griechischen Feldherrn und Staatsmann Epaminondas (420 – 362 v. Chr.).

[76] *Hoppy*, 85.

[77] Jean-Claude Schmitt, *La raison des gestes dans l'occident médiéval*, Paris 1990, 76. [Hervorhebung E.L.-C.] Schmitt verweist an dieser Stelle insbesondere auf *La Règle du Maître*, éd. et trad. A. de Vogüé, Paris, Cerf, 1964 (Sources chrétiennes 105), 50.

liques (les clefs du garde-manger, le manteau abbatial) et d'écrits (la règle du monastère, l'inventaire des biens de la communauté, le testament mentionnant les biens donnés par les frères), et avec des ***gestes*** qui sont soigneusement prescrits, comme le ***baiser*** sur les mains, le ***baiser*** sur le genou, le ***baiser*** de païx. Même en dehors de ces circonstances exceptionnelles, le repas quotidien, assimilé à la cène eucharistique, semble se réduire à une longue suite de bénédictions du pain et des nourritures et de ***baisers*** que les moines se donnent sur la main, de l'abbé aux prévôts, du cellerier aux hebdomadiers puis aux autres moines, depuis la table abbatiale jusqu'aux dernières tables au fond du réfectoire.» Da Roubaud einerseits seine Regeln für die Intrigen der Könige nach Heiligen bzw. Kirchenvätern nennt – *La règle du saint Benoît, règle d'Origènes* – er andererseits eine bestimmte Zeremonie des Küssens beschreibt, scheint es zulässig, den Untertitel auch in diesem Sinne zu verstehen: «Dès que la princesse, sortie de la salle de bains, sa toilette terminée, avait donné au chien les poutous de crâne et d'yeux, les baisers de joue de sa ration du soir. Dès que le chien avait donné à la princesse. Conformément à la charte. les quatre léchous [léchou de nez (1). léchous d'oreilles (2 et 3). léchou de menton (4)], la princesse sautait sur le lit. jetait le chien au bas du lit à coups de pieds.»[78]

Die *contes de fées* erleben in literarisierter Form eine erste Blüte im 12. Jahrhundert mit der Ausgestaltung der Stoffe aus dem keltischen Artussagenkreis im höfischen Roman. Die geschichtliche Herkunft des Königs Artus, des Bruders der *Fee Morgane*, ist nicht geklärt. In *La Princesse Hoppy* finden wir zwei konkrete Hinweise auf ihn in Verbindung mit seinem Neffen Gauvain: «Dieu et le sultan bénissent monseigneur Gauvain, neveu du Roi Arthur, et vous bénissent pareillement»[79] sowie in der Frage von Marie-Josèphe an den Astronomen, die dieser zur Erringung ihrer Liebe beantworten muß: «Quelle est la plus belle, selon vous? Guenièvre, femme du Roi Arthur, Iseut la blonde, amante de Tristan, Hélène de Troie, ou Brigitte Bardot?»[80] Die *Fee Morgane* ist zwar nicht explizit erwähnt, wir finden jedoch einen versteckten Hinweis auf ihre Existenz in der Nennung ihrer Lieblingsspeise: «Et il insista pour partager les traou mad du goûter.»[81]

---

78 *Hoppy*, 42 [Interpunktion Roubaud].

79 Ib. 89.

80 Ib. 93. An dieser Stelle weist Roubaud direkt auf Brigitte Bardot hin. Cf. Hinweis zu *Californie*.

81 Ib. 44 [Hervorhebung E. L.-C.]. Roubaud sagt an anderer Stelle über **Traou mad**: célèbres et délicieuses galettes bretonnes; un des mets favoris de ***Morgane***. Cf. Delay/Roubaud, *Graal Théâtre – Merlin l'Enchanteur*, Marseille 1979.

In die französische Dichtung gelangt der Artusstoff durch den Eleonore von Poitou gewidmeten *Roman de Brut* von Wace.[82] In Roubauds Erzählung heißt eine der vier Königinnen ebenfalls *Eleonore*.[83] Den ersten Höhepunkt im Zusammenhang mit der Artusdichtung bilden einige Jahrzehnte später die Versromane von Chrétien de Troyes. Hier ist der Hof des Königs hauptsächlich als Ausgangspunkt für die Abenteuer der einzelnen Romanfiguren zu verstehen, was die Integration weiterer eigener Thematiken erlaubt. Vor allem wird eine Verbindung der Artusromane mit der Geschichte des heiligen Grals möglich wie in Chrétien de Troyes' *Perceval*. Zu Beginn des 13. Jahrhunderts verfassen die Mönche von Glastonbury eine eigene Version der Gralsgeschichte, *Le Haut Livre du Graal* oder *Perlesvaus*, einen Text mit offensichtlich frommen Intentionen. Zahlreiche Autoren, zu denen u.a Wolfram von Eschenbach gehört, übernehmen die Gralsthematik und den Artusstoff. Erst in der Neuzeit macht sich bis auf Wagners *Parzival* und *Tristan* ein Rückgang bemerkbar. Interessant ist, daß mit Beginn der 70er Jahre dieses Jahrhunderts ein Umschwung stattfindet, der sich mit einer international zu beobachtenden Nostalgiewelle erklären läßt. Metzler nennt hier u.a. die Romane von Mary Stewart und M. Bradley, Musicals und Filme, sowie die Dramen von Florence Delay und Jacques Roubaud, *Graal Théâtre*, aus den Jahren 1977 bis 1981.[84]

Auch Roubaud selbst sieht sich in *Graal Théâtre – Merlin L'Enchanteur* als *scribe continuateur du vingtième siècle* der Gralsgeschichte.[85] Das letzte Kapitel ist den großen Dichtern der Gralsgeschichte gewidmet. Ausführlich läßt Roubaud dort den ersten und zweiten von ihnen zu Wort kommen, in denen wir Chrétien de Troyes und die Mönche von Glastonbury erkennen können. Ähnlich wie Chrétien de Troyes in seinem Roman *Le conte du graal (Perceval)* den Erzähler von einem alten Buch berichten läßt, das er von einem Gönner bekam und aus welchem er die Gralsgeschichte übernahm, hat der *premier conteur* bei Roubaud ebenfalls ein altes Manuskript entdeckt, welches von Merlin, Viviane

[82] Wace, *Roman de Brut*, um 1155.

[83] Roubaud kann als Bewunderer der Troubadoure hier allerdings auch an *Eleonore von Aquitanien* gedacht haben, mit deren Tochter Marie Chrétien de Troyes befreundet war.

[84] Cf. Metzler, *Literaturlexikon*, 27sq.

[85] «Savant clerc formé à l'école des logiciens ***mathématiciens*** d'Oxford, égal d'Abélard, de Dunscott ou de Wittgenstein, théoricien apprécié de la métrique galloise, Blaise est surtout le scribe principal du conte. Il apparaît accidentellement dans quelques récits comme le *Merlin-Vulgate* ou la *Première Continuation du Perceval de Chrétien*, mais nous, scribes continuateurs du vingtième siècle, lui accordons une importance déterminante.» Florence Delay/Jacques Roubaud, *Graal Théâtre – Merlin l'Enchanteur*, l. c., 57.

und Utherpandragon spricht. Der zweite Erzähler ist «L'auteur du Perlesvaus»,[86] die folgenden werden nicht im einzelnen genannt, bis auf den letzten: «Dans le silence... s'avança le dernier conteur. Et il dit: "Le hasard, et la main de la reine, ont fait de moi, le septième et dernier conteur. [...] Je suis le comte du Labrador. [...] Je ne vous dirai donc pas ce que vous savez."» Somit wird deutlich, daß der letzte *conteur* Roubaud selbst ist; er schreibt in *Autobiographie, chapitre dix*: «... le moment est donc venu de mon autoportrait» und der sich daran anschließende Abschnitt trägt den Titel *Portrait de l'artiste en Labrador.*[87] Interessant ist, daß Roubaud hier nicht auf den geographischen Ort, sondern den *chien Labrador* hinweist: «Je m'accorderai, sans me flatter, cet ensemble de qualités physiques non moins que morales dont les chiens labradors tirent une juste gloire: la constance, la gourmandise, et la maladresse pour les réussites.» Der Labrador (Hund) tritt auch an anderer Stelle auf, an der Roubaud über Merlin schreibt: «L'enfant fut baptisé; il reçut le nom de Merlin. Il allait avoir un an quand un cirque passa par la ville. Le prêtre, toujours curieux des choses du vaste monde, se rendit à la représentation. On vit un lion, un dragon, un grand chien mathématicien (un labrador) et un nain.»[88] Der *chien mathématicien* wiederum ist neben der Prinzessin der eigentliche Held in *La Princesse Hoppy ou le conte du Labrador.*

Die Bemerkungen über den *conte* des *letzten conteur*, des *comte du Labrador*, stimmen beinahe wörtlich mit den Paragraphen 7 und 9 im Kapitel 00 der *Princesse Hoppy* überein.[89] *Le dernier conteur* berichtet außerdem von einem Buch, welches er von Christus im Jahr 841 bekommen hat: «En l'ouvrant j'y découvris mon lignage, que j'ignorais jusqu'alors, ainsi que d'autres renseignements sur une princesse et un chien et quatre royaumes qui furent bien utiles par la suite, mais ce n'est ni le lieu ni le moment d'en paroler ici.»[90] Mit dem hier erwähnten Buch, das bereits auf den Inhalt der *Princesse Hoppy* hinweist, könnte das um 825 n. Chr. entstandene algebraische Werk *Al-kitab al-muhtasar fi hisab*

---

86 Florence Delay/Jacques Roubaud, *Graal Théâtre – Merlin l'Enchanteur*, l. c., 114.

87 *Autobiographie, chapitre dix*, 93.

88 *Graal fiction*, 22 [Hervorhebung E. L.-C.].

89 «Ce que le conte dit, vous le savez aussi. Sans doute ne savez-vous pas que vous savez tant que le conte ne vous l'a dit. Mais le conte, qui sait tout, et en particulier ce que vous savez vous le dira. Et alors vous le saurez. [...] L'ignorance du conte, elle est où? Elle n'est pas dans ses silences car les silences sont pleins de savoir. Elle n'est pas quoi qu'on en dise dans vos oreilles, même quand vos oreilles sont pleines de savon. L'ignorance du conte est à sa sagesse comme la *chaîne* est à la *trame* dans le *bref*. Mais elle ne dessine rien.» *Hoppy*, 50sq.

90 Delay/Roubaud, *Graal Théâtre – Merlin l'Enchanteur*, l. c., 118.

al-jabr wa-l-muqabala[91] des Astronomen und Mathematikers Muhammad ibn-Musa al-Khwarizmi gemeint sein, der nach arabischen Quellen als erster über Algebra schrieb. Dies würde bedeuten, daß Roubauds Erzählung auch als die literarische Würdigung eines wegweisenden mathematischen Textes gedacht sein kann.

Um auf den Untertitel der *Princesse Hoppy* zurückzukommen, so weist das Wort Fée eventuell auf das Feenschach, eine Variante des Schachspiels – 1913 von Thomas Rayner Dawson (1889 – 1951) erfunden – hin, in welchem **La Sauterelle** (pièce féerique) die Rolle der Dame übernimmt.[92] Roubaud schreibt im Kapitel 00 der *Princesse Hoppy*: «Néanmoins, le conte est destiné plus spécialement aux sauterelles. Ainsi qu'aux auditeurs possédant une bonne connaissance d'Alice au Pays des Merveilles et, si possible, quelque familiarité avec le Conte du Graal, de Chrétien de Troyes.» Denkt Roubaud bei dem Wort *Sauterelle* wirklich an das Feen*schach*, dann wird der im Zitat auftretende Zusammenhang mit *Alice in Wonderland* bzw. der Fortsetzung *Through the Looking-glass* verständlich, da dieser zweite Teil von Carroll mit Hilfe des *Schach*spiels konstruiert wurde. In *La Princesse Hoppy* gibt es explizite Hinweise auf das Schachspiel: Roubaud läßt den Mathematiker und Schachtheoretiker François Le Lionnais im neunten Kapitel an einem überdimensionalen Schachbrett spielen: «Devant le Président, sur la table, se trouvait un immense échiquier aleph-quatorze-dimensionnel dont le chien ne distinguait, ombreusement que quelques détails.»[93] Zuvor empfiehlt Roubaud der Prinzessin Ermengarde die Lektüre von *Tartakover*, einem international anerkannten Schachgroßmeister:[94] «...ne devrait-elle pas plutôt être représentée couchée douillettement dans son lit tiède, sur son oreiller de plumes de mouettes, sous son édredon de duvet de canard, en compagnie de quelque livre instructif et distractif à la fois, un Kant, un Mafalda, un Tartakover, un Snoopy?»[95]

---

91 Cf. Kapitel 2.1.

92 Die Bewegungen der *Sauterelle* sind zwei Restriktionen unterworfen. In dem von Queneau (!) herausgegebenen Werk lesen wir: «1 – Une pièce, alliée ou ennemie – appelée «Sautoir» – doit se trouver sur la ligne de marche, toutes les cases entre la Sauterelle et le Sautoir étant vides. 2 – La case d'arrivée de la Sauterelle est celle qui suit immédiatement le Sautoir. Cette case peut être vide ou occupé par une pièce adverse mais non par une pièce alliée. Si c'est une pièce adverse, elle est prise; si c'est le Roi adverse, il est en échec.» Caillois, *Jeux et Sports*, l. c., 945.

93 *Hoppy*, 119.

94 Es ist anzunehmen, daß Roubaud hier auf das Buch von Dr. S. Tartakower und J. Dumont, *500 Master Games of Chess*, New York 1975, verweist, welches in demselben Jahr wie das erste Kapitel der *Princesse Hoppy* erschien.

95 *Hoppy*, 67.

Die Erwähnung von *Alice in Wonderland* kann jedoch auch einen anderen Grund haben: Wie bei der *Princesse Hoppy* handelt es sich um eine zunächst nur *mündlich* existierende Erzählung, die erst später aufgeschrieben wurde. Carroll[96] ist wie Roubaud Mathematiker und interessiert sich wie dieser für mathematische Spiele und *puzzles*. Roubaud bezeichnet ihn wie bereits erwähnt als *plagiaire par anticipation*, d.h. als einen *Oulipien* aus voroulipotischer Zeit.[97] Wenn also im Jahr 1993 eine amerikanische Übersetzung von Bernard Hoepffner mit dem Titel *The Princess Hoppy or, the tale of Labrador*, erscheint, die wie folgt angekündigt wird: «This postmodern fairy tale reads like an Arthurian romance rewritten by Lewis Carroll»[98] dann kann dies nur bedeuten, daß hier ein literarisches Werk vorliegt, in dem Roubaud einen *alten Text* mit der Sehweise eines Mathematikers transformiert und neu schreibt.

Chrétien de TroyesP

Der Bezug zu Chrétien de Troyes ist insofern hergestellt, als der *alte Text* wahrscheinlich mit der von Roubaud genannten Geschichte des Grals übereinstimmt. In den *Indications sur ce que dit le Conte* spielt Roubaud mit den Begriffen *Conte* und *Comte*. Auch dabei greift er auf ein Wortspiel von Chrétien de Troyes zurück. Jean Markale führt dazu aus: «...au début de Perceval, Chrétien nous dit qu'il écrit son poème sur une commande de Philippe d'Alsace, comte de Flandre, qui lui aurait d'ailleurs donné un livre contenant le sujet: or, on est à peu près sûr qu'il s'agit d'une supercherie, tout cela n'étant que jeu de mots entre *conte* du Graal et *comte* de Flandres, ce qui laisserait supposer que Chrétien a eu sous les yeux un modèle issu de Flandre.»[99] Roubaud erweitert dieses Wortspiel durch *compte* und verweist damit auf seine Zählleidenschaft, die aber auch zugleich auf den Autor von *Alice in Wonderland* hindeuten kann.

Wenn die Werke von Chrétien de Troyes in einem Zusammenhang mit Jacques Roubauds Erzählung stehen, kann man *La Princesse Hoppy* dann als eine *moderne* Fassung der Gralsgeschichte interpretieren, bzw. Roubaud als deren

---

96 Carroll, mit bürgerlichem Namen Charles Lutwidge Dodgson, wird im allgemeinen als ein sehr mittelmäßiger Mathematiker beschrieben, konversativ in seinen Ideen und neuen Entwicklungen gegenüber nicht aufgeschlossen. Cf. hierzu Weaver, *Science and Imagination*, l. c.

97 «Certains des «maîtres» de l'Oulipo sont de grands plagiaires par anticipation: Lewis Carroll, Raymond Roussel, Alphonse Allais.» *Poésie, etcetera: ménage*, 206.

98 Roubaud, *The princess Hoppy or, The Tale of Labrador*, Translated by Bernard Hoepffner, Illinois 1993.

99 Jean Markale, *Le Graal*, Paris 1982, 39.

letzten Erzähler sehen? Der Roman *Le conte du graal* von Chrétien de Troyes blieb unvollendet. Von *La Princesse Hoppy* liegen bis zum gegenwärtigen Zeitpunkt nur die ersten neun der zwanzig geplanten Kapitel vor. Dies führt zu der Annahme, daß Roubaud hier durch den vorläufigen Abbruch eine Parallele zu Chrétien beabsichtigt, über den Markale schreibt:[100] «L'interruption du roman pourrait être du même ordre: Chrétien abandonnait délibérément son ouvrage, laissant aux autres le soin de le compléter, comme s'il s'agissait d'un jeu collectif[101] des écrivains du temps, chacun travaillant quelques temps sur un sujet, à tour de rôle. Le fait que les deux premiers continuateurs de Chrétien n'ont pas terminé leur ouvrage eux non plus, tendrait à faire accepter cette hypothèse.» In *Poésie, etcetera: ménage* nimmt Roubauds zu den *fins provisoires* Stellung, nachdem er zuvor von den «stratégies d'évitement des fins» gesprochen hat: «Mais la plus grande «manière» de l'évitisme, la plus post-post-post-moderne de toutes, c'est le roman médiéval: les entrelacements du Lancelot en prose. [...] il résout le problème de l'achèvement en n'offrant jamais que des fins provisoires.»[102] Anschließend schreibt Roubaud: «Elles sont intérieures à chaque «branche» du roman: «mais ici le conte cesse de parler de monseigneur Gauvain et retourne à Perceval pensif devant le château du graal»; mais aussi extérieures, parce qu'il y a, d'une manière potentiellement indéfinie, des «suites».»[103] In *La Princesse Hoppy* übernimmt Roubaud die Strategie von Chrétien de Troyes: Im ersten Kapitel schreibt er: «Mais ici le conte cesse de parler d'Aligoté et de Babylas et retourne à Eleonor qui est allé visiter Imogène en son royaume.»[104] Er wiederholt dies im fünften Kapitel, welches einen Neubeginn des ersten darstellt, wie wir anschließend in Kapitel 4.1.2 zeigen werden: «Mais ici le conte cesse de parler d'Onophriu et d'Upholep et retourne à la princesse qui a très mal à la tête.»[105]

---

[100] Hier soll nicht näher auf die verschiedenen Interpretationen des *Lancelot* von Chrétien de Troyes eingegangen werden. Interessant sind jedoch die Sichtweisen, die eine Übereinstimmung mit der *Princesse Hoppy* vermuten lassen.

[101] Wenn Markale von einem kollektiven Spiel von Dichtern spricht oder Roubaud von den «suites» des Romans, dann läßt das u.a. auch an die poetische Form des *Renga* denken, ein aus dem 13. Jahrhundert stammendes japanisches Kettengedicht, welches von mehreren Dichtern auf der Grundlage des *Tanka* geschrieben wird. Roubaud hat zusammen mit Octavio Paz, Charles Tomlinson und Edoardo Sanguineti 1971 den Poesieband *Renga* veröffentlicht. Die Fortsetzung wird dort von jeweils einem der vier Poeten übernommen. Cf. Jacques Roubaud, Octavio Paz, Charles Tomlinson, Edoardo Sanguineti, *Renga*, Paris 1971.

[102] *Poésie, etcetera: ménage*, 245 [Hervorhebung Roubaud].

[103] Ib. 245.

[104] *Hoppy*, 12.

[105] Ib. 56.

Markale weist bezüglich der Gralsgeschichte ebenfalls auf die Notwendigkeit einer Fortsetzung hin: «De toute façon, cet inachèvement du roman est la cause indiscutable du développement de la légende. Si vraiment, Chrétien a interrompu volontairement son récit, il a réussi à faire du Graal un sujet universel et de toutes les époques. *Car il fallait savoir la suite.* Il fallait une fin, car les éléments mis en jeu par Chrétien étaient trop énigmatiques, trop peu expliqués, trop *provocateurs*.»[106] Bereits im vorangegangenen Abschnitt haben wir gesehen, daß die Gralsgeschichte immer wieder neu erzählt wurde, was wohl an deren offenem Ende liegt. Roubaud ist sich dessen bewußt, denn in *La Princesse Hoppy* finden wir in den *Nouvelles indications* die folgende Aussage: «Quand le conte dira ce qu'il dit si bien que vous pourrez le dire avant le conte, le conte sera fini.»[107]

Die Nichtvollendung bzw. der vorläufige Abbruch der Erzählung dient der Erzeugung von Spannung. Auch hier kann Chrétien Roubaud als Vorbild gedient haben. Markale stellt fest: «Chrétien de Troyes est un *initiateur* au sens propre du terme, et tout à fait prodigieux. Son génie littéraire, son art consommé du récit, de la description, du «suspense», tout cela a fait que cet ouvrage, en fait très difficile à comprendre et rempli d'obscurités plus ou moins voulues, a eu un succès qu'aucun autre ouvrage de ce genre n'a pu obtenir. Mais le mystère demeure néanmoins: où Chrétien de Troyes voulait-il mener Perceval et *Gauvain?* Qu'était donc réellement le Graal pour lui?»[108] Ähnliches kann man für *La Princesse Hoppy* formulieren. Auch hier entsteht Spannung gerade dadurch, daß die Rätsel *nicht* gelöst werden, da die Erzählung vorher abbricht. Roubaud zieht bewußt eine Parallele zu Chrétien de Troyes und wünscht sich deshalb vom Leser Vertrautheit im Umgang mit der Gralsgeschichte.[109] Was aber ist der Gral für Roubaud? Wir werden später sehen, daß die Beantwortung in engem Zusammenhang mit der *Mathematik* steht. In Kapitel 4.3.3 werden wir darauf zurückkommen. Insgesamt können wir feststellen, daß Roubaud Elemente von Chrétien

---

[106] Markale, *Le Graal,* l. c., 39.

[107] *Hoppy,* 51.

[108] Markale, *Le Graal,* l. c., 39.

[109] Auch an anderer Stelle wird die Bedeutung der Gralsgeschichte für Roubaud deutlich, wenn er in *Le grand incendie de Londres* über sein Projekt spricht, von dem dieses autobiographische Buch nur den schließlich ausgeführten Teil darstellt: «Dans mes recherches en vu du projet, j'avais essayé de comprendre les *enfances de la prose* française, le vaste monument entrelacé consacré au royaume arthurien. Or, on peut dire, *d'une certaine façon*, que ce roman multiple [...] tient son caractère mystérieux d'une énigme qui le précède et largement le suscite, qui est l'énigme du Graal, telle que nous la présente Chrétien de Troyes dans son *Perceval.* M'étant livré longuement, pour mon propre compte, à une élucidation de ces rapports [...] je n'ai eu qu'à en abstraire les ingrédients utiles pour le projet.» *Incendie,* 219sq.

de Troyes übernimmt, die er als eine von zahlreichen *contraintes* zur Schaffung eines ***neuen, eigenständigen*** Werkes verwendet.

Un Conte *Oulipien*

Wir haben in den vorangegangenen Abschnitten gezeigt, wie Roubaud in einem *conte* gleichzeitig mehrere *contes* aus der Perspektive des *Contes* (gemeint ist hier die Gattung) von einem *comte* erzählen läßt. Vergleichen wir *La Princesse Hoppy* mit anderen *contes*, so wird bereits beim ersten Lesen deutlich, daß Roubaud sich nicht an typische Gattungsnormen hält. In der Besprechung der englischen Übersetzung der *Princesse Hoppy* in der New York Times, *Dogs, Ducks and Mathematicians*, fragt Richard Burgin: «If a traditional fairy tale is a simple narrative with a definite, usually didactic, resolution, the "The Princess Hoppy" is a kind of anti-fairy-tale full of unresolved suspense. It has stories of unrequited love, sinister abduction, domestic turbulence and royal intrigue. But in each case Mr. Roubaud forsakes resolution, leaving even the identity of his kidnappers and the fate of their victims unrevealed. By repeatedly sabotaging the narrative, he ultimately focuses the reader's attention on the seminal post-modern question: How do we read a text?»[110]

Die Beantwortung dieser Frage bezogen auf Roubauds Erzählung kann nur lauten:*La Princesse Hoppy* ist als *conte oulipien* zu lesen. Diese von *Oulipo* stammende Klassifikation impliziert die Verwendung einer oder mehrerer *contraintes* auf der Struktur- und Inhaltsebene. Die Rezeption des *contes* erfordert somit einen Leser, den wir als *lecteur oulipien* bezeichnen wollen und der sich insbesondere dadurch auszeichnet, daß er willens ist, sich auf das oulipotische Spiel mit den mathematischen *contraintes* einzulassen. Unsere anschließende Untersuchung wird zeigen, daß Roubaud in *La princesse Hoppy* ein komplexes System von *contraintes* aufbaut, die aus so unterschiedlichen Bereichen wie Poesie und Algebra stammen und folglich der oulipotischen Idee einer *Allianz von Dichtung und Mathematik* entsprechen.[111]

Interessant und faszinierend zugleich ist die literarische Umsetzung innerhalb der Erzählung. Während man vermuten würde, die Mathematik sei das ideale Mittel zur Textkonstruktion und die Poesie Grundlage für inhaltliche *contraintes*, verhält es sich in *La princesse Hoppy* genau umgekehrt. Gerade die Struktur des Textes beruht auf poetischen Formen, die auch die Verwendung derausgewählten

[110] Richard Burgin, *Dogs, Ducks and Mathematicians*, in: The New York Times Book Review, 26. September 1993.

[111] Cf. Kapitel 3.3.

Zahlen bestimmen. Die Intrige hingegen wird von der Mathematik, und hierbei im wesentlichen von der Algebra, beherrscht. So ist das Rätsel um die Komplotte der vier Könige, das im Mittelpunkt der Erzählung steht und auf der bekannten *contrainte «x prend y pour z»* von Queneau beruht, nur mit Hilfe der mathematischen *Gruppentheorie* zu lösen. Der Leser muß sich also für die Erlangung des größtmöglichen Lesevergnügens mit dieser Theorie vertraut machen. Auch kann er die *Règle de saint Benoît* erst dann richtig genießen, wenn ihm die Gruppenaxiome bekannt sind. In Kapitel 4.3.2 werden wir näher darauf eingehen und nachweisen, daß *le principe de Roubaud*: «on n'utilisera une structure mathématique comme contrainte maîtresse d'une œuvre littéraire que si l'on y exploite aussi un ou plusieurs théorèmes attachés à cette structure»[112] konsequent umgesetzt wird.[113] Zunächst sollen jedoch einige der im Text verwendeten *contraintes*, die zum typischen *Oulipo*-Repertoire gehören, und deren Umsetzung aufgezeigt werden.

Kombinatorik

Roubaud setzt in *La Princesse Hoppy* Elemente aus der Kombinatorik ein, zum Beispiel Permutationen oder Baumdiagramme.[114] Für einen *Oulipien* ist das keine ungewöhnliche Vorgehensweise, denn bereits das erste Kapitel von *La littérature potentielle* beschäftigt sich mit *littérature combinatoire*.[115] Claude Berge verweist dort auf die 1666 veröffentlichte *Dissertatio de Arte Combinatoria* von Leibniz, die den *Oulipiens* ebenso als Vorbild gedient hat wie Eulers *Lettres à une princesse d'Allemagne sur quelques sujets de physique et de philosophie* (1760 – 1772).» Während der Mathematiker Euler seine Prinzipien eines *Art combinatoire* der Prinzessin Friederike Charlotte Ludovica Luise widmet, schreibt der Dichter Roubaud über die mathematischen Abenteuer – die u.a. mittels der Kombinatorik (Permutationen) bestanden werden – der fiktiven *Princesse Hoppy*. Möglicherweise erklärt dies die Wahl der weiblichen Hauptfigur in Roubauds Erzählung. Für Calvino ist bereits der Ursprung des *contes* mit der Kombinatorik verknüpft: «Tout commença avec le premier conteur de la tribu. [...] Le conteur se mit à proférer des mots, non point pour que les autres lui répondent par d'autres mots prévisibles, mais pour expérimenter jusqu'à quel point les mots pouvaient se combiner l'un avec l'autre, s'engendrer l'un avec

[112] Paul Braffort, *Mes Hypertropes*, Bibliothèque Oulipienne No. 9, I, 169.

[113] Wir verweisen hier auf den zur Lösung der Intrige entscheidenden Satz A 5.7 im Anhang.

[114] Auch das *Wolf-Ziege-Kohlkopf-Problem* gehört in den Bereich der Kombinatorik. Cf. Kapitel 4.3.1 *Das Spiel mit der Logik*.

[115] Claude Berge, *Pour une analyse potentielle de la littérature combinatoire*, in: Oulipo, La littérature potentielle, l. c., 43 – 57.

l'autre; [...] Le narrateur ne disposait que d'un petit nombre de mots: jaguar, coyote, toucan, pirana ou bien père, fils, beau-père, [...] Le narrateur explorait les possibilités implicites de son language, en combinant et permutant les êtres, les actions et les objets sur lesquels ces actions pouvaient s'exercer.»[116] Interessant ist in diesem Kontext sein Hinweis auf indianische Erzählungen: «Claude Lévi-Strauss, travaillant sur les mythes des indiens du Brésil, vit en eux un système d'opérations logiques entre termes permutables qui peuvent être étudiées par les procédures mathématiques de l'analyse combinatoire.»[117] Dies könnte eine weitere Erklärung für den Einsatz indianischer Elemente in *La Princesse Hoppy* sein.

Ebenfalls in Zusammenhang mit Kombinatorik beschreibt ein weiterer *Oulipien*, Claude Berge, einen Roman von Jean Potocki:[118] «Une autre forme de littérature, qui peut se prêter à des schémas riches en propriétés combinatoires, est ce qu'il est convenu d'appeler le *récit à tiroirs*. Depuis le célèbre roman de Potocki *Un manuscrit trouvé à* ***Saragosse***, depuis surtout les romans à tiroirs d'Eugène Sue, certains auteurs ont fait intervenir des personnages qui racontent des aventures dans lesquelles interviennent d'autres héros bavards qui racontent d'autres aventures, ce qui conduit à toute une suite de récits encastrés les uns dans les autres.»[119]

Der Hinweis auf diesen Roman ist aus zwei Gründen von Bedeutung: Erstens handelt es sich um einen in sich vielfach verschachtelten Roman, was keineswegs eine ungewöhnliche Form ist, und auch in *La Princesse Hoppy* finden wir diese Erzählform, wenn der Astronom innerhalb der Erzählung Geschichten erzählt, die sich nicht nur auf Figuren der Haupterzählung beziehen, sondern auch auf weitere Personen wie Marie-Josèphe und ihren Onkel, den Pascha. Zweitens finden wir in *La Princesse Hoppy*, im Abschnitt *Comment déchiffrer le conte*, einen Hinweis auf Potockis Roman: «Il y a plein d'énigmes dans le conte. La moindre des énigmes du conte n'est pas l'énigme de ce que sont les énigmes du conte. [...] **Indication trouvée à Saragosse:** «C'est par mon ordre et pour le bien du conte que le chien porteur de la présente a fait ce qu il a fait» La princesse Hoppy.»[120] Roubaud, der seine Leser oft bewußt in die Irre führt,

[116] Italo Calvino, *La machine littéraire*, Paris 1993 (1984), 7sq.

[117] Ib. 8.

[118] Jean Potocki (1761 – 1815), polnischer Schriftsteller und Diplomat, *Manuscrit trouvé à Saragosse*, Saint Amand-Montrond (Cher), 1989.

[119] Claude Berge, *Pour une analyse potentielle de la littérature combinatoire*, l. c., 53.

[120] *Hoppy*, 52 [Hervorhebung Roubaud].

was er auch in den *indications sur ce que dit le conte* mehrfach betont, könnte sich bei Saragossa jedoch auch auf den Geburtsort von Abraham Abulafia, einen der bedeutendsten spanischen Kabbalisten des 13. Jahrhunderts beziehen, dessen Buch *Chochmath ha-Zeruf* sich als *Wissenschaft von der Kombination der Buchstaben* übersetzen läßt und somit auf das im Text anschließende *Rätsel* verweist, das in der Sprache «chien supérieur» geschrieben ist:

> «La nouvelle dernière indication
> O' atn ia ootar ost
> u nutl so nriio
> rt aluot ai rnasn-
> tni tea rl tscl»[121]

Dieses Rätsel, von dem sich bereits im ersten Kapitel eine Variante findet, ist laut Roubaud noch nie gelöst worden. Vielleicht ist jedoch dieser versteckte Hinweis auf Abulafia, bei dem Buchstabenkombinationen auch ohne konkreten Sinn sein dürfen, ein Indiz für die zentrale Bedeutung der Kombinatorik in der Erzählung.

Nachdem die Könige im fünften Kapitel ihre Namen das erste Mal geändert haben, erfährt der Leser die Namen der Königreiche des Upholep alias Imogène und Onophriu[122] alias Eleonor. Es handelt sich um die bekannten Städte Alcalá und Ephesos. Die erstgenannte kann auf *Alcalá de Henares*, die Geburtsstadt von Miguel de Cervantes, und somit auf diesen Dichter selbst deuten bzw. ihm einen Platz in der Erzählung *La Princesse Hoppy* als *conte de la mémoire* zuweisen. Obwohl es sich bei *Ephesos* um eine der bedeutendsten Städte der Alten Welt handelt, scheint hier die Wahl des Namens willkürlich zu sein. Allerdings könnte man in dem Namen *Ephèse* die *Ephesiae litterae*, die *Ephesischen Buchstaben*, vermuten, die im Altertum aus sinnlosen Buchstabenfolgen zusammengesetzte Zaubersprüche bezeichneten. Möglicherweise erhält der Leser hiermit einen zweiten, ähnlichen Hinweis wie durch Abulafia aus Saragossa auf die Nichtlösbarkeit der in *Chien supérieur* geschriebenen *Dernières Indications*.

---

121 Ib. 53.

122 «Je suis votre oncle, certes, mais je ne m'appelle pas Eleonor. Mon nom à moi est **Onophriu (sans s)**. Je suis le roi d'«**Ephèse et des alentours**. [...] Mon nom à moi est **Upholep**. Je suis le roi d'**Alcala et des environs**. Le troisième des rois vos oncles est mon cousin. Il a nom **Faraday**, et le quatrième **Desmond**. Faraday et Desmond ne sont pas des rois de rien du tout. Ils ont chacun un royaume très grand et très beau mais le conte ne dit pas où par précautions.» Ib. 54sq [Hervorhebung Roubaud].

Der Name Oulipo *als* contrainte

Ein typisches Merkmal von *Oulipo* ist die Spielerei mit dem eigenen Namen. So finden wir zum Beispiel folgenden «Holorime à répétition»:

«Oulipo
Hou! lippe, eau!
Où Lipp? Haut?
Houx lit: «peau»,
Houle hippo!
Où lit, pot?»[123]

Oder anläßlich eines Treffens im Oktober 1975 im Palais des Beaux-Arts:

«Entr'acte
OUrle un ruban tordu! Dans le dico décale!
LIbère l'increment-gigogne sans escale!
POlype, au **Labrador**, tu groupes les drapeaux!

OU, si les petits pois chez nous jouent du pipeau,
L'Irritante inégalité (voix syndicale)
POlit houppes et loups **hopis**: oh, l'OULIPO!»[124]

Auffällig sind in der jeweils dritten Zeile die Worte *Labrador* und *hopis*, die als *contrainte* für den Titel von Roubauds Erzählung gedient haben können oder aus diesem abgeleitet sind, denn das erste Kapitel der *Princesse Hoppy* wurde im selben Jahr veröffentlicht. Der vollständige Titel des *conte* beinhaltet dann auch ein Spiel mit dem Namen *Oulipo*. Berücksichtigen wir hier wieder die Mündlichkeit des Textes, also die Homophonie von *Hoppy*, *hopis* und *opi*, dann folgt, aus

La Princesse Hoppy ou le conte du Labrador

wird

La Princesse **OPI OU L**e conte du Labrador

wobei die sechs Buchstaben in der Mitte eine Permutation der Buchstaben des Namens *Oulipo* darstellen.

---

[123] Oulipo, *La littérature potentielle*, l. c., 233.

[124] Oulipo, *Atlas de littérature potentielle*, l. c., 430. [Hervorhebungen E. L.-C.]

In Anlehnung an eine spezielle Form der *boules de neige*, die *Oulipo* als *boules virtuoses* bezeichnet, d.h. «progresser d'un vers à l'autre par seule addition d'une lettre»[125] und der *contrainte*, die *La belle absente* genannt wird und eine Variante der *lipogrammes progressifs* darstellt und darin besteht, daß in jedem Vers ein Buchstabe entfernt wird, derart, daß die nun fehlenden Buchstaben einen Namen ergeben, finden wir in Roubauds Erzählung die folgende Version, die jedoch nicht explizit angegeben, sondern innerhalb des Textes verarbeitet ist:

com**plo**te	oder	comte
com**po**te		com**p**te
com**p**te		comp**o**te
comte		comp**l**ote

Die drei hinzugefügten bzw. weggelassenen Buchstaben *p*, *o* und *l* sind aber gerade die Anfangsbuchstaben der drei Silben des Namens *Ou li po* in permutierter Reihenfolge. Die Umsetzung dieser *contrainte* in der Erzählung erklärt auch die zunächst seltsam anmutende Beschäftigung – compoter – der Königinnen.

Ulcérations *und Hundesprache*

Roubaud verwendet aber nicht nur den Namen *Oulipo*, sondern spielt ebenfalls mit den Buchstaben des ersten in der *Bibliothèque Oulipienne* veröffentlichten Werkes von Georges Perec *Ulcérations*.[126] Der Titel dieses Gedichtes besteht aus den elf häufigsten Buchstaben der französischen Sprache: e, s, a, r, t, i, n, u, l, o, c. In den *Indications liminaires*[127] schreibt Roubaud: «un hétérogramme est un énoncé qui ne répète aucune de ses lettres. Les hétérogrammes d'*Ulcérations* sont tous des anagrammes du mots-titre.» In Kapitel 3 haben wir erklärt, daß Anagramme mathematisch als Permutationen bezeichnet werden können. Permutiert man nun elf Buchstaben (Zeichen, Zahlen etc.), so erhält man 39 916 800 mögliche Kombinationen. *Ulcérations* besteht jedoch nur aus 400 Kombinationen, die so gewählt sind, daß geschicktes Trennen einen französischen Text ergibt, der nicht mehr aus Kunstwörtern besteht. Hier seien nur die ersten neun Permutationen von *Ulcérations* zur Verdeutlichung angegeben:

---

[125] Ib. 198. Oulipo definiert die *boule de neige* wie folgt: «Il s'agit d'un poème dont le premier vers est fait d'un mot d'une lettre, le second d'un mot de deux lettres, etc., le *n*[ième] vers comprend donc *n* lettres.» Eine spezielle Form hiervon ist die in Kapitel 3 abgebildete *losange*.

[126] Georges Perec, *Ulcérations*, Bibliothèque Oulipienne No. 1, 1974.

[127] Ib. cf. *Indications liminaires*, VIII.

ULCERATIONS

COEURALINST
INCTSAOULRE
CLUSATRONEI
NUTILECORSA
IRECOULANTS
ECOURANTLIS
OLETUCRAINS
LACOURSEINT
RUSECALOTIN[128]

Perec hat nur solche Permutationen gewählt, die entweder bereits französische Worte enthalten oder aber ihren Anfang oder ihr Ende, so daß Trennen an bestimmten Stellen zu ganzen Wörtern führt. Bernard Magné spricht von drei Operationen: *la fragmentation, la permutation, la reconstruction*:[129]

ULCERATIONS

COEUR A L'INST
INCT SAOUL, RE
CLUS A TRONE I
NUTILE, CORSA
IRE COULANT S
ECOURANT L'IS
OLE, TU CRAINS
LA COURSE INT
RUSE? CALOTIN...

---

[128] Felix Philipp Ingold setzt sich in seinem 1984 erschienenen Artikel mit der Gruppe *Oulipo* auseinander, wobei er den *Oulipiens* oft nicht gerecht wird. Dies wird besonders dann deutlich, wenn er sich mit den «Permutationsanagrammen» *Ulcérations* beschäftigt, die seiner Ansicht nach «ausschließlich aus Kunstwörtern bestehen, die die elf häufigsten Buchstaben des französischen Alphabets je einmal enthalten [...].» Ingold läßt hier den Eindruck entstehen, als wäre *Ulcérations* lediglich eine Permutation dieser elf häufigsten Buchstaben, was zwangsläufig zu Kunstwörtern führen würde. Cf. Ingold, *OuLiPo*, l. c., 214 – 218.

[129] Cf. Bernard Magné, *Quelques considérations sur les poèmes hétérogrammatiques de Georges Perec*, in: les poèmes hétérogrammatiques, Cahiers Georges Perec 5, Paris 1992, 27 – 85. Magné legt hier eine ausführliche Analyse von *Ulcérations* vor.

Das Gedicht hat anschließend folgende Gestalt, wobei wir hier nur den Anfang angeben:

Ulcérations

Cœur à l'instinct saoûl,
reclus à trône inutile,
Corsaire coulant secourant
l'isolé,
tu crains la course intruse?
Calotin ...[130]

Roubaud veröffentlicht das erste Kapitel der *Princesse Hoppy* in der *Bibliothèque Oulipienne No. 2* direkt im Anschluß an *Ulcérations*. An mehreren Stellen verwendetet er die Buchstaben aus *Ulcérations* als *contrainte* bzw. benutzt sie für Geheimschriften, Rätsel sowie auch für die Sprache des Hundes *le chien ordinaire*. Im ersten Kapitel macht der Hund die mathematisch korrekte Aussage: «un oue a uatre éléents est orcéent coutati.»[131] In diesem Satz des *chien ordinaire* sind alle Buchstaben weggelassen, die nicht zu den elf häufigsten, also zu *Ulcérations*, gehören. Der vollständige Text müßte lauten:

un **g**roup**e** à **q**uatre élé**m**ents est **f**orcé**m**ent co**mm**utati**f**.[132]

Auch das folgende Beispiel der Hundesprache besteht nur aus den genannten elf Buchstaben:

e sais ien ue ça ne serira a ien
ais aurais ait ce ue ai u

---

130 Da der hier als letztes angegebene Teil den ersten Teil von *Ulcérations* darstellt, kommt die Frage auf, ob Ingold absichtlich eine «Sinnentleerung» vorspiegeln will. Dies würde zwar seine These unterstützen, daß «sie [die Texte der Oulipiens, E. L.-C.] also keinerlei außerliterarische Wirklichkeitsbezüge aufweisen und folglich auch keine Darstellungsfunktion erfüllen. Oulipistische Texte haben weder Inhalt noch Bedeutung; sie haben nicht Zeichen-, sondern Dingcharakter; sie enthalten keine Botschaft [...].» wird jedoch dem Text nicht gerecht. Ingold, *OuLiPo,* l. c., 214sq.

131 *Hoppy,* 15. Der mathematische Inhalt dieser Aussage wird in Kapitel 4.3.2 behandelt.

132 Roubaud ist jedoch nicht konsequent vorgegangen, da er das «r» aus dem Wort *groupe* ebenfalls weggelassen hat, obwohl es zu den elf häufigsten Buchstaben gehört und es in den Worten *quatre* und *forcément* auch enthalten ist.

Ergänzt man die fehlenden Buchstaben, erhält man den Text:

je sais **b**ien **q**ue ça ne ser**v**ira à **r**ien
mais **j**'aurais **f**ait ce **q**ue **j**'ai **p**u

Die *dernière indication* in *chien supérieur*

t' cea uc tscl rs
n neo rt aluot
ia ouna s ilel-
-rc oal ei ntoi

sowie die zuvor erwähnte *nouvelle dernière indication*, die bis jetzt noch nicht entschlüsselt wurden, bestehen ebenfalls aus den in *Ulcérations* vorhandenen Buchstaben. Erst in Kapitel V tritt eine leichte Veränderung in der Sprache ein, wenn alle nicht zu *Ulcérations* gehörenden Buchstaben – eine Ausnahme bildet das «c» – durch ein «t» ersetzt werden: «**Le trotlete**» dit le chien en se grattant l'occiput avec sa patte arrière gauche «**est sans autun toute tittitile, tais il a certainement une tolution.**»[133] Aus dem Satz in *chien ordinaire*,

Le trotlete est sans autun toute tittitile, tais il a certainement une tolution,

wird dann der französische Satz:

Le problème est sans aucun doute difficile, mais il a certainement une solution.

Diese Veränderung entspricht Perecs *Alphabets*, mit denen sich Roubaud in *La Quinzaine littéraire* auseinandergesetzt hat.[134] Hier werden die zehn häufigsten Buchstaben «E S A R T I N U L O + une des 16 lettres restantes de l'alphabet, identique pour tout le poème»[135] benutzt. Dies erklärt, warum Roubaud auch das «c» im obigen Beispiel ersetzt. In der folgenden Geheimschrift des Königs Eleonor fehlt außer dem «c» noch das «n», sie besteht nur aus den *neun* Buchstaben E S A R T I U L O:

---

[133] *Hoppy*, 56.

[134] Cf. Jacques Roubaud, *Ecrit sous la contrainte*, in: La Quinzaine littéraire, Dezember 1976.

[135] *Les poèmes hétérogrammatiques*, Cahiers Georges Perec 5, Paris 1992, 15.

«ta saie luis tle
ou leau te tet
te sou luis se
ttla oue let tet

tes se luis se
ttra oue let res
itt lite ta tet
ou leau te rret»[136]

Roubaud schreibt in den *Nouvelles indications sur ce que dit le conte*: «Maintenant celles, ceux pour qui le conte est le conte sont dans le conte. Pour qui est le conte?»[137] Es scheint gerechtfertigt zu sagen, daß die Erzählung als *conte de la mémoire* auch an die *Oulipiens* erinnern soll, so wie es hier am Beispiel Perecs deutlich wird, auf den Roubauds Verarbeitung von *Ulcérations* aufmerksam macht, was Perec seinerseits damit beantwortet, daß er die *Dernières indications* in seinem Roman *La vie mode d'emploi* als unlösbares Rätsel vorstellt.[138] Die beiden Gründer der Gruppe *Oulipo* werden in *La Princesse Hoppy* sogar direkt genannt, wobei Le Lionnais als handelnde Person im Text vorkommt, während Queneau gerade abwesend ist:

«Route de la Reine Tharama

Au bord de l'avenue s'élevait une villa coquette; la porte en était munie d'un marteau à l'ancienne au-dessous duquel on lisait:

[136] *Hoppy,* 61. Auch hier ist nicht klar, ob sich der Text entschlüsseln läßt, oder ob eventuell die Zahl *neun* hier eine Rolle spielt, bzw. die Struktur von zweimal *vier* Zeilen mit *vier* Worten.

[137] Ib. 9.

[138] Cf. Perec, *La vie mode d'emploi,* 510. In Kapitel LXXXV ist von Abel Speiss die Rede, der ein leidenschaftlicher Rätsellöser ist und dessen Spezialität Kryptogramme sind, aber «il n'avait jamais pu déchiffrer l'énigme posée par la revue le *Chien français*

t' cea uc tsel rs
n neo rt aluot
ia ouna s ilel-
-rc oal ei ntoi

et sa seule consolation était qu'aucun autre concurrent n'y était arrivé.» Perec übernimmt hier die erste Fassung des vierten Wortes in der ersten Zeile *tsel* aus der Bibliothèque Oulipienne No. 2, welches später in der Buchausgabe *tscl* lautet.

Efellel; Fraisident-Pondateur de l'Oulipo.
Entrez sans frapper ou frappez sans entrer
(au choix).

Le chien gratta le bas de la porte, qui s'ouvrit. Franchissant un couloir d'entrée et poussant une deuxième porte, il se trouva dans un petit jardin ensoleillé, baigné de roses et de framboises. A sa table, sous une tonnelle, se tenait, dans sa robe dechambre, le Président-Fondateur de l'Oulipo. «Asseyez-vous, mon cher, je vous attendais. Raymond ne va pas tarder à arriver, je pense.»»[139]

Queneau hat großen Einfluß auf die Struktur der Erzählung *La Princesse Hoppy* gehabt. Wir werden dies im nächsten Kapitel näher erläutern. Einer der Königsnamen (Onophriu) weist möglicherweise auf Jacques Jouet hin, der in *Espions* schreibt: «J'avais emporté avec moi *Le Cabinet de Lecture* du 4 octobre 1832, qui contient un récit fantastique de Théophile Gautier, à la manière d'Hoffmann autant qu'y faisant référence, intitulé *L'homme vexé, Onuphrius Wphly*. Onuphrius Wphly est un peintre...».[140]

An Italo Calvino bzw. seinen Roman *Le baron perché* werden wir erinnert, wenn der Hund auf der Suche nach der Wahrheit *l'enfant dans l'arbre* trifft.[141]

Auch in den folgenden Kapiteln werden wir uns mit *Formzwängen* befassen. Es wird sich dann insbesondere um diejenigen *contraintes* handeln, die Roubaud zur Strukturierung des Textes verwendet, die auf dem Umgang mit Zahlen basieren oder einen mathematischen Hintergrund besitzen, sei dieser geschichtlicher oder wissenschaftlicher Natur. Es wird dabei deutlich werden, daß der Zahl *Vier* eine entscheidende Rolle bei der Auswahl der einzelnen *contraintes* gespielt hat, so daß man sie als eine allumfassende Struktur der Erzählung auffassen kann.

---

[139] *Hoppy,* 119. François Le Lionnais wohnte in der Rue de la Reine.

[140] Jacques Jouet, *Espions, Saga d'Onuphrius WPHLY*, Bibliothèque Oulipienne No. 44, III, 151.

[141] *Hoppy,* 114. Cf. hierzu auch Kapitel 4.3.3, da es für die Interpretation des *enfant dans l'arbre* mehrere Möglichkeiten gibt.

4.1.2 Die Struktur des Textes

Die Erzählung *La Princesse Hoppy* enthält Botschaften, die es zu entschlüsseln gilt und Rätsel, die zu lösen sind, was durch das Erkennen von Strukturen möglich wird. Wir haben gezeigt, daß Roubaud als oulipotischer Autor seinen Texten zahlreiche *Strukturen* zugrundelegt, ohne diesen Begriff jedoch näher bestimmt zu haben. In der Literaturwissenschaft wird die Frage gestellt, ob unabhängig vom Inhalt aus einem Text Regeln isoliert werden können, denen ein einzelnes Werk, eine gesamte Gattung, eine Schule oder Epoche gehorcht und schließlich, ob Regeln existieren, die den Werken aller Zeiten und Sprachen gemeinsam sind.[1] In *La Princesse Hoppy* untersuchen wir einen auf oulipotischen *contraintes* basierenden Text, wofür sich die strukturale Methode, eine vom Strukturalismus hergeleitete wissenschaftliche Arbeitsweise, als sinnvolles Instrument anbietet.[2]

Zum Begriff *Struktur*

Unter der *Struktur* eines Textes wird üblicherweise eine diesem zugrundeliegende Ordnung bzw. ein System von Regeln verstanden, nach denen der Text aufgebaut ist. Faßt man einen literarischen Text als ein System auf, das aus einer Menge von Elementen sowie einer Menge von Relationen zwischen diesen Elementen besteht, dann meint *Struktur* in erster Linie die *Beziehung zwischen* diesen; die Elemente werden also nicht in ihrer Isoliertheit verstanden, sondern als Teil eines Ganzen. Ein weiteres wichtiges Merkmal der Struktur ist die *Ordnung*, bzw. ein Systemcharakter, der jede Willkür ausschließt. Die Analyse nach einer strukturalen Methode gestattet es, Beziehungen zwischen den Teilen, aus denen ein Objekt bzw. ein Text besteht, zu erkennen. Weiterhin läßt sich feststellen, ob ein Element zu einer Struktur gehört oder nicht. In Roubauds Texten ist dies von Bedeutung. Wir denken hierbei zum Beispiel an die Überführung des Mörders in *La Belle Hortense*,[3] die nur dadurch ermöglicht wurde, eine Struktur, in diesem Fall die *Sestine*, sowie die Verletzung dieser Struktur zu erkennen.

---

1 Cf. Helga Gallas, *Strukturalismus in der Literaturwissenschaft*, in: Grundzüge der Literatur- und Sprachwissenschaft, I, München 1973, 374 – 388 und Jurij Lotman, *Die Struktur literarischer Texte*, München 1972.

2 Die strukturalistische Methode ist in verschiedenen Bereichen ausgebildet worden. Als Beispiele seien genannt: Linguistik (Ferdinand de Saussure, Roman Jakobson), Anthropologie und Ethnologie (Claude Lévy-Strauss), Mathematik (Bourbaki), Psychologie (Piaget), Literatur- und Textwissenschaft (Barthes, Genette, Greimas, Lévi-Strauss, Lotman, Todorov).

3 Cf. Kapitel 3.4.

Struktur kann einmal als gesetzmäßig geordnete Beziehung verstanden werden, wird aber auch mit Begriffen wie *Abstraktion*, *Allgemeinheit* und *Modell* in Einklang gebracht. Dies bedeutet, daß das Gesetz, welches der Struktur zugrundeliegt, erst erschlossen werden muß und nicht direkt abgelesen werden kann. In den 50er Jahren versuchten insbesondere die Autoren des *Nouveau Roman* eine Abkehr vom traditionellen Roman wie dem psychologischen Milieuroman eines Balzac. So postuliert Alain Robbe-Grillet einen an *Strukturen*, Größenverhältnissen und Entfernungen interessierten Blick und Michel Butor schreibt nicht nur Romane, sondern reflektiert gleichzeitig über deren *Strukturen*. Zur zweiten Phase des *Nouveau Roman*, auch als *Nouveau Nouveau Roman* bezeichnet, rechnet man die *Tel-Quel*-Autoren wie Philippe Sollers, aber auch bereits Georges Perec, Raymond Queneau und schließlich die Gruppe *Oulipo*.[4]

Mathematische Strukturen

Da wir einen Text untersuchen, der von einem Dichter *und* Mathematiker geschrieben wurde, ist es wichtig, an dieser Stelle auch auf den mathematischen Strukturbegriff hinzuweisen, der zugleich Grundlage einer mathematischen Texttheorie ist. Dabei verwenden wir *Struktur* in dem Sinn, wie die mathematische Grundlagenforschung und insbesondere die Gruppe Bourbaki ihn präzisiert hat. Unter *Struktur* versteht man in der Mathematik eine Äquivalenzklasse isomorpher Gebilde. Ein Gebilde ist definiert als eine Menge *G* von Elementen, in der zwischen den Elementen von *G* oder zwischen Elementen und Teilmengen von *G* bestimmte Relationen bestehen. Man unterscheidet drei Grundstrukturen, die *Ordnungsstruktur*, die *algebraische Struktur* und die *topologische Struktur*:

Einer Menge wird eine *Ordnungsstruktur* aufgeprägt, wenn in ihr eine Ordnungsrelation erklärt ist, wie dies in den reellen Zahlen zum Beispiel die « < » – Relation[5] ist. Für sie ist die Nachfolgerelation, also das „Vorher-Nachher" charakteristisch. Auf einen Text bezogen, ist unter *Ordnungsstruktur* die Reihenfolge der Kapitel oder die Numerierung der Seiten zu verstehen. Diese Struktur findet man folglich auch in der Literatur.

Man spricht von einer *algebraischen Struktur*, wenn in einer Menge eine oder mehrere Verknüpfungen – wie zum Beispiel die Addition oder Multiplikation auf der Menge der reellen Zahlen – erklärt sind. Diese Strukturen beruhen auf

---

[4] Cf. Karlheinrich Biermann/ Brigitta Coenen-Mennemeier, *Der Nouveau Roman und die Abkehr von Balzac,* in: Französische Literaturgeschichte, Hrsg. Jürgen Grimm, Stuttgart 1991, 340 – 343.

[5] « < » bedeutet „kleiner als", zum Beispiel ist $5 < 8$.

Relationen, die je zwei Elementen einer Menge ein drittes Element eindeutig zuordnen. Zu den wichtigsten algebraischen Strukturen gehören die *Gruppen*, die wie mehrfach betont, einen wichtigen Bestandteil von Jacques Roubauds Erzählung *La Princesse Hoppy* bilden.

Für den Aufbau und die Darstellung mathematischer Gebilde spielen die topologischen Strukturen eine bedeutende Rolle. Walther Fischer beschreibt sie: «Die *Topologie* hat die Nachbarschafts- und Distanzbeziehungen der Elemente einer Grundmenge zum Gegenstand. Ihre mathematische Erfassung kann in verschiedener Weise erfolgen. Am anschaulichsten ist wohl die folgende Bestimmung: Eine topologische Struktur ist eine Grundmenge G zusammen mit einer Zuordnungsbeziehung (Abbildung), die jedem Element (Punkt) von G gewisse Teilmengen von G als Umgebung zuordnet; im allgemeinen werden durch die Forderung zusätzlicher Eigenschaften die Umgebungssysteme der verschiedenen Punkte noch zueinander in Beziehung gesetzt.»[6]

Ausgehend von diesen Grundstrukturen lassen sich neue vielschichtige Strukturen bilden, auf denen dann komplexe mathematische Theorien aufbauen. Erst in diesen speziellen Theorien erhalten die Elemente eine genau charakterisierte Individualität. Dies gilt aber nicht nur für die Mathematik, sondern auch für die Elemente eines Textes. Dieser wird dabei als ein gesetzmäßig geordnetes System von Zeichenketten bzw. als Folge von Worten oder Sätzen aufgefaßt. Die Strukturanalyse hat das Nebeneinander und Übereinander sowie die Überschneidungen verschiedener Strukturen aufzudecken. Wichtig ist jedoch, daß die auf dem Erkennen von Strukturen basierende Texttheorie, ebenso wie die klassischen Methoden der Literaturtheorie, nur einen Teilaspekt des Wesens eines Textes offenbart. Fischer weist darauf hin, daß die mathematisch orientierte Texttheorie die Ergänzung durch eine „Interpretationstheorie“ erfordert.

Struktur bedeutet jedoch nicht nur *Beziehung zwischen Teilen*, sondern auch deren *Invarianz*. An diesen Begriff knüpft der Terminus literarischer *Typenbildung* an, sowie das Systematisieren verschiedener Einzelphänomene unter eine durch Abstraktion gewonnene Kategorie.

Isomorphie ist der mathematische Begriff für untereinander gleiche Strukturen.[7] In der Literaturwissenschaft werden diese als *Äquivalenzen* bezeichnet und gel-

---

6 Walther L. Fischer, *Mathematische Texttheorie*, in: Grundzüge der Literatur- und Sprachwissenschaft, I, München 1973, 44 – 61, 47.

7 Cf. Anhang A 4.10.

ten als ein grundlegendes Ordnungsprinzip von Poesie. Allerdings läßt sich auch bei Gegensätzlichem von der gleichen *Struktur* sprechen, wenn man den Begriff der *Transformation* einführt, wozu u.a. *Umkehrungen, Spiegelungen* oder Verwandlungen wie beispielsweise *Permutationen* gehören. Weitere Merkmale des Strukturbegriffs sind *Oppositionen* und *duale Schemata*, insbesondere auf der inhaltlichen und der kompositorischen Ebene.[8]

Ähnlich wie in der Mathematik, stellt auch in der Literatur die *Verletzung von Struktur* ein wichtiges Mittel zur Steigerung des Informationsgehaltes dar. Lotman spricht von «einem doppelten Strukturfeld, das sich aus Tendenzen zur Verwirklichung von Gesetzmäßigkeiten und solchen zu ihrer Verletzung aufbaut. [...] Das Leben des künstlerischen Textes liegt in ihrem gegenseitigen Spannungsverhältnis.»[9] Lotman nennt verschiedene Formen von Verletzungen. Die *Struktur* kann beispielsweise durch *Unvollständigkeit* verletzt sein, durch plötzlichen Abbruch oder Fragmenthaftigkeit, sie kann aber auch durch die Einführung eines strukturfremden Elements, welches entweder aus einer anderen *Struktur* des Textes oder einer textfremden stammt, verletzt sein. Für Lotman ist ein Kunstwerk, indem es als Mengendurchschnitt vieler *Strukturen* entsteht, somit auch einer exakten Analyse zugänglich.[10]

Wir werden nachweisen, daß Roubaud in der Erzählung *La Princesse Hoppy* mit mehreren mathematischen und poetischen *Strukturen* gleichzeitig sowie mit Strukturverletzungen auf unterschiedlichen Ebenen arbeitet.

Zahlenkomposition

Hinsichtlich der Konstruktion seines Romanzyklus *La belle Hortense* bemerkt Roubaud: «Le roman traditionnel travaille entièrement sur la causalité, il n'y pas de hasard, tout est décidé d'avance par l'auteur. Il se produit donc forcément des choses extraordinaires. C'est ce que j'ai mis en œuvre dans ces romans où je nie totalement le hasard.»[11] Gleiches läßt sich für die Erzählung *La Princesse Hoppy* behaupten. Roubaud versucht auch hier, den Zufall zu vermeiden, indem er den Text mit Hilfe eines komplizierten Regelsystems aufbaut. Dies gilt für die Handlung ebenso wie für den äußeren Aufbau der Erzählung.

8 Cf. Manon Maren-Grisebach, *Methoden der Literaturwissenschaft,* Tübingen 1992.

9 Lotman, *Die Struktur literarischer Texte*, l. c., 423.

10 Cf. ib. 425.

11 Armel, *Jacques Roubaud – Les cercles de la mémoire*, l. c., 103.

Raymond Queneau, Roubauds großes Vorbild nicht nur in mathematischer Hinsicht, sondern auch in literarischer, schreibt über die *Struktur* seiner Romane: «Il m'a été insupportable de laisser au hasard le soin de fixer le nombre des chapitres de ces romans [le Chiendent, Gueule de Pierre et les Derniers Jours, Anm. E.L.-C.]. C'est ainsi que *le Chiendent* se compose de 91 (7 × 13) sections, 91 étant la somme des treize premiers nombres et sa «somme» étant 1, c'est donc à la fois le nombre de la mort des êtres et celui de leur retour à l'existence, retour que je ne concevais alors que comme la perpétuité irrésoluble du malheur sans espoir. En ce temps-là, je voyais dans 13 un nombre bénéfique parce qu'il niait le bonheur; quant à 7, je le prenais, et puis le prends encore comme image numérique de moi-même, puisque mon nom et mes deux prénoms se composent chacun de sept lettres et que je suis né un 21 (3 × 7). Bien qu'en apparence non autobiographique, la forme de ce roman en était donc fixée par ces motifs tout égocentriques: elle exprimait ainsi ce que le contenu croyait déguiser.»[12]

Es scheint, daß Roubaud seine Erzählung *La Princesse Hoppy* zu Ehren Queneaus nach dem gleichen System strukturiert. Der Text, soweit er vorliegt, ist in die Kapitel I bis IX eingeteilt, ergänzt durch zwei Kapitel 0 und 00 sowie ein *Chapitre appendice par le chien.* Es folgen: *Dédicace du conte à la princesse par le comte*, *L'index* und *L'index à part.* Die Kapitel sind mit Überschriften versehen und jeweils in Abschnitte unterteilt, die ihrerseits Überschriften tragen oder numeriert sind (Im Anhang B sind diese im einzelnen aufgeführt.). Die Reihenfolge der Kapitel I bis IX, die jeweils aus zehn Abschnitten bestehen, sowie der Kapitel 0 und 00, die in 31 Abschnitte geteilt, lautet:

0	I	II	III	IV	00	V	VI	VII	VIII	IX	App.	*Kapitel*
31	10	10	10	10	31	10	10	10	10	10	1	*Abschnitte*

Die Erzählung besteht folglich aus **153** Abschnitten, wobei **153 = 9** × **17** die Summe der ersten **17** natürlichen Zahlen ist: **153 = 1 + 2 + 3 + ... + 17.** Es liegt also nahe, zu vermuten, daß Roubaud hier Queneaus Konstruktionsmodell übernimmt, jedoch die Zahlen 7 und 13 gegen die Zahlen 9 und 17 austauscht, die für ihn eine persönliche Bedeutung besitzen. Die Wichtigkeit der Zahl *Neun* wird dadurch betont, daß sie nicht nur als Faktor auftaucht, sondern zusätzlich die Quersumme der Zahl 153 ist.[13]

---

12 Queneau, *Bâtons, chiffres et lettres*, l. c., 29.

13 Cf. Kapitel 4.2.1.

Interessant ist, daß die Anzahl der Abschnitte der Kapitel I bis IX plus *Appendice* gerade die Zahl **91** ergibt und somit auf die bereits erwähnte Kapitelanzahl des *Chiendent* von Queneau hinweist. Im Unterschied zu Queneaus Text entsteht hier die Zahl 91 jedoch nicht aus dem Produkt 7 × 13, sondern aus der Gleichung 9 × 10 + 1 = 91. Diese dokumentiert die Sonderstellung des *Appendice*, die nicht nur aus dessen Bezeichnung resultiert, sondern die sich auch inhaltlich begründen läßt, da Roubaud hier die Struktur des literarischen Textes verläßt, um sich wie der Autor eines mathematischen Lehrbuchs zu verhalten, der seinen Lesern Übungsaufgaben zum besseren Verständnis des Textes gibt. So lautet die Überschrift dieses Kapitels konsequenterweise auch *79 Questions aux auditeurs du conte.*[14]

Während jedes der neun Kapitel also gleichmäßig in zehn[15] Abschnitte geteilt ist, unterscheiden sich die Kapitel 0 und 00 dadurch, daß sie aus **31** durchnumerierten Abschnitten bestehen, die unter fünf Überschriften zusammengefaßt sind: die erste Überschrift gilt für die Abschnitte 1 bis 5, die zweite für die Abschnitte 6 bis 12, die dritte für die Abschnitte 13 bis 17, die vierte für die Abschnitte 18 bis 24 und die letzte für die Abschnitte 25 bis 31. Man erhält somit das Schema: **5 – 7 – 5 – 7 – 7**. Dies entspricht wiederum der Struktur der lyrischen Form des *Tanka*,[16] einer japanischen Gedichtsform in fünf Versen mit 31 Silben, wobei die Silben die Zahlenfolge **5 – 7 – 5 – 7 – 7** repräsentieren. Beide Kapitel, 0 und 00, unterscheiden sich aber auch inhaltlich von den anderen, denn sie sagen etwas über die Bedeutung, den Sinn der Erzählung aus, während die eigentliche Handlung in den anderen neun Kapiteln stattfindet.

Die Kreisstruktur

Da im Aufbau der Erzählung *La Princesse Hoppy* Analogien hinsichtlich der Anzahl der Abschnitte in Queneaus *Chiendent* zu erkennen sind, besteht Grund zu der Vermutung, daß Roubaud auch weitere Strukturen von Queneau übernommen hat. In *Bâtons, chiffres et lettres* setzt Raymond Queneau sich mit der Romanstruktur auseinander und weist darauf hin, daß der Roman im Gegensatz zur Poesie keinen festen Regeln gehorcht: «N'importe qui peut pousser devant lui comme un troupeau d'oies un nombre indéterminé de personnages apparamment réels à travers une lande longue d'un nombre indéterminé de pages ou

---

[14] *Hoppy,* 127sqq. Cf. Kapitel 2.2.

[15] Die Bedeutung der *Zehn* wird in Kapitel 4.2.1 untersucht.

[16] Cf. Kapitel 3.4.

de chapitres. Le résultat, quel qu'il soit, sera toujours un roman.»[17] Für Queneau steht es jedoch außer Frage, ein allgemeines Regelsystem für den Roman schreiben zu wollen, vielmehr geht es ihm darum, seine eigene Technik zu erläutern, zu deren Darstellung er drei seiner Romane, *le Chiendent, Gueule de Pierre* et *les Derniers Jours*, wählt. «[Ces romans] expriment tous un même thème, ou plutôt des variantes d'un même thème, et, *par conséquent,* ont tous trois la même structure: circulaire.» Queneau weist anschließend darauf hin, daß nur in *le Chiendent* die Kreisstruktur vollständig vorhanden ist: «...le cercle se referme et rejoint exactement son point de départ: ce qui est suggéré, peut-être grossièrement, par le fait que la dernière phrase est identique à la première.»[18] In *Gueule de Pierre* hingegen ist die Kreisbewegung nicht geschlossen, sondern stellt den Bogen einer Helix dar. In *les Derniers Jours* wird die *Verletzung* der Kreisstruktur deutlich: «le cycle n'est plus que saisonnier, en attendant que les saisons disparaissent: le cercle se brise dans une catastrophe: ce que le personnage central dit explicitement dans le dernier chapitre.»[19]

Die *structure circulaire*[20] nach der *le Chiendent* konzipiert ist, scheint ebenfalls als Vorlage für Roubauds Erzählung *La princesse Hoppy* zu dienen. Der Text beginnt mit den gleichen Worten, mit denen er endet. Der Anfang der Erzählung lautet: «Celui qui raconte, c'est le Conte et celui qui raconte le conte c'est le comte, le Comte du Labrador.»[21] Der Text endet mit den Worten: «Le Comte du Labrador».[22] Dem *Comte du Labrador* kommt somit eine Schlüsselposition zu, da sich mit ihm der Kreis schließt.[23]

Ein weiteres Indiz für die Kreisstruktur ist durch die *zyklische* Wiederholung der Kapitelinhalte gegeben, wobei die Kapitel I bis IV die Basis des Textes bilden, bzw. den ersten Kreis, der durchlaufen wird, darstellen. Nach jeweils vier Kapiteln stellen wir eine Permutation, eine äquivalente Struktur oder eine Fortsetzung der Inhalte der ersten vier Kapitel fest. Eine Kurzdarstellung der ersten neun Kapitel verdeutlicht den zyklischen Aufbau der Erzählung:

---

17 Queneau, *Bâtons, chiffres et lettres*, l. c., 27.

18 Ib. 28.

19 Ib. 27 – 29.

20 Kreisstrukturen verschiedener Art spielen in Erzählungen auch generell eine Rolle, so zum Beispiel in der *Rahmenerzählung*.

21 *Hoppy,* 5.

22 Ib. 136.

23 Cf. Kapitel 4.3.3.

Kapitel	*Inhalt*
I	*Vorstellung und Namen der Könige/Königinnen – Hoppy, chien.*
II	*Béryl (Cousine) – Hoppy, chien – Canards – schwarzer Reiter Béryl wird, nachdem ihr Name 13 mal erwähnt wurde, entführt*
III	*Die Geschichte der Abenteuer des Astronoms*
IV	*Aktivitäten der Könige, Türme, poutous – Hoppy, chien*
V	*Neue Namen der Könige, die Königinnen tauschen ihre Ehemänner aus (Permutation).*
VI	*Ermengarde (Cousine) – Hoppy, chien – Canards – Reiter in Purpur – Ermengarde wird, nachdem ihr Name 26 = 2 × 13 mal erwähnt wurde, entführt (Analoge Handlungsstruktur, Äquivalenz).*
VII	*Fortsetzung der Geschichte der Abenteuer des Astronoms (Fortsetzung der Handlung, die in der Vergangenheit spielt)*
VIII	*Aktivitäten der Könige, Desmond, King's Shaving, Bartleby (Fortsetzung der Handlung, die in der Gegenwart der Erzählung spielt)*
IX	*Nochmals geänderte Namen der Könige, die Königinnen tauschen ein weiteres Mal ihre Ehemänner aus (erneute Permutation).*

Roubaud schließt nach dem neunten Kapitel den ersten Band der *Princesse Hoppy* ab und faßt diese Kapitel zu einem Buch zusammen. Der Abbruch bedeutet *Verletzung* der Struktur. Diese Verletzung erzeugt Spannung, obwohl sie nur vorläufig ist, denn Roubaud hat, wie bereits bemerkt, *La Princesse Hoppy* als *conte oulipien en vingt chapîtres* konzipiert, so daß weitere elf Kapitel zu erwarten sind.[24]

[24] Oulipo, *Atlas de littérature potentielle*, l. c., 338.

Folgt man der Vermutung einer zyklischen Struktur, könnte sich die Erzählung in folgender Gestalt fortsetzen, wobei ein Kapitel 000 erwartet werden kann, das dem Leser weitere Informationen zum Aufbau der Erzählung gibt:

X	*Cousine (z.B. Aïda, oder I....) wird von Reiter der Farbe x entführt, nachdem ihr Name 39 = 3 × 13 mal erwähnt wurde*
XI	*Fortsetzung der Geschichte des Astronoms*
XII	*Weitere Aktivitäten der Könige*
XIII	*Nochmals geänderte Namen der Könige, die Königinnen tauschen ein weiteres Mal ihre Ehemänner aus (Permutation)*
XIV	*Cousine (z.B., I.... oder Aïda) wird von Reiter der Farbe y entführt, nachdem ihr Name 52 = 4 × 13 mal erwähnt wurde*
XV	*Fortsetzung der Geschichte des Astronoms*
XVI	*Aktivitäten der Könige*

Da es sich aber um insgesamt zwanzig Kapitel handelt und nicht um sechzehn, wie es bei einem Werk, welches insbesondere auf der Zahl *Vier* basiert, anzunehmen wäre, läßt sich vermuten, daß die letzten vier Kapitel entweder mit den ersten vier übereinstimmen oder, daß dort die gestellten Rätsel und Probleme gelöst werden. In beiden Fällen ließe sich zurecht von einer *Kreisstruktur* sprechen.[25] Diese vier Kapitel könnten folgendermaßen aufgebaut sein:

XVII	*Könige erhalten wieder ihre ursprünglichen Namen und Frauen*
XVIII	*Die Cousinen werden befreit*
XIX	*Astronom (ist mit seiner Geschichte in der Gegenwart angelangt)*
XX	*Aktivitäten der Könige. Alle Rätsel werden gelöst, Briolanja wird gefunden???*

---

25 Die Wiederholungen der Kreisstruktur verlaufen mit der Periode *Vier*.

Wiederholungen und Äquivalenzen

Wir werden im nächsten Abschnitt sehen, daß Roubaud im Anschluß an das Kapitel 00 einen *Neuanfang* der Erzählung zu beabsichtigen scheint. Um diese These zu stützen, wenden wir uns hier vorab der inhaltlichen Ebene der Textstruktur zu. Wie wir bereits gesehen haben, scheinen sich die Kapitel mit einer Periode von Vier zu wiederholen. Es ist somit sinnvoll, die Kapitel eins und fünf, zwei und sechs usw. miteinander zu vergleichen, was hier noch einmal explizit dargestellt werden soll.

Das erste Kapitel der *Princesse Hoppy* beginnt mit der Vorstellung der vier Könige, die die Onkel der Prinzessin sind: «En ce temps-là la princesse avait un chien et quatre oncles qui étaient rois. Le premier roi avait nom **Aligoté.** Il était roi du **Zambèze** et des environs. Le deuxième roi avait nom **Babylas.** Il était roi d'**Ypermétrope** et ses environs. Le troisième roi avait nom **Eleonor** (sans e) et le quatrième **Imogène.**»[26] In Kapitel V trifft Hoppy während eines Spaziergangs, den sie gemeinsam mit ihrem Hund im Schloßgarten unternimmt, ihren Onkel Eleonor. Nach der Begrüßung stellt sie jedoch zu ihrer Verwunderung fest, daß er einen fremden Namen besitzt: «Je suis votre oncle, certes, mais je ne m'appelle pas Eleonor. Mon nom à moi est **Onophriu (sans s)**. Je suis le roi d'«**Ephèse et des alentours**».[27] Ihre Verwunderung nimmt zu, als sie Imogène begegnet und dieser ihr die folgende Mitteilung macht: «Je suis votre oncle, sans aucun doute, mais je ne m'appelle pas Imogène. Si je m'appelais Imogène, je le saurais. Mon nom à moi est **Upholep**. Je suis le roi d'**Alcala et des environs**. Le troisième des rois vos oncles est mon cousin. Il a nom **Faraday**, et le quatrième **Desmond.**»[28]

Gleichzeitig benutzt Roubaud jedoch auch das Strukturelement der *Wiederholung*, indem er in beiden Fällen von jeweils zwei Königen das Königreich angibt, während er diese Angabe für die anderen aus „Sicherheitsgründen" verschweigt: «Eleonor (sans e) et Imogène n'étaient pas rois de rien du tout. Ils avaient chacun un royaume très grand et très beau mais le conte ne dit pas où présentement pour des raisons de sécurité»[29] schreibt Roubaud in Kapitel I. Leicht abgewandelt lesen wir in Kapitel V: «Faraday et Desmond ne sont pas des rois de rien du tout. Ils ont chacun un royaume très grand et très beau mais

---

26 *Hoppy,* 11 [Hervorhebungen hier und im folgenden von Roubaud].

27 Ib. 54.

28 Ib. 55.

29 Ib. 11.

le conte ne dit pas où par précautions.»[30] Auch die in Kapitel I beschriebenen Königsbesuche sind im fünften Kapitel wiederholt, die Reihenfolge des Auftretens der vier Könige hat sich jedoch geändert. War diese zuvor *Aligoté, Babylas, Eleonor, Imogène*, lautet sie jetzt *Onophriu* (Eleonor), *Upholep* (Imogène), *Faraday* (Babylas), *Desmond* (Aligoté). Die Könige haben also im fünften Kapitel nicht nur neue Namen erhalten, ihnen ist auch nicht bewußt oder bekannt, daß sie zuvor anders hießen. Ein Neubeginn unter neuer Identität ist somit möglich.

In beiden Kapiteln wird die Prinzessin von den Königen während der Komplotte, die geheim in den jeweiligen abgeschlossenen Arbeitszimmern stattfinden, zum Spielen mit ihrem Hund auf die Wiese vor dem Schloß geschickt. Auch hier haben wir es mit einer Wiederholung zu tun, die nur leicht geändert ist: Im ersten Kapitel handelt es sich um ein Ballspiel, im fünften um Krocket. Berücksichtigt man, daß Roubaud im Kapitel 00 die Erzählung den «auditeurs possédant une bonne connaissance d'Alice au Pays des Merveilles»[31] widmet, dann bekommt das Krocketspiel eine gewisse Bedeutung: In *Alice's Adventures in Wonderland* spielen Spielkarten *croquet*, allerdings auf sehr ungewöhnliche Weise, mit Igeln als Kugeln und Flamingos als Schläger. Alice mag die Art und Weise nicht, in der gespielt wird: «'I don't think they play at all fairly,' Alice began, in rather a complaining tone, 'and they all quarrel so dreadfully one can't hear oneself speak – and they don't seem to have any rules in particular; at least, if there are, nobody attends to them – and you've no idea how confusing it is all the things being alive.»[32]

Vergleichen wir diese Aussage von Alice mit der Situation, in der sich Hoppy nach der Namensänderung der Könige befindet, so wird deutlich, daß sich beide Mädchen vor der Unordnung oder einer als solche empfundenen Regellosigkeit und damit Unberechenbarkeit fürchten. Während eines Krocketspiels auf dem Rasen des Königs Faraday äußert die Prinzessin Hoppy folgende Gedanken: ««Chien, [...] il faut faire quelque chose. Ça ne peut pas continuer comme ça. Ça fait je ne sais pas combien de temps qu'ils complotent et ils ont beau être empotés comme tous les rois, ils vont finir par passer à l'action, si ce n'est déjà fait. Je prévois des choses horribles. Et à force de prévoir les choses horribles, les choses horribles finissent par arriver. Et nous, qu'est-ce que nous faisons pendant ce temps sinon jouer au croquet, si on peut appeler ça jouer au croquet? On a sans doute même reculé si ça se trouve. Après tout, qu'est-ce qui nous

30 Ib. 55.

31 Ib. 49.

32 Carroll, *Alice's Adventures in Wonderland and Through the Looking-Glass*, l. c.

prouve qu'ils n'ont pas changé de complots en changeant de noms. Hein, chien, qu'est-ce qui nous le prouve?» «ça», dit le chien, «on va le savoir tout de suite».»[33]

Damit kommt die Befürchtung der Prinzessin zum Ausdruck, ihre Onkel würden, bedingt durch die Namensänderung, keinen Grund mehr darin sehen, nach der bekannten Regel, der *Règle de Saint Benoît*, zu intrigieren. Und die Art, in der Faraday diese Regel auf Wunsch des Hundes aufsagt, die er nun jedoch als *Règle de Saint Origène* bezeichnet, scheint ihre Befürchtungen zu bestätigen: ««Ça y est!» dit la princesse «j'en étais sûre; ils ont tout chamboulé!» Elle avait rattrapé mal à la tête à cause de la réponse de son oncle Faraday.»[34]

Ähnlich wie Alice ist also auch Hoppy leicht verwirrt. Die als willkürlich erscheinende Änderung von Regeln hat ein Gefühl von Unsicherheit und Hilflosigkeit zur Folge. Für die *Règle de Saint Benoît* und die *Règle de Saint Origène* können wir jedoch in Kapitel 4.3.2 nachweisen, daß es sich trotz sprachlicher Veränderung, was den Ausruf *ils ont tout chamboulé!* hervorruft, um die gleiche mathematische Aussage, nämlich das Assoziativgesetz, handelt. Die Unkenntnis algebraischer Sachverhalte hat also ein Ohnmachtsgefühl zur Folge, dem sich die Prinzessin durch Kopfschmerzen zu entziehen sucht. Gleichzeitig ist in der Unkenntnis jedoch auch ein Spannungsmoment enthalten, da Hoppy und mit ihr die meisten Leser an eine Veränderung der Komplotte glauben.

Als Beispiel für Invarianzen im Text stehen die vier Königinnen, die ihre Namen nicht ändern, obwohl sie im fünften Kapitel jeweils mit einem anderen König verheiratet sind. Auch bei der Versendung des Kompotts verhalten sie sich so, als wären sie noch mit den gleichen Königen wie in Kapitel I verheiratet: Namen und Verhalten bleiben unverändert.

Aber nicht nur im ersten und fünften Kapitel finden wir inhaltliche Äquivalenzen. Vergleichen wir den Anfang des zweiten Kapitels mit dem Anfang des sechsten, treffen wir auf eine auf *Gegensätzlichkeit* basierende Wiederholung: «C'était un beau matin de mai et les oiseaux chantaient délicieusement dans quatre arbres.»[35] (Kapitel II) und «C'était une belle nuit de juin et les oiseaux s'étaient tus un à un dans quatre arbres.»[36] (Kapitel VI). Und während das Eichhörnchen am Tag des zweiten Kapitels die *Times* liest, liest es in der Nacht des

---

[33] *Hoppy*, 56sq.

[34] Ib. 58.

[35] Ib. 16.

[36] Ib. 66.

sechsten Kapitel *Saint Augustin*. Die jeweils ersten Abschnitte der beiden Kapitel enden fast gleich, es werden lediglich die letzten zwei Worte vertauscht:

> «C'était un moment d'une douceur inexprimable.»[37] (Kapitel II),
> «C'était un moment d'une inexprimable douceur.»[38] (Kapitel VI).

Auch in diesem Kapitelpaar finden wir eine Vielzahl von Wiederholungen und Äquivalenzen. So ist der zweite Abschnitt beider Kapitel jeweils einer Cousine der Prinzessin Hoppy gewidmet, nämlich den Prinzessinnen Béryl und Ermengarde, die beide am Ende der Kapitel von einem Reiter brutal entführt werden. In beiden Kapiteln treten vier Enten (canards) auf, die im zweiten Kapitel noch inkognito sind, im sechsten Kapitel dann den Namen *Carnot* erhalten. Während im zweiten Kapitel eine mathematische Anwendungsaufgabe zu lösen ist, die dem berühmten *Wolf-Ziege-Kohlkopf-Problem*[39] entspricht, hat die Prinzessin Ermengarde in Kapitel VI Hausaufgaben zu bearbeiten, zu denen auch reine Mathematikaufgaben gehören.

Am Ende des zweiten Kapitels, nach der Entführung von Béryl, erscheint plötzlich ein junger Mann, der sich als Astronom aus Bagdad vorstellt. Die gleiche Handlung verschiebt Roubaud jedoch an den Anfang des siebten Kapitels, in dem der Astronom erneut plötzlich aus dem Nichts auftaucht. Roubaud verletzt hier die Struktur, die auf einer Wiederholung nach vier Kapiteln aufbaut, erhöht aber gleichzeitig die Spannung, indem er die Darstellung der Entführung der Prinzessin Ermengarde am Ende des sechsten Kapitels unterbricht und erst im siebten fortsetzt.

Der Astronom, die zentrale Gestalt im dritten sowie im siebten Kapitel, erzählt seine Lebensgeschichte und berichtet der Prinzessin Hoppy und ihrem Hund von seiner Liebe zu einer Unbekannten, die er auf der Suche nach unerforschten Himmelskörpern durch sein Fernrohr entdeckt hat. Ihre Bewegungen gleichen einem Tanz, den der Astronom mit der *fleur mythique â b ê i i ê b â* vergleicht. Wenn er vier Kapitel später diesen Tanz in Erinnerung ruft, nennt er die Blume jedoch *ê i b â â b î ê*. Diese Änderung der Buchstabenreihenfolge entspricht der Änderung der Reihenfolge des Auftretens der Könige in Kapitel I und V [*Aligoté, Babylas, Eleonor, Imogène*, werden, wie bereits erwähnt zu *Eleonor* (Onophriu), *Imogène* (Upholep), *Babylas* (Faraday), *Aligoté* (Desmond)] und basiert auf einer Permutation.

[37] Ib. 16.

[38] Ib. 66.

[39] Cf. Kapitel 4.3.1.

Weitere Übereinstimmungen lassen sich bezüglich einiger Namensgebungen aufzeigen. So wie die Enten erst im sechsten Kapitel den Namen *Carnot* erhalten, verrät der Astronom den Namen seiner geliebten Unbekannten erst im siebten Kapitel. Gleichartige Verhaltensweisen zeigt die Prinzessin beim Zuhören der Geschichte des Astronomen: Während die Prinzessin Hoppy im dritten Kapitel dem Bericht des Astronoms nicht zuhört und mit ihren Gedanken woanders ist, schläft sie im siebten Kapitel bei dessen Vortrag sogar ein.

Die Wiederholungen oder Äquivalenzen in Kapitel IV und VIII sind weniger auffällig. Im vierten Kapitel werden das Schloß der Prinzessin Hoppy und die abendliche Zeremonie der *Poutous* beschrieben, während im achten Kapitel insbesondere die Weckzeremonie des Königs Desmond (Aligoté) und sein Tagesablauf dargestellt werden. Um hier eine vollständige Struktur zu erhalten, wäre die folgende Fortsetzung denkbar:

Kapitel XII: *Ein Tag (eine Nacht o.ä.) im Leben des Königs Jugurtha, zuvor Faraday, zuvor Babylas.*

Kapitel XVI: *Ein Tag (eine Nacht o.ä.) im Leben des Königs xyz (der Name ist noch nicht bekannt), zuvor Avogadr, zuvor Onophriu,* zuvor *Eleonor.*

Kapitel XX: *Ein Tag (eine Nacht o.ä.) im Leben des Königs Imogène.*

Damit würde sich der Kreis schließen und es wäre die ursprüngliche Reihenfolge – *Aligoté, Babylas, Eleonor, Imogène* – eingehalten.

Obwohl die Zahl *Vier* ein wichtiges Strukturelement in Roubauds Erzählung darstellt, unterteilt er *La Princesse Hoppy* in *zwanzig* Kapitel zu je *zehn* Abschnitten. Eine weitere wesentliche Unterteilung des *Conte* ist die Veröffentlichung der ersten *neun* Kapitel in Buchform mit dem Untertitel *Fées et Gestes*. Während es für die Zahlen *Neun* und *Zehn* eine Vielzahl von möglichen mystischen und religiösen Bedeutungen gibt,[40] spielt die Zahl *Zwanzig* insbesondere bei der Bildung von Zahlensystemen eine wichtige Rolle. Eine nähere Betrachtung der beiden außerhalb der eigentlichen Handlung stehenden Kapitel 0 und 00 läßt eine eigene Deutung der Zahlen *Neun, Zehn* und *Zwanzig* zu, welche in Roubauds engem Verhältnis zum Werk *Bourbakis* begründet liegt.

[40] Cf. Kapitel 4.2.1.

Die *Éléments de Mathémati que* von *Bourbaki*

Roubaud hat die ersten vier Kapitel, einschließlich des Kapitels 0, der *Princesse Hoppy* in den Jahren 1975 bis 1980 veröffentlicht. In der Buchform aus dem Jahr 1990, mit dem Titel *La Princesse Hoppy ou le conte du Labrador – Fées et Gestes,* schließt sich an das vierte Kapitel das Kapitel 00 an, welches mit einer Gebrauchsanweisung beginnt:

«**Mode d'emploi de ce Conte**.
1 Le Conte prend le conte à son début et en fait une récitation complète. Il ne suppose donc, en principe, aucune connaissance préalable d'aucun conte mais seulement une certaine habitude des histoires et un certain pouvoir d'audition.
2 Néanmoins, le conte est destiné plus spécialement aux sauterelles. Ainsi qu'aux auditeurs possédant une bonne connaissance d'Alice au Pays des Merveilles et, si possible, quelque familiarité avec le Conte du Graal, de Chrétien de Troyes.»[41]

Auffällig ist, daß Roubaud fast in der Mitte des Buches damit beginnt, vom *Anfang* zu sprechen. Die Bezeichnung 00 für dieses Kapitel scheint ebenfalls darauf hinzuweisen, daß Roubaud an dieser Stelle neu beginnen will, da er die Null, mit welcher das Kapitel zu Beginn des Buches gekennzeichnet ist, verdoppelt und damit den Aspekt des *Anfangs* verstärkt. In dem 1997 veröffentlichten dritten Band seiner autobiographischen Reihe äußert Roubaud Gedanken zum *commencement*: «Dans le cas précis de la mathématique le démon du commencement prit un visage, celui de Bourbaki. Le petit encart glissé dans chaque volume, intitulé «**Mode d'emploi de ce traité**»[42] offrait, en treize paragraphes numérotés, exactement ce que j'attendais: «Le traité prends les mathématiques à leur début, et donne des démonstrations complètes. Sa lecture ne suppose donc, en principe, aucune connaissance mathématique particulière, mais seulement une certaine habitude du raisonnement mathématique et un certain pouvoir d'abstraction. «Néanmoins, le traité est destiné plus particulièrement à des lecteurs possédant au moins une bonne connaissance des matières enseignées, en France, dans les cours de mathématiques générales... et, si possible, une certaine connaissance des parties essentielles d'un cours de calcul différentiel et intégral.» »[43] Roubaud zitiert hier aus den *Éléments de mathématique* von Nicolas Bourbaki. Das Ziel, das sich Bourbaki in diesem Werk für die Mathematik gesetzt hat, diese von

[41] *Hoppy,* 49.
[42] [Hervorhebung von E.L.-C.].
[43] *Mathématique: (récit),* 140.

Beginn an *neu* zu schreiben, übernimmt Roubaud für die Erzählung, indem er die Worte *Traité* und *mathématiques* durch *conte* ersetzt. Roubauds Faszination für den Neubeginn der Mathematik wird auch an anderer Stelle deutlich, wenn er schreibt: «La Mathématique avait retrouvé à la fois son unité et son élan. Pour la première fois peut-être depuis l'âge d'or méditerranéen et grec, depuis Euclide et Archimède, elle cessait d'avancer au hasard, livrée aux risques insupportables du désordre et de la contradiction, et se retrouvait neuve, porteuse d'une vision et d'une mission. Elle recommençait.»[44]

Dabei ist der *Neubeginn* stark persönlich geprägt. Interessant ist an dieser Stelle die Verbindung mit Dante:[45] «Je pense à ce *poème* de Dante, aux lignes infiniment séductrices de son début: **«In quelle parte del libro della mia memoria, dinanzi a la quale poco si potrebbe leggere, si trova una rubrica, la qual dice: INCIPIT VITA NOVA.»** J'avais trouvé ce mot: Mathématique. Il m'avait offert, croyais-je, une vie nouvelle. Grâce à lui, grâce à elle, une *vita nova* allait commencer, s'ouvrir pour moi. j'avais, ensuite, conclu à une illusion.»[46] Bourbaki ermöglicht ihm, das was er als «échec de ma tentative de *vita nova*» bezeichnet, zu überwinden.[47]

Es ist zu vermuten, daß Roubaud mit Kapitel 00 ebenfalls einen Wiederbeginn bezweckt. Die Kreisstruktur kommt auch hier wieder deutlich zum Ausdruck. Nachdem die ersten vier Kapitel beendet sind, ist der erste Kreis geschlossen und Roubaud geht an den Anfang zurück, zu den vier Königen und beginnt die Erzählung noch einmal von vorn. Der Neuanfang ermöglicht ihm die Umbenennung der Könige, sowie der Regel, nach welcher die Könige intrigieren. Der Astronom, der in Kapitel III begann, seine Lebensgeschichte zu erzählen, versucht in Kapitel VII diese noch einmal von Beginn an zu wiederholen, woran er jedoch von der Prinzessin und ihrem Hund gehindert wird. Der Neuanfang, der Roubaud im Werk von Bourbaki bezüglich der Mathematik so fasziniert hat, ist hier literarisch umgesetzt. Auch die Anzahl von *zwanzig* Kapiteln steht vielleicht in enger Verbindung mit Bourbaki, denn Roubaud widmet *zwanzig* Monate seinem Studium. «Je me consacrerais, pendant une vingtaine de mois, c'est-à-dire jusqu'à la rentrée, non de la prochaine année universitaire mais de la suivante, à peu près exclusivement à l'étude de Bourbaki.»[48]

---

44 Ib. 67sq.

45 Cf. dazu auch Risset, *Dante écrivain*, l.c.

46 *Mathématique: (récit)*, 32sq [Hervorhebung: Roubaud].

47 Cf. ib. 69.

48 Ib. 144.

Die zwanzig Kapitel, von denen die ersten neun jeweils zehn Abschnitte haben, werden vermutlich alle aus jeweils zehn Abschnitten bestehen. Auch die Zahl *Zehn* kann in Zusammenhang mit Bourbaki stehen: Die *Topologie générale*, die für Roubaud ein Schlüsselerlebnis beim Bourbaki-Studiums darstellt, besteht aus genau *zehn* Kapiteln.[49]

Betrachtet man die anschließenden Aussagen des *Traité*, die in Roubauds Zitat nicht mehr erwähnt sind, so kann man weitere Übereinstimmungen zwischen dem Bourbaki-Text und den *Nouvelles Indications* (Kapitel 00) feststellen:

Bourbaki	***Roubaud***
«La première partie	«La première partie
du traité	*de ce conte (qui est rappellons-le une fois encore le quatrième Conte du Labrador)*
est consacrée aux	est consacrée aux
structures fondamentales de l'Analyse (sur le sens du mot «structure», cf. Livre I, chap. 4);	*événements du conte, ceux qui font que le conte est le conte;*
dans chacun des	dans chacun des
Livres en lesquels	*neuf chapitres en lesquels*
se divise cette partie, on étudie	se divise cette partie, on étudie
une de ces structures,	*un de ces événements*
ou plusieurs	ou plusieurs
structures	*événements*
étroitement apparentées	étroitement apparentées
(Livre I, Theorie des Ensembles; Livre II, Algèbre; Livre III Topologie générale;	*(chap. 1: Complots et Compotes; chap. 2: Myrtilles et Béryl; chap. 3: L'aventure de l'Astronome; chap. 4: Poutous du soir;*
livres	*chapitres*
suivants:	suivants:
Fonctions d'une variable réelle,	*La Stratégie de l'Attention;*

[49] Auch eine weitere Zahl läßt sich möglicherweise mit Roubauds Bewunderung für Bourbaki erklären. Die *Mode d'emploi de ce traité* im Werk Bourbakis besteht aus 13 Punkten. Die Cousinen der Prinzessin Hoppy, von denen Roubaud schreibt: «Les cousines ne savent rien. C'est là, le drame» (*Hoppy*, 50), verschwinden genau dann, nachdem ihr Name 13 mal, bzw. 2×13 mal genannt wurde. Vielleicht bezieht sich das Nicht-Wissen und somit das Drama auf die Unkenntnis des *Traité* von Bourbaki.

Espaces vectoriels topologiques, Intégration, Différentielles et variétés différentiables, etc.).	*Ermengarde fait ses devoirs...)*
Les principes généraux *étudiés* dans la première partie trouveront, dans les parties suivantes, leur application à des *théories* où *interviennent* simultanément *diverses structures.*	Les principes généraux *mis en œuvre* dans la première partie trouveront, dans les parties suivantes, leur application à des *récits* où *interviendront* simultanément *plusieurs événements d'ordres différents.*[50]
Le mode d'exposition suivi dans la première partie est *axiomatique et abstrait;* il procède le plus souvent du *général au particulier.*	Le mode d'exposition suivi dans la première partie est *oral et concret;* il procède le plus souvent du *particulier au particulier par le général (ou l'inverse).*
Le choix de cette méthode était *imposé* par l'objet principal de cette première partie, qui est de donner des fondations solides à *tout le reste du traité, et même à tout l'ensemble des mathématiques modernes.*	Le choix de cette méthode était *virtuellement imposé* par l'objet principal de cette première partie, qui est de donner des fondations solides à *à l'ensemble du conte moderne.*

[50] Der Roubaud-Text lautet im Zusammenhang: «La première partie de ce conte (qui est rappellons-le une fois encore le quatrième Conte du Labrador) est consacrée aux événements du conte, ceux qui font que le conte est le conte; dans chacun des neuf chapitres en lesquels se divise cette partie, on étudie un de ces événements ou plusieurs événements étroitement apparentés (chap. 1: Complots et Compotes; chap. 2: Myrtilles et Béryl; chap. 3: L'aventure de l'Astronome; chap. 4: Poutous du soir; chapitres suivants: La Stratégie de l'Attention; Ermengarde fait ses devoirs...). Les principes généraux mis en œuvre dans la première partie trouveront dans les parties suivantes leur application à des récits où interviendront simultanément plusieurs événements d'ordres différents.» *Hoppy*, 49.

Il est indispensable pour cela
d'acquérir d'emblée un assez
grand nombre
de notions et de principes très généraux.

De plus, les nécessités de la
démonstration
exigent que les
chapitres, les livres et les parties

se suivent dans un ordre
logique rigoureusement fixé.

L'utilité de certaines
considérations
n'apparaîtra donc
au lecteur
que s'il
possède déjà des connaissances
assez étendues,
ou bien
s'il a la patience de suspendre son
jugement
jusqu'à ce qu'il ait eu l'occasion de
convaincre[51]

Il est indispensable pour cela
de se familiariser avec un
grand nombre
d'événements et de personnes, royales ou non.

De plus, les nécessités de la
récitation
exigent que les
paragraphes, les chapitres et les parties
se suivent dans un ordre
agréable et rigoureusement déterminé.

L'utilité de certaines
énigmes
n'apparaîtra donc
à l'auditeur
que s'il
a déjà une connaissance
assez étendues,
du Conte ou
s'il a la patience de suspendre son
endormissement
jusqu'à ce qu'il ait eu s'en
l'occasion de s'en convaincre
(ou même de les résoudre).[52]

---

51 Bourbaki, *Eléments de Mathématique, Livre III, Topologie générale,* l. c., 2.

52 Im Zusammenhang lautet Roubauds Text: «Le mode d'exposition suivi dans la première partie est oral et concret; il procède le plus souvent du particulier au particulier par le général (ou l'inverse). Le choix de cette méthode était virtuellement imposé par l'objet principal de cette partie qui est de donner des fondations solides à l'ensemble du conte moderne. Il est indispensable pour cela de se familiariser avec un grand nombre d'événements et de personnes, royales ou non. De plus, les nécessités de la récitation exigent que les paragraphes, les chapitres et les parties se suivent dans un ordre agréable et rigoureusement déterminé. L'utilité de certaines énigmes n'apparaîtra donc à l'auditeur que s'il a déjà une connaissance assez étendue du Conte ou s'il a la patience de suspendre son endormissement jusqu'à ce qu'il ait eu l'occasion de s'en convaincre (ou même de les résoudre).» *Hoppy,* 50.

Diese Gegenüberstellung macht deutlich, daß Roubaud die Erzählung *La Princesse Hoppy* in Anlehnung an die *Éléments de Mathématique* von Bourbaki strukturiert hat. Vergleicht man den Aufbau der einzelnen Bücher der *Éléments*, die stets nach einem ähnlichen Schema aufgebaut sind, mit Roubauds Erzählung, stellt man weitere Übereinstimmungen fest. Berücksichtigt man außerdem, daß Roubaud mehrfach darauf hinweist, daß er die Geschichte einer *Gruppe* – und *Bourbaki* ist eine Gruppe! – erzählt bzw. daß dem *Conte* eine *algebraische Struktur* zugrundeliegt, dann scheint es sinnvoll, zum Vergleich des Aufbaus und der Anzahl der Kapitel der *Princesse Hoppy* gerade das *Livre II* mit dem Titel *Algèbre* von Bourbaki heranzuziehen. Denn während beispielsweise die Kapitel der *Topologie générale* über verschiedene Anzahlen von Paragraphen verfügen, sind es im Kapitel I der Algebra genau *neun*, was der Anzahl der Kapitel in *La Princesse Hoppy* entspricht.

Eine Gegenüberstellung ergibt folgendes Bild:

Algèbre I	***La Princesse Hoppy***
Introduction	Indications sur ce que dit le conte
§ 1	Ch. I
§ 2	Ch. II
§ 9	Ch. IX
Appendice *oder* Exercices	Chapitre appendice par le chien (enthält *les 79 questions aux auditeurs du conte*)
Note historique	Dédicace du conte à la princesse par le comte
Index des notations	L'index
Index terminologique	L'index à part.

Offensichtlich stimmt hier nicht nur die Zahl der Kapitel bzw. Paragraphen überein, sondern der gesamte Aufbau der *Algèbre* ist von Roubaud in *La Princesse Hoppy* übernommen worden, mit einer Ausnahme, dem Kapitel 00, das jedoch gerade auf Bourbaki verweist.

Zusammenfassend können wir festhalten, daß Roubaud dem Aufbau seiner Erzählung mehrere, sich teilweise überschneidende Strukturen zugrundelegt. Indem er die Struktur eines literarischen Textes von Raymond Queneau (*Le Chiendent*) mit der eines mathematischen Werkes von Bourbaki (*Algèbre*) verknüpft, gelingt es Roubaud, nicht nur die Erinnerung an zwei große Vorbilder, die sein Leben entscheidend beeinflußt haben, aufrecht zu erhalten, sondern gleichzeitig zwei Leidenschaften – Literatur und Mathematik – in seiner Erzählung zu verbinden. Roubaud überläßt Konstruktion und Inhalt seiner Erzählung nicht dem Zufall. Daß es ihm möglich war, *La Princesse Hoppy* mit so vielschichtigen Strukturen zu versehen, liegt vermutlich auch in der langen Zeitspanne begründet, die sich Roubaud für das Schreiben seiner Erzählung gegönnt hat: An den bis heute veröffentlichten neun Kapiteln hat Roubaud *fünfzehn* Jahre gearbeitet.

4.2 Die Zahl in *La Princesse Hoppy ou le conte du Labrador*

In der Strukturanalyse der Erzählung *La Princesse Hoppy* haben wir den zahlenhaften *Aufbau* des Textes gezeigt und nachgewiesen, daß Roubaud mehrere auf Zahlen beruhende Kompositionssysteme kombiniert. Die Verwendung von Zahlen in der Dichtung ist jedoch weder unbekannt noch ungewöhnlich. Eine Deutung mittelalterlicher Texte ohne Berücksichtigung der Zahlenexegese scheint beispielsweise kaum möglich. Der numerische Aufbau des poetischen Textes kann dort im Kontext mit christlicher Tradition gesehen werden, einzelnen Zahlen symbolische Bedeutungen beizumessen. Dantes *Divina Commedia*, deren auf Zahlen basierende Struktur Manfred Hardt eingehend untersucht hat, ist nur ein Werk von vielen, wenn auch wahrscheinlich das bedeutendste, in denen das Phänomen *Zahl* besondere Aufmerksamkeit verdient.[1]

Die Rolle der Zahl in *La Princesse Hoppy* beschränkt sich nicht auf die Aufbau- und Gliederungsfunktion. Wir werden in einem späteren Kapitel sehen, daß Roubaud mit der Geschichte der Mathematik zugleich die *Geschichte der Zahl* literarisiert. Die Textanalyse ergibt aber eine weitere Funktion, der hier unsere Aufmerksamkeit gelten soll: die *Bedeutungs- bzw. Symbolfunktion*, die bei Roubaud stets einen poetischen, persönlichen und mathematischen Charakter hat. Wir werden vorerst die Betrachtung der Zahl *Vier* ausklammern, um anschließend den dominanten Charakter dieser Zahl im folgenden Kapitel herauszuarbeiten.

4.2.1 Bedeutung und Symbolcharakter der Zahlen

Daß der Mathematiker Jacques Roubaud die Symbolfunktion der Zahl in seine Erzählung integriert, wird deutlich, wenn er den *Heiligen Augustinus* erwähnt, «L'écureuil lisait saint Augustin».[2] Ebenso deutet der Hinweis auf Joachim von Fiore[3] auf eine bewußte Verwendung von Zahlen wegen ihres Symbolgehalts

[1] Cf. Hardt, *Die Zahl in der Divina Commedia*, l. c.

[2] *Hoppy*, 66.

[3] «Il lui [Epaminondas] plut de consacrer ce superflu inattendu de biens terrestres à la réalisation d'un vieux rêve: un voyage jusqu'à la Pentapole de Palestine, pèlerinage aux sources des Pères du désert; remettre ses pas sur les sentiers autrefois foulés par son maître Joachim de Flore, telle était son ambition.» *Hoppy*, 85. Joachim von Floris oder Fiore (1130 – 1202) italienischer Ordensgründer und Theologe, war wegen seiner prophetischen Bibelauslegungen anerkannt (Trinitätslehre).

hin. Obwohl man den Namen *Augustinus* hauptsächlich mit der Bibelexegese in Verbindung bringt, ist hinsichtlich der Zahlenanalyse in *La Princesse Hoppy* gerade dessen mathematische Bildung von Interesse: «Augustin ne possède que des notions très élémentaires d'arithmétique théorique et n'a pas dépassé en géométrie la première proposition du livre I d'Euclide (construction du triangle équilatéral).»[4] Marrou untersucht die mathematischen Kenntnisse Augustins auf die vier Abteilungen des *quadriviums* und stellt fest, daß sich Augustinus von allen mathematischen Wissenschaften am liebsten auf die Arithmetik bezieht, jedoch lediglich über elementares Wissen verfügt. In *De musica* versucht Augustinus, eine Art arithmetischer Einführung in das Studium der Rhythmik zu geben. Er hat ebenso wie Roubaud eine Vorliebe für ganze Zahlen. Marrou weist nach, daß Augustinus unter *numerus* nicht Zahl, sondern stets *ganze Zahl* versteht. Zudem möchte der Autor von *De musica* die Rhythmik auf die Arithmologie[5] zurückführen, um das ästhetische Urteil mathematischen Kriterien unterwerfen zu können.[6] Für die Schulung des christlichen Intellektuellen empfiehlt Augustinus das Mathematikstudium, aber insbesondere die Arithmetik, da sie sich als sehr nützlich für die allegorische Interpretation der Zahlen im Bibeltext erweist. Wenn das Eichhörnchen in *La Princesse Hoppy* die Werke des Heiligen Augustins liest, kann dies also auch als Hinweis auf die Notwendigkeit des Mathematik- und Zahlenstudiums zum Verständnis von Roubauds Erzählung verstanden werden. Damit scheint die ungewöhnliche Verwendung der Namen *Saint Benoît* und *Saint Origène* in Zusammenhang mit der abstrakten Mathematik sowie der Zahl *Vier* erklärbar.

Stellen wir uns nun nochmals die Frage, *wie soll La Princesse Hoppy gelesen werden*? Da wir gesehen haben, daß Roubauds Verhältnis zur christlichen Tradition nicht sonderlich ausgeprägt ist, läßt sich vermuten, daß er den Leser entweder auf eine falsche Fährte schickt (warum liest Epaminondas den Heiligen Augustin, wenn nicht wegen der berühmten Zahlendeutungen?) oder deutlich machen will, wie sehr für ihn Dichtung, Symbolik der Zahlen und Mathematik miteinander verbunden sind. Ein weiteres Indiz dafür, daß es Roubaud nicht um christliche Deutung gehen kann, ist die Integration anderer Kulturen und Religionen, in denen die Zahlenexegese eine wichtige Rolle spielt. So gibt es in der

---

4 Henri-Irénée Marrou, *St. Augustin et l'augustinisme*, Paris 1955, 17.

5 Unter Arithmologie versteht Marrou ein «Studium der hervorstechenden Eigenschaften der Zahl, Eigenschaften, die im weiten Sinne als Assoziationen von wertenden und ästhetischen Bildern verstanden werden müssen.» Marrou, *Augustinus und das Ende der antiken Bildung*, München 1981, 225.

6 Cf. Marrou, *Augustinus und das Ende der antiken Bildung*, l. c.

Erzählung mehrere Hinweise auf den Islam[7] sowie auf die Kulturen der nordamerikanischen Indianer,[8] die ebenfalls über eine ausgeprägte Zahlensymbolik verfügen. Um die oben gestellte Frage beantworten zu können, ist eine Untersuchung der im Text verwendeten Zahlen und die Art und Weise ihrer Verwendung erforderlich.

In seiner Erzählung integriert Roubaud Zahlen auf unterschiedliche Weise. Zum einen finden wir sie im Text direkt angegeben. Dies geschieht mit Hilfe von Ziffern aber auch von Zahlwörtern wie: «Il avait cueilli lui-même 899 airelles»[9] oder «il était onze heures quarante-quatre».[10] Manfred Hardt spricht hierbei von *vordergründigen* Zahlen.[11] Zum anderen treten Zahlen in *La Princesse Hoppy* auch *indirekt* auf, so zum Beispiel als Summen, Produkte und Quotienten. Aber nicht nur aus arithmetischer Sicht kann man von indirekten Zahlen sprechen; so wird die Zahl *Vier* durch Mengen dargestellt, die aus *vier* Elementen bestehen.

Im Gegensatz zu Dante, der es in der *Divina Commedia* bewußt vermeidet, den Leser auf seine Zahlenarbeit aufmerksam zu machen und weder im Text noch in seinem Kommentar zu diesem darauf verweist, läßt Roubaud im *Chapitre Appendice par le Chien* den Hund seine leidenschaftliche Beziehung zu den Zahlen hervorheben, die hier hauptsächlich mathematisch-ordnender Gestalt ist und weniger symbolischen Charakter hat. Die Wichtigkeit dieses Textabschnittes wird vom Dichter durch Fettdruck unterstützt:

«***Très jeune, j'ai eu la passion du Nombre, dans toutes ses manifestations; pas seulement le nombre moderne, le nombre abstrait, le nombre arithmétique, rationnel, réel, complexe, quaternionique, cayléien, non-standard, surnaturel, rythmique, péanien, russelien, giralducien, conwayien, badiouesque, frégéen, bénabien, lussonien, quenellien, nelsonien, cardinal, ordinal, fini ou transfini; mais aussi, mais plus encore celui qui, concret de chiffres, note, désigne, range, énumère, évoque, combine, permute, fait danser devant mes yeux les étoiles,les aboiements, les ombres, comme les os, les charlottes aux framboises et les poutous. Il y a une Poétique du Nombre, sur laquelle je me propose de revenir un jour. C'est une grande destinée que***

[7] «J'y trouvai les raies du tungstène, du miel, de la licorne, et du coran». *Hoppy,* 32 [Hervorhebung E. L.-C.]. Der Astronom, eine der zentralen Figuren in der Erzählung, stammt aus Bagdad und gehört somit höchstwahrscheinlich dem Islam an.

[8] Hier sei auf den bereits erwähnten phonetischen Gleichklang *Hoppy = Hopi* (Indianerstamm aus Arizona) hingewiesen. Cf. Kapitel 4.1.1.

[9] *Hoppy,* 22 [Hervorhebung E. L.-C.].

[10] Ib. [Hervorhebung E. L.-C.].

[11] Hardt, *Die Zahl in der Divina Commedia,* l. c., 312.

celle du Nombre: entier ou fractionnaire, imaginaire ou réel, il porte toujours en lui le divin caractère utopique.»[12]

Die hier genannten Zahlentypen haben wir bereits besprochen, ebenso einige der angegebenen Eigenschaften, die den Aspekt des Zählens betreffen.[13] In diesem Kapitel sollen die im Text verarbeiteten Zahlen auf ihre vielfältigen Funktionen untersucht werden.

Die Zahl als Verschlüsselung der Intrige

Auf die Zahl *Drei* treffen wir, wenn Roubaud das mysteriöse Treffen von *drei* Personen auf der Yacht des Königs Desmonds beschreibt. Desmond, Adirondac und ein rosafarbener Storch namens Brigid, «dans 3 chaises longues»,[14] dem Luxus undder *gourmandise* verfallen, richten ihre Augen auf eine Leinwand, auf der eine Szene abläuft, die ihrer Situation äußerst ähnlich ist: *Drei* Personen befinden sich auf einer Yacht, nur sind es diesmal «****, le célèbre magnat du pétrole, la belle Ava G.; et la troisième (car il y a bien trois personnages sur l'écran comme dans la cabine), la troisième [...] c'est Brigid elle-même».[15] In diesem Film ist ebenfalls eine Leinwand mit *drei* Personen auf einer Yacht zu sehen, eine von ihnen ist Brigid, die Identität der anderen beiden wird geheimgehalten: «en y regardant bien on aperçoit dans le fond (la scène représente la cabine d'un yacht ancré dans une piscine de Sunset Boulevard), un autre écran où la rose Brigid lèche un autre strawberry sundae géant en compagnie du Pr.... des U... et de la Re... d'An..., non?... excusez le conte mais il doit absolument taire ces noms, pour des raisons de sécurité.»[16] Insgesamt haben wir hier eine *dreifache Drei*, wodurch einerseits die *Drei* besonders betont wird, andererseits erhalten wir arithmetische Interpretationen wie $3 \times 3 = 9$, bzw. $3 + 3 + 3 = 9$ sowie $3^3 = 27$.

---

[12] *Hoppy*, 128.

[13] Cf. Kapitel 1.

[14] *Hoppy*, 107.

[15] Ib. Es ist zu vermuten, daß Roubaud mit **** auf den Ölkönig Onassis anspielt, Ava G. weist auf Ava Gardner hin und Brigid auf Brigitte Bardot (aber auch auf die Göttin der Poesie). Dies wird insbesondere dadurch deutlich, daß sich die Szene auf einer Yacht (Onassis) abspielt, auf der Filme ablaufen (Gardner, Bardot) und die Personen ein luxuriöses, dekadentes Leben führen, worauf Roubaud auch durch die Erwähnung des Sunset Boulevards verweist.

[16] Ib. Hierbei wird es sich mit großer Wahrscheinlichkeit um den **Président des USA** (United States) und die **Reine d'Angleterre** handeln. Die Vermutung, daß es sich um den amerikanischen Präsidenten handelt, beruht auf dem kalifornischen Umfeld der Protagonisten und den amerikanisch/englischen Speisen, die sie zu sich nehmen.

Das Auftreten der *Drei* in einer Geschichte, die von der *Vier* dominiert wird, ist auffällig. Innerhalb der bis jetzt vorliegenden neun Kapitel hat die Episode auf der Yacht keinen Einfluß auf den Ablauf der Handlung. Da Zahlen, die eine gewisse Ordnung durchbrechen, auch in *La Belle Hortense* eine entscheidende Funktion haben, zum Beispiel die *Sieben*, die zur Überführung eines Mörders beiträgt, ist zu vermuten, daß auch hier eine Szene vorliegt, die zu einem späteren Zeitpunkt (innerhalb der Kapitel zehn bis zwanzig) von Bedeutung sein wird.

Die Rolle der Zahl *Sieben* in *La Princesse Hoppy* ist geheimnisvoll. Zu Beginn des *siebten* Kapitels erfahren wir, daß der Comte du Labrador der Prinzessin genau dieses – das siebte – Kapitel sendet: «Epître orange du Comte à la Princesse en lui envoyant le chapitre sept.» Diese Widmung drückt die Leidenschaft des Comte für die Prinzessin aus, aber auch seine Verzweiflung darüber, daß er sich von ihr verschmäht fühlt. Es wird jedoch nicht deutlich, warum der Comte du Labrador gerade an dieser Stelle seine Liebe bekennt und ob der Bezug zur *Sieben* entscheidend für den Verlauf der Erzählung ist.[17] Das Kapitel *Sieben* setzt die Geschichte des Astronomen fort, und für diesen steht die Zahl vor allem in Zusammenhang mit einer Wartezeit von *sieben* Tagen, die zwischen den kurzen Augenblicken liegt, in denen er seine Geliebte Marie-Josèphe von Ferne beobachten kann, was für ihn jedoch einer Ewigkeit gleichkommt: «J'en étais, au bout de la troisième semaine (pour payer la vision du retour, après sept jours,

[17] Die Farbe *Orange,* mit welcher der *comte* das Epître schreibt, bezieht sich vermutlich auf Kriegserlebnisse Roubauds in der Sahara. Die Farbe wird zum Synonym für die Wüste. In *Mathématique: (récit)* schreibt er: «A Reggane, le sable était partout. On voyait du sable, on respirait du sable. On mangeait sable, buvait sable. On dormait dans le sable. Il n'y avait aucun moyen de lui échapper. Un sable fin, ostensible, mais aussi insinuant, insecte aux fines antennes, ailé, fluide, <u>orange</u>. Ce sable avait le don d'ubiquité. Il pénétrait dans les bouches, les oreilles, les yeux, les pores de la peau, les culs; par toutes les portes du corps; [...]. Il se glissait sous les ongles; entre les doigts de pied, entre les dents. Les cheveux, les barbes prenaient sa couleur. <u>Orange</u>. Un <u>orange</u> un peu pourri. Et le ciel avait sa couleur. L'air, la lumière étaient couleur sable; le soleil; la lune; les étoiles. Le vent. Les nuits: «Et nous avions des nuits plus orange que nos jours.» Nos ombres <u>orange</u> derrière nous.» 232. Auch hier können wir vermuten, daß Roubaud in *La Princesse Hoppy* seine Erinnerungen literarisch verarbeitet. Interessant ist außerdem, daß es Roubaud scheint, als wäre im Wüstensand der Ursprung der Zahlen zu finden: «C'est en évaluant le sable, j'en suis sûr, grain par grain, que les savants alexandrins ptolémaïques ont conçu et surtout été conduits à désigner, en mots et symboles, les premiers très grands nombres de l'histoire mathématique grecque (plus grands que le mystérieux «nombre nuptial» de leurs ancêtres pythagoriciens).» *Hoppy,* 232sq [Hervorhebungen durch Unterstreichen E. L.-C.].

sept jours! de vide) à envisager de mettre ma lunette astronomique au clou.»[18] In diesen beiden Fällen drückt die Zahl *Sieben* Verzweiflung aus, die jedoch im ersten Fall mit Hoffnungslosigkeit, im zweiten hingegen mit Hoffnung verbunden ist.[19]

Wenden wir uns der Zahl *Fünf* zu, dann stellen wir fest, daß Roubaud sie kaum verwendet. Selbst die Ampel des Königs Babylas, die *fünf* verschiedene Schaltungen umfaßt, ist nur *un feu rouge à <u>quatre</u> couleurs*: «Ce feu rouge était à quatre couleurs: – vermillon, jaune, vert pomme, gris et cuisse de nymphe émue (cela ne fait pas cinq couleurs: le gris n'est pas une couleur).»[20] Sonst erscheint die *Fünf* nur als Uhrzeit bzw. in Rechenaufgaben der Prinzessin Ermengarde. Ihr Symbolgehalt im Text scheint somit gering. Anders sieht es aus, wenn wir zwei indirekten Hinweisen nachgehen. So wird in der Erzählung mehrfach – sechsmal – der Name *Gauvain* aus der Gralsgeschichte genannt,[21] von dem Roubaud sagt, daß das *Pentaculum* sein Zeichen sei: «Le dessin de son [Gauvain] écu porte la marque de sa perfection: c'est le dessin du pentacle, étoile à cinq branches, symbole inventé par Salomon comme signe de la fidélité, de la perfection en cinq points et cinq fois en chaque point "Le dernier cinq des cinq est le groupe de ses cinq vertus: générosité, modestie, gaieté, courtoisie et compassion.»[22] Einen weiteren Hinweis auf eine versteckte *Fünf* erhalten wir in der Geschichte des Astronomen, der von der Pilgerfahrt des Eichhörnchen Epaminondas berichtet: «Epaminondas [...] il lui plut de consacrer ce superflu inattendu de biens terrestres à la réalisation d'un vieux rêve: un voyage jusqu'à la <u>Pentapole</u> de Palestine, pèlerinage aux sources des Pères du désert.»[23] Es ist jedoch zu vermuten, daß Roubaud die *Fünf* weitgehend vermeidet, weil sie eine Störung der durch die Zahl *Vier* gegebenen Ordnung des Universums darstellt. So kommt

---

[18] Ib. 92.

[19] Da der Astronom nach einer Wartezeit von *sieben* Tagen zum Fernrohr greift, um seine Geliebte zu beobachten, könnte dies auch eine Abkehr vom Göttlichen (der *Sieben* als Heiligen Zahl) zu den Wissenschaften (Fernrohr) bedeuten. In *L'invention du fils de Leoprepes* weist Roubaud auf die Zahl *Sieben* in Zusammenhang mit den sieben Planeten sowie ihrer Bedeutung für die Kabbalisten hin.

[20] *Hoppy,* 23.

[21] Dies geschieht meist in Sätzen wie: «Dieu bénisse Monseigneur Gauvain et vous bénisse pareillement», *Hoppy,* 54.

[22] Florence Delay/Jacques Roubaud, *Graal-Théâtre – Gauvain et le Chevalier Vert,* Marseille 1979, 45.

[23] *Hoppy,* 85 [Hervorhebung durch Unterstreichen E. L.-C.]. Hier liegt ähnlich wie bei der Zahl *Drei* eine Schachtelung vor: Es wird die Geschichte von Epaminondas in der Geschichte des Astronomen erzählt, die wiederum in der Erzählung *La Princesse Hoppy* ihren Platz hat.

die *Fünf* weder als Ordnungszahl in Kristallen vor, noch kann eine Fläche mit Fünfecken vollständig ausgefüllt werden. Auch algebraisch beginnen mit der *Fünf* die Probleme: Algebraische Gleichungen von Grade *fünf* und höher können nicht durch Radikale gelöst werden.

Als letzte in diesem Zusammenhang soll die Zahl 79 betrachtet werden, obwohl sie etwas außerhalb der eigentlichen Erzählung steht. Roubaud stellt im Anhang 79 Fragen an den Leser. Warum Roubaud gerade diese Zahl, verwendet, ist unklar.[24] In einer Geschichte der *Vier*, die aus *zwanzig* Kapiteln bestehen soll, wären eher 80 Fragen zu erwarten. Eventuell ist hier ein *Bruch der Ordnung* intendiert. Die letzte, achtzigste Frage stellt also der Leser!

Der poetische Charakter der Zahl

Zahlen als Dichtungsform stellen für Roubaud ein wichtiges Moment seines literarischen Gesamtkonzepts dar. In Kapitel 3.4 sind wir bereits darauf eingegangen. Nachdem wir dort einen allgemeinen Überblick gegeben haben, soll im folgenden die Verwirklichung des Konzepts in der Erzählung *La Princesse Hoppy* untersucht werden.

Die Sestine

Wir haben gesehen, daß für Roubaud die Zahl *Sechs* insbesondere ein Symbol der *Sestine* darstellt. So läßt sich die Verwendung dieser Zahl beim Treffen des Hundes mit einer Schnecke namens Arnaut Danieldzoï erklären: «La tendre chair humide de l'escargot enlaçait la tige du fenouil et serrait en même temps une viole de gambe à six cordes, dont il jouait suavissimement en "oda continua" (mélodie continue) tout en chantant d'une voix consonantique un poème d'une extrême beauté et raffinement de forme lequel le chien, qui n'y comprit goutte, à l'exception de ces quelques mots "quan la seror de mon oncle" ne manqua pas d'admirer. Ayant attendu discrètement la fin de l'exécution des six strophes et de l'envoi de la chanson, le chien se permit une toux légère pour attirer l'attention de l'escargot.»[25] Roubaud integriert hier unübersehbar den Troubadour Arnaut Daniel in seine Erzählung, dessen komplizierte Sestinenform von Dante aber auch von Petrarca nachgeahmt wurde, worauf Roubaud u.a. in *Les Troubadours* eingeht.[26]

---

[24] 79 ist die 22. Primzahl.

[25] *Hoppy*, 118.

[26] Cf. Roubaud (Hrsg.), *Les Troubadours, Anthologie bilingue*, Paris 1971.

In *La sextine de Dante et d'Arnaut Daniel* untersucht er diese poetische und zugleich musikalische Form mit Hilfe der Kombinatorik anhand der Sestine *Lo ferm voler q'el cor m'intra.*[27] Arnaut Daniel erscheint auch in anderen Werken Roubauds. In *La belle Hortense* tritt ein Prinz mit Namen Arnaut Danieldzoï auf, der die Regeln zur Erbfolge der poldavischen Prinzen aufstellt und dies wiederum sind genau die Regeln der Sestine.[28]

Auch in *La fleur inverse* beschäftigt sich Roubaud ausführlich mit der Sestine Arnaut Daniels.[29] Unter dem Stichwort *le désordre ordonné* beschreibt er die Funktion der Zahl *Sechs*, die nicht nur in der Anzahl der Strophen und Reimworte gegeben ist: «Le choix de 6 comme nombre de strophes a donc un double but: assurer la cohésion de l'ensemble et en même temps dissimuler que le désordre est un ordre très strict.»[30] Roubaud weist auch auf die zuvor erwähnte *oda continua,* die musikalische Form des Sestine, hin. Die Rolle, die die *Schnecke* (Spirale) in Verbindung mit der Sestine spielt, haben wir in Kapitel 3.4 gezeigt. In *La Princesse Hoppy* kann man also bezogen auf die Poesie von der Gleichheit sprechen:

Arnaut Daniel = escargot = sextine = sechs.

Betrachten wir die Erzählung als ein Werk der Gedächtniskunst, dann kommt hier der Zahl *Sechs* die Aufgabe zu, dem Dichter *Arnaut Daniel* einen Platz in der Erinnerung zuzuweisen.

Der Alexandriner

Wir haben gesehen, daß Roubaud Zahlen nicht nur konkret angibt, sondern sie auch indirekt verwendet, indem er sie in anderen Zahlen versteckt. Dies ist auch der Fall, wenn die Prinzessin Ermengarde ihre Mathematikaufgaben lösen soll, was der Hund jedoch für sie übernimmt: «Les exercices d'attrape-couillons étaient au nombre de quatre:

---

27 Roubaud, *La sextine de Dante et d'Arnaut Daniel,* in: Change No. 2 1969, 9 –38. Roubaud hat diese Sestine aus den gesammelten Werken Arnaut Daniels aus der Edition Sansoni, Florenz 1960, von G. Toja übernommen.

28 Cf. Kapitel 3.4.

29 *La fleur inverse*, cf. insbesondere Kapitel 8: *La sextine d'Arnaut Daniel et les deux pôles trobar.*

30 Ib. 299.

a) 4 et 8 font 3; 5 et 6 font 2; 9 et 9 font 9; 8 et 7 font?

b) 3 et 2 font 1; 5 et 12 font 7; 10 et 6 font 4; 8 et 8 font?

c) 3 et 6 font 4; 5 et 13 font 7; 6 et 4 font 3; 8 et 9 font?

d) 10 et 2 font 1; 20 et 4 font 2; 1 et 13 font 3; 194 et 615 font?

Le chien soupira: ces attrape-couillons étaient vraiment trop bêtes. Il n'y avait même pas besoin de réfléchir. Et il écrivit les réponses:

a) d) b) c) »[31]

Der Leser erfährt die Antworten des Hundes nicht, wird dafür aber am Ende des Textes aufgefordert, diese Aufgaben zu lösen.[32] Die Antworten dazu lauten:

q58:	Bildung der Quersumme.[33] Antwort: 8 et 7 font **6**
q59:	Betrag der Differenz $\mid a - b \mid$. Antwort: $\mid 8 - 8 \mid = \mathbf{0}$
q60*:	$\mid a - b \mid + 1, \mid a - b \mid - 1, \mid a - b \mid + 1, \ldots$: Antwort: $\mid 8-9 \mid -1 = \mathbf{0}$
q61*:	modulo 11. Antwort: 194 et 615 font **6** (modulo 11)

Von Bedeutung ist vielleicht die Reihenfolge, in welcher der Hund die Antworten aufschreibt, denn sie entspricht nicht der der Aufgabenstellung. Eine Permutation der Buchstaben *abcd* ergibt dann *adbc*. Die Antwort in dieser letztgenannten Folge lautet: **6** **6** (*mod* 11) **0** **0**. Zweimal ist das Ergebnis eine *Sechs*. Wir wissen, daß diese Zahl für Roubaud die Zahl der Sestine ist. Hier taucht sie gleich zweimal auf (wenn auch in einem Fall als 6 (*mod* 11)). Sie verstärkt somit die Bedeutung dieser poetischen Form und weist als deren Summe, 6 + 6 = 12, auf den *Alexandriner* hin, eine Versform mit zwölf Silben und einer festen Zäsur nach der sechsten Silbe. Roubaud hat sich in *La vieillesse d'Alexandre* intensiv mit dieser Form, und der metrischen Form überhaupt, auseinandergesetzt. Wenn er hier schreibt: «Le «mètre» ancien avait pour squelette nombre et rime», wird deutlich, wie eng die Zahlen, bestimmte Zahlen, für ihn immer wieder mit der Poesie verbunden sind.

Der Alexandriner ist insbesondere im 14. und 15. Jahrhundert die beliebteste Versform der französischen Dichtung. Zu den Dichtern dieser Zeit gehören auch die beiden Glöckner aus der *Princesse Hoppy*, Jean Molinet (1435 – 1507) und

31 *Hoppy*, 78.

32 Cf. die Fragen q58 bis q61. *Hoppy*, 133.

33 Bei der Quersumme einer Zahl werden deren Ziffern addiert.

Guillaume Crétin (1465 – 1525), die im Text im Zusammenhang mit *zwölf* nicht geläuteten Glockenschlägen genannt werden.[34]

Das Tanka

Ebenfalls im Kontext mit der Poesie steht die Zahl *Sieben*, auch wenn sie nur den Teil einer komplizierteren Struktur darstellt. Erstmalig erscheint sie in Kapitel 00, in dem *sieben* Fragen an den Leser gestellt werden. Dieses Zwischenkapitel besitzt die auf den Zahlen *Fünf* und *Sieben* aufbauende Struktur des *Tanka*: 5–7–5–7–7.[35] Im Text finden wir aber gerade *fünf* Belege für die Zahl *Sieben* als Zahlwort. Somit wird hier der Hinweis auf die poetische Form deutlich. Die *sieben* Fragen sind in einem kompletten, dem vorletzten, Abschnitt (fett) enthalten und bilden somit eine Einheit von Struktur und Inhalt. Die *fünf* Verse dieser japanischen Gedichtform bestehen aus insgesamt 31 Silben. Die Zahl 31 gibt in der Erzählung die Zahl der Nichten des Paschas an. Auffällig ist, daß die Vornamen der Lieblingsnichte *Marie-Josèphe* aus *fünf* bzw. *sieben* Buchstaben bestehen: «...je me glissais silencieusement dans la chambre de Marie-Josèphe, après avoir escaladé le mur recouvert de tessons de bouteilles,

[34] «Il était passé minuit et pourtant les douze coups de minuit n'avaient pas retenti au beffroi des royaumes. Cela pour deux raisons:
– la première était que la passacaille du Rossignol de l'Empereur de Chine ayant été interrompue deux fois (d'abord par une quinte de toux d'un grillon, un des jumeaux ossètes, croit-on; ensuite par un ronflement intempestif de Faraday) s'était achevée au moment précis où les deux sonneurs des cloches royales auraient dû faire résonner le quatrième des douze coups, ce dont ils s'étaient évidemment abstenus dans ces conditions (ainsi que des trois premiers) afin de ne pas offusquer l'oreille de la reine Eleonore qui était tout ouïe à son balcon;
– la deuxième raison était que les deux sonneurs de cloche, Molinet Jean et Crétin Guillaume, venaient de décider cette nuit-là précisément, de ne plus signaler minuit par douze coups comme à l'ordinaire, mais par zéro coups, estimant, comme l'expliqua plus tard Molinet Jean devant la commission d'enquête que, puisque selon l'organisation du temps en vigueur sous les latitudes du conte depuis la mort d'Uther Pandragon, la treizième heure étant encore la première, la douzième n'était au fond que la zéroième, et qu'il n'y avait aucune raison pour qu'ils continuent, à leurs âges, et pour les gages qu'ils recevaient, à taper douze coups sur leurs cloches quand il était strictement équivalent de n'en frapper aucun.» *Hoppy*, 76sq [Hervorhebung E. L.-C.].

[35] Beispiel für einen Tanka aus Roubaud, *Mono no aware*, Paris 1970, 9.

yo no naka ni
nani ni tatoyemu
asa borake
kogi yuku fune no
ato no shira nami

traversé le verger entre les citronniers verts, et franchi la porte secrète laissée entr'ouverte par la vieille dans le palais où Marmaduke Pacha logeait son chat et ses 31 nièces, dont Marie-Josèphe, sa nièce préférée.»[36]

Die Zahl 31 können wir auch in anderer Form finden: So ist die Zahl 1234567, die aus *sieben* Ziffern besteht und die Schönheit der Augen von Marie-Josèphe beschreibt, das Produkt der 31. Primzahl mit der 1199. Primzahl:

$$1234567 = 127 \times 9721.$$

Weiterhin tritt die 31 als Primzahlfaktor der Zahl 899 auf. 899 = 29 × 31 ist sogar das Produkt eines *Primzahlzwillings*, also zweier benachbarter Primzahlen. Die Zahl 899 bezieht sich in der Erzählung auf die gepflückten Beeren: «Il [le chien] avait cueilli lui-même 899 airelles. La princesse 101. Et Béryl 3 [...]. Il avait ensuite cueilli 899 embrunes, la princesse 101, et Béryl 3. [...] Le chien avait ensuite cueilli 899 myrtilles-bananes et autant de myrtilles-indigo, la princesse 101 de chaque. Et Béryl 3.»[37] Die Zahl *Drei*, die auch in diesem Beispiel auftaucht, kommt im gesamten Text 31 mal als Zahlwort und 31 mal als Ordinalzahl vor. Durch die wiederkehrenden Hinweise auf die Silbenzahl des Tankas, macht Roubaud auf eine Gedichtform aufmerksam, der er u.a den Band *Mono no aware* gewidmet hat.

Das Haiku

Ebenfalls eine Gattung der japanischen Dichtung ist das Haiku, das aus drei Versen mit insgesamt 17 Silben besteht und die Struktur 5–7–5 aufweist. Es gilt als bürgerliche Variante des Tanka. In Kapitel 1.4 haben wir bereits gesehen, daß Roubaud mit der Zahl 17 auf diese Form hinweist. In der Erzählung *La Princesse Hoppy* finden wir 17 Belege für die Zahl *Drei* als Ziffer und damit einen direkten Hinweis auf das Haiku: *drei* Verse, *siebzehn* Silben. Auch die Zahl Siebzehn erscheint mehrmals im Text. Als Zahlwort taucht sie auf, wenn der Astronom sein Alter bekannt gibt: er ist *siebzehn* Jahre alt. Das Alter der anderen Protagonisten erfährt man nicht. Die *Siebzehn* kann auch in indirekter Form nachgewiesen werden. Betrachtet man die Zahl 1003, dann ist sie das Produkt nur zweier Primzahlen: 1003 = 17 × 59. Die Zahl 59 ist aber gerade die 17. Primzahl. 1003 ist folglich das Produkt der 17 mit der 17. Primzahl und weist damit deutlich auf die Zahl 17 hin.

[36] *Hoppy*, 94.

[37] Ib. 22.

Der Hexameter

Eine weitere Zahl, die Roubaud in seinen Text integriert, ist die 89: «Le ciel était couvert des nuages épais et ombreux de l'averse, les arbres s'opposaient de toute la force de leurs feuilles à la pénétration de la lumière du jour, et le chien commença à avoir très peur, il entendait ses galoches s'entrechoquer et brinquebaler autour de son cou et depuis un moment leur bruit était devenu plus fort et plus insolite; et soudain il se rendit compte qu'au vacarme de ses galoches se mêlait celui de ses dents qui claquaient l'une contre l'autre à la cadence de 89 coups minute. Il voulut faire demi-tour, s'en retourner. Trop tard.»[38] Roubaud nennt die Zahl 89 zusammen mit der Zahl *Sechs*, da dem Hund im Moment seiner Angst sechs mögliche Wege zur Auswahl stehen, er nennt sie jedoch gleichzeitig zur Präzisierung des Begriffs *cadence*. Addiert man die beiden Ziffern 8 und 9 erhält man wieder die Zahl 17. Die Bedeutung der *Siebzehn* als Summe der Zahlen 8 und 9 finden wir bereits bei

Aristoteles, der festgestellt hat, daß der *Hexameter* aus *siebzehn* Silben besteht, was den beiden Mittelsaiten der Lyra entspricht, die im Verhältnis 8 : 9 zueinander stehen, dem Verhältnis des einfachen Intervalls.[39] Der Hexameter besteht aus *sechs* Metren, so daß die *sechs* Wege in der Erzählung ebenfalls eine Erklärung finden.

Das Sonett

Eine Interpretationsmöglichkeit der Zahl 317, die als Fallgeschwindigkeit des Hundes von einer Hängebrücke am Ende der Erzählung erscheint, findet sich in Petrarcas *rerum vulgarium fragmenta*. Roubaud hat diesen Text auf Zahlen und Daten untersucht.[40] In *La disposition numérologique du rerum vulgarium fragmenta, précédé d'une vie brève de François Pétrarque*[41] schreibt er: «Le rerum vulgarium fragmenta [...] dans sa forme ultime, contient 366 poèmes: 317 sont des *sonnets*: 29 des *cansone*, il y a 9 *sestine*, 7 *ballate* et 4 autres poèmes qu'on

38 Ib. 112.

39 Cf. Endres/Schimmel, *Das Mysterium der Zahl*, l. c.

40 Mit Hilfe der Deutung der Zahlen als Daten (366 Tage eines Schaltjahres oder 365 + 1 Tag) bestimmt Roubaud das Geburtsdatum von Laura, der großen Liebe Petrarkas: 24. Februar 1313, ein Dienstag.

41 Roubaud, *La disposition numérologique du rerum vulgarium fragmenta, précédé d'une vie brève de François Pétrarque*, in: Bibliothèque Oulipienne No. 47, III, l. c., 215 – 240.

désigne sous le nom de *madrigaux*.»[42] Die Zahl 317 gibt hier die Anzahl der Sonette an und deutet somit auf diese Gedichtform hin. Das Sonett nimmt für Roubaud eine herausragende Stellung ein, wie er in der Einleitung zu seiner Anthologie *Soleil du soleil – Le sonnet français de Marot à Malherbe* anführt: «*On peut reconnaître à la* forme sonnet *six caractères qui lui donnent une position exceptionnelle parmi les formes poétiques attestées*.»[43]

Mit dem Einsatz der Zahl 317 gelingt es Roubaud, auf das Sonett hinzuweisen, ohne dessen Struktur – d.h. ein vierzehnzeiliges Gedicht, dessen Grundform sich aus zwei Vierzeilern und zwei Dreizeilern zusammensetzt – zu benutzen. Gleichzeitig schafft er einem von ihm verehrten Dichter einen Platz in seinem Werk der Gedächtniskunst. Da Roubaud bereits mehrfach auf die Bedeutung hingewiesen hat, die bestimmte Zahlen wegen ihrer Verbindung zur Poesie für ihn haben, können wir auch hier einen direkten Zusammenhang zwischen Zahl und Dichtung sehen. Dies wird auch an anderer Stelle deutlich, wenn Roubaud in *L'invention du fils de Leoprepes* über die Seitenverhältnisse von Rechtecken spricht und sie mit dem Verhältnis der Zahl der Verse eines Sonetts zur Anzahl der Terzettverse setzt.[44]

Die Verbindung der Zahl *Zehn* mit dem Exponenten *Vierzehn*, also der Anzahl der Zeilen des Sonetts, ist die Potenz, die der Igel Bartleby in *La Princesse Hoppy ou le conte du Labrador* in einem Liebesgedicht an die Igelin Briolanja verwendet:

«Briolanja!
Toi mon ange ah!
Tu es si loin que le fleuve de mes larmes
devient un gange, ah!
Et que je chante mélancoliquement ce chant

---

[42] Ib. 229.

[43] [Hervorhebung in kursiv Roubaud, durch Unterstreichen E. L.-C.]. Zu den sechs außergewöhnlichen Eigenschaften, die Roubaud nennt, gehört z.B. die *forme savante*, seine Aktualität, seine Verbreitung in Europa.

[44] «Soit donc un rectangle [...] dont le petit côté se compose de six 'unités' et le grand de quatorze. On veut evaluer le 'rapport' (le logos selon la terminologie mathématique grecque [...]) du grand côté au petit (ce qui correspond, pour nous à un nombre exprimable par la fraction 14/6) [...] qui est celui du nombre des vers d'un sonnet par rapport au nombre de vers de ses 'tercets'.» *Leoprepes,* 98sq.

émouvant sur mon banjo

Où es-tu petite langue divine couleur cuisse de nymphe émue

Ou sont tes 10 puissance quatorze divins piquants et tes quatre divins fému

rs.»[45]

Die Zahl *10 puissance quatorze* erinnert gleichzeitig an die 10^{14} möglichen Lesarten von Queneaus *Cent mille milliards de poèmes*, deren Basis *zehn* Sonette bilden. Die Verwendung der Zahl 10^{14} unterstützt die These, daß es sich bei der Erzählung *La Princesse Hoppy ou le conte du Labrador* um einen *Gedächtnistext* handelt, in dem Jacques Roubaud den wichtigen Personen und Ereignissen in seinem Leben einen Platz zukommen läßt: hier ein weiteres Mal seinem großen Vorbild Raymond Queneau.[46]

Der ästhetische Charakter der Zahl

Im folgenden Beispiel hingegen scheint die Zahl *Sechs* in keinem erkennbaren Zusammenhang zu dem zu stehen, was sie beschreibt. Der Hund trifft auf die *Lagadoniens*, die den Versuch unternehmen, eine Universalsprache zu schaffen. Sie werden in der Erzählung als postmoderne Linguisten bezeichnet: «S'ils [les Lagadoniens] veulent parler de Bardanes, ils emportent des Bardanes; s'ils veulent parler d'Analysis situ ils emmènent un traité de topologie générale ainsi que des Atlas; si l'Idéologie les sollicite ils en emmènent six caisses. Et si d'Electrons, ils en coincent une demi-douzaine dans une boîte. Rien de plus simple.»[47]

Auch bei Jonathan Swift, aus dessen *Gullivers Reisen* das Projekt der Lagadoniens entlehnt ist, finden wir keinen Hinweis auf die Zahl *Sechs*. Eine mögliche Erklärung für den Einsatz dieser Zahl wäre aber das Streben nach Perfektion – nach einer perfekten Sprache – welches auf angemessene Weise nur durch eine

---

45 *Hoppy*, 104 (Die hier präsentierte Form des Gedichtes entspricht dem Original im Buch *La Princesse Hoppy ou le conte du Labrador*.).

46 Zur Zahl *Vier* (*tes quatre divins fémurs*) cf. Kapitel 4.2.2.

47 *Hoppy*, 116.

vollkommene Zahl wie die *Sechs* dargestellt werden kann.[48] Die Vollkommenheit dieser Zahl wird von Roubaud literarisch umgesetzt, wenn er eine Cousine der Prinzessin Hoppy, die auf ihr makelloses – vollkommenes – Äußeres größten Wert legt, *Béryl* nennt. Kristalle aus Beryll haben aber gerade eine hexagonale Symmetrie: «Or sa cousine qui avait nom Béryl était une biche, une blanche biche, blanche partout sauf peut-être avec un petit peu de rose en deux ou trois endroits. Elle portait des escarpins noirs vernis avec de grands yeux violets.

---

[48] Swift beschreibt ein Projekt an der Akademie von Lagado, wo drei Professoren an der Fakultät für Sprachen versuchen, die Sprache ihres Landes zu verbessern: «Das erste Projekt bestand darin, die Rede dadurch abzukürzen, daß man vielsilbige Wörter zu einsilbigen beschneidet und Verben und Partizipien ausläßt, da alle vorstellbaren Dinge in Wirklichkeit ja doch nur Hauptwörter seien. Das zweite Projekt war ein Plan zur völligen Abschaffung aller Wörter überhaupt, und man machte geltend, daß das außerordentlich gesundheitsfördernd und zeitsparend wäre. Denn es ist klar, daß jedes Wort, das wir sprechen, in gewissem Maße eine Verkleinerung unserer Lungen durch Abnutzung bedeutet und folglich zur Verkürzung unseres Lebens beiträgt. Es wurde deshalb folgender Ausweg vorgeschlagen: da Wörter nur Bezeichnungen für *Dinge* sind, sei es zweckdienlicher, wenn alle Menschen die Dinge bei sich führten, die zur Beschreibung der besonderen Angelegenheit, über die sie sich unterhalten wollen, notwendig seien. [...] Viele der Gelehrtesten und Weisesten sind [...] Anhänger des neuen Projektes, sich mittels Dingen zu äußern; das bringt nur die eine Unbequemlichkeit mit sich, daß jemand, dessen Angelegenheiten sehr umfangreich und von verschiedener Art sind, ein entsprechend größeres Bündel von Dingen auf dem Rücken tragen muß.» Jonathan Swift, *Gullivers Reisen*, Berlin/Weimar 1974, 262sq.

In *La Princesse Hoppy* lautet der entsprechende Abschnitt: «Les Lagadoniens, nul ne l'ignore, ces linguistes post-modernes, ont depuis très longtemps philosophiquement comme pragmatiquement corrigé le défaut des langues, imparfaites en cela que plusieurs, comme on sait. Quelle perversité, disent-ils, de conférer à *jour* comme à *nuit*, contradictoirement, des timbres obscur ici, là clair. Penser étant parler ou écrire sans accessoires, la diversité, sur terre, des idiomes empêche de proférer les mots qui sinon exprimeraient d'eux-mêmes, par une trempe unique du meilleur forgeron, Dieu, matériellement comme le conte, la Vérité. Bref, considérant que les Mots ne sont que les Noms Propres des Choses, ils ont compris qu'il était plus convenable, pratique et efficace d'emporter constamment avec soi les Choses nécessaires pour l'expression des idées ou pensées qu'ils pourraient avoir à échanger avec leurs semblables. S'ils veulent parler de Bardanes, ils emportent des Bardanes; s'ils veulent parler d'Analysis situ ils emmènent un traité de topologie générale ainsi que des Atlas; si l'Idéologie les sollicite ils en emmènent six caisses. Et si d'Electrons, ils en coincent une demi-douzaine dans une boîte. Rien de plus simple. Et c'est ainsi que procédaient, dit le conte, par cette après-midi d'averse, les Lagadoniens se rendant à la Cour pour une entrevue avec leur roi, accompagnés de leurs serviteurs, qui transportaient dans des charrettes les commodités de la conversation. Voyant le chien, ils s'arrêtèrent poliment, et l'un d'eux, sortant de sa poche un grand point d'interrogation, le lui présenta et attendit.» 116.

Les Mots und *Les Choses* weisen auf Werke von Sartre und Perec hin.

Et elle refusait de jouer à la balle avec la princesse et son chien, disant de sa petite voix acidulée en ouvrant ses grands yeux humides: «Excusez-moi, mais je dois rester d'une blancheur immaculée.» Et elle ne voulait pas nager dans la rivière pour la même raison.»[49] Vollkommenheit bedingt hier jedoch Langeweile. Die Prinzessin Hoppy ist deshalb nicht begeistert, als sie sich mit ihrer Cousine beschäftigen soll, statt allein mit ihrem Hund zu spielen.

Die Bedeutung der Zahl *Zehn* für die Textkonstruktion haben wir bereits gezeigt: Die *neun* Kapitel der *Princesse Hoppy* sind in *zehn* Abschnitte unterteilt.

«DIX – En toutes choses, lorsqu'on est arrivé à la perfection, on ne continue pas, on recommence. Le fait du nombre dix, comme limite des nombres, est de tous les pays et de tous les temps.»[50] Durch die Wahl der Zahl *Zehn* für die Anzahl der Abschnitte strebt Roubaud Vollständigkeit und Perfektion an, wenn auch vielleicht nicht im biblischen Sinne oder in mathematischer Hinsicht wie bei der Zahl *Sechs*, so doch in Anlehnung an die pythagoreische Auffassung der *Zehn* als Summe der ersten *vier* Zahlen, so daß auch hier wieder die *Vier* eine entscheidende Rolle spielt. Auch wenn Roubaud seine *Autobiographie, chapitre dix* schreibt, die aus Gedichten besteht, die in den achtzehn Jahren vor seiner Geburt geschrieben wurden, scheint die Zahl *Zehn* Abgeschlossenheit zu bedeuten, denn es gibt nur ein *chapitre dix*, aber keine weiteren Kapitel.

Suchen wir nach der *Zehn* in der Erzählung *La Princesse Hoppy*, so können wir sie nur dreimal als Zahlwort nachweisen. Zweimal steht sie in Zusammenhang mit möglichen Gästen im Schloß der Prinzessin Hoppy: «Où il y a pour quatre, il y a pour six. On se mettait à table tous ensemble et il restait encore bien assez de dessert pour le chien. Même on pouvait tenir à huit. A dix même quand toutes les tours dans le château étaient occupées.»[51] Etwas später heißt es: «On était dix à table et le chien commença à se plaindre de ne plus avoir assez de dessert.»[52] Hierbei scheint die Zahl *Zehn* das Maximum, *la limite des nombres*, auszudrücken, denn die Reihe der Gäste wird nicht fortgeführt. Im dritten Fall weist der Hund auf die Zahl der Sätze eines mathematischen Rätsels hin, das er für die Prinzessin Ermengarde lösen will: «L'exercice de béaba lui parut à première vue plus intéressant; l'énoncé comportait dix phrases, ce qui n'est pas mal.»[53]

[49] *Hoppy*, 17.

[50] Emmanuel Chabrery, *La Bible décryptée*, Paris 1994, 5.

[51] *Hoppy*, 41.

[52] Ib. 44.

[53] Ib. 78. Für die Lösung ist die Anzahl der Sätze nicht von Bedeutung. Cf. 4.3.2.

Der autobiographische Charakter der Zahl

Wir haben gesehen, daß die verwendeten Zahlen der Erinnerung dienen, um Ereignisse, Personen und Dichtung vor dem Vergessen zu bewahren. In *La Princesse Hoppy* lassen sich einige Zahlen nicht nur im Kontext mit der Poesie erklären, sondern zugleich autobiographisch.

So spielt die Zahl *Sechs* bei der Rasur des Königs Desmond eine Rolle, denn diese läuft in genau *sechs* Schritten ab: «North Dakota sortait le sabre de son étui et entreprenait l'opération du rasage proprement dite, selon l'ordre immuable et traditionnel suivant le parcours de la surface rasable:

a) le menton

b) la lèvre inférieure

c) la joue droite

d) la joue gauche

e) la lèvre supérieure

f) le cou.»[54]

Während Roubaud hier nicht explizit auf die Zahl *Sechs* aufmerksam macht, betont er sie aber in seinem Roman *L'Enlèvement d'Hortense*, denn dort hat diese Zahl eine grundlegende Funktion im Text. Der Inspektor Blognard rasiert sich ebenfalls mit einem Säbel und in derselben Reihenfolge wie oben: «L'inspecteur [...] se rasait, selon un ordre sévère et immuable [...]. C'était pendant cette opération de rasage en <u>six</u> parties (ou mouvements symphoniques) que Blognard progressait dans ses enquêtes.»[55] Bereits in der 1977 erschienenen *Autobiographie, chapitre dix* beschreibt Roubaud diese aus *sechs* Schritten bestehende Rasur.[56] In *Le grand incendie de Londres* erfahren wir den Ursprung dieser Methode, die von Roubauds Großvater stammt, und die auch Roubaud später übernommen hat.[57] Somit gehört diese Passage in *La Princesse Hoppy* zu den als Erzählung verarbeiteten autobiographischen Erinnerungen, repräsentiert durch die Zahl *Sechs*.

54 *Hoppy*, 99.

55 *L'Enlèvement d'Hortense*, 22.

56 *Autobiographie, chapitre dix*, 95.

57 *Incendie*, 131.

Die Zahl 42 taucht in der Erzählung als Jahreszahl auf: ««Allô, ici South Dakota, dromadaire de confiance du roi Desmond; Votre Majesté se souvient-elle de moi?» «Mais oui, mais oui, c'est bien vous qui traversiez si rapidement le désert de Libye pendant l'été 42?» «C'est moi-même. Votre Majesté a une excellente mémoire»»[58]

Auch hier läßt sich eine persönliche Bedeutung dieser Jahreszahl für Roubaud nachweisen: «L'année sans doute la plus dure de la guerre fut l'année scolaire 41 – 42 [...] car un triple fardeau pesait sur elle: – c'était ma première année de lycée [...]; – c'était l'année en apparence la plus favorable à Hitler [...]; – c'était l'année où la faim fut la plus palpablement présente.»[59] Es ist anzunehmen, daß auch hier die Zahl eine bestimmte Erinnerung verankert, da sie innerhalb der Erzählung in keinem bekannten zeitlichen Rahmen steht.

Aus autobiographischer Sicht wichtiger als die Zahl *Sechs* oder die 42 ist die *Neun*. Suchen wir jedoch nach dieser Zahl in *der Erzählung*, dann ist es erstaunlich, daß diese für Roubaud wichtige Zahl als *Wort* nur an zwei Stellen auftritt, einmal als Angabe der Anzahl der Kapitel und zweitens in der Erzählung des Astronomen, der die Namen seiner Geliebten vor und nach dem 4. August aufzählt:

««Aromate - Bélise - Edwige - Idoménée - Hildehilde - Hespéride - Bouroulboudour - Hamadryade - Marie-Josèphe» dit l'astronome en s'évanouissant après chaque prénom. «Abrégeons, abrégeons» dit la princesse «appelle-la Marie-Josèphe et continue, pour l'amour du ciel, continue». «C'est que le nom que je vous ai dit était celui qu'elle portait avant le quatre août. Pas celui qui était le sien quand je lui ai parlé pour la première fois» «Et celui-là?» dit la princesse avec un commencement de résignation» «ah, celui-là c'était Elizonde - Iphigénie - Basalte - Aphrodite - Harquebuse - Basane - Hio - Hémilienne - Marie-Joséphe» proféra le jeune homme au prix de <u>neuf</u> nouveaux évanouissements. «Qu'est-ce que ça change? Marie-Josèphe ira très bien dans les deux cas. Continue.»[60]

Die Bedeutung der *Neun* als Zahl für die geliebte Frau wird jedoch dadurch unterstützt, daß Marie-Josèphe *neun* Namen besitzt. Wir haben bereits in Kapitel 1.4 auf ein Gespräch mit José-Luis Reina hingewiesen, in dem sich Roubaud zur

---

58 *Hoppy*, 97.

59 *La Boucle*, 162sq.

60 *Hoppy*, 90 [Hervorhebung Kontur Roubaud, durch Unterstreichen E.L.-C.].

Zahl *Neun* und deren Symbolik von der Antike bis zur *poésie de la meditation médiévale et de la Renaissance* äußert. In der christlichen Tradition deutet die Zahl *Neun* auf Leiden und Passion hin – der Tod Christi trat zur neunten Stunde ein – in *Quelque chose noir*, dessen Konstruktionsprinzip auf der *Neun* basiert, setzt sich Roubaud mit dem Tod seiner jungen Frau Alix Cléo Roubaud auseinander. Eine weitere christliche Deutung der *Neun,* die die göttliche *Eins* zur *Zehn* ergänzt, führt zu den *neun* Ordnungen der Engel. Die *Neun* als Engelszahl ist für Dante in *Beatrice* verkörpert.[61] Da die *Neun* in *La Princesse Hoppy* nur erscheint, wenn der leidenschaftlich verliebte Astronom die *neun* Namen seiner Geliebten aufzählt, ist anzunehmen, daß Roubaud mit dieser Zahl seine Passion für seine Frau, die durch den frühen Tod auch mit großem Leiden verbunden ist, ausdrückt. Indem er die Erzählung in *neun* Kapitel einteilt, widmet er sie Alix-Cléo.

Die Zahl *Siebzehn* besitzt eine zutiefst persönliche Bedeutung für Roubaud, die er jedoch nicht preisgibt. Vielleicht verkörpert auch diese Zahl Erinnerungen an seine Frau Alix-Cléo, da sie durch die Zahl eng mit der schon zitierten Photoserie *si quelque chose noir*, bestehend aus genau *siebzehn* Photographien, verbunden ist.

Wir haben bereits darauf hingewiesen, daß das Produkt der beiden Zahlen *Neun* und *Siebzehn* die Zahl 153 ergibt. Diese ist die Dreieckszahl über der *Siebzehn,*

---

61 «Welche Beweggründe hatte der Dichter, sämtliche Belege der ersten Cantica nach den Zahlen drei und neun anzuordnen? Drei ist in erster Linie Symbolzahl der Trinität, neun Symbolzahl der Engelshierarchien. Diese und andere Deutungen der beiden Zahlen, denen man in christlichen Texten begegnet, sind in diesem Fall zunächst unbefriedigend und führen zu keiner Lösung. Nur eine Deutung ist in diesem Fall möglich: mit der Zahl neun (und ihrer Wurzel) weist Dante auf das an den Namen Beatrice gebundene und in seinem Frühwerk, der „Vita Nuova", gestaltete Erlebnis seiner Jugend. Wie man weiß hat Dante an zahlreichen Stellen seiner „Vita Nuova" auf die Rolle hingewiesen, die die Neun im Zusammenhang seiner Begegnung mit Beatrice gespielt hat. Im weiteren Verlauf seines autobiographischen Werks kommt Dante wiederholt auf diese Zahl, die bereits am Beginn seiner Bekanntschaft mit Beatrice steht, zurück, immer bemüht, eine besondere Beziehung zwischen der Zahl und der Frauengestalt aufzuzeigen.» Hardt, *Die Zahl in der Divina Commedia*, l. c., 292.

woraus man ihre zahlensymbolische Relevanz herleitet.[62] Roubaud verwendet die 153 zwar nicht explizit, wir haben im Kapitel *Zahlenkomposition* jedoch zeigen können, daß sie entscheidend für den Aufbau der Erzählung ist, die aus genau 153 Abschnitten besteht.

Wichtig für die in *La Princesse Hoppy* verarbeiteten Zahlen ist auch die Frage nach deren Bedeutung in Roubauds anderen Werken. In der *Autobiographie, chapitre dix*,[63] die in sechs Kapitel mit insgesamt 317 durchnumerierten

---

62 Selbst wenn die christliche Tradition für Roubaud persönlich nicht von großer Wichtigkeit ist, so ist er sich doch ihrer Bedeutung bewußt. Die 153 taucht im Johannesevangelium als die Zahl der von den Jüngern gefangenen Fische auf. Die mittelalterlichen Theologen führten diese Zahl auf die Siebzehn, 17 = 10 + 7 zurück, die für Gesetz (die zehn Gebote) und Gnade (sieben) steht. Berühmt ist die Deutung des Heiligen Augustin: «Alle seine Deutungen der Zahl 17 konvergieren trotz unterschiedlicher Einzelheiten in dem einen Grundgedanken, daß zum Gesetz die Gnade hinzutreten muß, wenn der Mensch das Heil erlangen will.» Hardt, *Die Zahl in der Divina Commedia*, l. c., 305sq. An anderer Stelle schreibt Hardt: «Die Zahl 153 verdankt ihre Bedeutung dem Bericht des Johannes, daß Petrus auf Geheiß des Herrn 153 Fische an Land zog (cf. Joh, 21, 11). Diese Zahl, die wie u. a. Augustin nachweist, die Dreieckszahl über der Basis 17 ist, wurde allgemein als Symbolzahl aller Erlösten verstanden, die in den Frieden Gottes eingehen, der Schar derjenigen, die, wie Pseudo-Isidor sagt, „functi hac vita, omnibus tentationibus hujus mundi, qui quasi pelagus est, caruerunt, et jam in illa aeterna beati sunt."» Ib. 239. Hardt weist auch auf den Bezug zur Siebzehn hin: «Diese geheimnisvolle Zahl ist aber die Dreieckszahl über der Zahl 17! Von da aus lag es wiederum nahe, die Zahl 153 als Symbolzahl aller Heiligen, aller „perfecti" zu betrachten, die durch die Beachtung des Gesetzes und die siebenfachen Gaben der Gnade das ewige Heil erlangen.» Ib. 305.

Endres/Schimmel erklären die Symbolik der 153 folgendermaßen: «Rätselhaft erscheint zunächst die 153, die im Johannesevangelium als Zahl der von den Jüngern gefangenen Fische auftaucht (Joh. 21.11). Die mittelalterlichen Theologen haben sich sehr bemüht, ihr Geheimnis zu finden und konnten sie auf die Siebzehn zurückführen, die ja Gesetz (Zehn) und Gnade (Sieben) enthält. Als 3×3×17 und als Summe aller Zahlen von Eins bis Siebzehn konnte die 153 in der Tat zu einem guten Symbol für die Beziehungen zwischen Gesetz und Gnade, zwischen Trinität, Gesetz und Ruhe werden. 153 bedeutet dann, nach Augustin, die Fülle der Gläubigen aus aller Welt, die von den „Menschenfischern" für das Gottesreich gewonnen werden.» *Das Mysterium der Zahl*, l. c., 287.

63 Roubaud schreibt über *Autobiographie, chapitre dix*: «Il m'est arrivé en 1918 *la première aventure céleste de monsieur Antipyrine*, en 1919 *la deuxième*; en 1918 encore la *lucarne ovale* de Pierre Reverdy, en 1923 *Rrose Sélavy* de Marcel Duchamp et Robert Desnos [...] De tous ces poèmes, composés dans les dix-huit années (1914 – 1932) qui précédèrent ma naissance, j'ai fait ce livre, chapitre dixième d'une autobiographie: *la vie est unique*, mais les paroles d'avant la mémoire font ce qu'on en dit.» *Autobiographie, chapitre dix*, Klappentext.

Abschnitten eingeteilt ist, finden wir unter der Zahl 153 die Überschrift *Portrait de l'artiste en Labrador*, im Abschnitt zuvor kündigt Roubaud – wie wir in Kapitel 4.1.1 gesehen haben – sein Selbstporträt an: «le moment est donc venu de mon autoportrait.»[64] Damit scheint die Annahme gerechtfertigt, daß diese Zahl die Person des Dichters widerspiegelt. Die große Liebe des Dichters bzw. seine enge Verbundenheit mit Alix-Cléo wird durch die Gleichung

$$9 \times 17 \text{ (Alix)} = 153 \text{ (Roubaud)}$$

symbolisiert und in der Struktur der Erzählung *La Princesse Hoppy ou le conte du Labrador* verewigt.

Den gleichen Zusammenhang zwischen der Zahl 317 und *prends congé* wie in *Autobiographie, chapitre dix*, wo im letzten Abschnitt, dem 317., gerade nur die beiden Worte *prends congé* stehen, können wir auch in La Princesse Hoppy nachweisen: Nachdem der Hund mit einer Fallgeschwindigkeit von 317 m/s in den Fluß stürzt, lesen wir: «coda **Le conte prend congé**.»[65] Die Zahl 317 hat als letzte Zahl in der Erzählung somit auch deren Ende angedeutet. Sehen wir uns weitere Werke Roubauds an, dann entdecken wir diese Zahl auch in den Romanen der schönen Hortense. In *La belle Hortense* taucht die 317 als Haustürcode auf: «le code Sinouls PL 317»[66] In *L'Enlèvement d'Hortense* finden wir sie als Hörsaalnummer «Les étudiants pour le cours de M. Roubaud sont attendues en salle 317»[67]

Somit scheint auch die Zahl 317 in enger Verbindung zu der Person Roubaud zu stehen. Gleichzeitig wird so die Auffassung unterstützt, daß es sich bei der *Princesse Hoppy* um ein Werk der dichterischen *Gedächtniskunst* handelt, da eine Vielzahl von im Text ungewöhnlich erscheinenden Aussagen nur im Zusammenhang mit Roubauds Biographie verstanden werden kann: *La Princesse Hoppy* ist Roubauds Gedächtnis.

Der mathematische Charakter der Zahl

In vielen Textpassagen tritt verstärkt die mathematisch-naturwissenschaftliche Bedeutung der Zahl hervor. Die *Sechs* steht beispielsweise in enger Verbindung

[64] Roubaud fügt hinzu: «en prose. Il existe également, mon portrait poème. Voir numéro 155.» Ib. 93.

[65] *Hoppy*, 124.

[66] *La belle Hortense*, 104.

[67] *L'Enlèvement d'Hortense*, 167.

zu der Geschichte des Astronomen. So finden wir sie *sechsmal* innerhalb einer Multiplikation (modulo 18, wobei 18 die dreifache Sechs ist) der *arithmetischen Tulpen*,[68] von welcher der Astronom berichtet: «Un peu plus loin s'élevait comme une polyphonie de jeunes voix: «six fois un, six; six fois deux, douze; six fois trois zéro; six fois quatre...» «six fois quatre six» interjecta le chien machinalement» «C'était un parterre de petites tulipes arithméticiennes récitant leur table de multiplication modulo dix-huit.»[69]

Der Umgang mit Zahlen bedeutet hier also konkret *Rechnen*. Der Astronom unterbricht seine Erzählung für genau *sechs* Minuten: «Il se fit un silence de six minutes»,[70] und seine astronomischen Untersuchungen beziehen sich auf den «sixième secteur du ciel».[71] Im Anhang stellt Roubaud die Frage an den Leser, «Pourquoi l'astronome est-il en train d'observer le «sixième secteur du ciel»?» Diese Frage ist leicht zu beantworten, da der Leser zuvor erfährt, daß der Astronom die «Constellation du Chien» studiert: Dieses Sternbild findet man in kartographischen Darstellungen des Fixsternhimmels aber gerade im *sechsten* von vierundzwanzig Sektoren. Die Zahl *Sechs* weist eventuell auch auf die 60er-Ordnung der babylonischen Zählreihe hin und gehört somit zum geschichtlichen Umfeld des Astronomen.[72] Die Zahl *Sechs* bekommt hier einen mathematisch-historischen Charakter.

Aus mathematischer Sicht hat die Zahl *Sechs* viele interessante Eigenschaften, die hier nicht alle genannt werden können. So ist sie nicht nur eine vollkommene Zahl, d.h. die Summe ihrer echten Teiler ergibt wieder die Zahl selbst: $6 = 1 + 2 + 3$, sondern sie ist auch die *kleinste* der vollkommenen Zahlen. Zugleich ist sie die kleinste *ganze Zahl*, deren Kubikzahl als Summe von drei Kubikzahlen dargestellt werden kann: $6^3 = 3^3 + 4^3 + 5^3$. Auffällig ist außerdem, daß es kein *griechisch-lateinisches Quadrat* der Ordnung *sechs* gibt, wie Tarry 1901 zeigen konnte.[73]

---

68 Wenn Roubaud hier *Tulpen* in Verbindung mit der Zahl *Sechs* wählt, dann vielleicht aufgrund der *sechs* Blütenblätter, welche diese Liliengewächse im allgemeinen haben.

69 *Hoppy*, 26.

70 Ib. 29.

71 Ib. 27.

72 Cf. Menninger, *Zahlwort und Ziffer*, I, l. c.

73 Zu weiteren mathematischen Eigenschaften der Zahl *Sechs*: Cf. Le Lionnais, *Les nombres remarquables*, l. c., 59 – 61. Zu den griechisch-lateinischen Quadraten cf. Kapitel 3.3.

Roubaud setzt in *La Princesse Hoppy* Zahlen ein, um Größenverhältnisse, Reihenfolgen,[74] Mengen, Uhrzeiten,[75] etc. genau anzugeben, eine Vorgehensweise, die auch in vielen Texten anderer Autoren zu finden ist. Auffällig ist hingegen, daß viele Zahlen einen Bezug zur *Vier* haben, wenn dieser auch nicht immer so offensichtlich ist wie in dem Beispiel, in welchem ein *Rechteck* beschrieben wird. Diese geometrische Figur tritt auf, als Utherpandragon, der Onkel der vier Könige, seinen Neffen, von denen jeder sein Lieblingsneffe ist, ein Hochzeitsgeschenk machen möchte. Gerechterweise sollen alle vier das Gleiche bekommen, nämlich einen rechteckigen Rasenplatz vor ihrem jeweiligen Schloß. «Uther fit venir son architecte-paysagiste et lui dit: «Sire Architecte, je veux que chaque pelouse ait exactement 35 mètres de long et 43 mètres de large» «Mais, Sire», objecta l'Architecte,» une pelouse, même rectangulaire, ne peut pas être plus large que longue» «ça ne fait rien, dit Uther, ça leur rappellera un drap de billard» «Et n'oubliez pas» ajouta-t-il «de leur donner à chacune 157 mètres de périmètre» «oh, je sais» continua-t-il en voyant que l'architecte allait de nouveau objecter «je sais bien que 35 + 43 + 35 + 43 font 156 et non 157. Mais ça leur fera un bon mètre de réserve pour l'ourlet». Ainsi fut fait. Les châteaux s'élevèrent en bordure des pelouses. Ils avaient 35 mètres de façade.»[76] Roubaud betont diese Maße nochmals an späterer Stelle im Text.[77] Zweierlei ist an diesem Beispiel auffällig: Zum einen wird deutlich, daß der Architekt kein Mathematiker ist,

[74] Die Prinzessin gliedert ihre Gedanken mit Hilfe von Zahlen: «Le visage de la princesse s'était donc fait absolument lisse et ses yeux, ordinairement d'un beau gris étaient devenus d'un bleu léger et candide tandis qu'elle réfléchissait intérieurement :1° aux myrtilles qui n'avaient pas encore été ramassées 2° à la pauvre Béryl dont la blancheur immaculée courait, selon toute vraisemblance, les dangers les plus graves 3° que l'heure du déjeuner approchait dangereusement et que la reine Ingrid détestait se mettre en retard à table.» *Hoppy*, p. 36. Zahlen werden ebenfalls verwendet, um die Reihenfolge einer Zeremonie darzustellen: «Dès que le chien avait donné à la princesse. Conformément à la charte. les quatre léchous [léchou de nez (1). léchous d'oreilles (2 et 3). léchou de menton (4)], la princesse sautait sur le lit. jetait le chien au bas du lit à coups de pieds.» *Hoppy,* 42 [Interpunktion von Roubaud].

[75] «La voiture de l'Alcade passait à 8 heures; celle du boulanger à 9; à 10 heures passait l'estafette du facteur; puis un ilote à onze heures, mais à pied.» Ib. 23.

[76] Ib. 18.

[77] «Et quand il [Onophriu] avait envoyé la princesse jouer au croquet avec son chien sur la pelouse de 43 mètres de large et de 35 mètres de long au bas du perron, il s'enfermait avec son cousin dans son cabinet, et complotait.» Ib. 56. Die Zahl 35 kommt noch einmal vor, wenn die Königin Eleonore ein Essen gibt: «En bas de table, à 4 fois 4 mètres du roi et à 35 centimètres en dessous (à cause de la pente), il y avait les quatre canards qui étaient ce soir-là les invités de la reine.» Ib. 67.

denn Begriffe wie *Breite* und *Länge* eines Rechtecks sind in der Geometrie nicht üblich. Man spricht im allgemeinen nur von Seiten, die in der Regel mit den Buchstaben *a* und *b* bezeichnet werden, wobei es unerheblich ist, welche von beiden Seiten die größere ist. Daß Uther diese Begriffe dennoch verwendet, jedoch entgegen der landläufigen Auffassung, zeugt einmal von Roubauds humorvoller Art zu schreiben, stellt jedoch auch herkömmliche Meinungen und Ausdrucksweisen in Frage. Die beiden Seitenlängen der rechteckigen Rasenfläche besitzen weder mathematisch besonders interessante Eigenschaften,[78] noch haben sie einen bedeutenden symbolischen Wert.[79] Auch der Umfang der Fläche, die Zahl 156, ist eine eher unauffällige Zahl. Dies scheint Utherpandragon zu einer weiteren ungewöhnlichen Forderung zu veranlassen: Der Umfang soll 157 m betragen bei gleichbleibenden Seitenlängen. Roubaud könnte diese Zahl gewählt haben, weil sie zu den *Primzahlen* gehört, die er besonders schätzt. Allerdings liegt die Vermutung näher, daß auch hier die Zahl an etwas erinnern soll, nämlich an Roubauds erstes Werk ∈, das auf 157 Go-Zügen aufgebaut ist. Der humorvolle Umgang mit geometrischen Gegebenheiten wird ebenfalls sichtbar. Gleichzeitig scheint Roubaud das arithmetische Weltbild ins Wanken zu bringen und stürzt damit den Leser in einen mathematischen Konflikt, da dieser sich den einen Meter zusätzlichen Umfangs rechnerisch nicht erklären kann. Die Folge ist ein In-Frage-Stellen des mathematischen Wahrheitsbegriffs.

Primzahlen oder Produkte zweier Primzahlen treten in *La Princesse Hoppy* besonders häufig auf. Zu den größeren Zahlen, die Roubaud verwendet, gehört die 1234567. Marie-Josèphe möchte vom Astronomen wissen, welches ihrer Augen das schönere ist. Dieser macht sich dazu die folgenden Gedanken: «J'avais jusque-là répondu spontanément, sans réfléchir, mais je sentis que si je disais cette fois encore la vérité, comme elle se pressait à mes lèvres, à savoir que chacun de ses yeux valait, pour moi, 1 234 567 fois l'autre, et réciproquement, j'étais perdu. Mais choisir l'un était impossible. Choisir l'autre impensable. Il ne me restait vraiment qu'une solution. Et je dis "commandez, vous serez obéie".»[80] Anzumerken ist, daß diese Zahl, deren Ziffern aus den ersten sieben natürlichen

78 35 ist das Produkt zweier Primzahlen, 43 ist die vierzehnte Primzahl.

79 Es sei denn, man spiegelt die Zahl und erhält die 53, welche eng mit Georges Perec verbunden ist, dessen unvollendeter Roman *53 jours*, den Roubaud zusammen mit Harry Mathews herausgegeben hat, mit dem Leser spielt, indem er ihn glauben macht, es handele sich um eine realistische Erzählung, während er in Wahrheit ein Buch voller Bücher ist, die sich gegenseitig reflektieren und kommentieren. In Roubauds Romanzyklus *La belle Hortense* hat die Zahl 53 eine zentrale Rolle inne, worauf an dieser Stelle jedoch nicht eingegangen werden soll.

80 *Hoppy*, 93. Cf. Kapitel 4.3.1.

Zahlen bestehen, das Produkt von nur zwei relativ großen Primzahlen ist:[81] 1234567 = 127 × 9721, also über keine anderen Teiler verfügt, wobei 127 die 31. Primzahl ist und somit auf die 31 verweist, über deren Bedeutung für Roubaud wir bereits gesprochen haben. Die Zahl 9721 ist die 1199. Primzahl. Die Zahl 1199 ist ebenfalls wieder ein Produkt zweier Primzahlen: 1199 = 11×109. Die beim Pflücken der Beeren vorkommenden Zahlen 101 und 3 sind ebenfalls Primzahlen. Die 899 ist das Produkt eines *Primzahlzwillings*, d.h. das Produkt der benachbarten Primzahlen 29 und 31. Die Zahl 29 ist die zehnte Primzahl und weist somit indirekt auch auf die *Zehn* hin, die nicht nur ein wesentliches Konstruktionselement der Erzählung ist, sondern auch die Basis unseres Dezimalsystems.[82] Auch die Zahl 89 steht aus mathematischer Sicht in Verbindung mit der *Zehn*, denn sie ist die 10. Mersennesche Primzahl.[83]

Die Zahl 317 gibt die Fallgeschwindigkeit des Hundes an, der von einer Hängebrücke springt, um einer lebensbedrohlichen Situation zu entrinnen und hat somit physikalischen Charakter. Eine Gestalt, die wie folgt beschrieben wird: «Il semblait un mélange sans nom de Turc, de Corsaire et de Sémanticien» will sich mit dem Hund duellieren, der jedoch die Flucht ergreift: ««Viens te battre quand même, chien ignoble et canin, un de nous deux est de trop sur cette terre; et c'est toi.» A ces mots, le chien n'hésita pas une seconde. Prenant ses pattes à son cou (ce qui n'était pas une mince affaire, puisque son cou était déjà occupé par ses galoches) il descendit du pont à la vitesse de 317 mètres seconde et se jeta dans le torrent. Le courant aussitôt l'enveloppa avec son vacarme, mais il put entendre, avant de boire la tasse, ces mots terribles:

81 Die Zahlen 12345, 123456, 12345678, 123456789 sind weder Primzahlen, noch Produkte zweier Primzahlen. Zwar sind 123 und 1234 Produkte zweier Primzahlen, jedoch relativ kleine Zahlen.

82 Diese Zahl finden wir in *La Boucle* als Nummer eines Zuges, wenn Roubaud seine Vorliebe für Bahnreisen beschreibt. Nicht nur hier, sondern an vielen Stellen im Text, sind Hinweise auf persönlich wichtige Ereignisse, Personen oder Tiere eingebaut, die in Roubauds Leben eine Rolle gespielt haben. Cf. *La Boucle*, 114. In der Zahlensymbolik ist die 101 als Unendlichkeitszahl gedeutet, denn sie überschreitet die Hundert, die Zahl der Erfüllung bzw. das vollkommene Gute. Da wir mehrfach den Zusammenhang mit der Gralsgeschichte untersuchen, läßt sich auch hier ein Bezug herstellen: Mac Queen weist darauf hin, daß das englische Poem *Sir Gauvain and the Green Knight* eines unbekannten Autors 101 Stanzas umfaßt. MacQueen, *Numerology*, l. c., 142.

83 Primzahlen der Form $M_n := 2^n - 1$ heißen *Mersennesche Primzahlen.* M_n kann nur Primzahl sein, wenn n eine Primzahl ist. Für $n < 20\,000$ gibt es genau 24 *Mersennesche Primzahlen*, nämlich für n = 2, 3, 5, 7, 13, 17, 19, 31, 61, **89**, 107, 127, 521, 607, 1279, 2203, 2281, 3217, 4253, 4423, 9689, 9941, 11213, 19937.

PRENDS GARDE! PRENDS GARDE À LA PRINCESSE!»[84]

Die Zahl 317 gibt die Fallgeschwindigkeit beim freien Fall an. Um die Geschwindigkeit v = 317 m/s beim Sturz von der Hängebrücke zu erreichen, müßte der Hund aus einer Höhe von h = 5 121,78 m fallen, wenn man für die Fallbeschleunigung g den mittleren Wert $g_m = 9{,}81 \text{ m/s}^2$ zugrundelegt:

$$v = \sqrt{2gh} \quad \Rightarrow \quad h = v^2 / 2g$$

Die Fallzeit würde $t = \sqrt{2h/g}$, also t = 32,31 s betragen. Mit einer Geschwindigkeit von 317 m/s hätte der Hund fast Schallgeschwindigkeit erreicht, die in Luft von der Temperatur T abhängt und annähernd $c[\text{m/s}] = 331{,}6 + 0{,}6T[°\text{C}]$ beträgt. Aus diesen Werten können wir folgern, daß es sich bei der Zahl 317 wohl kaum um eine exakte physikalische Angabe handeln kann, da die Höhe einer Brücke von über fünf Kilometern nicht der Wahrscheinlichkeit entspricht: Der Hund hätte diesen Sturz nicht überlebt. Die Zahl 317 besitzt somit im Text einen symbolischen Charakter.

Die Darstellung der Zahlenbereichserweiterung

Die Beschreibung der Entwicklung des Zahlenbegriffs von dessen Entstehung bis zu Cantors transfiniten Zahlen ist ein wichtiges Element in Roubauds Erzählung. Wir haben gesehen, daß, noch bevor es schriftlich fixierte Zahlen gab, Menschen bereits zählten und das Zählen zu Roubauds großen Leidenschaften gehört. Auch in *La Princesse Hoppy* wird gezählt. Wenn Hoppy zusammen mit ihrer Cousine Béryl und dem Hund Beeren pflückt, dann zählt dieser, wie wir gesehen haben, wieviel jeder von ihnen von jeder Sorte gesammelt hat.

Der Bereich der natürlichen Zahlen wird durch die *vier* Grundrechenarten erweitert, auf die ebenfalls im Text hingewiesen wird. So hat Ermengarde die folgenden Aufgaben zu lösen: «a) 4 et 8 font 3; 5 et 6 font 2; 9 et 9 font 9; 8 et 7 font? b) 3 et 2 font 1; 5 et 12 font 7; 10 et 6 font 4; 8 et 8 font?»[85] Während es sich bei a) um eine Summe und deren Quersumme handelt, so daß die fehlende Antwort „6“ lautet, sind in b) die *Beträge* $|a - b|$ einer Differenz $a - b$ zu bilden. *8 et 8* entspricht dann $|8 - 8|$ und das ergibt Null. Auch die beiden anderen Rechenarten werden in der Erzählung verarbeitet, jedoch nicht in der Form konkreter Aufgaben, sondern in einem Lied:

---

[84] *Hoppy*, 124.

[85] *Hoppy*, 78.

Incantation des quatre operations

«Les petits visons
De Barbizon
Nous les divisons, nous les divisons.
Un vison pour Ermengarde,
Un vison pour Béryl,
Nager dans le lac de Garde
Ne va pas sans péril.
...
Les petits supions
Du golfe de Lion
Nous les multiplions, nous les multiplions,
Un supion pour Ermengarde,
Un supion pour Béryl
Ne marchez pas par mégarde
Sur le pied d'un crotale.»[86]

Durch die arithmetische Operation der Division wird der Zahlenbereich auf die *rationalen Zahlen* erweitert, die bei Roubaud eine untergeordnete Rolle spielen. In *La Princesse Hoppy* taucht selten eine rationale Zahl bzw. ein echter Bruch auf: «D'ailleurs, dit le conte, en cette manière il ne perdait guère plus de sept dixièmes de seconde à pousser la trappe quand sonnait l'heure du réveil.»[87] Auch im folgenden Zitat handelt es sich um Zehntel, womit es Roubaud gelingt, auch mit rationalen Zahlen auf die *Zehn* hinzuweisen. Hierfür benutzt er die Inverse bezüglich der Multiplikation: «Si on m'avait interrogé encore, j'aurais dit: un dixième de seconde. Tant j'étais comme hors du temps» (tout ceci s'adressait directement au chien) mais il s'agissait pourtant bien de quatre minutes.»[88]

Die *reellen Zahlen* werden in Roubauds Erzählung durch die Konstante π vertreten, welche zur Beschreibung der Sprache *canard postérieur* dient: «pour pouvoir être entendu de Carnot trois [...] Carnot quatre avait auparavant effectué une rotation de pi dans le sens direct.».[89]

Wir haben in Kapitel 2.1 gesehen, daß die Algebra durch die Erweiterung des Zahlenbereichs neuen Aufschwung bekam. Das Lösen von Gleichungen 2., 3. und 4. Grades führte zu den *imaginären* und damit zu den *komplexen Zahlen.*

86 Ib. 80sq [Hervorhebung E. L.-C.].

87 Ib. 40 [Hervorhebung E. L.-C.].

88 Ib. 89 [Hervorhebung E. L.-C.].

89 Ib. 70 [Hervorhebung durch Unterstreichen E. L.-C.].

Hamilton entdeckte später die *Quaternionen* und Arthur Cayley eine *achtdimensionale* Zahlenalgebra, deren Zahlen *Oktonionen* oder *Cayley-Zahlen* genannt werden. Bereits während seines Studiums hatte sich Roubaud eine intensivere Auseinandersetzung mit diesem Themenkomplex gewünscht als in den Vorlesungen geboten wurde.[90] In *La Princesse Hoppy* verarbeitet er die Erweiterung des Zahlenbereichs nun literarisch, indem er nicht nur mit Zahlen aus der Menge der natürlichen oder reellen Zahlen arbeitet, sondern ebenfalls Zahlen höherer Dimensionen thematisiert.

So fällt dem Hund der Prinzessin in der Erzählung des Astronomen auf, daß im Titel von Cambacérès, dem Vorgesetzten des Astronomen, an der Stelle eines *I* ein *Q* steht. Mit Hilfe der imaginären bzw. komplexen Zahlen und der Quaternionen macht Jacques Roubaud hier auf die unterschiedlichen Rangordnungen an der *Ecole des Astronomes Ilozoïstes de Bagdad* aufmerksam. ««Excuse me again» dit tout à coup le chien «but why A.E.PP.A.C.T.**Q**.O.B., and not A.E.PP.A.C.T.**I**.O.B. comme vous?» «parce que» répondit le jeune homme «il s'agit des Trajectoires <u>Quaternioniques</u>, et plus des Trajectoires <u>Imaginaires</u>. Leur difficulté est bien plus grande, comme vous pouvez vous en douter; puis-que le <u>Corps des Quaternions</u>, à la difference du <u>Corps des Complexes</u>, comme vous ne l'ignorez pas, n'est pas commutatif. Bien sûr, elles ne sont pas aussi difficiles à traquer que les Trajectoires <u>Cayleiennes</u>» «Of course» dit le chien «but...» «saute tout ça» dit violemment la princesse.»[91]

Die Rangordnung an der *Ecole* steigt entsprechend der höheren Dimension der Zahl im Titel. Cambacérès trägt in seinem Titel die *Quaternionen*, so daß man im übertragenen Sinne von einen Rang *vier* sprechen kann, während dem Astronomen auf Grund der *Trajectoires Imaginaires* nur der Rang *zwei* zukommt. Daß der Rang *vier* über dem Rang *zwei* liegt, liegt auch darin begründet, daß Roubaud den Quaternionen einen größeren Schwierigkeitsgrad zuschreibt als den imaginären bzw. komplexen Zahlen. Wahrscheinlich wird es an der *Ecole* eine noch höhere Rangordnung geben, da der Astronom bereits auf die *Cayley-Zahlen* der Dimension *acht* verweist. Wir können daher annehmen, daß in den noch nicht veröffentlichten Kapiteln der *Princesse Hoppy* eine Person mit dem Titel A.E.PP.A.C.T.C.O.B. auftreten wird. Dies wird dann die Person mit dem

[90] In *Mathématique: (récit)* schreibt er: «Les équations algébriques des troisième et quatrième degrés avec leurs «résolvantes», l'impossibilité de la résolution de l'équation générale du cinquième degré (et au-delà) par «radicaux», les relations «familiales» entre coefficients et racines, voilà les questions que j'aurais voulu voir abordées d'une manière beaucoup moins sommaire que ne le permettait le programme des concours.» 55.

[91] *Hoppy,* 28 [Hervorhebung durch Unterstreichen E. L.-C.].

höchstmöglichen Rang sein, denn schon J. F. Adams zeigte 1956, daß nur ein-, zwei-, vier- und achtdimensionale Zahlen eine Algebra darstellen, in der eine Division (bis auf Null) immer erklärt ist.[92]

Les chiffres remarquables

Roubaud verwendet in seinem Text auch einzelne ungewöhnliche Zahlen, die er entweder direkt nennt oder im Namen ihrer Entdecker versteckt: Bei seiner Begegnung mit dem Präsidenten Effelel (François Le Lionnais) erfährt der Hund von der Existenz der *Eulerschen Konstante*: «Le Président sortit de son tiroir un grand registre qu'il compulsa tout en disant distraitement: «quatre, quatre, un bien beau nombre; tout à fait remarquable, remarquable! pas aussi beau que la Constante d'Euler, certes, mais remarquable, remarquable, ... »[93] Eine Definition dieser Konstante lautet:[94]

$$C = \lim_{n \to \infty} \sum_{1}^{n} \frac{1}{i} - \operatorname{Log} n$$

Die Betonung dieser Konstanten im Text scheint ungewöhnlich, da Roubaud seine Erzählung hauptsächlich den natürlichen Zahlen und insbesondere der *Vier* widmet. Sehen wir uns den Text jedoch genau an, dann fällt das Wort *remarquable* auf, welches der *Président* gleich *viermal* benutzt. Es ist anzunehmen, daß Roubaud hier auf *Les nombres remarquables* von Le Lionnais hinweist. Im Unterschied zu Roubaud, der ein leidenschaftliches Verhältnis zu den *natürlichen* Zahlen hat, ist Le Lionnais von allen Zahlen fasziniert, die mathematisch interessant sind. Er hält jedoch eine irrationale Zahl wie $\sqrt{2}$ oder eine transzendente Zahl wie π für wesentlich *verführerischer* als eine natürliche oder rationale Zahl. Le Lionnais hebt einige besonders bemerkenswerte Zahlen durch eine spezielle Kennzeichnung hervor:

> «*** Vaut le déplacement
> ** Vaut le détour
> * Très remarquable»[95]

Die *Eulersche Konstante* und die Zahl *Vier*, die Effelel in *La Princesse Hoppy ou le conte du Labrador* miteinander vergleicht, sind in Le Lionnais' Buch je-

[92] Cf. Conway/Guy, *The Book of Numbers*, l. c., 235.

[93] *Hoppy*, 120.

[94] Weitere Definitionen cf. Le Lionnais, *Les nombres remarquables*, l. c., 28.

[95] Ib. 20.

weils mit zwei Sternen versehen. Während Le Lionnais der Zahl *Vier* mehr als zwei Seiten widmet,[96] erfährt man über die *Eulersche Konstante*, die der Effelel in der Erzählung für die bemerkenswertere Zahl hält, *nur* ihren angenäherten Zahlenwert: 0,5772156649...[97] sowie daß nicht bekannt ist, ob diese Zahl algebraisch[98] oder transzendent ist, ja daß man nicht einmal weiß, ob es sich um eine irrationale Zahl handelt.[99]

Der Hinweis auf die *nombres remarquables* läßt also vermuten, daß Roubaud sich intensiv mit der Zahlensammlung Le Lionnais' befaßt hat, so daß die in *La Princesse Hoppy* auftretenden Zahlen auch bezüglich ihrer in dieser Arbeit dargestellten Eigenschaften zu untersuchen sind.[100]

Beziehungen zwischen Zahlen

In einigen Fällen ist die Zahl für sich allein nicht bedeutungsvoll, sondern besitzt erst in Verbindung mit anderen Zahlen einen symbolischen Wert. Im Schloß des Königs Faraday findet ein Essen mit *sieben* Gästen statt. «Et l'on n'entendit plus bientôt que les bruits harmonieux de déglutition de soupe émis par les sept convives, ainsi que le silence du Convive de Pierre, huitième absent.»[101] Von den *sieben* Teilnehmern am Essen handelt es sich bei *vier* von ihnen um die Enten *Carnot un, deux, trois* und *quatre*, d.h. wir haben hier die klassische Einteilung der *Sieben* in *Drei* (Personen) und *Vier* (Enten) vorliegen, wie sie u.a. auch im Trivium und Quadruvium der *sieben freien Künste* gegeben ist. Der *achte* Gast, der *Convive de Pierre*, ist nicht anwesend. Er läßt an den ermordeten Komtur aus Mozarts Oper Don Giovanni denken, der von Don Giovanni zu einem Nachtmahl eingeladen wird und dessen tatsächliches Erscheinen Angst und Entsetzen verbreitet und den Mörder ins Verderben stürzt. In der Oper treten *acht* handelnde Personen auf, wobei bei dem abschließenden Essen der tote Komtur, der hier auch als *steinerner Gast* bezeichnet wird, als letzter erscheint. Da er in

---

96 Zur Zahl *Vier* cf. Kapitel 4.2.2.

97 Euler hat sechzehn Dezimalstellen berechnet (1781), Sweeney konnte 3566 Dezimalstellen im Jahr 1963 berechnen.

98 Eine Zahl heißt *algebraisch*, wenn sie Nullstelle eines Polynoms mit ganzzahligen Koeffizienten ist. Le Lionnais nennt hier: $\sqrt[3]{5}$ ist Lösung von $x^3 - 5 = 0$.

99 Im Namen des Königs *Avogadr* (sans o) ist eine weitere Konstante versteckt: Der Quotient aus der Teilchenanzahl N eines Gases und der Stoffmenge n, d.h. die molare Teilchenzahl, wird als *Avogadro-Konstante* N_A bezeichnet. Hierbei handelt es sich um eine vergleichsweise große Zahl: $N_A = 6{,}022045 \cdot 10^{23}$ mol^{-1}. Cf. Helmut Lindner, *Physik für Ingenieure, Leipzig 1989*, 268.

100 Cf. Kapitel 4.2.1.

101 *Hoppy*, 73.

La Princesse Hoppy abwesend ist, endet die Mahlzeit auch nicht mit einer Katastrophe.[102]

Die Zahl *Acht* als Zahlwort, die sich hier auf einen abwesenden Gast bezieht, taucht auch an einer anderen Stelle als Zahl von Gästen auf: «Où il y a pour quatre, il y a pour six. On se mettait à table tous ensemble et il restait encore bien assez de dessert pour le chien. Même on pouvait tenir à huit.»[103] Eine weitere Verwendung findet die *Acht* als Angabe der Uhrzeit und dient zur Information des Lesers bezüglich des Tagesablaufs des Königs Desmond, der im *achten* Kapitel beschrieben wird. Wichtiger erscheint die *Acht* in der Frage q69 im Anhang: «Expliquez les huit autres prénoms de Marie-Josèphe, avant et après le quatre août.». Hier weist die Zahl *Acht* auf die *Neun* hin, die als Summe wieder 17 ergeben, denn Marie-Josèphe hat insgesamt *neun* Namen (die vor und nach dem 4. August – *dem achten Monat!* – verschieden sind, nur der Name Marie-Josèphe bleibt gleich, d.h. es sind *acht* Namen, die variieren).

Zweimal verwendet Roubaud die Zahl *Achtzehn*. Zum einen typographisch, um einen Schrei zu betonen: «

«CHIEN»

cria l'immonde apparition d'une voix si forte que le Conte a été forcé de l'indiquer par l'emploi de caractères en majuscules en relief et en corps 18»[104] Zum anderen erscheint die *Achtzehn* in dem Bericht des Astronomen über die *arithmetischen Tulpen*.[105] Als 2 × 9 oder 3 × 6 weist diese Zahl auf die bereits untersuchten Zahlen *Neun* bzw. *Sechs* sowie deren Bedeutungen hin.

Eine enge Verbindung haben die Zahlen *Zwei* und *Drei*. Sie tauchen gemeinsam auf: «un peu de rose en *deux ou trois* endroits»,[106] «*deux ou trois* détails»,[107] «au

---

[102] Der Don-Juan-Stoff ist bekanntlich nicht nur Thema der Oper von Mozart, deren Libretto Lorenzo da Ponte geschrieben hat. Die älteste bekannte Fassung stammt von dem Spanier Tirso de Molina, der um 1630 das Schauspiel *El burlador de Sevilla y combidado de piedra (Der Verführer von Sevilla oder Der steinerne Gast)* schrieb. 1665 wird in Paris zum ersten Mal Molières Komödie *Dom Juan ou le festin de Pierre* aufgeführt. In diesem Stück treten jedoch erheblich mehr als acht Personen auf, so daß in *La Princesse Hoppy* die Verbindung zu Mozarts Oper oder Tirso de Molina wahrscheinlicher ist.

[103] *Hoppy*, 41.

[104] Ib. 123.

[105] Ib. 26.

[106] Ib. 17.

[107] Ib. 36.

moyen de *deux ou trois* aboiements»,[108] «*deux ou trois* objets de la princesse»,[109] oder «il bâilla *deux ou trois* fois».[110] In diesen Fällen handelt es sich meist um eher ungenaue Angaben. Wir werden sehen, daß sie außerdem als Teil einer *Vierheit* auftreten.

Der Bezug zur Zahl *Vier*

In Ziffern finden wir die *Acht* als Produkt von *Zwei* und *Vier* und erhalten damit einen Hinweis auf die *Vier*, auf eine doppelte *Vier*: «Le conte rapporte en cet endroit qui en vaut un autre que le roi Desmond (anciennement Aligoté) se faisait réveiller tous les jours ponctuellement à 8 (4 fois 2) heures après 8 (2 fois 4) heures d'un sommeil réparateur par un de ses deux hommes de confiance, South Dakota et North Dakota, dromadaires qui avaient autrefois servi sous ses ordres aux Dardanelles.»[111] Allerdings taucht die Ziffer *8* nicht immer explizit auf: «Si vous voulez bien laisser une minute la parole au conte (après tout c'est le conte qui est supposé savoir ce qui se passe dans le conte, n'est-ce pas?), je vais vous expliquer: il y avait ce soir-là encore 2 fois 4 couverts à la table du roi Faraday ou, si vous préférez, 4 fois 2.»[112] Das Produkt läßt sich auch in mathematischer Schreibweise nachweisen: «Elle embrassa les quatre carnots sur leurs 2 x 4 = 4 x 2 joues».[113]

Während in dem eben genannten Beispiel der Bezug zur *Vier* offensichtlich ist, verwendet Roubaud jedoch auch Zahlen, die u.a. dadurch gekennzeichnet sind, daß sie jeweils zu vier mathematisch ausgezeichneten Zahlen gehören, die einem gleichen Gesetz folgen. Eine mathematische Eigenschaft der Zahl 153 weist auf die *Vier*. 153 ist nicht nur die Summe der ersten *siebzehn* natürlichen Zahlen oder das Produkt von *Neun* und *Siebzehn*, sondern eine der *vier* Zahlen grösser als *Eins*, die gleich der Summe der Kuben ihrer Ziffern im Dezimalsystem ist: $153 = 1^3 + 5^3 + 3^3$. Die anderen drei Zahlen, auf die diese Eigenschaft zutrifft, sind 370, 371, 407.[114]

---

[108] Ib. 57.

[109] Ib. 60.

[110] Ib. 112.

[111] Ib. 95.

[112] Ib. 67.

[113] Ib. 76.

[114] «153 – L'un des quatres nombres > 1 égaux à la somme des cubes de leurs chiffres, en système décimal. Les autres sont 370, 371, 407.» Le Lionnais, *Les nombres remarquables*, l. c., 100.

Die 317 besitzt eine mathematische Eigenschaft, die ebenfalls nur für insgesamt *vier* Zahlen charakteristisch ist: Sie ist eine der *vier* z. Z. bekannten *Rep-units*, d.h. eine Primzahl R_n der Form $R_n = (10^n - 1) / 9$.[115] Diese Zahlen lassen sich mit Hilfe von *n* Ziffern «1» des Dezimalsystems schreiben. Bekannt sind: $n = 2$, 19, 23, 317.

Während wir 216 Belege für die *Vier* finden, sind es für die anderen Zahlen deutlich weniger. Dabei ist zwischen Zahlwort, Ziffern[116] und Ordinalzahl zu unterscheiden. Die *Zwei* ist nach der *Vier* die häufigste direkt im Text genannte Zahl. Wir finden sie 77 mal als Zahlwort, 22 mal als Ziffer und 38 mal als Ordinalzahl. Wie auch die *Drei*, die je 31 mal als Zahlwort und als Ordinalzahl und 17 mal als Ziffer nachzuweisen ist,[117] stellt die *Zwei* meist den Teil einer *Vierheit* dar: Der *Zweite* von *vier* Onkeln, die *Zweite* von *vier* Enten, die *Zweite* und die *Dritte* von *vier* Etagen usw. Wenn von «*deux* rois distincts»[118] die Rede ist, dann sind *zwei* von *vier* Königen gemeint, an einigen Stellen wird auch konkret auf die *Vierheit* hingewiesen: «Soient *trois* roi parmi vous *quatre*».[119] Auch die Aussage «les *trois* autres paniers»[120] bezieht sich auf insgesamt *vier* Körbe. In einigen wenigen Fällen handelt es sich um das *Zweite* oder *Dritte* von *Sechs*. So ist der *deuxième* oder *troisième chemin* von insgesamt sechs möglichen Wegen gemeint.[121]

Eine weitere Art, Zahlen mit der *Vier* zu verbinden, ist das *vierfache* Wiederholen.Der Bezug zur *Vier* ist gegeben, wenn insgesamt *viermal* die gleichen Beerenzahlen gepflückt werden: 4 × 899 vom Hund, 4 ×101 von Hoppy und 4 × 3 von Béryl, oder wenn Roubaud *viermal* von *zwölf* Glockenschlägen spricht.[122]

---

[115] «317 – Le nombre formé de trois cent dix sept chiffres «1» est premier. C'est le plus grand «rep-unit» connu.» Le Lionnais, *Les nombres remarquables*, l. c., 104. Zu den *rep-units* schreibt Le Lionnais: «On n'en connait actuellement que quatre, correspondant à $n = 2$, 19, 23, 317.» Ib. 149. Roubaud hat das Buch von Le Lionnais mit großem Interesse gelesen.

[116] Die Abschnitts- und Paragraphennummern werden *nicht* als Ziffern gezählt.

[117] Interessant ist hier die Anzahl des Auftretens der *Drei*, da die Zahlen 31 und 17 für Roubaud einen besonderen persönlichen Wert haben, wie wir gesehen haben. Cf. Kapitel 1.4 und 4.1.2.

[118] *Hoppy*, 14.

[119] Ib.

[120] Ib. 22.

[121] Cf. ib. 114.

[122] Cf. den Abschnitt *Der Alexandriner*.

4.2.2 DIE MACHT DER *VIER*

Auffällig ist, daß Roubauds Vorliebe für bestimmte Zahlen sehr oft mit ihrer Bedeutung in der Poesie verknüpft ist. Wie bereits mehrfach betont, ist in der Erzählung *La Princesse Hoppy* die Zahl *Vier* dominant. In der französischen Metrik wird jede vierzeilige Strophenform als *Quatrain* bezeichnet, wozu auch die Quartette des Sonetts gehören. In engerem Sinne versteht man unter *Quatrain* eine Form aus vier *Alexandrinern* oder vier *vers communs*.[1] Roubaud erwähnt in diesem Zusammenhang den *vers d'Arte Mayor*, der aus acht *huitains* besteht: «Chaque huitain est de deux quatrains ou plutôt d'un quatrain «commun redoublé», c'est-à-dire selon la formule (disposition des rimes) *abbaabba*, formule à la fois élevée et confortable, dont le *patron* (pour emprunter un terme au tricot), le quatrain à rimes embrassées *abba*, porte la marque antique des troubadours.»[2] Die *Vier* identifiziert somit nicht eindeutig eine poetische Form und nimmt folglich eine weniger signifikante Stellung ein als beispielsweise die Vierzehn (Sonett). Betrachtet man die *Vierzeiler* in der Poesie jedoch als Grundform metrischer Gruppenbildung, läßt sich dies auf *La Princesse Hoppy* insoweit übertragen, als die *Vier* dort die Ordnung von Mengen mit *vier* Elementen angibt.[3] Diese sind nicht nur entscheidend für die Struktur der Erzählung, sondern können gleichzeitig als Basis der Intrige bezeichnet werden, die Roubaud als *aventures d'un groupe à quatre éléments* konzipiert. Auch hier stellt die *Vier* zunächst eine Grundform dar. Wenn aber Roubaud dieser Zahl in seiner Erzählung eine Sonderstellung zukommen läßt, dann sind weitere als rein poetische Erklärungsmuster nötig, um diese zentrale Rolle im Text zu deuten.

Dieses Kapitel befaßt sich zunächst mit der *Häufigkeit* der Zahl *Vier* sowie den verschiedenen Formen, in denen die *Vier* in Roubauds Erzählung Gestalt annimmt, auch wenn diese nicht mathematischer Natur sind, dafür jedoch den oulipotischen Charakter des *contes* verdeutlichen. Daran anschließend werden wir auf den ordnenden Aspekt dieser Zahl in Verbindung mit der Gedächtniskunst und den persönlichen Wert eingehen, den diese Zahl für Roubaud besitzt.

---

1 Während der *Alexandriner* in der romanischen Verskunst ein zwölf- (bzw. dreizehn-) silbiger Vers mit fester Zäsur nach der sechsten Silbe ist, handelt es sich bei dem *vers commun* um einen zehn- (bzw. elf-)silbigen Vers mit Zäsur nach der vierten Silbe.

2 *Incendie,* 59. In der Erzählung *La Princesse Hoppy* finden wir die poetische Form *abbaabba* entsprechend den vier Elementen (Anfangsbuchstaben der vier Könige) *a, b, e, i* in abgewandelter Form vor: Der Astronom spricht im dritten Kapitel von *la fleur mythique âbêiiêbâ*. Im siebten Kapitel ist die Reihenfolge verändert: *la fleur mythique êibââbiê*.

3 Cf. Anhang A 1.2.

In den nachfolgenden Kapiteln 4.3.1 und 4.3.2 werden dann diejenigen Aspekte der *Vier* ausführlich diskutiert, die entweder in Beziehung zur *Geschichte der Mathematik* stehen oder im Rahmen der *gruppentheoretischen* Betrachtungen, die wegen ihrer Komplexität eine getrennte Untersuchung erfordern, von Bedeutung sind.

Die *Vier* und ihre Häufigkeit

Zahlwort und Ziffer

Für die Zahl *Vier* als Zahlwort finden wir in der Erzählung 162 Belege. Wegen des statistischen Charakters wird die Aufzählung des Zahlwortes «quatre» im Anhang C dokumentiert. Die *Vier* als Ziffer ist im Text an 54 Stellen nachzuweisen. Roubaud verwendet sie in den folgenden Zusammenhängen: Als Ziffer verwendet Roubaud die *Vier* elfmal bei der Numerierung der Abschnitte der Kapitel I bis IX, 0 und 00 und fünfmal für die Angabe des Tages im Datum,[4] viermal innerhalb von aus vier Elementen bestehenden Aufzählungen, wenn er von «[léchou de nez (1). léchous d'oreilles (2 et 3). léchou de menton (**4**)], [...], les carnots 2, 3, **4** [...] ses cousins Carnot 2 3 et **4** dans cet ordre, [...] les premières pages étaient blanches, celles qui étaient numérotées 1, 2, 3, **4**, et ainsi de suite» spricht. Fünfmal taucht die Ziffer als Verweis auf andere Textstellen auf: «chap. **4**, [...] (chap. **4** par. 9).[...] q15 (# **4**) [...] Du chapitre **4**. [...] q47 Traduire ce que dit le chien au § **4**», dreimal als Nummer zur Bezeichnung von Figuren oder dem vierten Schritt innerhalb des *Exercise de Béaba*, sowie fünfmal in als *exercices d'attrape-couillons* bezeichneten Rechenaufgaben[5] oder zwölfmal als Anzahl von aus vier Elementen bestehenden Gruppen: les **4** rois, carnots les **4** canards, coêous les **4** mouettes, les **4** tamanoirs et les **4** licornes, les **4** oies blanches, **4** quais délimités, **4** mètres, **4** bassins, les **4** carnots, les **4** tamanoirs, les **4** licornes.[6] Insgesamt neunmal erscheint die *Vier* in einem algebraischen Produkt.[7]

---

[4] L'aube du **4** juin, ... c'était un **4** juin, ... l'aube fatale de ce **4** juin, ... Le matin du **4** juillet, ... la nuit du **4** août.

[5] «Les exercices d'attrape-couillons étaient au nombre de quatre:
a) **4** et 8 font 3; 5 et 6 font 2; 9 et 9 font 9; 8 et 7 font?
b) 3 et 2 font 1; 5 et 12 font 7; 10 et 6 font **4**; 8 et 8 font?
c) 3 et 6 font **4**; 5 et 13 font 7; 6 et **4** font 3; 8 et 9 font?
d) 10 et 2 font 1; 20 et **4** font 2; 1 et 13 font 3; 194 et 615 font?» *Hoppy*, 79.

[6] [Hervorhebung der *Vier* E.L.-C.]

[7] Die Beispiele hierzu wurden bereits in Kapitel 4.2.1 zitiert, bis auf: «En bas de table, à **4** fois **4** mètres du roi et à 35 centimètres en dessous... » *Hoppy*, 67.

Aus den genannten Belegen der Zahl *Vier* als Zahlwort und als Ziffer wird nicht ersichtlich, warum Roubaud in den meisten Fällen das Zahlwort verwendet. Es ist keine Systematik in der Verteilung erkennbar, denn Roubaud benutzt beispielsweise für das Datum *4. Juni* einmal die Ziffer, an anderer Stelle jedoch das Zahlwort. Teilt man die Gesamtzahl 216 aber durch 4 – wodurch ein weiterer Bezug zur *Vier* gegeben ist – erhält man die Zahl 54, also gerade die Anzahl der im Text verwendeten Ziffern. Weiterhin fällt auf, daß die Häufigkeit der Zahlworte, nämlich 162 eine Permutation der Gesamtzahl 216 ist und möglicherweise auch deshalb gewählt wurde.

Die Zahl 216 ist jedoch auch aus einem anderen Grund interessant. Und hier erinnern wir an die in Kapitel 1.2 besprochene *Gematria*, wobei wir vermuten, daß Roubaud den Buchstaben des Alphabets nicht die üblichen Zahlen wie zum Beispiel in der Kabbala zuordnet (hierfür fanden sich keine Belege), sondern vielmehr eine mathematische Folge benutzt. Nehmen wir an, daß er die von ihm besonders geschätzten Queneau-Zahlen einsetzt, dann erhalten wir folgende Zuordnung:[8]

a = 1	b = 2	c = 3	d = 5	e = 6	f = 9	g = 11
h = 14	i = 18	j = 23	k = 26	l = 29	m = 30	n = 33
o = 35	p = 39	q = 41	r = 50	s = 51	t = 53	u = 65
v = 69	w = 74	x = 81	y = 83	z = 86		

Bildet man nun die Summe der Buchstabenwerte des Wortes *quatre*, erhält man:

$$q + u + a + t + r + e = 41 + 65 + 1 + 53 + 50 + 6 = 216$$

und damit die Gesamtzahl der im Text verarbeiteten *Vieren*. Für die anderen im Text auftretenden Zahlen konnte ein solcher Zusammenhang nicht festgestellt werden, auch nicht, wenn man die sonst üblichen Zuordnungen zugrundelegt. Damit nimmt die *Vier* eine Sonderstellung ein und es läßt sich vermuten, daß der häufige Einsatz dieser Zahl das Erreichen der Summe 216 zum Ziel hat (*contrainte*).[9] Dies würde aber auch bedeuten, daß sich die Verwendung der *Vier* nicht in jedem einzelnen Fall erklären läßt. Wenn Roubaud beispielsweise in der

---

8 Die Verwendung von *Primzahlen*, für die Roubaud ebenfalls eine Vorliebe hat, führte bei der Untersuchung zu keinen Ergebnissen.

9 Der einzige weitere Hinweis auf einen Einsatz der *Gematria* im Text, den wir finden konnten, ist die Übereinstimmung der Häufigkeit des Wortes *conte* (als Substantiv und Verb), für welches es 379 Belege gibt, mit der Summe der Buchstaben des Titels von Carrolls Erzählung *Alice in Wonderland*:

$$a+l+i+c+e+i+n+w+o+n+d+e+r+l+a+n+d = 1+29+18+3+6+18+33+74+35+33+5+6+50+29+1+33+5 = 379.$$

Exercice de Béaba sechsmal das Wort *quatre* verwendet – quatre moutons camarguais, quatre oies blanches, quatre rouges-gorges d'lbiza, quatre rhinocéros bicéphales d'Ankara, quatre chameaux nubiens, quatre bébés hippopotames étrusques[10] – dann geschieht dies einerseits, um ein bestimmtes Ergebnis in der Rechenaufgabe zu erhalten, andererseits, um auf die Gesamtzahl 216 zu kommen.

Das indirekte Auftreten der Vier

Nicht nur als Zahlwort oder Ziffer ist die *Vier* auffällig oft im Text vorhanden, wir stellen eine ähnlich häufige Verwendung auch in *indirekter* Form fest. So ist die *Vier* zum Beispiel in Aufzählungen präsent, die in *La Princesse Hoppy* in fast allen Fällen aus *vier* Elementen bestehen, wobei sich hier zwei wesentliche Unterscheidungen treffen lassen. Zum einen sind Aufzählungen nachzuweisen, die nur aus Worten bestehen, die mit den Buchstaben *a*, *b*, *e* und *i* beginnen und die eine entscheidende Rolle bei der Lösung der Königsintrigen spielen, wie wir in Kapitel 4.3.2 nachweisen werden,[11] zum anderen handelt es sich um Aufzählungen oder Gruppierungen, deren einzelne Worte hauptsächlich Eigennamen sind oder sich in den meisten Fällen durch Großbuchstaben auszeichnen.

Aus der Astronomie stammen die Namen von drei Sternbildern sowie eines Planeten, die jeweils mit gegensätzlichen oder negativen Eigenschaften gekennzeichnet sind. Für den verliebten Astronomen sind die Himmelskörper aber nur von untergeordneter Bedeutung, wenn er sie mit Marie-Josèphe vergleicht: «Les constellations pâlirent toutes d'un seul coup pour moi: la chevelure d'**Andromède** me parut mal peignée, la **Balance** fausse; **Vénus** ternit. La **Grande Ourse**, obèse et touchante ne suscita plus en moi que pitié. J'aimais.»[12] Die *vier* Freunde der Prinzessin tragen die Namen einer zeitgenössischen Sängerin sowie in den drei anderen Fällen die Namen von Königen und Staatsmännern: ««**Epaminondas** et **Salomon** avaient fait l'acquisition d'une baignoire hovercraft se déplacant (sur terre comme sur eau) par le glissement d'un coussin d'air

---

[10] *Hoppy*, 79.

[11] Diese Aufzählungen werden in Kapitel 4.3.2 aufgelistet, da sie in einem bedeutenden Zusammenhang mit der gruppentheoretischen Lösung des Rätsels *welcher König intrigiert mit wem gegen welchen dritten?* steht.

[12] *Hoppy*, 29. Zum Sternbild *Andromeda* gehören die Sterne Sirrah, Mirach und Alamak, es umfaßt auch den Andromedanebel, der hier wahrscheinlich *la chevelure* repräsentiert. Die Waage, die bei den Griechen das Sinnbild der Gerechtigkeit darstellte, wird vom Astronomen als *fausse* bezeichnet. Als matt und glanzlos empfindet er den hellen Planeten Venus. Eines der bekanntesten Sternbilder versieht der Astronom mit der Eigenschaft *fettleibig*, um sein Desinteresse, das seit seiner Verliebtheit feststellbar ist, zu bekunden.

produit par la baleine amphibie **Barbara**, une vieille amie commune, et troisième membre de l'expédition (le quatrième était monsieur de **Casimir**, votre Castor.»[13] Vier Begriffe stammen aus der Seefahrt: «...le bassin d'**Accostage**, pour l'arrivée des navires; le bassin de **Lancement**; le bassin de **Carénage**, et le bassin de **Radoub**»,[14] während die nachfolgenden Bezeichnungen sich auf Schiffe beziehen: «Le soleil réunifié brillait avec bienveillance, éclairant la surface miroitante de l'eau claire où le saumon croisait pour sa méditation d'après-midi. Par les **Hublots**, les **Bastingages** et les **Ecoutilles**, ainsi que par le **Gaillard** d'avant.»[15] Auch die äußere Erscheinung des Epigonen wird mit *vier* Kleidungsstücken oder Accessoires beschrieben: «A droite, un Epigone, immobile: **perruque Cendrée**; **Boutons d'or**; **souliers à Poulaines**; **Martingales**.»[16] Eher seltsam erscheint hingegen die Aufzählung, die wir bereits im Zusammenhang mit der Gedächtniskunst zitiert haben: «Par les rideaux à demi tirés on aperçoit un ou deux plans de paysage: **Bosquets de Marihuana**; **Choux de Bruxelles**. **Un Lièvre et une Loutre montent et descendent sur un Toboggan**. Un **chef Iroquois** passe dans sa Pirogue.»[17]

Die Anfangsbuchstaben der folgend genannten Pflanzen entsprechen denjenigen der Königsnamen nach der zweiten Namensänderung: «Dans la cuisine de la reine Adirondac brûlait un bon feu de bois d'**arbre de Judée**. Dans la cuisine de la reine Eleonore un bon feu de bois de **Genévrier**. Un bon feu de bois d'**Eucalyptus** brûlait dans la cuisine de la reine Botswanna et dans la cuisine de la reine Ingrid un bon feu de bois d'**Amandier** brûlait.»[18] Die *vier* Pflanzen im zweiten Beispiel lassen jedoch keinen Zusammenhang zu den Königsnamen erkennen: «C'était un sentier couvert d'herbe et bordé d'un petit mur de pierres sèches (qui étaient en fait entièrement trempées) surmonté d'**Oliviers**, d'**Amandiers**, de **Vignes**, et de **Thyms**, ce qui montrait à l'évidence qu'on se trouvait sur un sentier provençal.»[19] Die empfohlene Lektüre für die Prinzessin Ermengarde besteht aus *vier* Werken: «un **Kant**, un **Mafalda**, un **Tartakover**, un **Snoopy**».[20]

---

13 Ib. 86 [Hervorhebung hier und im folgenden E. L.-C.].

14 Ib. 101.

15 Ib. 105.

16 Ib. 108.

17 Ib.

18 Ib. 110.

19 Ib. 119.

20 Ib. 67. Auf den Schachgroßmeister *Tartakower* wurde bereits in Kapitel 4.1.1 hingewiesen. *Mafalda* ist eine spanische Comic-Figur, die Roubaud ebenfalls in *Le grand Incendie de Londres* erwähnt: «Laurence s'était endormie en lisant *Mafalda*.» *Incendie*, 58.

Innerhalb der Geschichte des Astronomen verwendet Roubaud viermal Aufzählungen mit den Anfangsbuchstaben *t*, *m*, *l* und *c*, die jeweils in Verbindung mit der Liebe des Astronomen zu Marie-Josèphe stehen: Roubaud verbindet hier zunächst Begriffe aus der Wissenschaft, der Natur, der Mythologie oder Astronomie und der Religion: «Je spectrographiai même les lumières de ses yeux. J'y trouvai les raies du **tungstène**, du **miel**, de la **licorne**, et du **coran**.»[21]

Der Astronom benötigt Geldstücke aus vier Währungen, um seine Geliebte sehen zu dürfen: ««... l'horrible vieille ne m'avait pas menti et je cessai de regretter le **Cruzeiro**, le **Thaler**, la **Livre sterling** et le **Maravédis** qui étaient passés de ma poche dans ses doigts crochus, amputant salement mon budget mensuel.»[22] Auch die folgenden Beschreibungen bestehen aus jeweils *vier* Angaben: «...en prononçant ces derniers mots le débit de l'astronome s'était fait infiniment **Médiocre**, **Chaotique**, **Lymphatique** et **Tortueux**, en un mot lent»[23] Oder: ««O vision **Multitemporelle**, **Taraudante**, **Circularité** du voir et du vu, **Laminoir** de photons corpusculaires!»[24] In einem späteren Abschnitt werden wir nochmals auf die Buchstabenfolge *t*, *m*, *l*, *c* zurückkommen.

In den *vier* zu lösenden Aufgaben, die Marie-Josèphe dem Astronomen stellt, um zu erfahren, ob er ihrer Liebe würdig sei, sind Eigennamen berühmter Persönlichkeiten und Gestalten zu Vierergruppen zusammengefaßt: ««"Quelle est la plus belle, selon vous? **Guenièvre, femme du Roi Arthur, Iseut la blonde, amante de Tristan, Hélène de Troie, ou Brigitte Bardot**?" [...] "Quelle est, selon vous, la femme la plus intéressante: **Cléopatre? Marilyn? Laure d'Avignon, ou moi?**" Je répondis que n'étant ni **Marc Antoine ni Shakespeare, ni Jack Spicer, ni Pétrarque**, mais un tout petit astronome débutant de Bagdad, je ne pouvais que la choisir, elle, comme la plus intéressante.»[25]

Während Märchen zumeist auf der Symbolzahl *Drei* aufgebaut sind, beispielsweise um die Bewährung eines Helden durch die Lösung von *drei* Aufgaben zu gewährleisten, begegnen wir in der Erzählung *La Princesse Hoppy ou le conte du Labrador* auch in diesem Fall wieder der Zahl *Vier*. Auffällig ist hier, daß es sich bei den genannten Beispielen um Vierergruppen handelt, von denen

[21] *Hoppy*, 32.
[22] Ib. 88.
[23] Ib. 89.
[24] Ib.
[25] Ib. 93.

jeweils eine Person, nämlich Brigitte Bardot, Marilyn (Monroe) und Marc Antoine, aus dem Rahmen fällt. Dies erinnert an eine bestimmte Vorgehensweise, die aus der Kleinkindpädagogik bekannt ist, wo aus einer Reihe von Elementen dasjenige gefunden werden muß, das nicht die gleichen Charakteristika aufweist wie der Rest.[26]

Eine weitere Art der indirekten Darstellung der Zahl *Vier* ist die vierfache Wiederholung eines Wortes. ««**hi hi hi hi**» pleurait la reine Ingrid en sa cuisine «qu'est-ce qui m'arrive? **hi hi hi hi.**»»[27] ««**Bou bou bou bou**» pleurait la reine Botswanna en sa cuisine «qu'est-ce qui m'arrive?» «**Aïe aïe aïe aïe**» pleurait la reine Adirondac sa cousine dans le même lieu et dans le même temps.»[28] Faßt man *Bou Aie* als *b* ou *a, i, e* auf, dann hat man auch hier die vier Anfangsbuchstaben *a, b, e, i* der ersten Königsnamen.

Gesteigert wird die vierfache Wortwiederholung durch die vierfache Verwendung. Roubaud kann somit die Potenzierung der *Vier* literarisch darstellen: ««**Bou bou bou bou**» pleurait la reine Botswanna [...] «Mais qu'avez-vous, chère?» dit la princesse à la reine Botswanna. «**Bou bou bou bou**» pleura la reine. «C'est que Babylas s'appelle Faraday maintenant» «A qui le dites-vous!» fit la princesse, «A qui le dites-vous!» «oui mais ce n'est pas tout **bou bou bou bou**» dit Botswanna [...] je vous prie de ne pas l'oubliou **bou bou bou bou**»»[29]

Weitere Beispiele sind die Wiederholungen der Prozentzahl 400 als der hundertfachen *Vier* sowie der Uhrzeit 11h44, die ebenfalls die Ziffer *Vier* (viermal elf

---

26 Auch an anderer Stelle schildert Roubaud Verhaltensweisen, die an Phasen aus der Kindheit und den Umgang von Erwachsenen mit Kindern erinnern, zum Beispiel wenn er die Prinzessin zu ihrem Hund sagen läßt: «Chien, voudrais-tu, s'il te plaît, aller voir sur la pelouse si j'y suis. Et n'oublie pas tes galoches et ton parapluie. Il pleut.» Und wie ein Kind fühlt sich der Hund ausgeschlossen von den Aktivitäten der Erwachsenen: «il détestait être envoyé sur la pelouse trempée voir si la princesse y était (alors qu'il savait pertinemment qu'elle n'y était pas), et cela au moment où des révélations du plus haut intérêt, capables d'améliorer grandement sa connaissance des choses de la vie, étaient sur le point de traverser la table de la cuisine.» *Hoppy*, 111.
Wie ein Kind behandelt die Prinzessin den Hund auch, wenn sie als Bestrafung das Dessert streicht. Cf. ib. 62.

27 Ib. 96.

28 Ib. 64.

29 Ib.

gleich vierundvierzig!) beinhaltet.[30] Viermal die gleiche Handlung mit dem gleichen Ergebnis liegt vor, wenn *Hoppy*, ihr Hund und ihre Cousine Béryl viermal die gleiche Anzahl von Beeren sammeln.

Wir haben bereits an mehreren Beispielen gezeigt, daß die Liebe des Astronomen zu Marie-Josèphe in Verbindung mit der Zahl *Vier* steht. Auch die folgenden Ereignisse sind durch diese Zahl gekennzeichnet, denn zum einen finden sie jeweils an einem *Vierten* des Monats statt, zum anderen dauert die Entwicklung von der Entdeckung eines unbekannten *objet mystérieux* («c'était un 4 juin») bis zum ersten Rendez-vous *vier* Monate: «Enfin, le matin du ***quatre septembre***, la vieille, en me ramenant les yeux bandés au petit estaminet de la rue Avicenne, me dit: "tu n'aurais pas un maravédis sur toi, par hasard? C'est le dernier que je te demande. Tu n auras plus besoin de moi désormais. Viens une heure plus tôt demain. Ma maîtresse veut te parler."»[31]

Die Bedeutung dieser Zahl für seine Liebe wird unterstrichen, wenn der Astronom sagt: «Je divisai donc l'horizon en secteurs angulaires et entrepris un ***quadrillage*** de l'aube par le regard multiplié de ma lunette.»[32] Oder wenn er auf die *vierte* Dimension (Zeit) hinweist: «Assez cependant pour qu'ajoutant une ***dimension presque temporelle*** à son image qui avait vécu jusqu' alors inchangée en moi, elle double aussitôt son empire.»[33]

Die *Vier* als Maßzahl für Glück in Verbindung mit der Liebe finden wir bereits bei Stendhal: «Albéric rencontre dans une loge une femme plus belle que sa maîtresse: Je supplie qu'on me permette une évaluation mathématique: c'est-à-

---

[30] ««Toutes les personnes qui ne sont pas dans l'Index à Part bénéficieront d'un abattement de **400 %** de leur Impôt qui n'est pas à Part. Toutes les personnes qui payeront l'Impôt à Part (à l'exception, bien entendu, de la princesse) seront majorées pour retard de **400 %**, un mois avant la date d'exigibilité de leur Impôt à Part. OK?» Dit Uther. «Mais mon oncle, comment est-ce que nous payerons l'Impôt, l'Impôt à Part et la majoration de **400 %** pour retard anticipé si toutes les personnes susceptibles de nous payer à nous l'Impôt ont un abattement de **400 %**?»» Ib. 100.
«Il était **onze heures quarante-quatre** exactement lorsque la princesse se présenta en face des clous commandés [...] Le conte précise qu'il est **onze heures quarante-quatre**, [...] Si le conte dit donc qu'il était **onze heures quarante-quatre** c'est qu'il était **onze heures quarante-quatre**. D'ailleurs il était maintenant onze heures quarante-cinq.» Ib. 22.

[31] Ib. 92sq.

[32] Ib. 30.

[33] Ib. Cf. Kapitel 4.1.1 *Le Conte de la Mémoire*.

dire dont les traits promettent trois unités de bonheur au lieu de deux (je suppose que la beauté parfaite donne une quantité de bonheur exprimée par le nombre quatre).»[34]

Die Zahl Vier *und die Geometrie*

Daß Roubaud die *Vier* bei der Beschreibung architektonischer Gegebenheiten verwendet, ist in der Literatur keine ungewöhnliche Vorgehensweise. Auffällig ist jedoch der Aufbau mit zwei Symmetrieachsen, der dazu führt, daß das Schloß der Prinzessin Hoppy nicht nur einen quadratischen Grundriß und *vier* Etagen sowie *vier* Türme hat, sondern auch *vier* Zugbrücken besitzt, was aus verteidigungstechnischen Gründen keineswegs üblich ist. Die Hundehütte ist über *vier* zueinander rechtwinklige Korridore mit den Zugbrücken verbunden: «La niche du chien se trouvait à la verticale de la chambre de la princesse. Mais au rez-de-chaussée. Elle était reliée par quatre couloirs rectilignes couverts de moquette aux quatre ponts-levis du château.»[35]

Die Rasenflächen vor den Schlössern der *vier* Könige sind zwar nicht quadratisch, aber dennoch rechteckig und stellen folglich nichts außergewöhnliches dar. Erst wenn der Umfang auf Utherpandragons Wunsch einen Meter größer als die Summe der *vier* Seiten sein soll, stellt sich die Frage nach einer realistischen Anlage des Rasens.[36]

Eine graphische Darstellung der *Vier* verwendet Roubaud bei der Einführung von *vier* Möwen: «[...] en présence de la reine Adirondac et des quatre mouettes

ê ê
Co ou, alpha Co ou, bêta,
ê ê
Co ou, gamma et Co ou, delta

[34] Stendhal, *De l'amour*, Éd. del Litto, Paris 1980, 58.

[35] *Hoppy*, 38sq.

[36] «Uther fit venir son architecte-paysagiste et lui dit: «Sire Architecte, je veux que chaque pelouse ait exactement 35 mètres de long et 43 mètres de large» «Mais, Sire», objecta l'Architecte,» une pelouse, même rectangulaire, ne peut pas être plus large que longue» «ça ne fait rien, dit Uther, ça leur rappellera un drap de billard» «Et n'oubliez pas» ajouta-t-il «de leur donner à chacune 157 mètres de périmètre» «oh, je sais» continua-t-il en voyant que l'architecte allait de nouveau objecter «je sais bien que 35 + 43 + 35 + 43 font 156 et non 157. Mais ça leur fera un bon mètre de réserve pour l'ourlet».» Ib. 18.

[...] Aida demandait à son (beau) père l'autorisation de se rendre le lendemain au cinéma avec Ermengarde voir Dirk Bogarde.»[37] Die deutbare geometrische Form erinnert eher an ein Trapez als an ein Rechteck. Wie in der Geometrie üblich, sind die Eckpunkte durch Buchstaben gekennzeichnet, in diesem Fall durch α, β, γ und δ. Zur Beschreibung des Äußeren seiner bis dahin noch unbekannten Geliebten verwendet der Astronom geometrische Begriffe: «Je notai avec un très grand soin (je suis un observateur méticuleux) ses zones d'ombre et de lumière, ses formes, ses couleurs, ses caractéristiques géométriques, ses **demi-sphères** et **triangle** ombré de blond principalement, ainsi que deux **ovales** d'un gris-bleu très lumineux surmontés chacun d'un **arc** que je comparai à la chevelure d'une mince comète.»[38] Er notiert *vier* Merkmale (zones d'ombre et de lumière, ses formes, ses couleurs, ses caractéristiques géométriques) und trifft beim vierten, der Geometrie, *vier* weitere Unterscheidungen (demi-sphères, triangle, deux ovales, un arc).

Alix-Cléo

Die auffällige Verknüpfung der Zahl *Vier* mit Marie-Josèphe bzw. der Liebe des Astronomen zu dieser Frau, die wir auch bereits in einigen vorangegangen Beispielen hervorgehoben haben, könnte mit Roubauds Liebe zu Alix-Cléo, deren Name zweimal aus *vier* Buchstaben besteht, erklärt werden. Die *Vier* bekommt somit im dritten Kapitel eine neue Dimension. Während in dem 1975 geschriebenen ersten Kapitel die Zahl *Vier* in enger Verbindung mit dem algebraischen Gruppenbegriff stand und insbesondere die *contrainte* von Queneau «x prend y pour z» erweiterte, erhält sie nun eine persönliche Komponente.

Es ist kein Zufall, daß das Thema *Liebe* erstmalig im dritten Kapitel erscheint. Roubaud hat die Kanadierin Alix-Cléo am 7. November 1979 kennengelernt, das dritte (und vierte) Kapitel der *Princesse Hoppy* sind 1980 veröffentlicht worden, so daß wir annehmen können, daß die Beziehung zu Alix-Cléo einen entscheidenden Einfluß auf die Erzählung ausgeübt hat, der gerade in den beiden Kapiteln besonders deutlich wird, in denen der Astronom die Geschichte seiner Liebe erzählt. Im dritten Kapitel, als Roubaud Alix-Cléo noch nicht sehr lange kennt, hat der Astronom Marie-Josèphe erst aus der Ferne gesehen, ist aber bereits in Liebe entbrannt. Im siebten Kapitel, das erst in der Buchausgabe 1990 veröffentlicht wurde, erringt der Astronom die Liebe der im Fernrohr erblickten Frau. Hier taucht auch einmalig die Buchstabenfolge t, m, l, c auf, die *to my love Cléo* bedeuten könnte. Es ist nicht unwahrscheinlich, daß der Autor hier auf englische

[37] Ib. 74.
[38] Ib. 27.

Worte zurückgreift, da Alix-Cléo *bilingue* war und auch ihr *Journal* abwechselnd in beiden Sprachen geschrieben hat. Roubaud heiratet sehr bald Alix-Cléo, verliert sie jedoch auf tragische Weise: Alix-Cléo stirbt am 28. Januar 1983 mit einunddreißig Jahren an einer Lungenembolie. Da die Erzählung bis zu diesem Zeitpunkt noch nicht die geplanten zwanzig Kapitel erreicht hat, ist es möglich, daß Roubaud den Tod seiner geliebten Frau noch in einem späteren Kapitel verarbeiten wird.

Verbindungen der *Vier* mit Religion und Kultur

Die Erzählung *La Princesse Hoppy* ist nicht nur durch das häufige Auftreten der Zahl *Vier* gekennzeichnet, sondern gleichzeitig durch die vielfältigen Bezüge, die Roubaud herstellt, indem er bestimmte Namen oder Ereignisse, die in Verbindung mit der *Vier* stehen, in den Text integriert. Die Zahl *Vier* erweist sich somit als übergreifende *contrainte*, die eine literarische Verarbeitung einer Vielzahl verschiedener Themen ermöglicht. Roubauds ungewöhnliche Behauptung *il y a de tout dans ce conte*, läßt sich vielleicht auf diese Weise erklären.[39]

Religion

Roubaud integriert *vier* Namen von Gottesmännern in seine Erzählung, zwei von ihnen – *Saint Benoît* und *Saint Origènes* – dienen zur Bezeichnung der Regel für das Intrigieren der Könige bzw. werden als Pseudonyme für die *Gruppenaxiome* verwendet. Der dritte Name erscheint, wenn das Eichhörnchen *saint Augustin*[40] liest, der vierte, wenn es nach Palästina pilgert wie vor langer Zeit *son maître Joachim de Flore*. Sehen wir uns die Namen im einzelnen an, dann stellen wir mehrere Bezüge zur Zahl *Vier*, besonders aber zu *vier* Büchern fest:

39 Cf. *Hoppy*, 8. Roubaud macht jedoch eine Ausnahme: «*Ce qu'il n'y a pas*: il n'y a pas dans ce conte, je dis bien il n'y a pas dans ce conte de bretelles. Voilà ce qu'il n'y a pas dans ce conte.» Ib. Warum Roubaud gerade *bretelles* nicht in seiner Erzählung verarbeitet, kann nur vermutet werden in seiner Erinnerung an die farbige Lehrerin Marcelle, die aus Paris nach Digne versetzt wurde und dort eine Art Kulturschock bei der Elternschaft auslöste: «Le choc en retour avait dû être assez sévère pour Marcelle. Elle réagissait en accentuant certains côtés de son caractère qui ne pouvaient qu'augmenter encore l'effroi de ses ouailles [...]: elle glissait brusquement en classe sa main dans son dos en disant: «Merde! voilà encore la bretelle de mon soutien-gorge qui a pété.» *Mathématique: (récit)*, 102 [Hervorhebung Roubaud]. In *La Princesse Hoppy* gibt es keine *bretelle*, die zur falschen Zeit reißen kann und somit auch keine *Demütigung* und keinen *Rassismus*.

40 «Dans le pin, à la lueur intime de sa bougie, l'écureuil lisait saint Augustin.» *Hoppy*, 66.

Der Name *Benoît* oder *Benedikt* weist auf die *vier* Bücher *Dialoge* des Papstes Gregor der Große hin, die dieser zwischen Juli 593 und Oktober 594 schrieb und in denen er die Wunder und Tugenden vor allem italienischer Heiliger beschreibt. «Das ganze zweite Buch widmete er den Wundern und dem äußeren Leben des Gottesmannes Benedikt († um 547). Dieses Buch ist die älteste und einzige Quelle für unser Wissen um das Leben des Mönchsvaters und der erste Zeuge für diese Regel.»[41] *Origenès* ist selbst Verfasser der *vier* Bücher von den Prinzipien (*De principiis*). Er wirkt u.a. als Lehrer, wobei er auf die Gebiete Mathematik und Astronomie großen Wert legt, die beide in *La Princesse Hoppy* eine bedeutende Rolle spielen.[42] Der *Heilige Augustin* wird mit den *quatre sens de l'Écriture* in Verbindung gebracht, auf die wir noch an späterer Stelle eingehen werden: «Une opinion beaucoup plus ancienne fait remonter la doctrine des quatre sens, en son expression la plus classique, principalement à saint Augustin.»[43] *Quatre pèlerins* sind unterwegs, um einen Traum von Epaminondas zu erfüllen: «un voyage jusqu'à la Pentapole de Palestine, pèlerinage aux sources des Pères du désert; remettre ses pas sur les sentiers autrefois foulés par son maître Joachim de Flore, telle était son ambition.» Der Ordensgründer und Theologe Joachim de Flore bildet jedoch innerhalb der Vierergruppe von Gottesmännern eine Ausnahme, da sein Name in Verbindung mit der *Drei* steht: Seine Lehre von den *drei* Zeitaltern des Vaters, des Sohnes und des Heiligen Geistes prophezeite das Ende der neutestamentlichen Klerikerkirche. Nach seinem Tod wurde seine Trinitätslehre verurteilt.

Ebenfalls in Zusammenhang mit religiösen Konventionen – insbesondere das als *Gestes*[44] bezeichnete viermalige Küssen der Mönche – könnte die Gute-Nacht-Zeremonie von Hoppy und ihrem Hund stehen: «Dès que le chien avait donné à la princesse. Conformément à la charte. les **quatre léchous** [léchou de nez (1). léchous d'oreilles (2 et 3). léchou de menton (4)], la princesse sautait sur le lit. jetait le chien au bas du lit à coups de pieds.»[45]

---

41 Steidle, P. Basilius, *Die Benediktusregel (lat. – dt.)*, Beuron, 1963, 7.

42 Cf. Origenes, *Vier Bücher von den Prinzipien*, herausgegeben und übersetzt von Herwig Görgemanns und Heinrich Karpp, Darmstadt 1976, 7.

43 Cf. Henri de Lubac, *Exégèse Médiévale – Les quatre sens de l'Écriture*, Paris 1959, 177. Lubac weist in einem vorangegangenen Kapitel darauf hin, daß auch Clément d'Alexandrie als Urheber dieser Theorie gilt: «S'il faut en croire quelques historiens, le premier inventeur d'une théorie du quadruple sens serait Clément d'Alexandrie.» Ib. 171.

44 Cf. Kapitel 4.1.1. Hier liegt eine weitere Erklärungsmöglichkeit für den Untertitel der Erzählung (*Fées et Gestes*) vor.

45 *Hoppy*, 42 [Hervorhebung E. L.-C., Interpunktion Roubaud].

Die beiden unbekannten *cavaliers*, die die Cousinen der Prinzessin Hoppy entführen, könnten (unserer Annahme folgend, daß in den noch nicht veröffentlichten Kapiteln dem Rhythmus der vierfachen Wiederholung entsprechend zwei weitere *cavaliers* auftauchen) die die geschaffene Welt vernichtenden *Apokalyptischen Reiter* repräsentieren, denn auch sie zerstören alles, was sich ihnen in den Weg stellt: «A ce moment, on entendit un fracas de tonnerre et un cavalier apparut dans le lointain. Il était revêtu d'une armure noire. Son cheval était noir. [...] et, au moment même où il passait, se penchant du côté gauche de sa selle, il saisit à bras-le-corps la pauvre Béryl, et l'arrachant à la main de la princesse, la jeta pantelante en travers de son cheval qui poursuivit sa route [...] Le bruit des sabots noire dans le lointain. Le feu rouge passa à «cuisse de nymphe émue». Mais ils laissaient, ces sabots, derrière eux, une scène de désolation: les myrtilles étaient répandues entre les clous; la princesse restait muette de saisissement. Le chien aboyait avec courage.»[46] Der zweite Reiter ist purpurfarben gekleidet und er reitet ein Pferd gleicher Farbe, so daß wir auch hier eine Überstimmung zu zwei der *Apokalyptischen Reiter* feststellen können, deren Pferde schwarz, rot, weiß und fahl sind: «Car le silence [...] venaient d'être rompus par le galop d'un cavalier sur le chemin de l'oncle Faraday. Ce Cavalier était revêtu d'une armure poupre. Son cheval était poupre. [...] le cavalier poupre, saisissant la pauvre petite par sa menotte sous les yeux horrifiés de ses compagnons, l'entraînait à sa suite dans les ténèbres insondables du couloir secret. [...] Le cavalier **pourpre**, tenant toujours Ermengarde sous son bras, referma la porte du couloir secret avec sa clé anglaise et, jetant l'enfant pantelante sur son cheval par le travers de sa selle **pourpre**, s'éloigna au galop sur le chemin de l'oncle Faraday, [...] Le bruit des sabots décrut dans le lointain. Ils laissaient derrière eux, ces sabots, une scène de désolation: les devoirs étaient éparpillés sur le sol; les canards pleuraient de grosses larmes; la princesse restait muette de saisissement; le chien aboyait courageusement sous la table.»[47]

Während sich die vorangegangenen Beispiele auf das Christentum bezogen, weist die Erwähnung des *coran* (s.o.) auf die *vier* heiligen Bücher – Thora, Psalmen, Evangelium, Koran – des Islam hin. Im Islam sind *vier* legitime Ehefrauen möglich. In *La Princese Hoppy* sind die Könige nacheinander mit den *vier* Königinnen verheiratet, ohne daß man jedoch von einer Scheidung erfährt.[48]

---

[46] Ib. 24. Wir werden später auf eine andere Deutung der *cavaliers* hinweisen, die in Verbindung mit Roubauds Auffassung von Mathematik steht.

[47] Ib. 81sq.

[48] In den ersten uns vorliegenden neun Kapiteln sind die Könige erst dreimal verheiratet. Cf. Kapitel 4.1.2 und 4.3.2.

Die mehrfachen Hinweise auf *vier Bücher* sind insofern von Bedeutung als die Erzählung *La Princesse Hoppy ou le conte du Labrador* von Roubaud als *le quatrième conte du Labrador* bezeichnet wird. Dies erfahren wir in einem Gespräch zwischen dem Hund und François Le Lionnais: «***«Je voudrais»*** dit le chien timidement ***«je voudrais, si vous aviez une minute, que vous me donniez une Indication.»*** «Dans quel conte êtes-vous exactement?» ***«dans le quatrième»*** dit le chien «La princesse Hoppy, ou le quatrième Conte du Labrador».»[49]

Indianische Kultur

Bereits in Kapitel 1 haben wir auf die wichtige Rolle hingewiesen, die die Zahl *Vier* im indianischen Kulturkreis spielt. In Kapitel 4.1.1 konnten wir zeigen, daß der Autor in *La Princesse Hoppy* zahlreiche indianische Elemente verarbeitet, die er in vielen Fällen mit der Zahl *Vier* dadurch verbindet, daß er sie in Aufzählungen, die aus *vier* Elementen bestehen, verwendet. Daß diese Zahl eng mit der indianischen Kultur verbunden ist, unterstreicht Roubaud wiederholt in seinem der indianischen Poesie und Literatur gewidmeten Werk *Partition rouge*. So weist er u.a. auf die Bedeutung der *vier* Himmelsrichtungen hin, die zum Beispiel bei den Navaho mit *vier* Farben verbunden sind: «Quatre, le nombre du rythme indien, a des implications cosmogoniques. Les quatre points cardinaux sont dans l'ordre traditionnel associés aux quatre couleurs sacrées (qu'on retrouvera dans les peintures du sable): à l'est, grande obscurité, le noir; au sud, lumière bleue, le bleu; à l'ouest le jaune, et au nord le blanc.»[50] In *La Princesse Hoppy* ist das Schloß der Prinzessin so gelegen, daß die vier Fassaden genau nach Norden, Süden, Osten und Westen ausgerichtet sind: «La chambre de la princesse, dit le conte, était située au centre du château de la princesse, entre les deuxième et troisième étage. Et à égale distance des faces **nord**, **sud**, **est** et **ouest** du château de la princesse [...].»[51] Eine Verbindung zu den genannten vier Farben ist hier jedoch nicht zu finden.

Über die Bedeutung der Zahl *Vier* schreibt Roubaud zuvor: «Si les Navahos, comme tous les Indiens d'Amérique du Nord, donnent au nombre quatre la place centrale, pour eux 4 n'est pas seulement 1+1+1+1 mais plus fondamentalement – + – + et ils s'efforcent de recréer ce rythme élémentaire de l'univers par toutes les dispositions possibles. La polarité première qui délimite le + et le – est

[49] *Hoppy*, 120 [Hervorhebung Roubaud].
[50] Delay/Roubaud, *Partition rouge*, l. c., 189.
[51] *Hoppy*, 38 [Hervorhebung E. L.-C.].

clairement une polarité sexuelle.»[52] In *La Princesse Hoppy* finden wir diese Struktur bei den weinenden Königinnen wieder, jedoch ohne daß ein sexueller Bezug zu entdecken ist: «bou aïe bou aïe».[53] Das «hi hi hi hi»[54] der Königin Ingrid hingegen könnte auf indianische Gesänge hinweisen. In Anlehnung an den ersten der *12 Songs to Welcome the Society of the Mystic Animals*,

T
h
e
The animals are coming
n
i
m
a
l
s

H E H E H H E H
H E H E H H E H
H E H **UH** H E H
H E H E H H E H
H E H E H H E H

mit dem Jerome Rothenberg sein bereits erwähntes Werk *Shaking the Pumpkin* über die traditionelle Poesie der Indianer Nordamerikas beginnt, finden wir in *Partition Rouge*, indem Roubaud den Buchstaben *E*, (der in der englischen Sprache wie ein französisches i ausgesprochen wird) durch ein *I* ersetzt, eine *Übersetzung* für den französischen Leser:

l
e
s
Les animaux arrivent
n
i
m
a
u
x

H I H I H H I H
H I H I H H I H
H I H **UH** H I H
H I H I H H I H
H I H I H H I H[55]

Roubaud beschreibt außerdem die Verbindung zwischen der Zahl *Vier* und dem *Kreis* in der indianischen Kultur: «*Partition rouge* est divisé en quatre parties:

[52] Delay/Roubaud, *Partition rouge*, l. c., 188sq.
[53] *Hoppy*, 64.
[54] Ib. 96.
[55] Delay/Roubaud, *Partition rouge*, l. c., 127.

«Naissances», «Noms», «Métamorphoses», «Médecines». Parce que quatre est le nombre cosmologique sacré des Indiens de l'Amérique, qu'il y a quatre mondes, quatre directions, quatre saisons, quatre couleurs fondamentales, etc. Mais cette successsion n'est ni une progression ni un chemin, c'est un cercle. Elle tourne et regarde sans cesse vers son centre.»[56] In *La Princesse Hoppy* stellt Roubaud den gleichen Zusammenhang auf andere – physikalische Weise – dar, indem er die *vier* Enten *Carnot* nennt, und somit auf den *Carnotschen Kreisprozeß* hinweist, dessen Arbeitszyklus in *vier* Takten verläuft.

Weitere Verbindungen zur Vier

Aufgrund des Chaos, das die Könige anrichten, indem sie im fünften und neunten Kapitel plötzlich mit einer anderen Königin als zu Beginn des *conte* verheiratet sind, findet Desmond seine neue Ehefrau tief betrübt in ihrer Küche. Um seine Gattin zu trösten oder abzulenken, gibt er daraufhin folgende Anweisung an seine Diener North Dakota und South Dakota: «La reine Ingrid, ma nouvelle épouse, est atteinte de royal chagrin en sa cuisine. Pour dissiper ce royal chagrin, qui me peine, j'ai décidé que tous les matins en s'éveillant la reine, par une fenêtre de la Chambre Royale, pourra admirer le soleil se levant de toute sa splendeur sur les collines des royaumes. J'ai dit. Exécution!»[57] Während des anschließend von den Dienern mit der Sonne geführten Telefonats beschließt diese, um nicht ungerecht gegenüber den drei anderen Königinnen zu sein, sich in *vier* Teile zu spalten, was Roubaud den Hinweis auf den portugiesischen Schriftsteller Fernando Pessoa[58] ermöglicht: «Alors, je vais être forcé de me mettre en quatre, ce qui veut dire que vous allez avoir quatre soleils se levant à des moments différents derrière des collines différentes. Mais moi, ça me dit assez comme ça d'avoir quatre personnalités comme Pessoa. Oui, je peux bien dire que c'est une sacrée bonne idée. Oh oh, je suis tout excité.»[59] Pessoa veröffentlichte seine Gedichte unter *vier* Namen: Fernando Pessoa und den Pseudonymen Alberto Caeiro, Ricardo Reis und Alvaro de Campos.

Auf den *Manifeste Transfini de la Potentialité* von Effelel (Le Lionnais) bezieht sich die folgende Aufzählung: «Dans l'avenue, à la lueur du réverbère, le chien essaya bien de jeter un coup d'œil au Manifeste. Malheureusement, toutes les premières pages étaient blanches, celles qui étaient numérotées 1, 2, 3, 4, et ainsi de suite selon toute la séquence bien ordonnée des entiers naturels, y

---

56 Delay/Roubaud, *Partition rouge,* l. c., 9 – 10.

57 *Hoppy,* 96.

58 Fernando Pessoa (1888 – 1935).

59 *Hoppy,* 97.

compris la page omega.»[60] Explizit genannt sind gerade die ersten *vier* natürlichen Zahlen, die somit zugleich einen Hinweis auf die *Tetraktys* der Pythagoreer geben.[61]

Auch im Bereich der Musik finden wir Verbindungen zur Zahl *Vier*. In der ersten Strophe des Gedichtes an die geliebte Igelin Briolanja schreibt der Igel Bartléby:

> **«Et que je chante mélancoliquement ce chant émouvant sur mon banjo»**[62]

und weist damit auf ein Instrument hin, das üblicherweise vier (Doppel-)Saiten besitzt. Desweiteren finden zwei Opern von Giuseppe Verdi Erwähnung: *Aida* – Roubaud nennt eine Cousine der Prinzessin Hoppy *Aïda* – und *Die Macht des Schicksals*: «Mû par *la forza del destino*, en proie à une incompressible terreur, le chien allait.»[63] In beiden Fällen handelt es sich um Opern in *vier* Akten.

Die Schreckensgestalt, auf die der Hund im letzten Kapitel trifft und deren Holzbein aus *vier* Holzsorten besteht, klopft gerade die ersten *vier* Takte einer Melodie: «...il tapait avec son pilon sur le sol les quatre premières mesures de la *Marche Turque*, qui commençaient à faire vibrer dangereusement le pont suspendu.»[64]

In der Erzählung werden unterschiedliche Sprachen gesprochen, die einfachste von ihnen, die mit den wenigsten Zeichen – nämlich *vier* – auskommt, ist le *canard postérieur*, «une langue à quatre signes de base».[65] Auch der Zettel mit einer kaum sichtbaren Geheimschrift, den der König Eleonor für ein Komplott benutzt, kann in Zusammenhang mit der *Vier* gesehen werden, da zweimal genau *vier* Zeilen mit je *vier* «Worten» erkennbar sind.[66]

Außer den bereits genannten *quatre léchous*, ist die Zahl *Vier* oft mit den Aktivitäten – oder deren Folgen – des Hundes verbunden. Hierzu gehört beispielsweise die Art, die *vier* verschiedenen Sorten seiner gesammelten Knochen zu verstecken: «Le chien [...] maintenait en permanence quatre fois quatre os sous

---

60 Ib. 122

61 Cf. Kapitel 1.

62 *Hoppy*, 104 [Hervorhebung Roubaud].

63 Ib. 114.

64 Ib. 123.

65 Ib. 69 [Hervorhebung Roubaud].

66 Cf. ib. 61. In Kapitel 4.1.1 haben wir diese Geheimschrift bereits zitiert.

les arbres de chacune des quatre pelouses identiques des oncles de la princesse. Chaque fois qu'il venait en visite chez un des oncles de la princesse, il déterrait le plus ancien os de sa collection pour le ronger et le remplaçait par un os neuf.»[67] Die Bestrafung für den Besitz nicht erlaubter Gegenstände findet an *vier* Tagen statt: «Chien, tu seras privé de poutou et/ou de dessert pendant quatre mercredis consécutifs à dater d'aujourd'hui».[68] Auch die Angst, die den Hund in bestimmten Situationen überkommt, hat ihre Ursache in einer Bedrohung durch genau *vier* Gefahren: «***Dans les nuits, sur ma pauvre paillasse en crins d'opossum, en proie à l'angoisse de l'absence et de la privation, sous la menace incessante des quatre Dangers Intérieurs et Extérieurs, je compte. Et le compte est ma consolation.***»[69]

Es konnte gezeigt werden, daß die Präsenz der Zahl *Vier* nicht nur vordergründig ist, indem Roubaud sie in 216 Fällen explizit nennt, sondern daß sie auf viel subtilere Art in den Text integriert wird, sei es indem die Erzählung mit ihrer Hilfe strukturiert wird oder Verbindungen mit ihr thematisiert werden. Bevor wir die Gründe untersuchen, die zu diese Dominanz der *Vier* führen, soll hier noch auf eine weitere Darstellung dieser Zahl aufmerksam gemacht werden, die wir als *oulipotisch* bezeichnen wollen und die Roubauds Vorliebe für Spielereien mit Anfangsbuchstaben beweist.[70]

Die *Vier* des oulipotischen Dichters

In Kapitel 4.1.1 haben wir den *mündliche*n Charakter von *La Princesse Hoppy* hervorgehoben. Dieser Sachverhalt wird wichtig, wenn wir die Ortsbestimmungen näher betrachten, mit denen das erste Kapitel beginnt: «En ce temps-là la princesse avait un chien et quatre oncles qui étaient rois. Le premier roi avait nom **Aligoté.** Il était roi du **Zambèze** et des environs. Le deuxième roi avait nom **Babylas.** Il était roi d'**Ypermétrope** et ses environs. Le troisième roi avait nom **Eleonor** (sans e) et le quatrième **Imogène.** Eleonor (sans e) et Imogène n'étaient pas rois de rien du tout. Ils avaient chacun un royaume très grand et très beau mais le conte ne dit pas où présentement pour des raisons de sécurité.»[71] Der erste Eindruck, es würde sich bei *La Princesse Hoppy* um ein

67 Ib. 17.

68 Ib. 62.

69 Ib. 128 [Hervorhebung Roubaud].

70 Auch in den beiden nachfolgenden Kapiteln 4.3.1 und 4.3.2, in denen das Auftreten der *Vier* mathematischen Charakter hat, werden wir ähnliche Spiele nachweisen.

71 *Hoppy,* 11 [Hervorhebung Roubaud].

Märchen handeln, wird durch die konkrete geographische Angabe des südafrikanischen Flusses Sambesi, der bei Livingstone die Viktoriafälle bildet, gestört. Die zweite fiktive Ortsangabe, *Ypermétrope*, ist in der französischen Sprache gleichlautend mit *hypermétrope*, was *weitsichtig* in medizinischem Sinne bedeutet. Die Wahl dieses Namens schließt also eine realistische Ortsangabe aus. Daß Roubaud als Anfangsbuchstaben jedoch nicht das *h*, sondern ein *y* verwendet, läßt sich vielmehr mit der vom Alphabet abhängenden verwendeten Struktur begründen: Beginnt der Königsname mit dem *x*-ten Buchstaben im Alphabet, dann beginnt der Ländername mit dem *x*-ten Buchstaben des rückwärts gelesenen Alphabets:

A B C D **E** F G H **I** J K L M N O P Q **R** S T U **V** W X **Y Z**

Aligoté – **Z**ambèze, **B**abylas – **Y**permétrope. Damit gibt Roubaud eine Gesetzmäßigkeit vor und wir können vermuten, daß **E**leonor das Königreich **V**… regiert und **I**mogène König von **R**… ist. Eine Permutation der letzten vier Buchstaben – **E, V, I, R** – ergibt das deutsche Wort **VIER**.[72] Es ist nicht auszuschließen, daß Roubaud bereits zu Beginn seiner Erzählung auf diese für den gesamten Text bedeutende Zahl hinweisen will, wenn auch in verschlüsselter Form.

Gedächtnis und Ordnung

Das erste Auftreten der Zahl *Vier* geschieht in Verbindung mit dem mathematischen Strukurbegriff: Jacques Roubaud erzählt im ersten Kapitel zunächst die Geschichte einer *Gruppe mit vier Elementen.*[73] Der Ausgangspunkt für die Erzählung ist somit nicht die Zahl *Vier* mit ihren mathematischen Eigenschaften und ihrer Symbolik, sondern die durch Variation der *contrainte «x prend y pour z»* von Raymond Queneau entstandene Struktur, die auf einer Menge von vier Elementen – hier sind es die Könige *Aligoté*, *Babylas*, *Eleonor* und *Imogène* – erklärt ist. Der Begriff *Struktur* kann dabei als eine Aussage über die heutige Epoche gewertet werden, er ist Aufhebung und Weiterschreibung der Zahlensymbolik zugleich! Damit ist die Symbolik der *Vier*, wie wir sie in Kapitel 1.3 dargestellt haben, für Roubaud nur insofern maßgebend als er eine eigene Symbolik der *Vier* kreiert, die gleichzeitig als Strukturierung der Ereignisse seines Lebens gedeutet werden kann. Die Richtigkeit dieser Behauptung wird u.a. deutlich, wenn Roubaud in *Le grand Incendie de Londres* hinsichtlich seiner *vier* Leiden-

[72] Roubaud hat sich mehrmals längere Zeit in Deutschland aufgehalten, so daß die Benutzung eines deutschen Wortes nicht unwahrscheinlich ist.

[73] Cf. Kapitel 4.3.2.

schaften – *marcher, nager, compter, lire* – folgendes schreibt, wobei er die indianische Zahlensymbolik zur Strukturierung zugrundelegt: «Une autre image, moins abstraite bien que lointaine, s'incise ici: aux quatre coins du monde, de la page du monde selon les Navahos, quatre couleurs, pour les quatre points du ciel et les quatre âges:

EST	noir	enfance
SUD	bleu	âge adulte
OUEST	jaune	mort
NORD	blanc	résurrection

Remplaçant, à mon usage, la colonne des âges par une colonne de passions, je disposerais le noir pour la lecture, le bleu pour la nage, le jaune pour la marche et le blanc pour les nombres.»[74] An anderer Stelle spricht Roubaud von «les quatre [...] points cardinaux de mon univers physique et mental», wenn er auf diese für ihn wesentlichen *vier* Leidenschaften hinweist und übernimmt damit wiederum einen Terminus aus der Zahlensymbolik.

Die *Vier* symbolisiert in vielen Kulturen den Begriff der *Ordnung*. Sie ist «unlösbar mit der ersten erkenntnismäßigen Ordnung auf Erden verbunden, sie setzt *Ordnung in eine schwer übersehbare Mannigfaltigkeit*.»[75] Indem Roubaud mit *La Princesse Hoppy* eine Geschichte der *Vier* schreibt, weist er auf diesen symbolischen Wert hin und damit auf die Ordnung selbst. Roubaud *ordnet* mit dieser Zahl nicht nur Textstrukturen, sondern auch bedeutende Ereignisse seines Lebens, insbesondere verwendet er die *Vier* aber zur Strukturierung seiner Erinnerungen. Die *Vier* steht dabei nicht nur aufgrund ihres ordnenden Charakters in Verbindung mit den Erinnerungen. Wir haben in Kapitel 4.1.1 gesehen, daß die Gedächtniskunst seit Simonides von Ceos *Orte* und *Bilder* verwendet, um Ereignisse oder mündliche Überlieferungen im Gedächtnis zu bewahren und bereits darauf hingedeutet, daß Zahlen wie die *Vier* und mathematische Strukturen in ihrer literarischen Umsetzung in *La Princesse Hoppy* deren Rolle übernehmen. In unserer Zeit existiert ein damals nicht bekanntes Medium – die Photographie – um das Gedächtnis zu unterstützen. Roubaud verarbeitet in *Le grand incendie de Londres* einige seiner Erinnerungen wie zum Beispiel den gemeinsamen Aufenthalt mit Alix-Cléo in Fès mit Hilfe von Photographien.

[74] *Incendie*, 309 [Hervorhebung E. L.-C.].

[75] Endres/Schimmel, *Das Mysterium der Zahl*, l. c., 102.

«La photographie [...] se compose d'un rectangle [...]. Le premier rectangle intérieur au rectangle tranché dans le mur par la géométrie arbitraire du négatif [...] inscrit le second rectangle d'une image [...] qui représente Fès. [...]. Le second rectangle intérieur à la photographie est lui presque carré [...] c'est la représentation d'un miroir [...] Dans le miroir est pris un rectangle de cet autre mur de la chambre [...].»[76] Er betont die Verbindung zur Zahl *Vier*, indem er den rechteckigen Charakter des Photos, das weitere Rechtecke enthält, hervorhebt. Dabei ist für Roubaud die Photographie für das Gedächtnis in zweifacher Hinsicht von Bedeutung, zum einen als Dokument wie im Falle des Fès-Aufenthaltes, zum anderen als Erinnerung an Alix-Cléo, von der er sagt, sie war «essentiellement, photographe».[77] Aber nicht nur die Bilder aus seiner Vergangenheit sind rechteckig, also mit der *Vier* verbunden, auch das für ihn wichtige Papier, auf dem er seine Erinnerungen niederschreibt und seine Gedanken ordnet, hat diese Form.

Selbst das *Abenteuer* unterwirft er der Ordnung. *La princesse Hoppy* wird von Roubaud als die Geschichte der *aventures d'un groupe à quatre éléments* bezeichnet und der *Comte du Labrador* schreibt an die Prinzessin Hoppy: «Vous estes l'Aventure, et le **Conte** est Algèbre par excellence»[78] Der französische Begriff *aventure*[79] geht auf das vulgär-lateinische *adventura* (das, was sich ereignen wird) zurück und steht heute im allgemeinen für *prickelndes Erlebnis*, *gewagtes Unternehmen*. Früher wurde der Begriff auch im Sinne von *Geschick*, *Zufall* und *Risiko* verwendet, er thematisierte insbesondere das Unvorhergesehene und Unsichere wie in den antiken Darstellungen abenteuerlicher Reisen.[80] Roubaud will das Zufällige in seinen Texten ausschließen, er will sie berechenbar machen, folglich muß *le conte* «Algèbre» sein, d.h. mittels algebraischer Strukturen geordnet. Und welche Zahl ist dafür besser geeignet als die *Vier*, die Ordnungszahl?

---

76 *Incendie*, 16.

77 Roubaud, Nachwort zu Alix-Cléo Roubaud, *Journal*, l. c.

78 *Hoppy*, 135 [Hervorhebung von Roubaud].

79 Das deutsche Wort *Abenteuer* kommt aus dem mittelhochdeutschen *abentiure* bzw. *aventiure*, was aus dem französischen *aventure* entlehnt wurdn.

80 Der Begriff *Abenteuer* soll hier nicht thematisiert werden. Wir verweisen dazu auf Michael Nerlich, *Kritik der Abenteuer-Ideologie – Beitrag zur Erforschung der bürgerlichen Bewußtseinsbildung 1100 – 1750*, Berlin 1977.

4.3 Eine mathematische Erzählung

La Princesse Hoppy ist in mehrfacher Hinsicht eine mathematische Erzählung. So wird in der Literaturkritik zwar stets auf die algebraische *contrainte* von Raymond Queneau verwiesen, die dem Text – oder vielmehr dem ersten und fünften Kapitel – zugrundeliegt; übersehen wird jedoch, daß Roubaud zugleich bedeutende Ereignisse oder Entdeckungen aus der Geschichte der Mathematik verarbeitet und auf viele berühmte Mathematiker und deren Theorien verweist. Bevor wir uns also dem speziellen Gebiet der Gruppentheorie widmen werden, soll zunächst der geschichtliche Aspekt analysiert werden.

4.3.1 Aspekte der Geschichte der Mathematik als Literatur

Die folgende Analyse versucht nicht, chronologisch vorzugehen, da es in den einzelnen Teilbereichen der Mathematik zu zeitlichen Überschneidungen kommt. Vielmehr soll versucht werden, die für *La Princesse Hoppy* wesentlichen Aspekte hervorzuheben und die literarische Umsetzung der Geschichte der Mathematik im Text zu verdeutlichen. Hierzu gehört die Darstellung der Geschichte der Algebra ebenso wie die Verbindung geometrischer Elemente mit der Poesie, die Rolle bedeutender Mathematiker in einem literarischen Text und die Verarbeitung einzelner Teilbereiche der Mathematik wie die Logik, aber auch die Umsetzung der von *Oulipo* bewunderten mathematischen Puzzles und Denksportaufgaben innerhalb einer literarischen Gattung. Dabei scheint auch hier die Zahl *Vier* die Auswahl bestimmter Themen entscheidend beeinflußt zu haben.

Der Astronom und die Geschichte der Algebra

In Kapitel 2.1 haben wir uns mit der Entwicklung der Algebra beschäftigt, die für Roubaud eine zentrale Rolle in seinem Leben als Mathematiker spielt, und sind dabei einem bedeutenden Astronomen und Mathematiker namens *Muhammad ibn-Musa al-Khwarizmi* begegnet. Obwohl über *al-Khwarizmis* Leben wenig bekannt ist, wissen wir, daß er am Hofe des Kalifen al-Mamun, eines sehr wissenschaftsfreundlichen Herrschers, zu den wichtigsten Mitgliedern einer Gruppe von Mathematikern und Astronomen gehörte, die dort im „Haus der Weisheit“ (Bayt al Hikmah), der Akademie der Wissenschaften von Bagdad, arbeiteten und forschten. Mit der Person des *al-Khwarizmi* läßt sich die Figur des Astronomen in Roubauds *Princesse Hoppy* erklären, der gerade in jenem Moment auf der Bildfläche erscheint, als die Prinzessin stumm vor Entsetzen das

Durcheinander betrachtet, das der schwarze Reiter bei der Entführung von Béryl angerichtet hat. «««Qui êtes-vous?» dit la Princesse. «Je suis un **Astronome** et je viens de **Bagdad**.»»»[1] Der junge Mann berichtet, daß er an der *E.A.I.B.*, der *Ecole des Astronomes Ilozoïstes de Bagdad* wissenschaftlich arbeitet, was wir als das *Haus der Weisheit* in Bagdad interpretieren können, an dem *al-Khwarizmi* tätig war.

In dem anschließenden Bericht des Astronomen fällt auf, daß er sich negativ über die *Babylonier* äußert: «««Notre école, attenante à l'Observatoire, était située comme lui dans les jardins suspendus de Bagdad» «Excusez-moi» dit la princesse, «je croyais que les jardins suspendus se trouvaient à Babylone» «Erreur profonde!» se récria le jeune homme «vous êtes victime, princesse, comme bien d'autres hélas, d'une impression fallacieuse encore que répandue et due à la propagande touristique mensongère et éhontée des Babyloniens qui, entre nous soit dit, sont des astronomes aussi médiocres qu'ils sont piètres jardiniers. Croyez-moi, les seuls Jardins Suspendus dignes de ce nom sont ceux de ma ville natale.»»»[2] Eine mögliche Erklärung könnten die historischen Hintergründe sein: Aus arabischen Quellen ist bekannt, daß *al-Khwarizmi* als Erster über Algebra schrieb. Van der Waerden nimmt allerdings an, *al-Khwarizmi* würde aus älteren Quellen schöpfen, die mit der babylonischen Algebra in Zusammenhang stehen.[3] Es ist zwar möglich, daß *al-Khwarizmi* seinem Text über Algebra *Al-kitab al-muhtasar fi hisab al-jabr wa-l-muqabala* auf der hauptsächlich aus Beispielsammlungen bestehenden babylonischen Mathematik aufgebaut hat, eine erstmalige Systematisierung sowie eine inhaltliche Erweiterung sind jedoch seine eigene Leistung. Wenn der Astronom in *La Princesse Hoppy* also die Leistungen der Babylonier für mittelmäßig hält, kann das an *al-Khwarizmis* algebraischem Werk liegen, das die alte babylonische Mathematik ablöst.

Wir haben gesehen, daß unser Wort *Algebra* vom arabischen *al-jabr* abstammt. Da Roubaud mehrfach erwähnt, er würde eine Geschichte über algebraische Strukturen schreiben, ist es nicht unwahrscheinlich, daß er in *La Princesse Hoppy* dem Schöpfer der Algebra mit der Gestalt des Astronomen ein Denkmal setzen möchte. Dieser wird als Algebraiker identifiziert, als Marie-Josèphe ihm, der behauptet, sie zu lieben, mehrere Testfragen stellt, denn *Algebra* bedeutete bis ins 18. Jahrhundert das Lösen von Gleichungen: «"Dernière question, la

---

[1] *Hoppy,* 24 [Hervorhebung von Roubaud]. Diese Szene wiederholt sich in ähnlicher Form bei der Erscheinung des purpurfarbenen Reiters.

[2] Ib. 25sq.

[3] Cf. van der Waerden, *Erwachende Wissenschaft,* I, 461sq.

plus importante: lequel de mes deux yeux préférez-vous?" J'avais jusque-là répondu spontanément, sans réfléchir, mais je sentis que si je disais cette fois encore la vérité, comme elle se pressait à mes lèvres, à savoir que chacun de ses yeux valait, pour moi, 1 234 567 fois l'autre, et réciproquement, j'étais perdu. Mais choisir l'un était impossible. Choisir l'autre impensable. Il ne me restait vraiment qu'une solution. Et je dis "commandez, vous serez obéie."»[4]

Der Astronom weiß oder glaubt zu wissen, daß er verloren ist, wenn er diese Frage spontan beantwortet. Dieses Wissen ist vor allem auf seine algebraischen Kenntnisse zurückzuführen. Nehmen wir an, das rechte Auge sei mit a_R gekennzeichnet, das linke mit a_L, dann läßt sich folgendes Gleichungssystem aufstellen:

$$\begin{aligned} a_R &= 1\,234\,567\ a_L \\ a_L &= 1\,234\,567\ a_R \end{aligned}$$

Die Umformung ergibt ein homogenes lineares Gleichungssystem:

$$\begin{aligned} a_R \quad & - 1\,234\,567\ a_L = 0 \\ - 1\,234\,567\ a_R \quad & + a_L \qquad\qquad = 0 \end{aligned}$$

Dieses ist mit $a_R = 0$ und $a_L = 0$ eindeutig lösbar,[5] könnte aber bedeuten, daß der Astronom die Augen seiner Geliebten mit *Nullen* vergleicht. Solch ein wenig galanter Vergleich riefe jedoch sicher den Unmut von Marie-Josèphe hervor, womit er keine Aussicht hätte, ihre Liebe zu gewinnen. Da der Astronom aber nicht davon ausgehen kann, daß Marie-Josèphe mit dem Lösen von Gleichungssystemen vertraut ist, ist ebenfalls denkbar, daß er fürchtet, die scheinbare Ungleichbehandlung der Augen – das eine sei 1234567 mal so viel wert wie das andere – könne das Mädchen verstimmen.

Der Begriff des *Algorithmus*, der aus *al-Khwarizmi*s Namen hergeleitet ist und für Klarheit steht wie auch für präzise strukturierte Prozeduren zur Lösung eines Problems, läßt sich ebenfalls mit der Person des Astronomen in *La Princesse Hoppy* in Verbindung bringen. Um *le problème du Poutou* zu lösen, bittet Hoppy den Astronomen um Hilfe. Dieses Problem war dadurch entstanden, daß jeder der vier Onkel, die zuvor an bestimmten Wochentagen das Anrecht darauf hatten, der Prinzessin einen Gute-Nacht-Kuß zu geben, sich nun ständig stritten,

---

[4] *Hoppy*, 93.

[5] Für diese Lösung spielt die Zahl 1 234 567 keine entscheidende Rolle, denn jede reelle Zahl außer der Null würde den gleichen Zweck erfüllen.

weil jeder von ihnen der einzige mit diesem Recht sein wollte. Dem Astronomen gelingt es, mit einem computergestützten System einen Algorithmus zu erarbeiten, der es ermöglicht, daß jeder der *vier* Könige innerhalb von *vier* Wochen Gelegenheit zu *vier* Poutous hat. Diese finden jedoch nicht mehr an einem bestimmten Wochentag statt, sondern sind nach dem Zufallsprinzip organisiert.[6]

Die Prinzessin meldet Zweifel an der vorgeschlagenen Methode an: «Mais» dit la princesse «ce système ne risque-t-il pas de favoriser un roi au détriment des autres?» Der Astronom garantiert jedoch die gerechte Verteilung: «pas du tout» répondit l'astronome «Je peux vous garantir. Grâce au calcul du robot que j'ai effectué avec toute la précision nécessaire, qu'en quatre semaines chaque roi aura ainsi comme avant droit à quatre poutous. Bien sûr, ils n'auront pas lieu, et c'est là, je crois, l'avantage de mon système, à date fixe. Tantôt Babylas semblera privilégié. Tantôt» «Yes» dit la princesse «Mais, au bout du compte. Ma-thé-ma-ti-que-ment. Chacun aura reçu son dû» «C'est bien vrai?» demanda la princesse «Je m'en porte garant» dit l'astronome.»[7] Da der *Poutou* des jeweiligen Königs in Abhängigkeit vom Sonnenuntergang vollzogen wird – die Sonne geht in Roubauds Erzählung in allen *vier* Himmelsrichtungen unter – ist die Aussage des Astronomen nur dann richtig, wenn die Sonne innerhalb von vier Wochen in jeder Himmelsrichtung mit gleicher Wahrscheinlichkeit untergeht. Die Prinzessin ist von diesem Verfahren ebenso beeindruckt wie die Könige, die ein auf dem Zufallsprinzip basierendes System besser mit ihrem Ego in Einklang bringen können als die zuvor geltende Regelung.

---

6 Der Astronom erklärt sein Prinzip wie folgt: «Vous savez sans aucun doute [...] que le soleil, au terme de sa course quotidienne, a le choix, pour son repos nocturne, entre quatre points cardinaux auxquels, dans les royaumes, il distribue royalement et équitablement sa faveur. [...] Chaque soir. Donc. A l'heure où les rayons dorés du soleil faiblissant rasent la cime des grands arbres séculaires au bord des allées perpendiculaires et majestueuses [...]. Leur lumière pénètre par les vitres de l'Observatoire. Tantôt elle arrive du nord. [...] Mais toujours elle vient frapper la cellule sensible de l'œil unique, céruléen et doux d'un jeune et élégant robot-cyclope de ma fabrication. Ce robot n'a qu'un œil, mais il a quatre cœurs dont un seul fonctionne à la fois. Toute la nuit, toute la journée, il demeure dans l'ombre. Mais le soir, recevant la lumière solaire dans son œil, celui de ses cœurs qui brûlait s'éteint et un autre s'allume. Lequel? Cela dépend précisément de la direction de la lumière reçue. En même temps, la main du jeune robot s'abaisse sur une manette qui commande quatre feux rouges placés à l'entrée des quatre corridors conduisant des quatre tours à la chambre de la princesse. L'un de ces feux rouges passe au vert.» *Hoppy,* 46 [Interpunktion Roubaud].

7 *Hoppy,* 48.

Herkunft und Handlungsweise des Astronomen in Roubauds Erzählung deuten also auf den persischen Mathematiker und Astronomen *al-Khwarizmi* hin, zu dessen bedeutenden Leistungen auch die schriftliche Verbreitung der *indischen Ziffern* in Persien gehörte. Neben der Algebra sind es aber gerade die Zahlen, insbesondere die natürlichen Zahlen, die Roubaud faszinieren. Die Erzählung *La Princesse Hoppy* thematisiert somit in der Person des Astronomen die Entwicklung der Mathematik von der indisch-arabischen Zahl bis zur heutigen Algebra und Computerwissenschaft. Damit vereint Roubaud, in einer Gestalt zwei seiner großen Leidenschaften: die Zahl und die Algebra.

Elemente der Geometrie und Poesie

Mit Vieta und Descartes trat die Algebra gleichberechtigt neben die Geometrie, die bis zu diesem Zeitpunkt die zentrale Rolle in der Mathematik spielte. Wir haben gesehen, daß Descartes ein System der Mathematik entwickelte, das Geometrie und Algebra verband und insbesondere als Grundlage der *analytischen Geometrie* diente. Das Lösen von Gleichungen mit geometrischen Hilfsmitteln wurde durch die *Koordinatenmethode* verwirklicht.

Koordinatensysteme spielen auch im Leben des Astronomen eine entscheidende Rolle. Die beobachteten Himmelserscheinungen werden von ihm mit großer Sorgfalt notiert und ihre Lage mit Hilfe von Koordinaten angegeben. Eines nachts taucht kurzzeitig ein unbekanntes Objekt auf, welches er ausführlich in seinem Heft beschreibt, in der Hoffnung, eine große Entdeckung gemacht zu haben, die ihm den Aufstieg sichert und großen Ruhm einbringen wird. Am nächsten Tag stellt er aber fest, daß seine Notizen keinen Himmelskörper, sondern den Körper einer Frau bzw. eines jungen Mädchens beschreiben. Aufgrund der beschriebenen Schönheit verliebt er sich in die Unbekannte. Als er im Morgengrauen erneut sein Heft aufschlägt, um anhand der Notizen seine Beobachtung ein weiteres Mal durchzuführen, muß er feststellen, daß diese verschwunden sind: «Il me fallait donc au plus vite retrouver les <u>coordonnées</u> de la fenêtre d'où était parti dans l'aube le trait éblouissant de mon malheur. Je rouvris fébrilement mon cahier à la page où ces renseignements auraient dû être présents, notés par moi conformément aux procédures expérimentales que je respectais méticuleusement. En vain. Aucune indication n'apparaissait. Pourquoi? je ne me l'explique pas encore.»[8] Jacques Roubaud unterstreicht hier zwar die Bedeutung einer geometrischen Notation, zeigt dann jedoch, daß es dem Astronomen auch ohne

---

8 *Hoppy*, 29 [Hervorhebung E. L.-C.].

die Kenntnis der Koordinaten gelingt, das Mädchen wiederzufinden, indem er systematisch vorgeht.

An zwei Stellen im *Appendice* stellt Roubaud Fragen an den Leser, die ebenfalls *Koordinaten* beinhalten. Die erste Frage bezieht sich auf die Cassinischen Kurven, auf die wir später eingehen werden. Hier weist Roubaud auch direkt auf *Descartes* hin: «[...] ovales de Cassini. Ecrire l'équation, en coordonnées cartésiennes l'inch étant pris pour unité de longueur, d'un boulet d'anthracite pesant quatre fois quatre onces.»[9] Die zweite Frage, mit dem Schwierigkeitsgrad *drei* gekennzeichnet, erscheint irreführend oder beinhaltet einen Setzfehler: «q26*** Il est temps pour l'auditeur du conte de commencer à faire preuve d'imagination. Pouvez-vous formuler une hypothèse sur les raisons qui ont fait que l'astronome n'a pas retrouvé sans son cahier les coordonnées de la fenêtre entr'aperçue à l'aube du quatre juin?»[10] Der Astronom muß die Koordinaten nicht ohne sein Heft wiederfinden, sondern in seinem Heft, wo es auf diese keinen Hinweis mehr gibt. Sinnvollerweise müßte die Frage also lauten: *Pouvez-vous formuler une hypothèse sur les raisons qui ont fait que l'astronome n'a pas retrouvé dans son cahier les coordonnées de la fenêtre ...*

Bezüge auf geometrische Elemente sind bei Roubaud selten,[11] was mit seiner Abneigung dieser Disziplin gegenüber zu erklären ist. Dennoch findet man im Text einige elementargeometrische Figuren, wie zum Beispiel bei der Beschreibung des Mädchens, das der Astronom fälschlicherweise für ein unbekanntes Himmelsobjekt hält: «Je notai avec un très grand soin (je suis un observateur méticuleux) ses zones d'ombre et de lumière, ses formes, ses couleurs, ses caractéristiques géométriques, ses demi-sphères et triangle ombré de blond principalement, ainsi que deux ovales d'un gris-bleu très lumineux surmontés chacun d'un arc que je comparai à la chevelure d'une mince comète.»[12]

Roubaud verwendet hier typische Metaphern zur Beschreibung der Weiblichkeit, so daß der mathematische Gehalt relativiert wird. Auch wenn er von «la lucarne ovale de la petite mansarde d'Ermengarde»[13] spricht, steht wohl nicht die geometrische Form im Vordergrund, denn *La Lucarne ovale* ist der Titel eines lyri-

[9] Ib. 130 [Hervorhebung E. L.-C.].

[10] Ib. 131.

[11] Wir finden beispielsweise «une pelouse, même rectangulaire, ne peut pas être plus large que longue», ib. 18 und «quatre couloirs rectilignes», ib. 38 [Hervorhebung E. L.-C.].

[12] Ib. 27 [Hervorhebung E. L.-C.].

[13] Ib. 74.

schen Werkes von Pierre Reverdy und somit ein Hinweis auf Poesie.[14] Roubaud gelingt damit – ähnlich wie wir es für die Zahlen gesehen haben – eine enge Verknüpfung von Mathematik und Poesie in seinem Text. Dies wird deutlich, wenn man die einleitenden Worte zu Reverdys *La Lucarne ovale* liest: «En ce temps-là le charbon était devenu aussi précieux et rare que des pépites d'or.»[15] Auch bei Roubaud fällt der Zusammenhang *ovale-charbon* auf: «L'**anthracite** est une ancienne variété de charbon (Carbone) autrefois utilisée pour le chauffage, dans des poêles. Dans les Royaumes, comme ailleurs, les boulets d'anthracite étaient ovales, mais ceux des Royaumes avaient la propriété d'être en projection sur un plan horizontal des ovales de Cassini.»[16] Mit der *Projektion auf die Ebene* und dem Hinweis auf die *Cassinischen Kurven* wird hier ein konkreter Hinweis auf die Mathematik gegeben. Durch die Verbindung *Reverdy – Cassini* gelingt es Roubaud ein weiteres Mal, zwei seiner Passionen zu vereinen und damit der von Oulipo gewünschten *antiken Allianz zwischen Poesie und Mathematik* wieder einen Schritt näher zu kommen.

Berühmte Mathematiker und ihre Entdeckungen

La Princesse Hoppy ist die Geschichte einer *Gruppe mit vier Elementen* und steht damit in Zusammenhang mit bedeutenden Mathematikern wie Galois, Klein, Cayley und Gauß, die sich um die Entwicklung der Gruppentheorie verdient gemacht haben. Evariste Galois hat wie schon erwähnt, als erster den Begriff der *Gruppe* eingeführt, den er in Zusammenhang mit den *Permutationen* der Wurzeln (Radikale) einer Gleichung *n*-ter Ordnung hergeleitet hat. Sein Werk kann als einer der Schlüssel zur modernen Gruppentheorie bezeichnet werden. Vielleicht ist der Hinweis des mathematisch begabten Hundes auf einen seiner wertvollen, versteckten Schätze, auf «un vieux pull gallois en parfait état

---

14 Intertextualität ist ein wesentliches Element in *La Princesse Hoppy*, das noch zu untersuchen wäre, was in dieser Arbeit jedoch nicht geleistet werden soll. Es sei an dieser Stelle nur kurz erwähnt, daß man im Text weitere Hinweise auf Reverdy findet, so auf die unter den Namen *Les Ardoises du toit* und *Les Jockeys camouflés* veröffentlichten Gedichte, die sich an *La Lucarne ovale* anschließen. Roubaud schreibt in *La Princesse Hoppy*: «Et en effet, par la lucarne ovale de la pauvre Ermengarde, sous les ardoises du toit où s'étaient endormis les jockeys camouflés du roi Faraday, une lueur s'efforçait déjà de pénétrer.» Ib. 94. Wir können somit gleichzeitig die mit einem Stern gekennzeichnete Frage an den Leser q71 im *Appendice du Chien*, ib. 134 – «Pourquoi les jockeys du roi sont-ils camouflés dans les ardoises?» – beantworten! Die erwähnten Gedichte findet man in: Pierre Reverdy, *Plupart du temps – poèmes 1915 – 1922*, Paris 1967.

15 Ib. 77.

16 *Hoppy*, 130 [Hervorhebung durch Fettdruck Roubaud, Hervorhebung durch Unterstreichen E. L.-C.].

mais avec 2 puissance quatorze trous»,[17] eine Anspielung auf Galois, der bei einem Duell ums Leben kam.[18]

Von besonderer Bedeutung ist der Mathematiker Cayley, der als erster die *abstrakte Gruppe* definiert, die zuvor nur in Bezug auf Elemente wie Permutationen oder Transformationen benutzt wurde. Mit Einführung der *abstrakten Gruppe* ist es möglich, eine Gruppenstruktur für *nichtmathematische* Elemente und Verknüpfungen zu prägen und literarisch einzusetzen.[19] Der Astronom in *La Princesse Hoppy* erwähnt den Namen Cayley in Zusammenhang mit den von Cayley entdeckten *acht-dimensionalen* Zahlen, den *Trajectoires Cayleiennes*, auf die wir in einem späteren Abschnitt noch zurückkommen werden.

Einen entscheidenden Einfluß auf die Entwicklung des für die Gruppentheorie grundlegenden Begriffs der *Verknüpfung* hat Gauß[20] genommen, dessen Überlegungen bis zur allgemeinen Struktur der *endlichen abelschen Gruppe* führten.[21] In *La Princesse Hoppy* definiert Roubaud Verknüpfungen wie die Funktionen *comploter* und *compoter*. Deutlicher wird dieser Hinweis auf Gauß, wenn Roubaud den von Gauß eingeführten Begriff *modulo n* verwendet,[22] den dieser erstmalig in seinen *Disquisitiones Arithmeticae* definiert hat. *Modulo n* taucht mehrfach in Roubauds Erzählung auf. Der Astronom erwähnt *modulo 18* bei der Beschreibung der Gärten seiner Stadt in einem ungewöhnlichen Kontext: «Un peu plus loin s'élevait comme une polyphonie de jeunes voix: «six fois un, six; six fois deux, douze; six fois trois zéro; six fois quatre...» «six fois quatre six»

[17] *Hoppy*, 60 [Hervorhebung E. L.-C.].

[18] In dem 1995 in Paris erschienenen Werk *Poésie, etcetera: ménage*, erwähnt Roubaud Evariste Galois in Zusammenhang mit der kritischen Auseinandersetzung mit neueren Rimbaud-Ausgaben und stellt dort eine ebenso ungewöhnliche Verbindung zwischen Mathematik und Dichtung wie in der Erzählung *La Princesse Hoppy* her: «Écrits en 1830, les quelques textes mathématiques d'Évariste Galois sont géniaux; [...] La Lettre à Auguste Chevalier de Galois, écrite la nuit qui précéda sa mort (qui fut la plus longue de sa vie), occupe 7 pages dans la grande édition Bourgne-Azra de 1962 [...] Pour arriver à un gros volume, il faut ajouter les brouillons, les lettres, les bribes de calculs, ... Bien sûr, tout cela est intéressant, mais il semble aussi que la postérité veuille annuler le plus possible le silence de Galois, rendre Galois bavard. Ce n'était pas son genre. Le parallèle avec Rimbaud s'impose. Chaque fois que paraît une nouvelle édition du Rimbaud de la Pléiade, le nombre de pages a considérablement augmenté. Proportionnellement, la place occupée par les poèmes diminue.» 181sq.

[19] Cf. hierzu unsere Untersuchungen in Kapitel 4.3.2.

[20] Zum Begriff *Verknüpfung* cf. Anhang A 4.1. (H1).

[21] Zum Begriff *abelsch* cf. Anhang A 4.7.

[22] Zum Begriff *modulo n* cf. Anhang A 2.1.

interjecta le chien machinalement» «C'était un parterre de petites tulipes arithméticiennes récitant leur table de multiplication modulo dix-huit. Mais à quoi bon essayer de vous décrire toutes les merveilles enfermées dans ces jardins que de toute façon, hélas, je ne reverrai plus?»»[23]

An anderer Stelle verarbeitet Roubaud *modulo 12*, ohne jedoch explizit darauf aufmerksam zu machen. Dabei verwendet er ein ähnliches Beispiel wie es Ian Stewart zur Erklärung des Begriffs gewählt hat, nämlich das der Uhrzeit:[24] «Il était passé minuit et pourtant les douze coups de minuit n'avaient pas retenti au beffroi des royaumes. [...] les deux sonneurs de cloche, Molinet Jean et Crétin Guillaume, venaient de décider cette nuit-là précisément, de ne plus signaler minuit par douze coups comme à l'ordinaire, mais par zéro coups, estimant, comme l'expliqua plus tard Molinet Jean devant la commission d'enquête que, puisque selon l'organisation du temps en vigueur sous les latitudes du conte depuis la mort d'Uther Pandragon, la treizième heure étant encore la première, la douzième n'était au fond que la zéroième, et qu'il n'y avait aucune raison pour qu'ils continuent, à leurs âges, et pour les gages qu'ils recevaient, à taper douze coups sur leurs cloches quand il était strictement équivalent de n'en frapper aucun. Ainsi, en cette nuit exceptionnelle, il était plus de minuit et minuit pourtant n'avait pas sonné.»[25] Es gilt demzufolge 1 = 13 (modulo 12) und 0 = 12 (modulo 12); somit sind die *null* Glockenschläge um Mitternacht mathematisch gerechtfertigt.

Auch wenn die Prinzessin Ermengarde – und mit ihr der Leser – Mathematik-Hausaufgaben zu lösen hat, benötigt sie Kenntnisse des Rechnens mit *modulo n*. Eine der Aufgaben lautet: «10 et 2 font 1; 20 et 4 font 2; 1 et 13 font 3; 194 et 615 font?»[26] Die richtige Antwort muß heißen: 194 + 615 = 6 (modulo 11), denn 194 + 615 = 809 und 809 = 73 × 11 + 6.

In der Erzählung *La Princesse Hoppy* treten Mathematiker nicht nur in Zusammenhang mit der Gruppentheorie auf. Interessant ist, daß Roubaud *vier* von ihnen nennt, deren Namen mit den Buchstaben *Ca* beginnen. In chronologischer

23 *Hoppy,* 26 [Hervorhebung E.L.-C.]. Warum Roubaud Tulpen rechnen läßt, ist schwer nachvollziehbar. Möglicherweise handelt es sich um eine Anspielung auf die *Tulpenmanie*, die von 1633 bis 1637 in den Niederlanden herrschte, wobei nicht geklärt ist, warum die aus Adrianopel importierte Tulpe plötzlich zur Modeblume und somit zum Spekulationsobjekt wurde. Cf. Bonß, *Vom Risiko – Unsicherheit und Ungewißheit in der Moderne,* Hamburg 1995, 142sq.

24 Cf. Kapitel 2.1.

25 *Hoppy,* 76sq.

26 Ib. 78.

Reihenfolge: *Cassini*, *Carnot*, *Cayley* und *Cantor*. Da wir über Cayley bereits gesprochen haben und zu einem späteren Zeitpunkt nochmals auf ihn eingehen werden, setzen wir uns als erstes mit dem Namen Carnot auseinander, denn er kommt im Text am häufigsten (76 mal) vor. Er wird in *La Princesse Hoppy* als Familienname der *quatre canards* verwendet, die Carnot un, Carnot deux, Carnot trois und Carnot quatre genannt werden. Von dem Mathematiker gleichen Namens, Lazare Carnot, der insbesondere durch seine *Géométrie de position*[27] bekannt wurde, sind drei weitere bedeutende Nachkommen bekannt: der Physiker Sadi Carnot, der Staatsmann Hippolyte Carnot, beides Söhne des erstgenannten, sowie der Ingenieur Marie-François Sadi Carnot, Sohn des Hippolyte Carnot.[28] Somit kann jeder der *vier* Enten ein bekanntes Familienmitglied der Familie Carnot zugeordnet werden bzw. umgekehrt. Obwohl vielleicht alle *vier* von Bedeutung für den Text *La Princesse Hoppy* sind, läßt sich innerhalb der bisher vorliegenden neun Kapitel nur der Einfluß von Sadi Carnot zeigen.[29]

---

27 Bourbaki merkt über die 1803 in Paris erschienene *Géometrie de Position* an: «Carnot inaugure la tendance qui opposera, pendant tout le XIXe siècle, géometrie „synthétique“ à géométrie analytique; cherchant à développer la première aussi indépendamment que possible, il est conduit, pour éviter les „cas de figure“ des géomètres anciens, à introduire systématiquement les grandeurs orientées, longueurs et angle; malheureusement, son ouvrage est considérablement compliqué par son parti pris de ne pas utiliser les nombres négatifs (qu'il tenait pour contradictoire!) et de les remplacer par un système peu maniable de „correspondance des signes“ entre diverses figures. Il faut attendre Möbius [...] pour que le concept d'angle orienté s'introduise dans les raisonnements de géométrie synthétique.» Nicolas Bourbaki, *Eléments d'histoire des mathématiques*, l. c., 130.

28 Lazare Carnot (1753 – 1823), Sadi Carnot (1796 – 1832), Hippolyte Carnot (1801 – 1888), Marie François Sadi Carnot (1837 – 1894).

29 Sadi Carnot ist zwar Physiker, verfügt aber zwangsläufig über mathematische Kenntnisse. Weitere Physiker finden in *La Princesse Hoppy* insbesondere bei der Namensgebung der Könige Erwähnung, die die Namen *Faraday* und *Avogadr* (sans o) tragen. So heißt der König Eleonor nach seiner zweiten Namensänderung *Avogadro*, wie der italienische Physiker und comte Amadeo di Quaregna Avogadro (Avogadro (1776 – 1856)), der sich insbesondere mit der kinetischen Theorie der Wärme befaßt hat. Gleichzeitig bezeichnet der Name *Avogadro* eine Zahl bzw. Konstante. Bei der Betrachtung der Moleküle eines Gases bezeichnet man den Quotient aus der Teilchenzahl N und der Stoffmenge n, d.h. die *molare Teilchenzahl*, als *Avogadro-Konstante* N_A: $N_A = 6{,}022045 \cdot 10^{23}\,\text{mol}^{-1}$.
Ähnliches gilt für den König *Faraday*, (Faraday (1791 – 1867)) der zuvor Babylas hieß. Hier denkt man sofort an den englischen Physiker und Chemiker Michael Faraday, dessen erfolgreichste Arbeiten auf dem Gebiet der Elektrizitätslehre erbracht wurden. Die nach ihm benannte *Faraday-Konstante* F steht in engem Zusammenhang mit der Avogadro-Konstanten: $F = N_A e = 96{,}48456$ kC/mol, dabei ist $e = 1{,}602 \cdot 10^{-19}$ C die Elementarladung. Auch hier bezeichnet ein Name zum einen die Person, zum anderen eine eindeutig festgelegte Zahl.

Die Beschreibung der durch die Enten angetriebenen Boote der vier Könige, entspricht dem von Sadi Carnot entwickelten und nach ihm benannten Kreisprozeß. Unter diesem kann man sich einen ohne alle mechanische Energieverluste arbeitenden Heißluftmotor vorstellen, dem die Gesetze des idealen Gases zugrundeliegen und dessen Arbeitszyklus in *vier* Takten verläuft. Dieser Prozeß ist vollständig umkehrbar;[30] läßt man ihn in entgegengesetzter Richtung ablaufen, dann funktioniert er als Kältemaschine. In *La Princesse Hoppy* finden wir dann auch die Beschreibung eines *Heißluftmotors*: «Le canot de l'oncle Babylas [...] était tiré par quatre canards. Chaque canard était muni d'une petite chaufferette électrique à piles contenant des boulets de charbon anthracite. Au moment de mettre le canot en marche, les canards appuyaient sur un bouton nickelé situé à l'arrière de la chaufferette, portant ainsi très rapidement les boulets ovales de charbon à l'incandescence. Puis, saisissant la chaufferette entre leurs palmes exercées, ils l'entr'ouvraient légèrement en tournant une petite vis située, elle, à l'avant. Au contact de l'eau avec l'anthracite brûlant un chuintement se faisait entendre et un jet de vapeur puissant s'élevait autour de l'embarcation.»[31] Diese Darstellung rechtfertigt die Annahme, daß Roubaud bereits hier – zu einem Zeitpunkt, wo die Namen der Enten noch nicht bekannt sind – an Sadi Carnot und den *Viertaktmotor* denkt und somit gleich in doppelter Hinsicht eine Verbindung zur Zahl *Vier* herstellt.

Die Enten beherrschen mehrere Sprachen, wie zum Beispiel den *canard postérieur renversé*, in dessen Namen der Begriff *Umkehrbarkeit* enthalten ist und so an den *umkehrbaren* Carnotschen Kreisprozeß erinnert. Roubaud macht auf diese Reversibilität aufmerksam, indem er die Enten einmal *vorwärts* «moi itou» und ein anderes Mal *rückwärts* «uoti iom» sagen läßt.[32] Mit Hilfe den *vier* Enten führt Roubaud auch den Namen Cassini ein, den er im eigentlichen Text jedoch nicht nennt, sondern erst im Anhang bei den Übungsaufgaben für den Leser verwendet, wie wir bereits im Zusammenhang mit dem Begriff *oval* gesehen haben. Interessant ist, daß auch in diesem Fall die Zahl *Vier* von Bedeutung ist, denn die *Cassinischen Kurven*,[33] bei denen es sich um spezielle *Kurven vierter*

---

30 Beweis cf. Lindner, *Physik für Ingenieure*, l. c., 260.

31 *Hoppy*, 21.

32 Cf. ib. 72sq.

33 Aus der Familie Cassini sind gerade *vier* bedeutende Astronomen und Geodäten bekannt, von denen beispielsweise Giovanni Domenico Cassini die Abplattung (cf. hierzu auch Abb. 29) des Jupiters und *vier* Saturnmonde entdeckte: Giovanni Domenico Cassini (1625 – 1712), Jacques Cassini (1677 – 1756), César François Cassini de Thury (1714 – 1784) und Dominique, Comte de Cassini (1748 – 1845).

Ordnung handelt,[34] treten gerade in *vier* verschiedenen Formen auf. Insbesondere die äußere Kurve erinnert an ein typisches Oval. Die von Roubaud gestellte Aufgabe läßt sich berechnen, wenn man voraussetzt, daß die Projektion aus jeder Richtung das gleiche Oval ergibt, so daß man einen Rotationskörper erhält und wenn das spezifische Gewicht der Kohle bekannt ist.

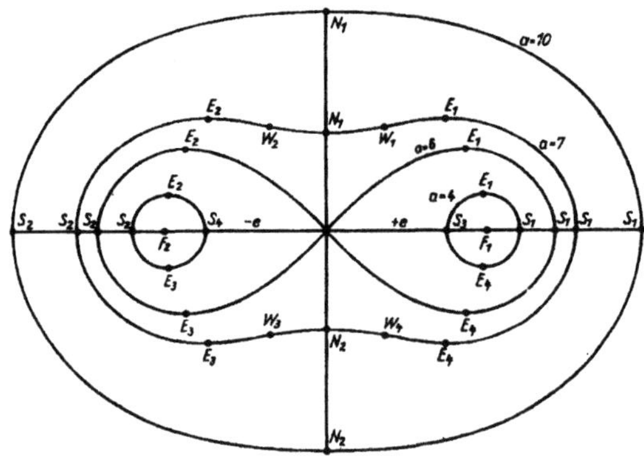

Abb. 29

Cassinische Kurven

Der vierte Mathematiker, dessen Name mit den Buchstaben *Ca* beginnt, ist Georg Cantor. In Kapitel 2.1, *Das 19. Jahrhundert: Ordnung – und die Suche nach Wahrheit*, haben wir bereits auf Cantors Auseinandersetzung mit dem *Unendlichen* und seine Entdeckung der *transfiniten Zahlen* hingewiesen. Der Name Cantor taucht in *La Princesse Hoppy* explizit auf, wenn der Hund die ihm endlos erscheinenden Wiederholungen der Lebensgeschichte des Astronoms unterbrechen will: «Mes parents» leur dis-je «étaient pauvres mais honnêtes...» «Abrège...» dit aussitôt la Princesse. «Et reviens illico presto au moment où on te sort de ton asphyxie. Sinon, on en a pour toute la nuit» «Comme vous voudrez» dit l'astronome, qui reprit «... d'où Barbara me tira par un bouche-à-bouche. Revenu à moi, je répondis à leurs interrogations anxieuses par le récit de mon aventure: "mes parents", commençai-je, «NON!» fit la princesse «NON!» **«On n'y arrivera pas comme ça»** fit le chien. **«Dis-lui de sauter une heure.»** «Saute une heure» fit la princesse «A votre service» dit l'astronome. «Comme

[34] Die mathematische Definition für die Cassinischen Kurven lautet: Cassinische Kurven werden definiert als geometrischer Ort aller Punkte P, für die das Produkt der Abstände $r_1 = F_1M$ und $r_2 = F_2M$ von zwei festen Punkten F_1 und F_2 einen konstanten Wert a^2 hat. Cf. *Kleine Enzyklopädie Mathematik*, Gellert, Küstner, Hellwich, Kästner (Hrsg.), Leipzig 1974, 448sq.

l'albatros, qui, lassé d'un long voyage, trouve en...» **«Par Cantor»** s'écria le chien ***«il leur a fait le coup de l'albatros, du bouc émissaire et tutti quanti! pourtant ils ont bien dû arriver à l'arrêter sans l'estourbir, puisqu'ils ont survécu et qu'il est là. Dis-lui de sauter un jour entier»***. «Saute un jour entier» commanda la princesse «et que ça saute!»[35] Die Zeitachse, die der Erzählung des Astronoms zugrunde liegt, entspricht der Menge der reellen Zahlen. Das Auslassen einer Stunde oder eines Tages ändert nichts daran, daß die Menge *überabzählbar* ist. Der Ausruf des Hundes, *Par Cantor!*, läßt darauf schließen, daß er und die Prinzessin befürchten, nie das Ende der Geschichte erreichen zu können.

An anderer Stelle in der Erzählung trifft der Hund den Präsidenten der Gruppe *Oulipo*, Le Lionnais, von dem wir wissen, daß er nicht nur ein begeisterter Schachspieler, sondern gleichzeitig Schachtheoretiker war, vor einem überdimensionalen Schachbrett sitzend: «Le chien s'assit. Devant le Président, sur la table, se trouvait un immense échiquier alephquatorze-dimensionnel dont le chien ne distinguait, ombreusement que quelques détails.»[36] Das Schachbrett hat damit eine Größe erreicht, deren Unendlichkeit kaum noch vorstellbar ist, da bereits *Alephnull* d.h. unser gebräuchlicher Unendlichkeitsbegriff Schwierigkeiten in unserem Vorstellungsvermögen hervorruft. Wenn also in *La Princesse Hoppy* dem Oulipo-Präsidenten die Beherrschung des Schachspiels auf einem *aleph-vierzehn*-dimensionalen Schachbrett möglich ist, dann kann dies nur bedeuten, daß Roubaud hier seine große Hochachtung für Le Lionnais zum Ausdruck bringen will und gleichzeitig den großen Mathematiker Cantor ehrt, denn ohne dessen Mengenlehre wäre die heutige Algebra nicht denkbar.

Die *transfiniten Ordinalzahlen* sind im Text ebenfalls von großer Bedeutung, denn ihretwegen gelingt es dem Hund noch nicht, das von der Prinzessin gestellte Rätsel, *welcher König intrigiert mit welchem gegen wen* zu lösen, obwohl Effelel (FLL für François Le Lionnais) ihm sein *Manifeste Transfini de la Potentialité* übergibt, in welchem der Hund Hinweise auf die gesuchte Lösung zu finden hofft. «Vous partez déjà?» dit Effelel «[...]; tenez, prenez cela, ça vous fera de la lecture; c'est un tiré à part de mon dernier Manifeste, le Manifeste Transfini de la Potentialité. Et il lui fit un clin d'œil bienveillant derrière ses lunettes. Le Chien le remercia avec effusion, et s'en alla. Comme il sortait, il entendit le Président dire, à quelqu'un qui arrivait et qu'il ne vit pas: «Le pauvre petit, oui le pauvre petit». Dans l'avenue, à la lueur du réverbère, le chien essaya bien de jeter un coup d'œil au Manifeste.

35 *Hoppy*, 87.

36 Ib. 119sq [Hervorhebung E. L.-C.].

Malheureusement, toutes les premières pages étaient blanches, celles qui étaient numérotées 1, 2, 3, 4, et ainsi de suite selon toute la séquence bien ordonnée des entiers naturels, y compris la page omega; et le texte ne commençait véritablement qu'à la page omega plus un, ce qui fait que le chien aurait dû feuilleter une infinité de pages avant de commencer véritablement sa lecture; et il n'était pas certain d'y parvenir en un temps fini, en tout cas pas avant l'heure du goûter. Aussi avec regret y renonça-t-il.»[37]

Auf Grund der Kenntnis der *transfiniten Ordinalzahlen* verzichtet der Hund darauf, nach vielleicht vorhandenen Lösungshinweisen für die Intrigen der Könige zu suchen. Da es in einem Menschenleben schon nicht möglich ist, eine sehr große, aber endliche Zahl von Seiten zu lesen, sind seine Zweifel, mehr als $\omega + 1$ in endlicher Zeit, d.h. Lebenszeit, lesen zu können, durchaus angebracht.

Mit dem *Manifeste Transfini de la Potentialité* weist Roubaud aber auch auf Le Lionnais' Projekt *Les grands Courants de la pensée mathématique* [Gr.c.] hin. Dies wird in *Mathématique: (récit)* deutlich, wenn Roubaud dieses Projekt in Zusammenhang mit Cantors transfiniten Zahlen stellt: «Ainsi, le «véritable» projet des Gr.c. aurait été celui d'un Gr.c. indice oméga, oméga étant le premier ordinal cantorien transfini, et il aurait comporté sans aucun doute au moins «aleph zéro» pages. (On aurait pu le placer, tel la Bible qui orne les tables de nuit des auberges américaines, dans chacune des chambres de l'hôtel de Hilbert (il y en a une infinité; cet hôtel, on le sait, peut toujours «accommoder» un nouveau voyageur inopiné, même quand il est plein).)» [38]

Einen Hinweis auf Cantors *Mengenlehre* im Text finden wir, wenn der purpurfarbene Reiter in das Schloß des Königs Faraday eindringt, um die Prinzessin Ermengarde zu entführen. «En un temps absurdement minuscule, il franchit la distance qui le séparait du pont-levis de l'oncle Faraday mais, au lieu de s'arrêter à la lecture de l'inscription en 1003 langues indiquant que le château était fermé aux touristes entre 14 heures et 9 heures du matin et n'était pas ouvert entre 6 et 18 heures, il sauta à bas de son cheval, et, ouvrant à l'aide d'une clé anglaise une petite porte couleur de muraille dans la muraille de même couleur, surmontée (la porte) d'un écriteau ICI COULOIR SECRET.»[39] Roubaud thematisiert hier den Begriff der *leeren Menge* (cf. A 1.3), der die „Öffnungszeiten" des Schlosses für das Publikum darstellt. Die so angegebenen Zeiten machen eine

[37] Ib. 122 [Hervorhebung durch Kontur Roubaud, durch Unterstreichen E. L.-C.].

[38] *Mathématique: (récit),* 117.

[39] *Hoppy,* 82 [Hervorhebung: Kontur Roubaud, durch Unterstreichen E. L.-C.].

Besichtigung unmöglich. Allerdings weist Roubaud auch auf Widersprüche hin, die sich in der naiven Mengenlehre konstruieren lassen. Überlegungen, die dazu führen, nennt man *Antinomien.* Bereits Epimenides hat ca. 600 v. Chr. das folgende berühmte Beispiel für eine *semantische Antinomie* formuliert: *Ein Kreter behauptet: Was ich jetzt sage, ist gelogen.* Hat er gelogen, so ist seine Behauptung falsch, und er hat nicht gelogen. Hat er jedoch nicht gelogen, so ist seine Behauptung wahr, und er hat gelogen. Mehr als zweitausend Jahre später führen Russells Überlegungen bezüglich der Mengenlehre zu der folgenden *syntaktischen Antinomie,* bei der nicht die Bedeutung der Aussage wichtig ist, sondern bei welcher der Widerspruch durch rein formale Schlüsse zustandekommt: *Man bilde die Menge R aller Mengen, die sich nicht selbst als Element enthalten. Die Annahme, diese Menge R enthalte sich selbst als Element, führt zu dem Schluß, daß sie sich nicht enthält und umgekehrt.* In der Erzählung *La Princesse Hoppy* schreibt Roubaud in Analogie zur Antinomie des Epimenides: «Quand le conte mentira, et il mentira un jour puisqu'il dit vrai, le conte sera fini.»[40]

Das Spiel mit der Logik

Nach der Begründung der Mengenlehre durch Cantor, kann man die Grundlagen der formalen Logik, für die hauptsächlich George Boole[41] verantwortlich zeichnet, als einen weiteren wichtigen Schritt in der Entwicklung der Mathematik auffassen. «Boole's aim was to investigate the fundamental laws to those operations of the mind by which reasoning is performed; to give expression to them in the symbol language of a Calculus, and upon this foundation to establish the science of Logic and construct its method.»[42] Ziel der *mathematischen Logik* ist es, die Sprache, die mathematische Aussagen enthält, zu formalisieren; so stellt sie u.a. Regeln auf, um von Aussagen auf neue Aussagen schließen zu können. Allgemein liegt ihr eine zweiwertige Logik zugrunde, d.h. man beschäftigt sich nur mit den Aussagen, die entweder *wahr* (w) oder *falsch* (f) sind. Diese Theorie der aussagenlogischen Operationen wird als *Aussagenlogik* bezeichnet.

Das einfachste Beispiel einer aussagenlogischen Operation ist die *Negation.* Ist eine Aussage A wahr, dann ist die gegenteilige Aussage non-A (in Zeichen: $\neg A$) falsch. Man führt sogenannte Wahrheitstabellen ein, die den Zusammenhang zwischen den Wahrheitswerten von A und $\neg A$ veranschaulichen:

---

40 Ib. 6.

41 George Boole (1815 – 1864).

42 Katz, *A History of Mathematics,* l. c., 619.

A	$\neg A$
w	f
f	w

Roubaud benutzt in *La Princesse Hoppy* diese *Negation* in einem *Spiel* mit den Worten *pacha* und *chat*, wobei hier wieder zu beachten ist, daß es sich um ein *conte oral* handelt. *Pacha* klingt genauso wie *pas chat*, d.h. wir können *chat* als Aussage A verstehen und *pacha* = *pas chat* als die gegenteilige Aussage $\neg A$. Roubaud verwendet jedoch nicht nur die *einfache Negation*, sondern ebenfalls die *doppelte* und *dreifache Negation*, die man als *Aussageformen* bezeichnet:[43] «Mon oncle reprit Marie-Josèphe, quand allons-nous à la campagne?» «Quand je le déciderai» dit le pacha, en tout cas pas avant la mi-août» «Idiot» dit le chat «tu ne peux pas dire ça» «Et pourquoi je ne dirais pas ça, moi, dit le pacha» «Tu ne peux pas dire "à la mi-août" parce que tu n'es pas chat» «Comment je ne suis pas pacha moi? je suis pacha comme mon père qui était papa pacha», dit le pacha en bondissant de la hauteur de son cimeterre. «Ce qu'il est bête!» fit le chat en haussant les épaules «Moi, j'y renonce» «Je sais bien» continua le pacha en s'adressant à Marie-Josèphe «Pourquoi tu tiens tant à aller à la campagne.»[44]

In diesem Beispiel sagt die Katze zum Pascha *tu n'es **pas** **chat***, wir haben es hier also mit einer einfachen Negation zu tun: ***pacha*** = $\neg$ ***chat***. Anschließend verwendet Roubaud eine doppelte Negation: *je ne suis **pas** **pacha***. Diese läßt sich als „$\neg\neg$ ***chat***" mit der folgenden Wahrheitstafel schreiben:

A	$\neg A$	$\neg\neg A$
w	f	w
f	w	f

Zwei Aussagen A und B, deren Wahrheitswerte übereinstimmen, nennt man äquivalent und schreibt: $A \leftrightarrow B$. Für das obigen Beispiel gilt dies ebenfalls:

$$\neg\neg A \leftrightarrow A$$

[43] Als *Aussageform* logischer Verknüpfungen bezeichnet man jeden Ausdruck, in dem die Aussagevariablen A, B... durch endlich viele Verknüpfungen (Junktoren) miteinander verknüpft sind. Wir betrachten hier jedoch nur den Junktor $\neg$.

[44] *Hoppy*, 90sq. [Hervorhebung von Roubaud].

oder

$$\neg\neg\, \textit{\textbf{chat}} \leftrightarrow \textit{\textbf{chat}}$$

Dies bedeutet dann:

je ne suis ***pas pacha*** ist äquivalent oder gleichwertig mit *je suis* ***chat!***

Eine weitere Aussageform steckt in dem Satz: *je suis* ***pacha*** *comme mon père qui était* ***papa pacha***:

A	$\neg A$	$\neg\neg A$	$\neg\neg\neg A$
w	f	w	f
f	w	f	w

pacha entspricht ***pas chat*** bzw. ¬ ***chat*** und ***papa pacha*** läßt sich als ¬¬¬ ***chat*** schreiben. Da die Wahrheitswerte übereinstimmen, sind die Aussageformen äquivalent und somit ist der Satz des Paschas logisch stimmig. Auffällig ist hier der spielerische Umgang Roubauds mit der Logik, mit der er sich sonst wenig auseinandersetzt. In *Mathématique: (récit)* jedoch erwähnt er diese mathematische Disziplin in Zusammenhang mit dem *paradoxe de Lewis Carroll.*[45]

In *La Princesse Hoppy* spricht der Astronom bei der Beschreibung von zwei verschiedenen Zeitabschnitten jedesmal von den *zwei schönsten Jahren seines Lebens.* So sagt er, nachdem Marie-Josèphe seine Liebe endlich erwidert: «Les deux années qui suivirent, de l'été finissant à l'automne, et l'hiver, des raisins aux cerises par les nèfles, les azeroles, les marrons, des dernières bécasses aux premiers engoulevents, furent les plus merveilleuses de ma vie.»[46] Der Hund weist ihn jedoch darauf hin, daß er bereits zuvor zwei Jahre als die schönsten seines Lebens bezeichnet hatte, als er von der Zeit, die er an der *Ecole des Astronomes Ilozoïstes de Bagdad,* berichtete. **«I beg your pardon»** dit le chien **«excusez-moi de vous interrompre, mais il me semble que vous avez déjà employé une expression fort semblable. Si nous nous reportons en effet au chap. 3 par. I du conte, vous y êtes représenté disant: "j'y passai les deux années les plus merveilleuses de ma vie. Notre école, etc."»**[47]

---

[45] Cf. Lewis Carroll, *What the Tortoise Said to Achille,* in: The Complete Works of Lewis Carroll, London 1939, 1104 – 1108. Carroll hat sich als Mathematiker hauptsächlich auf dem Gebiet der Logik hervorgetan.

[46] *Hoppy,* 94.

[47] Ib.

Was wie ein Widerspruch erscheint, erklärt der Hund mit Hilfe des *Zornschen Lemma.*[48] **«Dois-je comprendre "les plus merveilleuses" au sens "d'élément maximal dans l'ensemble des moments merveilleux de l'existence" c'est-à-dire qu'il n'en est pas de plus merveilleux et dans ce cas, il me semble, il aurait mieux valu dire "deux années non surpassables dans leur caractère merveilleux, de ma vie" ou au contraire au sens plus en accord avec l'expression employée "de plus grand élément dans le même ensemble (celui des moments)", ce qui voudrait dire que tous les autres merveilleux moments l'ont été moins, sens usuel qui ne paraît pas possible ici puisqu'il ne saurait y avoir deux plus grands éléments distincts dans un ensemble ordonné.»**[49]

Damit stellt der Hund die Frage nach der Vergleichbarkeit der Zeitabschnitte, denn das *Schönste* bezieht sich zum einen auf die Arbeit an der *École des Astronomes*, zum anderen auf die Liebe zu Marie-Josèphe. Wir können folglich annehmen, daß hier in der Menge der Momente zwei *Teilmengen* bzw. *Ketten* (Arbeit und Liebe) vorliegen, die sich nicht vergleichen lassen und der Astronom somit zu Recht zweimal von den *zwei schönsten Jahren seines Lebens* spricht. Doch bevor er zur Aussage des Hundes Stellung nehmen kann um dies näher zu erläutern, unterbricht die Prinzessin das Gespräch. Dies läßt vermuten, daß Roubaud das Thema Mengenlehre/Logik nicht weiter vertiefen will.

Puzzles

Die Entwicklung der Mathematik ist aber nicht immer nur das Ergebnis seriöser Forschung, sondern u.a. auch die Folge von mathematischen Spielereien und Rätseln. «...it is undeniable that mathematical recreations furnish a challenge to

---

48 Erläuterungen zum *Zornschen Lemma*: Gegeben ist eine nichtleere, partiell geordnete Menge *M*, in der jede *Kette* eine obere Schranke besitzt (dabei ist eine «Kette» eine totalgeordnete Teilmenge von *M* und eine «obere Schranke» einer Kette ist ein Element in *M* derart, daß jedes Element der Kette kleiner oder gleich dieser oberen Schranke ist. Man beachte, daß die obere Schranke nicht in der Kette zu liegen braucht. Um Eindeutigkeit zu erhalten, müßte man von einer kleinsten oberen Schranke sprechen können; das ist aber im allgemeinen – ohne weitere Voraussetzungen – nicht möglich). Das *Zornsche Lemma* besagt nun, daß unter diesen Voraussetzungen ein maximales Element in *M* existiert («maximal» heißt hier nicht, daß jedes Element der Menge kleiner oder gleich diesem maximalen Element ist; dies würde i.a. keinen Sinn machen, da nicht alle Elemente mit diesem maximalen vergleichbar zu sein brauchen; vielmehr heißt maximal, daß es in *M* kein Element gibt, das größer als dieses maximale ist).

49 *Hoppy*, 94 [Hervorhebung: Fettdruck Roubaud, durch Unterstreichen E. L.-C.].

imagination and a powerful stimulus to mathematical activity.»[50] Die Theorie der Gleichungssysteme, die Wahrscheinlichkeitsrechnung, Fragestellungen der Analysis und der Topologie beruhen zum Teil auf Problemen, die erstmals in *puzzle form*[51] auftraten. Kasner und Newman weisen darauf hin, daß auch berühmte Mathematiker und Physiker wie Kepler, Pascal, Fermat, Leibniz, Euler, Lagrange, Hamilton, Cayley u.s.w. sich mit mathematischen Rätseln beschäftigt haben, was vielfach zu bedeutenden Lösungen mathematischer und physikalischer Probleme führte. Roubaud setzt literarisch auch diesen spielerischen Bereich mathematischer Vorstellungskraft in *La Princesse Hoppy* um.

Zu den ältesten Herausforderungen gehören diejenigen Puzzles und Rätsel, bei denen unter gegebenen Umständen Personen oder Gegenstände per Boot über einen Fluß zu transportieren sind. Zu den bekanntesten gehört dabei das sogenannte *Wolf-Ziege-Kohlkopf-Problem*, das Kasner/Newman auf Alkuin, einen in York geborenen Lehrer und Ratgeber Karls des Großen, zurückführen.[52] Dieses lautet: Ein Wolf (w), eine Ziege (z) und ein Kohlkopf (k) sollen von einem Fährmann (f) über einen Fluß gesetzt werden. Allerdings will der Wolf die Ziege fressen und diese möchte wiederum den Kohlkopf fressen. Deshalb dürfen Wolf und Ziege wie auch Ziege und Kohlkopf nie ohne Aufsicht des Fährmanns sein. Das Boot trägt jedoch außer dem Fährmann nur Wolf oder Ziege oder Kohlkopf. Wie sind die Überfahrten zu organisieren, so daß alle unbeschadet auf der anderen Seite des Flusses landen? Mathematisch gehört dieses Problem in die Kombinatorik. Sieht man von Umwegen ab, gibt es zwei Lösungen, die wir hier ausführlich darstellen wollen, weil dann zugleich ein in *La Princesse Hoppy* auftretendes Problem gelöst wird:

I	*Linkes Ufer*	*Überfahrt*	*Rechtes Ufer*
1.	**wzkf**		
2.	wk	→ zf	zf
3.	wkf	← f	z
4.	k	→ wf	wzf
5.	kzf	← zf	w
6.	z	→ kf	wkf
7.	zf	← f	wk
8.		→ zf	**wzkf**

50 Kasner/Newman, *Mathematics and the Imagination*, l. c.

51 Bezeichnung für *mathematische Spiele und Probleme.*

52 Alkuin oder Alcoin (735 – 804).

II	*Linkes Ufer*	*Überfahrt*	*Rechtes Ufer*
1.	**wzkf**		
2.	wk	→ zf	zf
3.	wkf	← f	z
4.	w	→ kf	zkf
5.	wzf	← zf	k
6.	z	→ wf	wkf
7.	zf	← f	wk
8.		→ zf	**wzkf**

Beide Lösungsmöglichkeiten unterscheiden sich nur in den Punkten 4 und 5. In Roubauds Erzählung hat die Prinzessin ein ähnliches Problem: Hoppy befindet sich mit ihrem Hund und ihrer Cousine Béryl auf der Schloßwiese ihres Onkels Babylas und würde gerne Beeren pflücken, die auf der anderen Seite des Flusses und hinter dem Weg wachsen. Um den Fluß zu überqueren, steht ihr ein Boot ihres Onkels zur Verfügung. Auch hier entstehen Schwierigkeiten, denn Hoppy kann weder den Hund mit Béryl, noch Béryl mit den Beeren allein lassen.[53]

Diese Aufgabe wird von Roubaud zusätzlich dadurch erschwert daß nicht nur ein Fluß, sondern auch noch ein Weg an einem komplizierten Ampelsystem zu überqueren ist.[54] Dem Hund gelingt es im Text, diese Aufgabe zu lösen, aber der Leser erfährt nicht, wie die Antwort lautet. Stattdessen formuliert Roubaud im Anhang des Buches folgende Aufgabe: «Décrire le procédé employé par le chien

[53] «Oui, mais se disait la princesse, le canot de l'oncle Babylas ne peut pas transporter à la fois le chien, les airelles et Béryl. Si je les prends tous les trois avec moi, il coule. Si j'en prends deux, il tangue, ce qui n'est pas mieux. Si je laisse mon chien seul avec Béryl sur la rive pendant que je porte les airelles de l'autre côté, il va se précipiter sur elle pour la lécher de fond en comble: [...] Oui, mais supposons que je laisse Béryl avec les airelles pendant que je fais traverser le chien, elle va s'empiffrer de baies et elle se tachera partout.» *Hoppy,* 20.

[54] «D'autre part, pour traverser le chemin, il faut que je les prenne par la main (ou par la patte) et comme une de mes mains sera occupée par le panier d'airelles si ce n'est par celui d'embrunes, comment est-ce que je vais faire? [...] Ce n'est pas tout, continua la princesse au cours de son monologue intérieur, avec tout ça, comment est-ce que je ramènerai les myrtilles au retour? Elle eut un geste de découragement. Mais elle se ressaisit aussitôt: «Bah!» se dit-elle «qu'importe! mon chien trouvera bien une solution!»» Ib.

pour le franchissement de la rivière.»[55] Im Unterschied zum *Wolf-Ziege-Kohlkopf-Problem* handelt es sich hier um *vier* Überquerungen in der Reihenfolge Fluß, Weg, Weg, Fluß. Dabei übernimmt der Hund die Rolle des Wolfes, Béryl die Rolle der Ziege und die Beeren die Rolle des Kohlkopfes. Die Rolle der Prinzessin Hoppy entspricht der des Fährmanns, unabhängig davon, ob der Fluß oder der Weg überquert werden sollen, denn die Prinzessin kann im zweiten Fall nur entweder den Hund oder Béryl oder einen Korb Beeren mitnehmen. Damit alle wieder ohne Schwierigkeiten zurück zur Schloßwiese kommen, muß das obige Lösungsschema (*I* oder *II* oder eine Kombination der beiden) viermal hintereinander angewendet werden. Auch in diesem Kontext wird die Bedeutung der *Vier* innerhalb der Erzählung deutlich.

In den Bereich der mathematischen *puzzles* gehört auch der *Exercice de Béaba,*[56] der einen Teil der Hausaufgaben der Prinzessin Ermengarde ausmacht. Hier soll der Leser durch eine Vielzahl von Angaben, die nichts mit der eigentlichen Aufgabe zu tun haben, abgelenkt werden. Bereits Gustave Flaubert stellte seiner Schwester Caroline in seinem Brief vom 16. Mai 1843 ein solches Rätsel: «Puisque tu fais de la géométrie et de la trigonometrie, je vais te donner un problème: Un navire est en mer, il est parti de Boston chargé de coton, il jauge 200 tonneaux; il fait voile vers le Havre, le grand mât est cassé, il y a un mousse sur le gaillard d'avant, les passagers sont au nombre de douze, le vent souffle N.-E.-E., l'horloge marque 3 heures un quart d'après-midi, on est au mois de mai... On demande l'âge du capitaine?»[57]

In der *Exercice de Béaba* besitzt eine Schäferin *vier* Schafe, die sie nach und nach in verschiedenen Orten gegen andere Tiere eintauscht. Am Ende dieser Aufgabe wird gefragt, wieviele Münder sie zu füttern hat. Dies läßt sich durch einfaches Nachzählen berechnen.

Interessant im Vergleich mit Flauberts Rätsel ist jedoch die Zusatzfrage: «Question subsidiaire: Quel est l'âge des capitaines?»[58] Auch diese Aufgabe ist an den Leser gerichtet und mit dem Schwierigkeitsgrad ** versehen.[59] Obwohl man zunächst annehmen könnte, daß das *Alter der Kapitäne* hier ebensowenig wie in Flauberts Aufgabe wirklich zu berechnen ist, läßt es sich dennoch

---

[55] Ib. 130.

[56] Ib. 79.

[57] Gustave Flaubert, *Correspondances – Première Série (1830 – 1846)*, Œuvres Complètes I, Paris 1954, 140.

[58] *Hoppy*, 79.

[59] Cf. *Hoppy*, Aufgabenteil, Question q63, 133.

bestimmen, wenn man Jacques Roubauds Vorliebe für *Spielereien* mit Anfangsbuchstaben[60] berücksichtigt.

Auffällig an der aus zehn Sätzen bestehenden Aufgabe ist die Angabe zahlreicher geographischer Namen. Diese lauten der Reihenfolge nach: Qatar, camarguais, Uzerche, Abyssinie, Aurillac, Périgueux, Rabat, Ibiza, Adriatique, Tarente, Nimègue, Ankara, Tripoli, Issoire, Erythrée, nubiens, Ulm, étrusques, New York, sarde.

Deren Anfangsbuchstaben lauten in Reihenfolge:

Q C U A A P R I A T N A T I E N U E N S.

Hebt man nun jeden zweiten Buchstaben durch Fettdruck hervor, dann erhält man das Wort *capitaines*:

Q **C** U **A** A **P** R **I** A **T** N **A** T **I** E **N** U **E** N **S**

liest man die restlichen Buchstaben, so ergeben diese das Wort:

Q U A R A N T E U N,

woraus wir nun schließen können, daß das Alter der Kapitäne 41 ist.[61]

Zusammenfassend können wir feststellen, daß es Jacques Roubaud mit seiner Erzählung *La Princesse Hoppy ou le conte du Labrador* gelungen ist, mathematikgeschichtlich bedeutenden Ereignissen und Personen, die für ihn einen besonderen Stellenwert besitzen, ein literarisches Denkmal zu schaffen und gleichzeitig die Zahl *Vier* in Szene zu setzen.

---

[60] Cf. Kapitel 4.2.2 *Die Vier des oulipotischen Dichters* und Kapitel 4.3.2 *Die Bedeutung der Gruppenstruktur.*

[61] Jacques Roubaud hat mir 1975 in Paris bei einem Treffen versichert, daß diese Lösung richtig ist und noch von niemandem zuvor gefunden wurde.

4.3.2 Die Bedeutung der Gruppenstruktur

Nachdem wir eine Vielfalt von mathematischen, aber auch nicht-mathematischen *contraintes* in Roubauds Erzählung nachgewiesen haben, soll nun der Versuch unternommen werden, einerseits die auf algebraischen Strukturen basierenden *contraintes* in *La Princesse Hoppy* herauszuarbeiten und andererseits mit deren Hilfe das im Text gestellte algebraische Rätsel zu lösen.

Das Rätsel um die intriganten Könige

Die Erzählung *La Princesse Hoppy ou le conte du Labrador* beginnt mit einem Rätsel. Die Prinzessin möchte wissen, gegen wen ihre Onkel, die Könige, intrigieren, wenn sich zwei von ihnen treffen und sich dann gemeinsam einschließen. Rätsel sind typisch für Märchen, die in der Regel u.a. durch stereotype Handlungsweisen gekennzeichnet sind, wie die Bewährung eines Helden durch Rätsel- und Aufgabenlösung. Die richtige Lösung ermöglicht es beispielsweise, eine Königstochter oder einen Königssohn vor Gefahren zu retten und zur Belohnung anschließend zu heiraten. Die Aufgabe wird dem Helden normalerweise aufgezwungen und birgt für den Fall der Nichtlösung meist große Gefahren in sich. In Roubauds Text stellt sich die Heldin Hoppy jedoch selbst das Rätsel. Sollte es ihr gelingen, die Frage *wer intrigiert gegen wen* zu beantworten, erwartet sie kein Königssohn, sondern die Befriedigung ihrer Neugier und die Erweiterung ihres Wissens. Dieses Rätsel ist auf einer algebraischen Struktur aufgebaut und erinnert an mathematische Rätsel, wie sie u.a. der von der Gruppe *Oulipo* verehrte Martin Gardner herausgegeben hat.

In der Vorstellung der ersten beiden, vorab in der *Bibliothèque Oulipienne* veröffentlichten Kapitel seiner Erzählung weist Roubaud nicht nur auf dieses Rätsel hin, sondern gibt darin auch Hinweise zu seiner Lösung: «Ce sont les deux premiers chapitres d'un conte qui explore une contrainte inspirée d'une contrainte due à Raymond Queneau: «X prend Y pour Z». Le prédicat employé ici est: X complote avec Y contre Z (et sa variante, X fait de la compote avec l'aide de Y pour l'envoyer à Z). L'énigme du conte est la structure algébrique définie par cette contrainte.»[1]

Innerhalb der vorliegenden neun Kapitel gelingt es der Prinzessin nicht, das Rätsel zu lösen. Sie ist auf die Hilfe ihres mathematisch begabten Hundes, besonders aber auf die des Lesers angewiesen, der damit zum eigentlichen Helden wird. Die Hilfe des Hundes ist für die Prinzessin unverzichtbar, aber auch

[1] *Indications liminaires*, B. O., l. c., VIII.

für den Leser, der bereit ist, sich auf die Suche nach der Lösung des Problems zu machen. Doch während die Prinzessin auf der Schloßwiese über das Problem der intriganten Könige, das ihr große Kopfschmerzen bereitet, nachdenkt, hat der Leser die Möglichkeit, auch außerhalb der eigentlichen Erzählung liegende Texte und Aussagen Roubauds zur Lösung des Rätsels heranzuziehen. So findet man beispielsweise im *Atlas de littérature potentielle* einen Hinweis, in dem nicht nur auf eine (beliebige) algebraische Struktur hingewiesen wird, sondern bereits auf den *Gruppenbegriff*: «La forme la plus raffinée d'une telle contrainte[2] se trouve développée dans l'ouvrage de Jacques Roubaud *La Princesse Hoppy ou Le conte du Labrador*, [...]; il exploite les deux relations:

x complote avec y contre z
x fait de la compote avec y pour z

qui obéissent à une loi de composition particulièrement simple (il s'agit d'un groupe à quatre élements).»[3]

Noch deutlicher wird die Information, die wiederum nur derjenige Leser erhält, der den eigentlichen Text verläßt, was der Prinzessin nicht möglich ist, wenn Roubaud auf eine *rätselhafte* algebraische Struktur hinweist, welche er als *Règle de Saint Benoît* bezeichnet: «Le conte explore une variante de la relation «x prend y pour z». Il s'agit du prédicat: «x complote avec y contre z.» La table de la loi de composition correspondante satisfait à des propriétés algébriques exprimées par la règle de saint Benoît. Les éléments de l'ensemble sur lequel elle opère sont des rois.»[4] Somit weiß man nun nicht nur, um welche algebraische Struktur es sich handelt, nämlich eine Gruppe mit vier Elementen, sondern kennt bereits deren Elemente: die vier Könige. Zugleich erfährt man, daß die Verknüpfung der Elemente *x complote avec y contre z* die *Règle de Saint Benoît* erfüllt. Die zweite angegebene Verknüpfung (relation), *x fait de la compote avec y pour z,* bezieht sich auf die Königinnen: «Il y a aussi un ensemble de quatre reines, qui, selon la même loi, font de la compote.»[5]

Zwei nach Roubaud benannte *Prinzipien* zur Konstruktion eines oulipotischen Textes sind bei der Suche nach der Lösung ebenfalls hilfreich. Das erste besagt:

2 Gemeint ist hier eine *contrainte* von Queneau, die im nächsten Abschnitt erläutert wird.

3 Oulipo, *Atlas*, l. c., 179.

4 Ib. 338.

5 Ib.

«Un texte écrit suivant une contrainte parle de cette contrainte.»[6] Das zweite lautet: «Un texte écrit suivant une contrainte mathématisable contient les conséquences de la théorie mathématique qu'elle illustre: Exemple 1.: Le Conte de *La Princesse Hoppy* de Jacques Roubaud qui raconte les aventures d'*un groupe à 4 éléments* tient compte des propriétés de ce groupe.»[7] Wir können also davon ausgehen, daß Roubaud nicht nur die *Struktur* der Gruppe in seiner Erzählung verwendet, sondern ebenfalls ihre mathematischen *Eigenschaften* verarbeitet, was insbesondere dazu dient, im Text versteckte Hilfestellungen zur Problemlösung zu geben.

Die nun folgende Analyse verfolgt zwei Ziele: Zum einen die Lösung des gestellten *Rätsels*, soweit dies mit Hilfe der bis jetzt vorliegenden neun Kapitel möglich ist – eine Aufgabe, zu der auch der Leser (der sich außerhalb des Textes befindende *Held)* von Roubaud direkt aufgefordert wird: «Dans le conte, le chien et la princesse se proposent de découvrir *a)* de quel structure algébrique il s'agit précisément; *b)* quel est le rôle joué par chacun des rois. Le récit dévoile progressivement une énigme, à l'aide d'autres énigmes[8] que le lecteur doit déchiffrer.»[9] Zum anderen ist das Vorhaben Roubauds, algebraische Strukturen in einem literarischen Text sprachlich umzusetzen, auf mathematische Korrektheit zu prüfen.

Die *contrainte* «x prend y pour z»

Auf Anregung von Paul Braffort stellt Raymond Queneau die *contrainte* «x prend y pour z» als Multiplikation $xy = z$ mit Hilfe einer *Cayley-Tafel* (cf. A 4.3) dar. Zur Illustration wählt er hierfür zwei Beispiele:

1.) *Situation normale*: d.h. jeder hält jeden für den, der er ist:

	a	**b**	**c**
a	a	a	a
b	b	b	b
c	c	c	c

6 Ib. 90.

7 Ib.

8 Hierzu gehören Rätsel wie die Frage nach dem *Alter der Kapitäne*. Cf. Kapitel 4.3.1.

9 Oulipo, *Atlas*, l. c., 338.

2.) *Situation vaudeville*: d.h. jeder hält sich für sich selbst, verwechselt aber die beiden anderen.

	a	**b**	**c**
a	a	c	b
b	c	b	a
c	b	a	c

Queneau gibt – als *exercise* – vier Cayley-Tafeln vor, zu denen konkrete korrespondierende Situationen gesucht werden. Im *Atlas de littérature potentielle* stellt u. a. Georges Perec mögliche Lösungen vor.[10] Roubaud verwendet in seiner Erzählung *La Princesse Hoppy* die *contrainte* Queneaus und scheint gleichzeitig bestrebt,diese zu perfektionieren. Im Unterschied zu Queneau gibt Roubaud jedoch nicht bestimmte Strukturen vor und sucht deren literarische Umsetzung, sondern er geht genau den umgekehrten Weg.

Das Rätsel *wer intrigiert gegen wen* soll zunächst in algebraische Formelsprache übersetzt werden. Damit es gelöst werden kann – und seine Lösung ist das zentrale Thema der gesamten Erzählung – sind anschließend die aus der algebraischen Struktur folgenden mathematischen Sachverhalte und Beziehungen zu untersuchen, die im Text, in literarische Sprache eingekleidet, vorhanden sind.

Zunächst soll jene Ebene des Textes analysiert werden, in der Roubaud die Abenteuer einer *Gruppe mit vier Elementen* erzählt. Er verwendet dazu unterschiedliche Mengen und Verknüpfungen, so beispielsweise die Menge der Könige Aligoté, Babylas, Eleonor und Imogène mit der Verknüpfung *comploter* oder die Menge der vier Königinnen Adirondac, Botswanna, Eleonore und Ingrid, auf welcher die Verknüpfung *compoter* erklärt ist. Wir werden dabei sehen, daß beide Mengen die gleiche Struktur aufweisen. Mathematisch wird dieser Sachverhalt als *Isomorphie* (A 4.10) bezeichnet.

Da Jacques Roubaud die literarische Umsetzung der Gruppenstruktur am deutlichsten an der Menge der Könige orientiert, denn das zu lösende Rätsel betrifft gerade die vier Könige, soll vorerst diese Menge als Grundlage der Untersuchungen gewählt werden.

[10] Cf. Oulipo, *Atlas*, l. c., 164sqq.

Die Bedeutung der *Règle de Saint Benoît*: Nachweis einer Gruppenstruktur für die Menge der Könige

Mathematisch abkürzend benutzen wir für die Menge der vier Könige unter Verwendung der Anfangsbuchstaben ihrer Namen (diese sind auch für die weiteren Untersuchungen bedeutend) die folgende Schreibweise: $M = \{a, b, e, i\}$.

Im ersten Kapitel der *Princesse Hoppy* werden die Könige als passionierte Intriganten vorgestellt. Besucht einer der Könige einen anderen in dessen Königreich oder sich selbst, dann intrigieren diese Könige, die auch identisch sein dürfen, gegen einen der vier Könige, also möglicherweise auch gegen sich selbst.[11] Die Anzahl der somit möglichen Intrigen oder Komplotte läßt sich leicht berechnen: Die Zahl der Besuche der Könige kann mathematisch als *kartesisches Produkt* $M \times M$ der Menge M dargestellt werden, d.h. als Menge aller Paare, die man aus den Elementen a, b, e und i bilden kann:

$$M \times M = \{(a, a), (a, b), (a, e), (a, i), (b, a), (b, b), (b, e), (b, i), (e, a), (e, b), (e, e), (e, i), (i, a), (i, b), (i, e), (i, i)\}$$

Es sind demzufolge $4^2 = 16$ Besuchskombinationen möglich (cf. hierzu A 1.7 und A 1.8). Das Ziel dieser Besuche ist das Intrigieren gegen einen der Könige. Da die Könige bei den 16 Kombinationen jeweils 4 Möglichkeiten für die Intrige haben (sie dürfen wie schon gesagt auch gegen sich selbst intrigieren) gibt es folglich insgesamt $4^{16} = 4.294.967.296$ Möglichkeiten. Dies rechtfertigt die Aussage im Text: «Cela faisait beaucoup de complots et le chien en avait marre de jouer à la balle.»[12] Eine Änderung dieser Situation tritt erst ein, wenn der König Utherpandragon[13] kurz vor seinem Tode von seinen Neffen Aligoté, Babylas,

11 «Il faut vous dire qu'en ce temps-là la princesse avait bien du souci. Car chaque fois qu'un des quatre rois ses oncles (Aligoté par exemple) rendait visite à un autre de ses quatre oncles, un roi (Imogène par exemple) en son royaume et qu'ils entraient dans le bureau après l'avoir envoyée jouer à la balle avec son chien sur la pelouse au bas du perron et qu'ils tournaient la clé, ils complotaient. Ils complotaient contre un des quatre rois qui étaient ses quatre oncles. Et qui plus est, il n'était pas rare qu'un des rois (Eleonor par exemple) se rende visite à lui-même en son royaume, accompagné de la princesse et du chien et, après avoir envoyé la princesse jouer à la balle s'enferme à clé dans son bureau avec lui-même pour comploter. Cela faisait beaucoup de complots et le chien en avait marre de jouer à la balle.» *Hoppy*, 12.

12 Ib.

13 König von Britannien und Vater des Königs Arthur in der Arthurlegende.

Eleonor und Imogène beim Intrigieren die Befolgung der *Règle de Saint Benoît*[14] fordert und somit die Anzahl der möglichen Komplotte erheblich einschränkt. Die kompliziert wirkende sprachliche Darstellung dieser Regel, deren Forderungen wir noch im einzelnen analysieren werden, läßt sich mit Hilfe der modernen, von François Vieta in der zweiten Hälfte des 16. Jahrhunderts eingeführten, mathematischen Formelsprache übersichtlich und verständlich darstellen. Roubaud wählt jedoch bewußt einen Weg, den wir als *retro-historisch* bezeichnen wollen, welcher die geschichtliche Entwicklung der Mathematik rückwärts ablaufen läßt: «[...] l'associativité de la structure du groupe y est mise sous la responsabilité de saint Benoît. On remarquera que ce chemin est exactement inverse de celui que parcourt, historiquement, l'algèbre, dégageant avec Viète la notation de la désignation linguistique de son objet; cette méthode pourrait être susceptible de généralisation assez variées.»[15] Während also die historische Entwicklung der Mathematik von der rein sprachlichen Beschreibung eines mathematischen Inhalts hin zur Formelsprache geht, macht Roubaud hier den Versuch, Zeichen wieder zurück in Sprache zu verwandeln.

In *La mathématique dans la méthode de Raymond Queneau* gibt Roubaud einen Hinweis auf die historische Entwicklung des Gruppenbegriffs, die er durch die Verschlüsselung des Assoziativgesetzes (cf. hierzu A 4.1, H2) als *Règle de Saint Benoît* umkehrt, sich also Richtung Vergangenheit bewegt: «la relation «X prend Y pour Z» n'étant d'ailleurs qu'une réalisation possible de la table; on peut remplacer le prédicat «prendre un objet pour un autre» par n'importe quel nouveau prédicat choisi. C'est ce qui a été essayé dans un conte[16] avec la relation «X complote avec Y contre Z»».[17]

Um zu zeigen, daß es sich bei der *Règle de Saint Benoît* um die literarische Umsetzung der Gruppenaxiome bzw. der entsprechenden mathematischen Sätze handelt (cf. A 4.1 bis A 4.8), ist es hier hilfreich, den Text wieder in die Formelsprache zu übersetzen.

Wir haben eine endliche Menge $M = \{a, b, e, i\}$, deren Elemente die vier Könige sind. Auf dieser Menge ist die Verküpfung $*$ wie folgt definiert: Seien

[14] Der Begriff ist in Anlehnung an die *Benediktusregel*, die vom Heiligen Benedikt von Nursia (ca. 480 – 542) verfaßt wurde, um das Leben der Mönche zu regeln, verwendet. Cf. P. Basilius Steidle, *Die Benediktusregel*, l. c.

[15] *La mathématique dans la méthode de Raymond Queneau*, in: Oulipo, Atlas, l. c., 51.

[16] Roubaud fügt an dieser Stelle die folgende Fußnote ein: «Bibliothèque oulipienne, n°2», d.h., es handelt sich um das erste Kapitel der *Princesse Hoppy*.

[17] *La mathématique dans la méthode de Raymond Queneau*, l. c., 50sq.

x_1, x_2 und x_3 drei beliebige Könige, dann bedeutet die Verknüpfung $x_1 * x_2 = x_3$ folgendes: Besucht König x_1 den König x_2 in dessen Königreich, dann intrigieren x_1 und x_2 gegen x_3.

Die *Eindeutigkeit* der Abbildung $*$ und damit die Definition der algebraischen Struktur sichert Roubaud durch die Forderung Utherpandragons: «Quand un roi rendra visite à un autre roi ils comploteront toujours contre le même roi.»[18] Veranschaulicht man sich diese Bedingung auf der Menge der natürlichen Zahlen mit der Addition als Verknüpfung, dann bedeutet dies beispielsweise: 3 + 7 kann nicht einmal 10 und zugleich ein anderer Wert sein. Damit ist das im Anhang angegebene Axiom (H1) erfüllt.

Das zweite Axiom (H2) stellt sich folgendermaßen dar: «le roi [z] contre lequel complote le premier roi [x_1] quand il rend visite au roi [y] contre lequel complote le deuxième roi [x_2] quand il rend visite au troisième [x_3] doit être le même roi [z] précisément contre lequel complote le roi [w] contre lequel complote le premier roi [x_1] quand il rend visite au deuxième [x_2], quand il rend visite au troisième [x_3].»[19]

Ausgehend von drei beliebigen Königen x_1, x_2, x_3 (die auch identisch sein dürfen), lassen sich folgende Beziehungen aufstellen:

(1) $x_1 * y = z$ und (2) $x_2 * x_3 = y$

sowie

(3) $x_1 * x_2 = w$ und (4) $w * x_3 = z$

Auf Grund der Gleichheit von (1) und (4) folgt:

$$x_1 * y = w * x_3$$

und somit gilt, wenn man für y und w das jeweilige Produkt (2) bzw. (3) einsetzt:

$$x_1 * (x_2 * x_3) = (x_1 * x_2) * x_3$$

Die letzte Zeile aber stellt gerade das *Assoziativgesetz* dar. Damit ist das zweite Axiom (H2) nachgewiesen.

---

[18] *Hoppy*, 14.

[19] Ib. Um die mathematisch formale Umsetzung zu verdeutlichen, wurden in das Zitat Bezeichnungen für die Könige in eckigen Klammern eingefügt

Mathematisch folgt daraus, daß $(M, *)$ eine *Halbgruppe* ist (cf. A 4.1). Existiert ein neutrales Element (cf. A 4.1, G1) und gelten auf *M* zusätzlich die *Kürzungsregeln* (cf. A 4.4), wissen wir, daß *M* eine *Gruppe* ist (cf. A 4.5). Es bleibt also, die Gültigkeit der *Kürzungsregeln* zu zeigen; die Existenz des neutralen Elements zeigen wir im Anschluß daran.

Utherpandragon formuliert dies wie folgt: «Et si deux rois distincts rendent visite à un troisième le premier ne complotera jamais contre le même roi que le deuxième.»[20] Mathematisch bedeutet dies aber gerade: Es gelten die *Kürzungsregeln*, d.h. es gilt:

$$x_1 * x_3 = x_2 * x_3 \Rightarrow x_1 = x_2 \quad \text{und} \quad x_3 * x_1 = x_3 * x_2 \Rightarrow x_1 = x_2$$

Somit ist es beispielsweise nicht möglich, daß Aligoté und Babylas gegen Eleonor intrigieren, wenn bereits Imogène und Babylas gegen Eleonor intrigieren:

$$a * b = e \text{ und } i * b = e \text{ ist nicht möglich, bzw. } a * b \neq i * b$$

Die letzte Forderung weist auf die Cayley-Tafel hin,[21] mit der endliche Gruppen übersichtlich dargestellt werden können (cf. A 4.6): «Contre tout roi enfin il sera comploté au moins une fois l'an dans le bureau de chacun des rois.»[22]

Die Einhaltung der *Règle de Saint Benoît* durch die vier Könige bedeutet eine erhebliche Einschränkung ihrer Komplottmöglichkeiten. Für die meisten vorher denkbaren Kombinationen läßt sich *keine* Gruppenstruktur nachweisen. Man kann sogar zeigen, daß es – bis auf Isomorphie (A 4.10) nur zwei verschiedene Gruppen von Mengen mit vier Elementen gibt, welche dann nur noch vom neutralen Element abhängen, was zu einer jeweils verschiedenen Cayley-Tafel führt; dies sind die *Kleinsche Vierergruppe*[23] sowie die *zyklische Gruppe der Ordnung vier* (A 4.16 und A 4.15).

Unter der Annahme, daß *a* das neutrale Element ist, erhält man die Darstellung der *Kleinschen Vierergruppe.*[24] (Die Reihenfolge der Anfangsbuchstaben der Namen der Könige entspricht der Reihenfolge, in welcher diese zum ersten Mal in der Erzählung auftreten):

20 Ib.

21 frz. *table de Pythagore*

22 *Hoppy,* 14.

23 Benannt nach dem Mathematiker Felix Klein (1849 – 1925).

24 Für *e, b* oder *i* als neutrale Gruppenelemente sehen die Cayley-Tafeln entsprechend aus (cf. A 4.9).

(I) *Könige in ihren Büros*

	*	*a*	*b*	*e*	*i*
Könige,	***a***	*a*	*b*	*e*	*i*
die zu	***b***	*b*	*a*	*i*	*e*
Besuch	***e***	*e*	*i*	*a*	*b*
kommen	***i***	*i*	*e*	*b*	*a*

Einen Hinweis auf *a* als *neutrales Element* könnte man aus der Ähnlichkeit des zu *a* gehörenden Königsnamen *Aligoté* mit dem Wort *aliquote* (ohne Rest teilend) ableiten. Ist *a neutrales Element* oder *Einselement* bzw. die Einheit, dann „teilt" *a* jedes Element (*b, e* und *i*) ohne Rest, d.h. es gilt: $a * b = b = b * a$, etc.[25] Wenn wir also vermuten, daß *a* das neutrale Element ist, dann verlaufen die Intrigen entweder nach der oben angegebenen Tafel oder nach den folgenden Tafeln der *zyklischen Gruppe der Ordnung vier*, von denen es drei verschiedene Repräsentationsmöglichkeiten von Cayley-Tafeln ein und derselben Gruppe gibt, die von den jeweiligen erzeugenden Elementen abhängen (A 4.15):

(II.1) *Könige in ihren Büros*

	*	*a*	*b*	*e*	*i*
Könige,	***a***	*a*	*b*	*e*	*i*
die zu	***b***	*b*	*e*	*i*	*a*
Besuch	***e***	*e*	*i*	*a*	*b*
kommen	***i***	*i*	*a*	*b*	*e*

In diesem Fall ist $b^2 = e, b^3 = i$ und $b^4 = e^2 = a$. Ebenso gilt: $i^2 = e, i^3 = b$ und $i^4 = e^2 = a$. *b* (Babylas) und *i* (Imogène) wären somit *Generatoren* oder *erzeugende Elemente* der zyklischen Gruppe unter der Voraussetzung, daß *a* (Aligoté) das *neutrale Element* ist.

[25] Das Wort *Einheit*, frz. *unité*, wird oft als Synonym für *Einselement* verwendet. Solange man keine Untersuchungen über Faktorzerlegung macht, braucht man diese Begriffe auch nicht voneinander zu trennen.

Analog erhalten wir die Cayley-Tafeln für die Generatoren *b* und *e (II.2)*

(II.2) *Könige in ihren Büros*

	*	*a*	*b*	*e*	*i*
Könige,	*a*	*a*	*b*	*e*	*i*
die zu	*b*	*b*	*i*	*a*	*e*
Besuch	*e*	*e*	*a*	*i*	*b*
kommen	*i*	*i*	*e*	*b*	*a*

sowie für die Generatoren *e* und *i (II.3)*:

(II.3) *Könige in ihren Büros*

	*	*a*	*b*	*e*	*i*
Könige,	*a*	*a*	*b*	*e*	*i*
die zu	*b*	*b*	*a*	*i*	*e*
Besuch	*e*	*e*	*i*	*b*	*a*
kommen	*i*	*i*	*e*	*a*	*b*

Ein Ausgangspunkt für die Untersuchung des Textes auf algebraische Strukturen war die Aussage von Roubaud «Dans le conte, le chien et la princesse se proposent de découvrir *a*) de quelle structure algébrique il s'agit précisement; *b*) quel est lerôle joué par chacun des rois» bzw. die Neugier der Prinzessin Hoppy: «Le conte dit maintenant que la princesse et son chien auraient bien voulu savoir contre qui complotait l'oncle Imogène quand il rendait visite à l'oncle Babylas et qu'ils s'enfermaient à clé dans le bureau.»[26]

Zu a) konnte gezeigt werden, daß es sich bei der algebraischen Struktur nur um eine *Kleinsche Vierergruppe* oder eine *zyklische Gruppe der Ordnung vier* handeln kann. Zu b) sind die Möglichkeiten zum Intrigieren durch die *Règle de Saint Benoît* erheblich einschränkt worden, statt der 4^{16} = 4.294.967.296 Möglichkeiten bleiben unter der Voraussetzung, daß das neutrale Element bekannt ist, nur noch vier.

[26] *Hoppy*, 14.

Die Prinzessin, die über keine speziellen Kenntnisse der Gruppentheorie verfügt, möchte außerdem wissen: «si, étant donné deux quelconques de ses oncles, celui de ses oncles contre lequel complotait le premier quand il rendait visite au deuxième était, ou non, le même que celui contre lequel complotait le deuxième quand il rendait visite au premier.»[27] Mathematisch ausgedrückt möchte sie hier erfahren, ob das Kommutativgesetz gilt, d. h. ob $a * b = b * a$ für alle Elemente der Gruppe gilt. Der mathematisch begabtere Hund der Prinzessin antwortet spontan mit «oui» und als die Prinzessin nachfragt, begründet er dies in der Sprache *chien ordinaire:*[28] «parce que, dit le chien **un oue a uatre éléents est orcéent coutati**».[29] Die französische Übersetzung lautet *«un groupe à quatre éléments est forcément commutatif»*, d. h. der Hund behauptet, das Kommutativgesetz sei in einer Gruppe mit vier Elementen immer erfüllt.

Wie wir gesehen haben, kann eine Gruppe mit vier Elementen nur vier Formen (Tafel *I, II.1, II.2 oder II.3*) annehmen und ein Blick auf die jeweiligen Cayley-Tafeln zeigt uns die Gültigkeit des Kommutativgesetzes in allen vorliegenden Fällen (cf. A 4.7 und A 4.18). Wenn also Aligoté den König Imogène besucht, dann intrigieren beide gegen denselben König, gegen den sie intrigieren würden, wenn Imogène den König Aligoté besucht.

Die Aussage, daß Gruppen mit vier Elementen immer kommutativ sind, zeigt uns, daß Roubaud nicht nur die Struktur *Gruppe* verwendet, sondern auch deren besondere mathematische Eigenschaften, entsprechend seinem Prinzip – *Un texte écrit suivant une contrainte mathématisable contient les conséquences de la théorie mathématique qu'elle illustre* – verarbeitet.

Die *Règle de Saint Origène*

In Kapitel V der Erzählung *La Princesse Hoppy* ändern die Könige ihre Namen. Die Prinzessin ist daraufhin beunruhigt, weil sie nun befürchten muß, daß auf Grund dieser Namensänderung auch die Intrigen nicht mehr nach der gleichen Struktur ablaufen werden. Sie veranlaßt deshalb den König Faraday, der zuvor Babylas hieß, die *Règle de Saint Benoît* nochmals aufzusagen:

---

[27] Ib.

[28] Cf. Untersuchungen zur Sprache des Hundes in Kapitel 4.1.1 *Ulcérations und Hundesprache.*

[29] *Hoppy,* 15 [Hervorhebung von Roubaud].

««Oh, si ce n'est que ça» dit Faraday et il continua d'une voix forte:

«Règle de saint Origène»[30]

Soient trois rois parmi nous quatre: le premier roi, le deuxième roi, le troisième roi. Le premier roi est n'importe quel roi, le deuxième roi est n'importe quel roi, le troisième roi est n'importe quel roi.

«Le troisième roi peut-il être le même que le deuxième, le deuxième que le premier, et le premier que le troisième?» interrompit la princesse: «of course» dit Faraday («bien sûr»).

«*Alors:*

Si deux rois distincts rendent visite à un même troisième, le premier ne complotera jamais contre le même roi que le deuxième. Contre tout roi il sera comploté une fois l'an au moins dans le cabinet de chaque roi. Et quand un roi rendra visite à un autre roi, ils comploteront toujours contre le même roi. Enfin:

Le roi contre lequel complote le roi contre lequel complote le premier roi quand il rend visite au deuxième, quand il rend visite au troisième, doit être le même roi exactement contre lequel complote le premier roi quand il rend visite au roi contre lequel complote le deuxième roi quand il rend visite au troisième.

OK?» dit Faraday.«OK» dit Faraday. Et il referma la fenêtre.»[31]

Vergleicht man die *Règle de Saint Origène* mit der *Règle de Saint Benoît*, dann stellt man fest, daß beide Texte *nicht* identisch sind. Die Prinzessin glaubt daraufhin, daß Faraday die Regel nicht mehr beherrscht, «ça y est!» sagt sie «j'en étais sûre; ils ont tout chamboulé!»[32] Formt man allerdings die literarische Sprache – analog zur *Règle de Saint Benoît* – in mathematische Formelsprache um, dann erhält man auch hier wieder die Gruppenaxiome, nur daß in der Formulierung des Assoziativgesetzes (im Zitat entspricht es dem fettgedruckten Text) die Klammern verschoben sind:

$$(x_1 * x_2) * x_3 = x_1 * (x_2 * x_3)$$ [33]

Das Assoziativgesetz besagt aber gerade, daß bei gleicher Reihenfolge der Variablen beliebig geklammert werden darf, folglich intrigieren die Könige trotz der Namensänderung nach derselben Regel wie zuvor.

30 Origène (ca. 185 – ca. 255). Cf. Kapitel 4.2.2.

31 *Hoppy*, 57sq. [Hervorhebungen Roubaud].

32 *Hoppy*, 58.

33 Die Herleitung geschieht analog zur *Règle de Saint Benoît*.

Interessant ist, daß Roubaud in beiden Fällen die *Regel*, welche die mathematischen Gruppenaxiome beinhaltet, nach Heiligen bzw. Theologen benennt. Während Benediktus Richtlinien verfaßt, welche das Leben der Mönche regeln – bekannt unter dem Namen *Benediktusregel* – hat sich der griechische Kirchenschriftsteller Origenes insbesondere durch die Exegese der Heiligen Schrift hervorgetan. Seine an Platon orientierte philosophische Bildung ist einer der Gründe dafür, daß Origenes das Christentum durch allegorische und spirituelle Schriftauslegung umdeutet.[34] Nicht ohne Grund formuliert gerade Babylas, jetzt Faraday, die *Règle de Saint Origène*, denn zur Zeit des Origène lebt auch der *évêque d'Antioche, Babylas*, den Crouzel in seiner Arbeit über Origène in Zusammenhang mit dem Kaiser Philippe von Arabien erwähnt. Es ist also nicht anzunehmen, daß Roubaud die Namen *Benoît* und *Origène* nur zufällig gewählt hat.

In *La Princesse Hoppy* werden die Gruppenaxiome zunächst durch die *Règle de Saint Benoît* vorgegeben, um Ordnung und Systematik in das wahllose Intrigieren zu bringen. Die *Benediktusregel* ordnet das Leben im Kloster. Wenn Roubaud die *Regel* anschließend nach Origène benennt, dann liegt die Vermutung nahe, daß er einerseits der Prinzessin und ihrem Hund und andererseits dem Leser Hinweise geben will, die zur Lösung des anfangs gestellten Rätsels führen sollen. Unterstützt wird diese Vermutung durch den Kommentar des Hundes zur neuen Formulierung des Assoziativgesetzes:

«**«Ce qu'il nous faut maintenant»** disait le chien **«c'est de l'attention. D'ailleurs, si tu t'en souviens, le conte l'avait déjà dit: "attention!" le conte parfois demande de l'attention! (Indications, 19). Et si de l'attention nous était conseillée pendant les quatre premiers chapitres du conte, c'est maintenant, depuis les "nouvelles indications" une véritable exigence du conte que nous ne pouvons pas ignorer. Aussi je dirai, moi, que si nous sommes attentifs, si nous avons l'attention, nous trouverons forcément quelque chose; et si nous trouvons quelque chose, alors nous saurons comment agir et nous empêcherons les choses horribles d'arriver» «Tu crois?»** dit la princesse. **«Je crois»** fit le chien.»[35]

Während in den ersten vier Kapiteln der *Princesse Hoppy* die *Règle de Saint Benoît* galt und buchstäblich zu befolgen war, deutet die Änderung in *Règle de Saint Origène* darauf hin, daß sie nicht nur im *literalen* Sinn zu verstehen ist, sondern ebenfalls eine *allegorische* und *spirituelle Exegese* erfordert. Wenn die

---

34 Cf. Henri Crouzel, *Origène*, Paris 1985.

35 *Hoppy*, 58 [Hervorhebungen von Roubaud].

Erzählung also von der Prinzessin bzw. vom Leser *attention* verlangt, kann dies ein Hinweis darauf sein, daß der Text gemäß den *vier* Schriftsinnen – dem buchstäblichen, dem allegorisch-philosophischen, dem hermeneutischen und dem mystischen – zu lesen ist. Da Roubaud *La Princesse Hoppy* für insgesamt zwanzig Kapitel konzipiert hat, gleichzeitig – wie wir gesehen haben – der Erzählung als übergreifende *contrainte* die Zahl *Vier* zugrundelegt (cf. Kap. 4.2.2), würde konsequenterweise folgen, daß die Könige bei zwei weiteren Namensänderungen – von denen eine bereits bekannt ist – die Regel so umbenennen, daß die Prinzessin und auch der Leser auf Grund dieser neuen Namen Hinweise auf die zwei fehlenden Schriftsinne erhalten werden.

Die Theorie vom *vierfachen Schriftsinn* in der christlichen Exegese wird von Umberto Eco mit der der jüdischen Kabbala verglichen. «Für andere kabbalistische Strömungen» schreibt Eco, «seziert die Lektüre gewissermaßen die Substanz des Ausdrucks selbst durch drei grundlegende Techniken, nämlich das *Notarikon*, die *Gematria* und die *Temurah*.»[36] Egal nach welchem der vier Schriftsinne also ein Text gedeutet wird, stehen dafür drei Methoden zur Verfügung.

Da bei Roubaud keine religiösen Absichten zu erkennen sind, ist zu vermuten, daß weder die christlichen noch die jüdischen vier Schriftsinne in *La Princesse Hoppy* eine bedeutende *inhaltliche* Rolle spielen, sondern daß Roubaud nur ein weiteres Mal die Zahl *Vier* auftreten läßt, um ihre umfassende Bedeutung hervorzuheben. Für die Lektüre der *Princesse Hoppy* ist die kabbalistische Theorie jedoch insofern von Bedeutung, als Roubaud dort verwendete Verschlüsselungstechniken auch in seiner Erzählung einsetzt, wie wir im nächsten Kapitel zeigen werden.

Comment déchiffrer le conte

Roubaud hat der Erzählung zwei Kapitel hinzugefügt, die er mit *0 Indications sur ce que dit le conte* und *00 Nouvelles indications sur ce que dit le conte* bezeichnet und in denen er dem Leser Hinweise gibt, wie sein *conte* zu lesen ist.[37] Obwohl diese hier meist auf sehr geheimnisvolle, mysteriöse Weise dargestellt sind und eher zur Verwirrung des Lesers als zu seiner Erleuchtung beitragen, bekommt der Leser doch Informationen, die möglicherweise zur Lösung des Rätsels *wer intrigiert gegen wen* beitragen können.

---

[36] Umberto Eco, *Die Suche nach der vollkommenen Sprache*, dt. Ausgabe, München 1994, 39sq.

[37] Zum Aufbau und Begriff der Erzählung siehe Kapitel 4.1.1 und 4.1.2.

Daß Roubaud mit der jüdischen Mystik vertraut ist, wird deutlich, wenn er von einer *Indication trouvée à Saragosse* spricht.[38] Wir können annehmen, daß sich Jacques Roubaud auf Abraham Abulafia bezieht, einen der bedeutendsten spanischen Kabbalisten, der im Jahr 1240 in Saragossa geboren wurde und der u.a. die *Chochmath ha-Zeruf*, also die *Wissenschaft von der Kombination der Buchstaben* entwickelte. Ein weiteres Indiz für die Verwendung kabbalistischer Methoden in der Erzählung *La Princesse Hoppy* könnte in der Geschichte dieser jüdischen Strömung begründet liegen, deren eigentliche Entwicklung ab dem 12. Jahrhundert in Südfrankreich, insbesondere aber im Languedoc und der Provence stattfand, der Heimat der Troubadours, mit denen Roubaud sich ausführlich beschäftigt hat[39] und auf die er auch im Text verweist: Die Königin Eleonore läßt an Eleonore von Aquitanien[40] denken. Es ist also nicht ausgeschlossen, daß sich Jacques Roubaud zusammen mit der Poesie der Troubadours mit kabbalistischen Strömungen vertraut gemacht hat.

Wichtig für die Lösung des anfangs gestellten Rätsels, die sich auf die Beantwortung der Frage nach der Struktur der Intrigen, *Kleinsche Vierergruppe* oder *zyklischen Gruppe*, reduzieren läßt, sind die zuvor genannten drei Lesetechniken der Kabbala.

«Das *Notarikon* ist die Technik des Akrostichons (die Anfangsbuchstaben einer Reihe von Wörtern bilden zusammen ein weiteres Wort) als eine Art der Chiffrierung und Dechiffrierung eines Textes» schreibt Eco. Daher erscheint unsere Vorgehensweise gerechtfertigt, die *Anfangsbuchstaben der Könige* als mathematische Variablen zum Nachweis der Gruppenstruktur der Intrige zu verwenden.

Wir haben gesehen, daß Anfangsbuchstaben auch an anderer Stelle eine wichtige Rolle spielen, nämlich bei der Lösung der Frage nach dem *Alter der Kapitäne*. Die offensichtliche Bedeutung der Anfangsbuchstaben, insbesondere die der vier Könige *a, b, e* und *i,* läßt vermuten, daß mittels dieser vier Buchstaben Hinweise auf weitere Chiffrierungen innerhalb des Textes gegeben sind. Als zweite Lesetechnik hatten wir die *Gematria*[41] genannt, die jedem Wort einen Zahlenwert zuordnet. Sie ist zur Lösung des Intrigenrätsels jedoch nicht nötig. Wichtig

---

38 *Hoppy,* 53. Gleichzeitig handelt es sich mit großer Wahrscheinlichkeit um eine Anspielung auf den Roman *Manuscrit trouvé à Saragosse* von Jean Potocki wie wir in Kapitel 4.1.1 gesehen haben.

39 Cf. Roubaud, *Les Troubadours,* l. c.

40 Eleonore von Aquitanien (1122 – 1204). Ihr Hof vermittelte insbesondere dem Norden die Troubadourpoesie.

41 Cf. Kapitel 1.2 *Zahlen und Buchstaben.*

für die Lösung des Rätsels *wer intrigiert gegen wen* ist hier hingegen die *Temurah*, was *Vertauschung* bedeutet und von der Eco schreibt, sie «ist die Kunst der Permutation, des Umstellens oder Vertauschens von Buchstaben ...»[42] Wir werden nachweisen, daß mathematische Permutationen der vier Anfangsbuchstaben der Königsnamen eine entscheidende Rolle für die Lösung des von Roubaud gestellten Rätsels spielen.Zuvor soll jedoch gezeigt werden, daß Roubaud sich keineswegs auf eine bestimmte Gruppe bzw. Gruppenstruktur beschränkt, sondern in seiner Erzählung unterschiedliche Gruppentypen verwendet und somit seiner Idee, die *Geschichte einer Gruppe mit vier Elementen* zu schreiben, gerecht wird.

Nachweis einer Gruppenstruktur für die Menge der Königinnen

Die Gruppenstruktur, die auf der Menge $M = \{a, b, e, i\}$ der vier Könige mit der Verknüpfung *comploter* nachgewiesen wurde, ist nicht die einzige in der Erzählung *La Princesse Hoppy*. Roubaud definiert parallel dazu eine Gruppe auf der Menge der vier Königinnen, die wir als $N = \{\mathfrak{a}, \mathfrak{b}, \mathfrak{e}, \mathfrak{i}\}$ bezeichnen wollen. Auf dieser Menge ist eine Verküpfung $*$ (*compoter*) definiert: Seien x_1, x_2, x_3 drei beliebige Königinnen, dann bedeutet die Verknüpfung $x_1 * x_2 = x_3$ folgendes: Besucht Königin x_1 Königin x_2 in deren Königreich, dann stellen x_1 und x_2 Kompott her und senden es an x_3.

Analog zum Komplott der Könige, kochen die Königinnen Kompott, das sie jeweils derjenigen Königin senden, gegen deren Gatten gerade intrigiert wird. Roubaud beschreibt diesen algebraischen Sachverhalt wie folgt: «Le conte va droit au but et dit que quand Aligoté par exemple rendait visite à Imogène à seule fin de comploter avec lui selon la règle de saint Benoît, la reine Adirondac rendait visite à la reine Ingrid en sa cuisine. Et pendant que les rois complotaient les reines faisaient de la compote. Tant et si bien qu'en s'en allant le roi Aligoté pouvait déposer à la poste un colis contenant le reste de compote qui n'avait pas été mangé au goûter et qui était destiné à la reine qui était l'épouse du roi contre lequel il avait l'après-midi même dans le bureau d'Imogène comploté. Et c'est ainsi que cela se passait.»[43]

Mathematisch betrachtet sind die Gruppen M (Könige) und N (Königinnen) *isomorph* (cf. A 4.10), sie lassen sich also durch dieselbe Cayley-Tafel darstellen. Die folgende Behauptung soll bewiesen werden:

[42] Umberto Eco, *Die Suche nach der vollkommenen Sprache*, l. c., 40.
[43] *Hoppy,* 15.

Behauptung: „verheiratet mit" definiert einen Isomorphismus $\varphi: (M, *) \rightarrow (N, *)$.

Beweis: 1.) Jeder König der Menge M ist mit genau einer Königin der Menge N verheiratet und umgekehrt:

Es gilt $\varphi(a) = \mathfrak{a}$, $\varphi(b) = \mathfrak{b}$, $\varphi(e) = \mathfrak{e}$ und $\varphi(i) = \mathfrak{i}$

2.) Sei x_i (i = 1, 2, 3, 4) ein beliebiger König und $\mathfrak{x}_i$ die mit x_i verheiratete Königin.

Für $x_i * x_j = x_k$ und $\varphi(x_i) = \mathfrak{x}_i$, folgt dann (i,j,k =1, 2, 3, 4):

$$\varphi(x_i * x_j) = \varphi(x_k) = \mathfrak{x}_k \text{ und } \varphi(x_i) * \varphi(x_j) = \mathfrak{x}_i * \mathfrak{x}_j = \mathfrak{x}_k.$$

Aus der Isomorphie der Gruppen folgen für die Königinnen die gleichen Schlußfolgerungen wie für die Könige. Lösen wir das Rätsel der intriganten Könige, dann wissen wir gleichzeitig, welche Königin das entsprechende – während der Komplotte gekochte – Kompott erhält.

Des Rätsels Lösung?

Die Zahl *Vier* erscheint in *La Princesse Hoppy* in den unterschiedlichsten Formen. In Kapitel 4.2.2 haben wir bereits auf die auffällige Häufung von Aufzählungen, die aus genau *vier* Worten bestehen und deren Anfangsbuchstaben *a*, *b*, *e* und *i* gerade mit denen der Könige bzw. Königinnen übereinstimmen, aufmerksam gemacht ohne dort jedoch näher darauf einzugehen. Da Roubaud mehr als dreißig solcher Aufzählungen in seinen Text integriert, liegt der Schluß nahe, daß dies nur mit dem Ziel geschehen sein kann, den Leser auf diese vier Buchstaben, die in unterschiedlicher Reihenfolge vorkommen, aufmerksam zu machen. Da *a*, *b*, *e* und *i* die Elemente der Vierergruppe bezeichnen, ist anzunehmen, daß ihr Auftreten in den zahlreichen Aufzählungen für die Art der Gruppenstruktur, d.h. für die Beantwortung der Frage, ob es sich um eine *zyklische Gruppe* oder die *Kleinsche Vierergruppe* handelt, von Bedeutung sein wird.

Reduziert man die Worte der Aufzählungen auf ihre Anfangsbuchstaben, dann läßt sich ihre unterschiedliche Reihenfolge mathematisch mit Hilfe von Permutationen darstellen. (Der Buchstabe *h* am Anfang eines Wortes bleibt unberücksichtigt, wenn es sich um ein *h muet*, also ein stummes, nicht gesprochenes *h* handelt. Dies läßt sich insbesondere damit rechtfertigen, daß Roubaud die Erzählung *La Princesse Hoppy ou le conte du Labrador* als *texte oral* konzipiert hat wie wir in Kapitel 4.1.1 gesehen haben.)

Damit nachvollzogen werden kann, wie aus diesen Aufzählungen die Struktur der symmetrischen Gruppe S_3 gewonnen wird (cf. A 4.13), sind hier die jeweiligen Worte sowie die Reihenfolge der Anfangsbuchstaben *a, b, e* und *i* angegeben. Es sind nur diejenigen Aufzählungen berücksichtigt, in denen jeder dieser vier Buchstaben vorkommt.

Nr.	*Bezug*	*Aufzählung*	*Reihenfolge*
1	*Knochen:*	agneau, baleine, éléphant, iguanodon *(p. 17)*	a b e i
2	*Bäume:*	pin-albinos, cyprès d'Islande, noisetier-baromètre, cocotier-églantier *(p. 18)*	a i b e
3	*Beeren:*	airelles, embrunes, myrtilles-bananes, myrtilles-indigo *(p. 22)*	a e b i
4	*Straßen benutzer:*	Alcade, boulanger, estafette du facteur, ilote *(p. 23)*	a b e i
5	*Schulname:*	E.A.I.B., Ecole des Astronomes Ilozoïstes de Bagdad *(p. 25)*	e a i b
6	*Titel:*	Aide Epousseteur Préparateur Préposé au Calcul des Trajectoires Imaginaires auprès de l'Observatoire de Bagdad *(p. 26)*	a e i b
7	*Zustände:*	adoration, béatitude, extase, imbécilité *(p. 33)*	a b e i
8	*Blume:*	*abeiieba* *(p. 33)*	a b e i
9			i e b a
10	*Aufzählung:*	albatros, bouc, éther, impérialiste *(p. 33-35)*	a b e i
11	*Gefahren:*	Apocalypse, Eboulement, Brouillard, *(p. 40)* Invasion des hannetons	a e b i
12	*Seife:*	bardane, iris, églantine, amande amère *(p. 41)*	b i e a
13	*Mahlzeit:*	soupe d'aloès, élan végétal, boutifara de de groseilles, confiture d'incomplétude *(p. 41)*	a e b i
14	*Farben:*	bleus, amarante, indigo, écorce de bouleau chippewa *(p. 42)*	b a i e
15	*Verhalten:*	erratique, ahurissante, banale, incongrue*(p. 45)*	e a b i
16	*Könige:*	hâves, balourds, hiboux, hébétés *(p. 48)*	a b i e
17	*Aufzählung:*	idiot, incorrect, absurde, affligeant, épais, élémentairement, bassiner, balourdises	i a e b
18	*Farben:*	amarante, indigo, écorce de bouleau chippewa, bleue *(p. 60)*	a i e b

Nr.	*Bezug*	*Aufzählung*	*Reihenfolge*
19	*Aufgaben:*	arithmétique, botanique, herméneutique, imprécision *(p. 76)*	a b e i
20	*Gefahren:*	éminences grises, bardanes, icosaèdres, apparitions *(p. 76)*	e b i a
21	*Aufgaben:*	incantatations, attrape-couillons, énigmes, béabas *(p. 78)*	i a e b
22	*Übungen:*	Annexes, Botanique, Herméneutique, Imprécision *(p. 80)*	a b e i
23	*Comte:*	ardeur, bassine, élans, incommodent	a b e i
24		épée, arquebuse, baleine de parapluie impala	e a b i
25		Anéantissez-moi, écrabouillez-moi, butez-moi, inoculez-moi	a e b i
26		ange, idole, éther, blitzkrieg *(p. 83)*	a i e b
27	*Liebe:*	Bouleversante, Effrayante, Aboulique, Incoercible *(p. 84)*	b e a i
28	*Zustände:*	Extinction, Imbécillité, Balbutiement Asphyxie *(p. 86)*	e i b a
29	*Namen:*	Aromate, Bélise, Edwige, Idoménée	a b e i
30		Hildehilde, Hespéride, Bouroulboudour, Hamadryade	i e b a
31		Elizonde, Iphégénie, Basalte, Aphrodite	e i b a
32		Harquebuse, Basane, Hio, Hémilienne *(p. 90)*	a b i e
33	*Nationalität*	Araméen, Babylonien, Egyptien, Inca *(p. 91)*	a b e i
34	*Berufe:*	Armateur, Bâtisseur, Editeur, Imposteur *(p. 101)*	a b e i
35	*Essenzen:*	Acacias, Ipecacuana, Bouleau, Hêtre, des Etangs *(p. 123)*	a i b e
36	*Medizin:*	Antibiotiques, Baumes de Venise, Imbrocations, Emplâtres *(p. 124)*	a b i e

Die Technik der *Temurah*, deren Anwendung auf Grund der Umbenennung der *Règle de Saint Benoît* in die *Règle de Saint Origène* sinnvoll erscheint, rechtfertigt auch an dieser Stelle das Heranziehen von Permutationen zur Lösung des Rätsels, ebenso wie die Aussage des Hundes, der nach der Formulierung der *Règle de Saint Origène* meint: «Aussi je dirai, moi, que si nous sommes attentifs, si nous avons l'attention, nous trouverons forcément quelque chose [...] le conte ne peut absolument pas nous laisser dans le noir.»[44]

Besteht eine Menge wie die der Könige aus vier Elementen, dann hat die Menge S_4 der Permutationen genau 4! = 24 Elemente (cf. A 3.3). Wählt man nun als Bezeichnung der vier Elemente die Anfangsbuchstaben der Könige und die Reihenfolge, in der die Könige zum ersten Mal auftraten, nämlich *a, b, e, i,* als neutrales Element, dann ergibt sich für S_4 folgendes Bild:

$$\boldsymbol{\begin{pmatrix} a & b & e & i \\ a & b & e & i \end{pmatrix}} \quad \boldsymbol{\begin{pmatrix} a & b & e & i \\ a & b & i & e \end{pmatrix}} \quad \boldsymbol{\begin{pmatrix} a & b & e & i \\ a & i & b & e \end{pmatrix}} \quad \boldsymbol{\begin{pmatrix} a & b & e & i \\ a & i & e & b \end{pmatrix}} \quad \boldsymbol{\begin{pmatrix} a & b & e & i \\ a & e & b & i \end{pmatrix}} \quad \boldsymbol{\begin{pmatrix} a & b & e & i \\ a & e & i & b \end{pmatrix}}$$

$$\begin{pmatrix} a & b & e & i \\ b & a & e & i \end{pmatrix} \quad \boldsymbol{\begin{pmatrix} a & b & e & i \\ b & a & i & e \end{pmatrix}} \quad \boldsymbol{\begin{pmatrix} a & b & e & i \\ b & e & a & i \end{pmatrix}} \quad \begin{pmatrix} a & b & e & i \\ b & e & i & a \end{pmatrix} \quad \begin{pmatrix} a & b & e & i \\ b & i & a & e \end{pmatrix} \quad \boldsymbol{\begin{pmatrix} a & b & e & i \\ b & i & e & a \end{pmatrix}}$$

$$\boldsymbol{\begin{pmatrix} a & b & e & i \\ e & a & b & i \end{pmatrix}} \quad \boldsymbol{\begin{pmatrix} a & b & e & i \\ e & a & i & b \end{pmatrix}} \quad \begin{pmatrix} a & b & e & i \\ e & b & a & i \end{pmatrix} \quad \boldsymbol{\begin{pmatrix} a & b & e & i \\ e & b & i & a \end{pmatrix}} \quad \begin{pmatrix} a & b & e & i \\ e & i & a & b \end{pmatrix} \quad \boldsymbol{\begin{pmatrix} a & b & e & i \\ e & i & b & a \end{pmatrix}}$$

$$\begin{pmatrix} a & b & e & i \\ i & a & b & e \end{pmatrix} \quad \boldsymbol{\begin{pmatrix} a & b & e & i \\ i & a & e & b \end{pmatrix}} \quad \begin{pmatrix} a & b & e & i \\ i & b & a & e \end{pmatrix} \quad \begin{pmatrix} a & b & e & i \\ i & b & e & a \end{pmatrix} \quad \begin{pmatrix} a & b & e & i \\ i & e & a & b \end{pmatrix} \quad \boldsymbol{\begin{pmatrix} a & b & e & i \\ i & e & b & a \end{pmatrix}}$$

Schreibt man die in der vorangegangenen Tabelle aufgelisteten Buchstabenreihenfolgen als Permutationen (in der obigen Darstellung fett dargestellt), dann bemerkt man, daß nur die erste Zeile der hier abgebildeten vierundzwanzig Elemente vollständig vorkommt (mehrfaches Auftreten derselben Reihenfolge ist redundant), und dies sind gerade die Aufzählungen, die mit *a* beginnen. Von den Permutationen, die mit *e* beginnen, gibt es vier, von denen, die mit *b* beginnen drei und von denen, die mit *i* beginnen nur zwei unterschiedliche. Die erste Zeile der vierundzwanzig Elemente bildet jeweils das *a* auf sich selbst ab:

$$\begin{pmatrix} a & b & e & i \\ a & b & e & i \end{pmatrix} \quad \begin{pmatrix} a & b & e & i \\ a & b & i & e \end{pmatrix} \quad \begin{pmatrix} a & b & e & i \\ a & i & b & e \end{pmatrix} \quad \begin{pmatrix} a & b & e & i \\ a & i & e & b \end{pmatrix} \quad \begin{pmatrix} a & b & e & i \\ a & e & b & i \end{pmatrix} \quad \begin{pmatrix} a & b & e & i \\ a & e & i & b \end{pmatrix}$$

Es permutieren also nur noch die Buchstaben *b, e* und *i.* Unter Berücksichtigung, daß *a* fest ist, reduzieren sich die Permutationen auf sechs (cf.. A 4.13) und wir erhalten die *symmetrische Gruppe der Ordnung drei,* S_3:

---

[44] *Hoppy,* 58.

$$\begin{pmatrix} b\,e\,i \\ b\,e\,i \end{pmatrix} \quad \begin{pmatrix} b\,e\,i \\ b\,i\,e \end{pmatrix} \quad \begin{pmatrix} b\,e\,i \\ i\,b\,e \end{pmatrix} \quad \begin{pmatrix} b\,e\,i \\ i\,e\,b \end{pmatrix} \quad \begin{pmatrix} b\,e\,i \\ e\,b\,i \end{pmatrix} \quad \begin{pmatrix} b\,e\,i \\ e\,i\,b \end{pmatrix}$$

Obwohl Roubaud die Abenteuer einer *Gruppe mit vier Elementen* erzählen will und nur vier Könige intrigieren läßt, haben wir es hier mit einer Gruppe zu tun, die *sechs* Elemente besitzt und in deren Namen – *symmetrische Gruppe der Ordnung drei,* S_3 – die Zahl *Drei* erscheint.

Die Zahlen *Drei* und *Sechs* spielen in *La Princesse Hoppy* aber ebenfalls eine wichtige Rolle.[45] Roubaud gelingt es nun, drei für ihn bedeutende Zahlen mit Hilfe eines algebraischen Satzes zu verknüpfen: Die Gruppe S_3 ist isomorph zur Automorphismengruppe der *Kleinschen Vierergruppe* K_4 (cf. hierzu A 5.7): d.h. es gilt:[46]

$$S_3 \cong Aut\ (K_4).$$

Die Gruppe K_4 besitzt sechs Automorphismen φ_i, (i = 1, 2, ..., 6). Diese bilden das neutrale Element jeweils auf sich selbst ab, während die anderen drei Elemente permutieren, so wie es in S_3 der Fall ist:

φ_1	φ_2	φ_3	φ_4	φ_5	φ_6
$a \mapsto a$	$a \mapsto a$	$a \mapsto a$	$a \mapsto a$	$a \mapsto a$	$a \mapsto a$
$b \mapsto b$	$b \mapsto b$	$b \mapsto i$	$b \mapsto i$	$b \mapsto e$	$b \mapsto e$
$e \mapsto e$	$e \mapsto i$	$e \mapsto b$	$e \mapsto e$	$e \mapsto b$	$e \mapsto i$
$i \mapsto i$	$i \mapsto e$	$i \mapsto e$	$i \mapsto b$	$i \mapsto i$	$i \mapsto b$

Da anzunehmen ist, daß Roubaud die Reihenfolge der Anfangsbuchstaben der Könige *a*, *b*, *e* und *i* in seinen zahlreichen Aufzählungen bewußt so gewählt hat, daß man genau die symmetrische Gruppe S_3 erhält und diese in engem Zusammenhang mit der *Kleinschen Vierergruppe* steht, scheint es angemessen, daraus zu folgern, daß die Könige ihre Intrigen auf der Struktur der *Kleinschen Vierergruppe* aufgebaut haben.

Geht man weiterhin davon aus, daß *a* (*Aligoté = a ligoté,* also *a* ist gefesselt und bleibt somit fest) das neutrale Element verkörpert, was mathematisch sinn-

[45] Cf. Kapitel 4.2.1.

[46] Den Beweis dieses Satzes findet man in Nicholson, *Abstract Algebra*, 154.

voll ist, da *a* stets auf sich selbst abgebildet wird und Automorphismen gerade das neutrale Element auf sich selbst abbilden, können wir die *abenteuerliche* Behauptung aufstellen, daß die Könige nach der folgenden Cayley-Tafel intrigieren (cf. A 4.16):[47]

Die Lösung des Rätsels

Könige in ihren Büros

		Aligoté	**Babylas**	**Eleonor**	**Imogène**
Könige,	**Aligoté**	Aligoté	Babylas	Eleonor	Imogène
die zu	**Babylas**	Babylas	Aligoté	Imogène	Eleonor
Besuch	**Eleonor**	Eleonor	Imogène	Aligoté	Babylas
kommen	**Imogène**	Imogène	Eleonor	Babylas	Aligoté

Auf Grund der Isomorphie gilt eine analoge Cayley-Tafel für das Kompott der Königinnen.

Ausgangspunkt unserer Untersuchung der Gruppenstruktur und somit des Rätsels *wer intrigiert gegen wen* war die Aussage: «Le Conte de *La Princesse Hoppy* de Jacques Roubaud qui raconte les aventures d'*un groupe à 4 éléments* tient compte des propriétés de ce groupe.»[48] Wir konnten nachweisen, daß Jacques Roubaud die Gruppenstruktur nicht nur benutzt, um die Intrigen der Könige aufzubauen, sondern daß er die *Eigenschaften* der entsprechenden Gruppe gezielt einsetzt, um die Lösung des Rätsels im Text zu verstecken.[49]

[47] Für die aus den Aufzählungen entstehenden Reihenfolgen läßt sich zeigen, daß die vier mit *e* sowie die zwei mit *i* beginnenden Permutationen keine Gruppe bilden. Die drei mit *b* beginnenden Permutationen bilden eine Untergruppe von S_3, falls eines der drei Elemente das neutrale Element darstellt.

[48] Oulipo, *Atlas*, l. c., 90.

[49] Roubaud hat bei einem Treffen in Paris im März 1995 geäußert, daß es mit der Kenntnis der ersten neun Kapitel der Erzählung nur schwer möglich ist, zu bestimmen, um welche Gruppe es sich bei der Intrige der Könige handelt, es gäbe jedoch einen sehr versteckten Hinweis. Dieser Hinweis könnte in dem oben genannten Theorem $S_3 \cong Aut\ (K_4)$ enthalten sein.

4.3.3 Mathematik und der Gral: Die Suche nach der Wahrheit

Zwei Welten nehmen in Roubauds Werk einen entscheidenden Platz ein und beeinflussen sich gegenseitig: Mathematik und Dichtung. Dies bedeutet, daß einerseits seine literarischen Werke, aber auch seine theoretischen Schriften über den *vers français* wie der Essai *La vieillesse d'Alexandre*, ohne die Mathematik nicht vorstellbar sind. Umgekehrt steht sein Verhältnis zur Mathematik stets in engem Zusammenhang mit der Dichtung. Dies wird deutlich, wenn er den Schlüsselmoment seiner Hinwendung zur Mathematik mit den (bereits zitierten) Worten des *Dichters* Dantes beschreibt: «Je pense à ce *poème* de Dante, aux lignes infiniment séductrices de son début: «***In quella parte del libro della mia memoria, dinanzi a la quale poco si potrebbe leggere, si trova una rubrica, la qual dice: INCIPIT VITA NOVA.***» J'avais trouvé ce mot: Mathématique. Il m'avait offert, croyais-je, une vie nouvelle. Grâce à lui, grâce à elle, une *vita nova* allait commencer, s'ouvrir pour moi.»[1] Auch Vergleiche wie «le vers libre est à l'axiomatique ensembliste ce que la géométrie euclidienne est à l'alexandrin»[2] lassen die tiefgreifende Verwobenheit von Poesie und Mathematik bei Roubaud deutlich werden. Ein weiteres Beispiel ist der 1986 geschriebene *Essai sur l'Art formel des troubadours*,[3] in dem er den Versuch unternimmt, die Dichtung zu axiomatisieren.

Die Auseinandersetzung mit der Gralsthematik führt gleichzeitig zu einer Mathematisierung von Teilen des Inhalts wie in *Graal fiction*: «Les récits de Gauvain [...] obéissent à un ensemble de règles que nous appellerons *axiomatique Gauvain* [...]. Commençons par l'axiome de base que nous avons mis en exergue, sous la forme qui lui a été donnée par Chrétien de Troyes dans son *Érec*.

---

1 *Mathématique: (récit)*, 32sq [Hervorhebung von Roubaud]. Das vollständige Zitat Dantes, worauf sich auch Roubauds «J'avais trouvé ce mot» bezieht, lautet: «In quella parte del libro della mia memoria, dinanzi a la quale poco si potrebbe leggere, si trova una rubrica, la qual dice: *incipit vita nova*. Sotto la quale rubrica io trovo scritte le parole le quali è mio intendimento d'assemplare in questo libello; e se non tutte, almeno la loro sentenzia.» Deutsche Übersetzung: «In jenem Teile des Buches meiner Erinnerung, vor welchem nur wenig zu lesen ist, findet sich eine Überschrift, die da lautet: *Incipit vita nova*. Und unter dieser Überschrift finde ich Worte, welche ich in diesem Büchlein nachzuzeichnen gedenke, und wenn nicht alle Worte, so doch wenigstens ihren Sinn und Inhalt.» Dante, *La Vita Nuova*, Sonderausgabe von Erwin Laaths, Wiesbaden, 3sq.

2 *Mathématique: (récit)*, 37.

3 *La fleur inverse – Essai sur l'Art formel des troubadours*, l. c.

Formulons-le de manière un peu plus moderne: *(GVI)*. Gauvain est le plus grand élément de l'ensemble ordonné des chevaliers.»[4] Diese *ré-écriture* der Geschichte des Grals erfolgt in der Sprache der Mathematik.[5]

Die Suche nach dem Gral,[6] die im ethischen und religiösen Sinne *Heilsstreben* bedeutet und nur für den Auserwählten erreichbar ist, ist für Roubaud gleichbedeutend mit der Suche nach Wissen und mathematischer Wahrheit. Er denkt hierbei an noch bevorstehende mathematische Entdeckungen und Problemlösungen: «On vous fait pressentir un futur merveilleux en vous montrant combien, a posteriori, était merveilleux le futur qui s'offrait aux grands mathématiciens du passé avant leurs grands découvertes. On vous dit: il y avait et il y a toujours à découvrir, pas seulement à répéter les choses autrefois trouvées par d'autres; on vous offre la vision du Graal, les grandes hypothèses ou conjectures depuis des siècles résistantes, le Grand théorème de Fermat bien sûr [...], ou la Conjecture de Goldbach.»[7]

Die modernen Gralsritter sind für Jacques Roubaud auserwählte Mathematiker wie R. Taylor und A. Wiles, die 1995 das *Letzte Fermatsche Theorem* beweisen konnten,[8] oder David Hilbert, den er explizit einen Ritter nennt: «A chaque pas, le chevalier Teutonique de la Mathématique [Hilbert], revêtu de sa lourde armure métamathématique, trouve sur ses pas des sables mouvants philosophiques ...»[9] Auf der Suche nach einer *oulipotischen contrainte* als Geschenk für den Mathematiker Jean Bénabou, läßt Roubaud die Rolle der weiblichen Heldin von der *Kategorientheorie* spielen, während der *Ritter* Bénabou als ihr Bezwinger auftritt: «... dont je prévoyais qu'elle aurait à réunir, sous la «molt belle conjointure» (toujours Chrétien de Troyes) d'une constellation d'images saisissantes et allusives, une héroïne, Dame Théorie des Catégories, et son champion, le Chevalier Bénabou (Jean).»[10]

---

4 *Graal fiction,* 82sq [Hervorhebung in kursiver Typographie Roubaud, durch Unterstreichen E. L.-C.].

5 Der mathematische Gehalt des letzten Zitats bezieht sich auf *geordnete Mengen* und das *Zornsche Lemma*. Cf. dazu Kapitel 4.3.1.

6 Ursprung des Wortes *Gral* ist das altfranzösische *graal*, mit dem ein sakraler Gegenstand, ein Kelch vom letzten Abendmahl mit dem Blut Christi gemeint ist. Als literarisches Motiv taucht der *Gral* seit dem 12. Jahrhundert auf.

7 *Mathématique: (récit),* 124 [Hervorhebung von Roubaud].

8 Roubaud beschreibt dieses Ereignis ausführlich in *Mathématique: (récit),* 182sqq.

9 Ib. 182 [Hervorhebung von E. L.C.].

10 Ib. 59.

Roubauds Auffassung vom Mathematiker als modernen Gralsritter wird offensichtlich, wenn er Alexandre Grothendieck mit Galaad, dem Sohn Lanzelots, vergleicht, der als einziger für würdig genug empfunden wird, den Gral zu erreichen: «Pour un regard extérieur, Grothendieck, alors au début de son étonnante carrière, était le véritable Galaad de la mathématique contemporaine: un robot éblouissant.»[11] Den Vergleich mit einem Roboter benutzt Roubaud auch, wenn er über Galaad sagt: «Il [Galaad] semble davantage un concept qu'un être et se comporte souvent comme un robot.»[12] Der Vergleich *Grothendieck/Galaad* kann als Ausdruck der Hochachtung Roubauds für diesen Mathematiker aufgefaßt werden. In *La Princesse Hoppy* finden wir eine ähnliche Zuordnung, jedoch in umgekehrter Richtung: Utherpandragon verhält sich wie ein Mathematiker, wenn er die gruppentheoretische *Règle de Saint Benoît* formuliert.[13]

Wir haben an anderer Stelle bereits intertextuelle Elemente aus der Gralsgeschichte von Chrétien de Troyes in der Erzählung *La Princesse Hoppy* nachgewiesen. Zusammen mit der Mathematik lassen sich nun Relationen zwischen Textproduktion, Intertextualität und Autobiographie offenlegen.

Betrachten wir die Situation, in der der Hund der Prinzessin bei einem unfreiwilligen Spaziergang durch einen dunklen Wald, dessen «arbres s'opposaient de toute la force de leurs feuilles à la pénétration de la lumière du jour», vor dem Problem steht, einen von sechs Wegen auszuwählen, die aus einer Lichtung herausführen: «Et voilà qu'il [le chien] se trouva dans une clairière, et dans cette

---

11 Ib. 85 [Hervorhebung von E. L.C.].

12 Delay/Roubaud, *Graal Théâtre – Lancelot du Lac*, Marseille 1979, 45.

13 In der Erzählung *La Princesse Hoppy* tauchen an zwei Stellen Ritter (cavalier) auf, die eine große Staubwolke aufwirbeln: «Son cheval galopait à perdre haleine, soulevant un nuage de poussière **blanche** qui montait jusqu'au ciel **bleu** pour retomber ensuite lentement dans l'herbe **verte**.» Hinter sich lassen sie ein Bild der Zerstörung und des Desasters. Wagen wir den Umkehrschluß der obigen Behauptung, so sind in den Rittern der Erzählung Mathematiker zu sehen. Die Staubwolken, die sie verursachen, könnten auf die Zündungen von Atombomben (an deren Entwicklung auch Mathematiker beteiligt waren) hinweisen, denen ebenfalls ein unbeschreibliches Bild der Zerstörung folgt. Roubaud hat die erste Zündung einer französischen Atombombe in der Wüste bei Reggane miterlebt. In beiden Fällen erscheint in der Erzählung genau in diesem Moment der Astronom aus Bagdad, der den Weg in der anderen Richtung beschreitet. Da wir in dem Astronomen den Mathematiker al-Kwarizmi gesehen haben, könnte Roubaud hier zum Ausdruck bringen wollen, daß eine Rückkehr zu den Ursprüngen, den Zahlen und der traditionellen Algebra wünschenswert ist. Diese Rückkehr bedeutet auf Grund der Verwandtschaft von *compter* und *conter* auch die Neubelebung einer traditionellen Erzählweise: des *contes*. Cf. *Hoppy*, 24 und bzgl. des zweiten Ritters 81sqq.

clairière obscure (un comble pour une clairière) il distingua vaguement l'ouverture de plusieurs chemins. Les chemins qui sortaient de la clairière, dit le conte, étaient au nombre de six.»[14] Obwohl man zunächst versucht ist, bei der Beschreibung des finsteren Waldes an Dantes *Divina Commedia* zu denken, die mit den Worten beginnt

> «Als ich auf halbem Wege stand unsers Lebens,
> Fand ich mich einst in einem dunklen Walde»,[15]

ist wohl eher zu vermuten, daß Jacques Roubaud auch hier Elemente der Gralsgeschichte bzw. der Artussage verwendet, da er bereits an anderer Stelle, hinsichtlich seines Werdegangs als Mathematiker, eine ähnliche Situation folgendermaßen beschreibt: «Puisque j'ai laissé faire surface, en comparant le Grothendieck de 1955 à Galaad, l'image de la forêt arthurienne, avec ses entrelacements énigmatiques d'aventures et de quêtes, je conserverai ici une représentation forestière: j'étais, moi, à un carrefour, dans une clairière hivernale, sinistre. Trois voies s'ouvraient à moi, entre lesquelles je n'arrivais pas à choisir.»[16] Die *drei* Wege, von denen Roubaud spricht, beziehen sich auf sein Studium der Mathematik, wovon der erste Weg derjenige ist, der sich auf das Lernen und Verstehen des Prüfungsstoffs Examen beschränkt und somit nicht in Einklang mit den Ambitionen eines *Dichter-Mathematikers* steht. Roubaud fühlt sich zu Themen hingezogen, die nicht im Lehrplan stehen, aber eine Antwort auf das geben, wonach er in der Mathematik sucht: «qu'est-ce que la mathématique? Qu'est-ce que le monde, ou l'aspect du monde, de la portion du monde qu'éclaire la mathématique? Et, cela posé et répondu: qu'est-ce que la poésie, dans ou hors de ce morceau du monde expliqué par la mathématique?»[17] Er würde den zweiten Weg wählen, aber dieser erscheint ihm unerreichbar: er ist davon überzeugt, niemals ein Mathematiker von der Größe und Bedeutung Grothendiecks[18] werden zu können. So bleibt ihm nur der dritte Weg, den er nach Philippe Courrège benennt: «Le portrait allégorique de Philippe Courrège qu'ici je compose et immobilise est ainsi tout entier déduit d'un unique axiome, celui de la croyance

---

[14] *Hoppy,* 114 [Hervorhebung durch Unterstreichen E. L.-C.].

[15] Dante, *La Divina Commedia,* dt. Ausgabe, Zürich 1991. Daß Roubaud den *dunklen Wald* der *Divina Commedia* meinen könnte ist dennoch nicht abwegig, da in der Erzählung *La Princesse Hoppy* mehrfach Bezüge zu Dante nachzuweisen sind.

[16] *Mathématique: (récit),* 85 [Hervorhebung durch Unterstreichen E. L.-C.].

[17] Ib. 86.

[18] Roubauds Bewunderung für Grothendieck wird an vielen Stellen in *Mathématique: (récit)* deutlich. So spricht er auch von «le fabuleux, le légendaire Alexandre Grothendieck» 127.

pure en la vérité et validité de l'enseignement donné par la lettre du traité de Bourbaki.»[19]

Derjenige Weg, der die Wahrheit enthält, ist der einzig unerreichbare für Roubaud. Sieht man in dem Mathematiker Roubaud einen Gralsritter, dann kann er sich zwar auf die Suche nach dem Gral – der mathematischen Wahrheit – begeben, er wird aber wie die meisten nicht zu den Auserwählten gehören. Denkt man über die beiden anderen Wege nach, dann scheint der erste zu bedeuten, daß hier der Mathematiker weder zum Abenteurer noch zum Gralsritter aufsteigt, während der dritte zwar nicht dazu führt, den Gral zu finden, es jedoch ermöglicht, sich ihm weitestgehend zu nähern. Dies ist der Weg, den Roubaud beschreitet.

In der Erzählung *La Princesse Hoppy* stürzt sich der Hund von Panik ergriffen und ohne zu überlegen, wohin die einzelnen Wege führen, nur um der Finsternis zu entrinnen, auf den ersten. Diese Beschreibung erinnert an Roubauds spontane Entscheidung, Mathematiker zu werden, um der *Dunkelheit* der *études littéraires* zu entkommen: «Et je m'étais dit alors: je serai mathématicien! C'était une idée; seulement une idée; mais ce fut une idée soudaine, une idée exaltante, bouleversante, illuminative. Je n'avais aucune espèce de compréhension réelle de ce que cela signifiait.»[20] Roubaud bemerkt später hinsichtlich dieser Idee: «Elle m'éclaira tout un été. De très loin.»[21] In der Fiktion sieht der Hund am Ende des ersten Weges (très loin!) ein Licht schimmern, welches von einem Baum ausgeht, auf dem sich ein nacktes Kind befindet. ***«enfant, enfant»*** cria le chien ***«peux-tu me dire ce que me cache le conte?»*** «comment pourrais-je te le dire» dit l'enfant «je suis trop jeune. Mais de toute façon, mon pauvre chien, tu n'es pas au bout de tes peines. Tu n'es pas dans le bon conte, vois-tu. Ici c'est le premier conte, et il n'est pas pour les chiens.» Ayant dit, l'enfant se mit à grimper de plus en plus vite de branche en branche et quand il arriva tout en haut les chandoilles s'éteignirent et l'arbre disparut.»[22] Nachdem das Kind einen Ast

---

19 Ib. 80. Der Einfluß Bourbakis wird an vielen Stellen deutlich. Cf. Kapitel 4.1.2 zur Struktur des Textes bzw. *Roubaud als Mathematiker* in Kapitel 2.2.

20 *Mathématique: (récit)*, 25.

21 Ib.

22 *Hoppy*, 114. In *Graal fiction* beschreibt Roubaud eine ähnliche Szene, bei der Perceval auf der Suche nach dem *Roi Pêcheur* ist, der auch als *Roi du Graal* bezeichnet wird. Perceval fragt dort das Kind im Baum: «– Dites-moi au moins, je vous prie, si je suis dans le droit chemin.» L'enfant répond: «C'est bien possible, je ne suis pas assez savant à mon âge pour vous le dire si je ne sais où vous allez.» *Graal fiction*, 53. Roubaud weist auf mehrere Möglichkeiten zur Interpretation dieser Stelle hin und erwähnt u.a. Calvino und dessen Roman *Le baron perché*.

nach dem anderen erklommen hat, verschwindet das Licht, das den Hund angelockt hat. Ähnlich ergeht es Roubaud, wenn er auf der *mathematischen Leiter* nach oben steigt, aber nicht der erhofften Erleuchtung näherkommt.

Die Verwobenheit von Fiktion und autobiographischen Elementen ist offensichtlich. So wie Roubaud zuvor die Suche nach der wahren Mathematik [a] mit der Suche nach dem Gral [b] vergleicht, benutzt er hier die Geschichte des Gralsritters Perceval,[23] um sie auf die Situation des Hundes [c] anzuwenden. Da Roubaud mathematisch denkt, ist es durchaus möglich, daß er aus $a \cong b$ und $b \cong c$ schließt: $a \cong c$, was bedeuten würde, daß der Hund auf der Suche nach den Geheimnissen des *conte* als Roubaud auf der Suche nach der Wahrheit – die er zunächst in die Mathematik eingebettet glaubt – gedeutet werden kann.

Der zweite Weg, den der Hund anschließend einschlägt, weist ebenfalls auf die Gralsgeschichte hin. Der Hund trifft hier in einem Schloß auf einen König, in dem wir den Roi Pêcheur, den Hüter des Grals, vermuten: «Un jeune homme sort d'une chambre tenant une lance blanche empoignée par le milieu. Il passe entre le feu et le lit où se sont assis pour parler le Roi et le Chien. La lance est blanche et son fer blanc. Du fer de la lance perle une goutte de sang et cette goutte tombe jusque sur la main qui tient la lance.»[24] Roubaud hält sich hier eng an den Text von Chrétien de Troyes, der bereits in *Le Conte du Graal ou Le Roman de Perceval* die entsprechende Szene beschreibt:

> «Un jeune noble sortit d'une chambre,
> porteur d'une lance blanche
> qu'il tenait empoignée par le milieu.
> Il passa par l'endroit entre le feu
> et le lit où ils étaient assis,
> et tous ceux qui étaient là voyaient
> la lance blanche et l'éclat blanc de son fer.
> Il sortait une goutte de sang
> du fer, à la pointe de la lance,
> et jusqu'à la main du jeune homme
> coulait cette goutte vermeille.»[25]

[23] dt.: Parzival

[24] *Hoppy*, 115.

[25] Chrétien de Troyes, *Le Conte du Graal ou le roman de Perceval*, Edition du manuscrit 354 de Berne, traduction critique, présentation et notes de Charles Méla, Paris 1990, 237.

Weitere Übereinstimmungen lassen sich nachweisen, wenn in *La Princesse Hoppy* der Hund ein junges Mädchen sieht, das einen wunderbaren Knochen trägt. Auch in der Gralsgeschichte ist ein Mädchen die Trägerin des Grals: «C'est alors qu'entre dans la salle une demoiselle porteuse d'un grand plat. Sur ce grand plat est posé un os d'une telle succulence que le chien en a aussitôt l'eau à la bouche.»[26] Der entsprechende Text von Chrétien de Troyes lautet:

> «D'un graal tenu à deux mains
> était porteuse une demoiselle,
>
> [...]
>
> Le graal qui allait devant
> était de l'or le plus pur.»[27]

Es ist nur natürlich, daß, bezogen auf den Hund, der Gral kein goldenes Gefäß sondern ein besonders köstlicher Knochen ist oder ihm als solcher erscheinen muß.Der Hund der Prinzessin Hoppy verhält sich daraufhin ein weiteres Mal wie Perceval, der es nicht wagt, die entscheidende, zur Wahrheit führende Frage zu stellen und der deshalb weiter herumirren muß: «Le jeune homme ressemble fort à l'Astronome et il [le chien] voudrait bien demander au Roi la raison de tout cela mais il n'ose car il se souvient de ce que lui a dit et enseigné la princesse, que trop parler nuit. Il craint s'il pose une question qu'on ne le trouve trop canin.» Die Prinzessin handelt hier wie Gornemant,[28] der Perceval in das höfische Leben einführt und ihn vor Redseligkeit und unangemessener Neugierde warnt. Der vergleichbare Text lautet bei Chrétien de Troyes:

> «Le jeune homme les vit passer
> et il n'osa pas demander
> qui l'on servait de ce graal,
> car il avait toujours au cœur
> la parole du sage gentilhomme.»[29]

---

[26] *Hoppy*, 115.

[27] Chrétien de Troyes, *Le Conte du Graal ou le roman de Perceval*, l. c., 239.

[28] Gornemant de Goort sagt in Chrétiens Text: «Trop parler c'est pécher. Voilà pourquoi, mon doux frère, je vous blâme de trop parler.» Ib. 135. Das Geschlecht der Protagonisten ist für diese Rolle anscheinend nicht von Bedeutung.

[29] Ib. 239.

Daß der Hund auf der Suche nach der Lösung des Rätsels des *conte* die Rolle von Perceval einnimmt, der sich auf der Suche nach dem Gral befindet, wird ebenfalls durch die auffällige Koinzidenz der Titel der Erzählungen deutlich, deren einzelne Worte dieselbe Anzahl an Buchstaben und die gleiche grammatikalische Struktur aufweisen:

... Hoppy ou le conte du Labrador
... Graal ou le roman de Perceval

Dabei kann man davon ausgehen, daß *Labrador* hier den Hund bezeichnet, denn Roubaud weist in seinem Werk mehrfach auf einen *chien Labrador* hin, wie in *Graal fiction*: «On vit un lion, un dragon, un grand chien mathématicien (un labrador) et un nain.»[30] Auch der Hund in *La Princesse Hoppy* ist Mathematiker, wenn nicht sogar der Mathematiker Roubaud. In *Autobiographie, chapitre dix* lesen wir unter der Nummer 153: *Portrait de l'artiste en Labrador*: «Je m'accorderai, sans me flatter, cet ensemble de qualités physiques non moins que morales dont les chiens labradors tirent une juste gloire: la constance, la gourmandise, et la maladresse pour les réussites...»[31] Hier werden die Eigenschaften des *chien Labrador* in Roubauds Selbstporträt verwendet, wir erhalten somit einen erneuten Hinweis auf die große Ähnlichkeit des Hundes mit Roubaud selbst.

Die Berechtigung dieser These wird klar, wenn man berücksichtigt, daß das Wort *Labrador* das altfranzösische Anagramm von Roubaud selbst ist. Das Phonem *ou* wird in altfranzösischen Texten *o* geschrieben, und das *l* nach *a* vor *d* und *t* wird zu *au* vokalisiert (lat. *altus* > afranz. *haut*):

Labrador = Rrobaald = Roubaud.

Kehren wir zurück zu den möglichen Wegen, die dem Hund zur Verfügung stehen. Weder der dritte noch der vierte Weg beinhalten Elemente der Gralsgeschichte. Erst der fünfte Weg, der zu François Le Lionnais führt, weist wieder auf sie hin. In *Graal fiction* schreibt Roubaud: «Quand Perceval voit le Graal, il ne sait poser la question qui lui en éclairerait le mystère. Il ne sait pas lire le livre.»[32] Wenn wir das letzte Kapitel der *Princesse Hoppy* betrachten, stellen wir fest, daß der Hund der Prinzessin hier vor einem ähnlichen Problem steht: «Dans l'avenue, à la lueur du réverbère, le chien essaya bien de jeter un coup d'œil au

30 *Graal fiction*, 22.

31 *Autobiographie, chapitre dix*, 93. Cf. Kapitel 4.2.1 zur Zahl 153.

32 *Graal fiction*, 183.

Manifeste. Malheureusement, toutes les premières pages étaient blanches, celles qui étaient numérotées 1, 2, 3, 4, et ainsi de suite selon toute la séquence bien ordonnée des entiers naturels, y compris la page omega; et le texte ne commençait véritablement qu'à la page omega plus un, ce qui fait que le chien aurait dû feuilleter une infinité de pages avant de commencer véritablement sa lecture; et il n'était pas certain d'y parvenir en un temps fini, en tout cas pas avant l'heure du goûter. Aussi avec regret y renonça-t-il.»[33] Der Hund ist zwar im Besitz des Buches, in welchem er die Lösung aller Rätsel vermutet, kann es aber – wie Perceval – nicht lesen. Die Unmöglichkeit, das Buch zu lesen, liegt in den mathematischen Eigenschaften der *transfiniten Zahlen* begründet.[34]

An dieser Stelle wird in besonderem Maße deutlich, daß Jacques Roubaud die Geschichte des Grals von Chrétien de Troyes *mathematisch* erzählt, so wie sie vielleicht auch Lewis Carroll geschrieben hätte. Die Suche Roubauds nach der mathematischen Wahrheit oder der wahren Mathematik, spiegelt sich für ihn in Percevals Suche nach dem Gral wieder. In der Erzählung *La Princesse Hoppy ou le conte du Labrador* verbindet er die beiden fiktiven Welten mit der autobiographisch-mathematischen, wenn er den

Hund = Perceval = Roubaud

auf die Suche nach der Lösung des Rätsels des *contes* schickt. Damit erhalten wir eine weitere Identität,

conte = Mathematik,

die bereits im Kapitel 00 der Erzählung enthalten ist. Roubaud zitiert dort einen Text von Bourbaki, in dem er konsequent das Wort *Mathematik* durch das Wort *conte* ersetzt.[35] In der *Dédicace du conte à la princesse par le comte* schränkt Roubaud die Mathematik auf den Bereich der Algebra ein, wenn er sagt:

«le **Conte** est Algèbre par excellence.»[36]

Drei Wege eröffneten sich dem Mathematikstudenten Roubaud, *drei* von *sechs* Wegen stehen in *La Princesse Hoppy ou le conte du Labrador* im Zusammenhang mit der Gralsgeschichte. Doch gelangt weder der Autor zur mathematischen Wahrheit, noch kann der Hund das Rätsel des *contes* lösen. Die Zahlen *Drei* und

[33] *Hoppy*, 122.

[34] Cf. Kapitel 2.1.

[35] Cf. Kapitel 4.1.2.

[36] *Hoppy*, 135.

Sechs führen nicht zum *Gral*, aber sie lassen ihn erahnen. Erst die Zahl *Vier* bringt die Erlösung: Der Mathematiker Roubaud findet einen *vierten* Weg in der *Vereinigung* von Mathematik und Dichtung. Die Zahl ***Vier*** ist ebenso nötig, um die Isomorphie der symmetrischen Gruppe der Ordnung **drei**, die gerade aus **sechs** Elementen besteht, zur Automorphismengruppe der *Kleinschen Vierergruppe* zu sichern und somit das Rätsel der Erzählung zu lösen wie wir im vorangegangenen Kapitel nachgewiesen haben.

Die Isomorphie $S_3 \cong aut\ (K_4)$ findet ein Analogon in dem *Riddle of Three, Four and Six* mit dem sich R. J. Stewart in *The Mystic Life of Merlin* auseinandersetzt.[37] Das Rätsel Merlins weist mittels der Zahlen drei, vier, sechs auf das Theorem aus der Gruppentheorie hin. Nicht umsonst schreibt Roubaud in *Graal-Théâtre – Merlin l'Enchanteur*, einem Theaterstück, das er zusammen mit Florence Delay verfaßt hat, dem Propheten Merlin *algebraische* Fähigkeiten zu.[38]

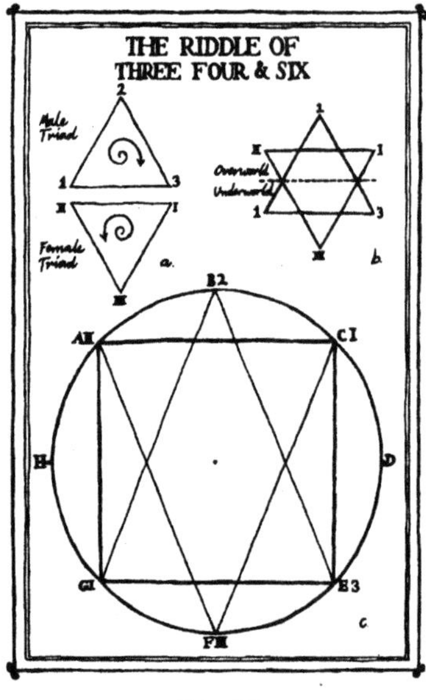

Abb. 30

The Riddle of Three, Four and Six

[37] R. J. Stewart, *The Mystic Life of Merlin*, London 1986. Cf. dort insbesondere Kapitel 15: *Synthesis: Merlin, Mabon and the Riddle of Three, Four and Six.*

[38] «Il [Merlin] est donc aussi à l'aise dans l'algèbre que dans les conversations avec les oiseaux ou les animaux.» Delay/Roubaud, *Graal-Théâtre, Merlin l'Enchanteur*, l. c., 55.

Die von Oulipo angestrebte Wiederherstellung der *antiken Allianz von Mathematik und Dichtung* gelingt hier durch die Intervention der Zahl *Vier* und rechtfertigt somit auch den Titel dieser Arbeit: *Die Macht der Vier*. Die *ré-écriture* der Geschichte des Grals mit den Mitteln der Mathematik ist aber gerade in einer Gattung, dem conte, sinnvoll, deren etymologische Herkunft mit der des Zählens, also dem Ursprung der Mathematik, übereinstimmt. Die Erzählung *La Princesse Hoppy* endet mit der *Dédicace du conte à la princesse par le comte*, in der Roubaud auf die Aussagekraft und Bedeutung des *conte* hinweist: «En ce siècle, les gémissements de la prose ne sont que des sophismes. La poésie **Lyrique**, qui fut toujours **Mensonge**, a fait son temps de jongleries relatives et de contorsions contingentes. Le **Conte** seul, le **Conte** peut dire le vrai. Et le dit.»[39] Indem Roubaud algebraische Strukturen mit narrativen Strukturen verbindet, überwindet er die konventionelle Form des *conte* zugunsten eines *conte oulipien*. Die Montage eigener Texte und intertextueller Themen, die nicht nur literarischen, künstlerischen oder musikalischen Quellen zugeordnet werden können, sondern insbesondere mathematischen Charakter aufweisen, sind Kennzeichen dieses Erzähltypus. Das Zusammenspiel von dichterischen Elementen und algebraischen Theoremen definiert eine Gattung neu.

[39] *Hoppy*, 135 [Hervorhebung Roubaud].

The science of Pure Mathematics, in its modern developmemt, may claim to be the most original creation of the human spirit

Alfred North Whitehead

ANHANG A

Die mathematischen Hintergründe eines oulipotischen Rätsels

In diesem Kapitel sind die mathematischen Grundlagen und Begriffe erklärt bzw. zusammengestellt, welche für die Analyse der algebraischen Hintergründe der Erzählung *La Princesse Hoppy ou le conte du Labrador* von Bedeutung sind. Der hohe Abstraktionsgrad des zentralen Themas, der Gruppentheorie, verlangt zwangsläufig eine mathematisch exakte Darstellung der angewandten Begriffe. Dies soll an dieser Stelle geleistet werden und als eine Art Nachschlagewerk fungieren. Dabei entspricht die Vorgehensweise der eines Mathematikers. Die Numerierung der Definitionen und Sätze, gekennzeichnet durch ein großes *A* wie *Anhang A*, ermöglicht es, in der Textanalyse der Erzählung, Bezug auf die entsprechende algebraische Theorie zu nehmen, ohne den Text durch rein mathematische Gegenstände zu unterbrechen.

Es wird an dieser Stelle kein Anspruch auf Vollständigkeit erhoben, vielmehr geht es um die Bereitstellung der Begriffe, welche zum Verständnis der Analyse des Textes beitragen. Hierzu gehören u.a. Mengen und Abbildungen, Permutationen und ganze Zahlen modulo n, Gruppen sowie Isomorphismen und Automorphismen. Diese Vorgehensweise führt dazu, daß die Auswahl dem mathematisch gebildeten Leser an einigen Stellen willkürlich erscheinen mag.

1 Mengen und Abbildungen

Die Bedeutung der Mengenlehre liegt insbesondere in ihrer Eigenschaft als *Sprache*. Ian Stewart formuliert dies wie folgt: «Set theory is a language. Without it, not only can we not *do* modern mathematics, we can't even say what we are talking about. It is like trying to study French literature without knowing any French.»[1]

A 1.1 Definition: Eine *Menge* ist eine Zusammenfassung von bestimmten, wohlunterschiedenen Elementen unserer Anschauung oder unseres Denkens zu einem Ganzen.

[1] Ian Stewart, *Concepts of Modern Mathematics*, New York 1995, 43.

Verwendet man die Bezeichnung $a, b, c, \ldots$ für die *Elemente* einer Menge und die Bezeichnung $A, B, C, \ldots$ für Mengen, dann heißt $a \in A$, daß a ein *Element* der *Menge* A ist. Die Schreibweise $b \notin B$ bedeutet, b ist kein *Element* der *Menge* B. Mengen werden durch die Angabe ihrer Elemente beschrieben, zum Beispiel:

$$A = \{1, 2, 3, 4, 5\}$$

oder durch die Beschreibung der Eigenschaften der Elemente:

$$A = \{x \in \mathbb{Z} \mid 1 \leq x \leq 5\}$$

Diese Schreibweise bedeutet: A ist die Menge aller Elemente aus den ganzen Zahlen $\mathbb{Z}$, für die gilt, daß sie zwischen eins und fünf liegen, wobei eins und fünf ebenfalls angenommen werden. Beide Schreibweisen stellen die gleiche Menge dar.

A 1.2 Definition: Die *Ordnung* oder *Kardinalität* der Menge A ist die Anzahl der Elemente von A; sie wird mit $|A|$ bezeichnet. Ist diese Anzahl unendlich, so ist $|A| = \infty$.

A 1.3 Definition: Eine Menge heißt *leer*, wenn sie keine Elemente besitzt. Die *leere Menge* wird durch die Symbole $\{\ \}$ oder $\emptyset$ beschrieben.

A 1.4 Definition: Seien A und B Mengen, dann heißt A *Teilmenge* von B, wenn jedes Element von A auch in B enthalten ist.
In Zeichen: $A \subseteq B$.

A 1.5 Definition: A heißt *echte Teilmenge* von B, wenn $A \subseteq B$, aber $A \neq B$.
In Zeichen: $A \subset B$.

In der sogenannten *naiven* Mengenlehre lassen sich Widersprüche konstruieren. Überlegungen, die dazu führen, werden als *Antinomien* bezeichnet.

A 1.6 Beispiel: Der Kreter Epimenides behauptet: Was ich jetzt sage, ist gelogen. Für den Fall, daß Epimenides gelogen hat, ist die Behauptung falsch. Hat er jedoch nicht gelogen, ist seine Behauptung wahr, und er hat gelogen.

Da die Umgangssprache nicht zwischen verschiedenen Sprachschichten unterscheidet, sind solche Antinomien unvermeidbar. In der Mathematik wurde die Widersprüchlichkeit durch die *axiomatische* Mengenlehre überwunden.

Das *kartesische Produkt* stellt die Menge aller geordneten Paare dar, die man aus den Elementen von A und B bilden kann. Ist die Reihenfolge zweier Elemente a, b von Bedeutung, dann wird der Begriff des *geordneten Paares* (a,b) verwendet.[2] Dabei heißt a die erste Komponente und b die zweite Komponente.

A 1.7 Definition: Die Menge $A \times B = \{(a,b) \mid a \in A \text{ und } b \in B\}$ heißt *kartesisches Produkt* der Mengen A und B.

A 1.8 Bemerkung: Sei A eine n-elementige Menge und B eine m-elementige Menge, dann besitzt das *kartesische Produkt* $n{\cdot}m$ Elemente. Die Ordnung des kartesischen Produktes ist gegeben durch $|A \times B| = |A| \cdot |B|$

A 1.9 Definition: Ordnet eine Vorschrift jedem Element a einer Menge A genau ein Element $\varphi(a)$ aus B zu, dann spricht man von einer *Abbildung* von A in B. Das Element $\varphi(a)$ heißt *Bild* von a und a heißt *Urbild* von $\varphi(a)$.

Eine Abbildung von A in B heißt *surjektiv*, wenn jedes Element von B mindestens ein Urbild in A hat. Sie heißt *injektiv*, wenn jedes Bild höchstens ein Urbild besitzt. Die Abbildung heißt *bijektiv*, wenn sie surjektiv und injektiv ist. Für eine bijektive Abbildung φ existiert die Umkehrabbildung φ^{-1}.

2 Der Restklassenring modulo n

Der Begriff *modulo n* aus der Zahlentheorie taucht insbesondere dann auf, wenn Prozesse sich zyklisch wiederholen.[3]

A 2.1 Definition: Sei $n \geq 1$. Man sagt, zwei ganze Zahlen a und b sind *kongruent modulo n*, wenn n Teiler der Differenz $a - b$ ist. In diesem Fall schreiben wir: $a \equiv b \bmod n$.

Die Menge $\{x \in \mathbb{Z} \mid x \equiv a \bmod n\} = \bar{a}$ heißt die *Restklasse von a modulo n*.

---

2 Dieser Begriff läßt sich auf n Elemente erweitern und wird dann als *n-Tupel* bezeichnet.

3 Zur Veranschaulichung dieses Begriffes cf. Kapitel 2.1 *Die Weiterentwicklung der Algebra*.

A 2.2 Beispiel: Restklassen modulo 2:

$\overline{0} = \{x \in \mathbb{Z} \mid x \equiv 0 \bmod 2\}$ = Menge der geraden Zahlen

$\overline{1} = \{x \in \mathbb{Z} \mid x \equiv 1 \bmod 2\}$ = Menge der ungeraden Zahlen.

A 2.3 Definition: Mit $\mathbb{Z} / n\, \mathbb{Z}$ bezeichnen wir die Menge aller Restklassen $\{\overline{1}, \overline{2}, \overline{3}, \ldots, \overline{n-1}\}$ modulo n.

Die Menge $\mathbb{Z} / n\, \mathbb{Z}$ ist für gruppentheoretische Betrachtungen von Bedeutung.

A 2.4 Bemerkung: Die Kongruenz modulo n ist folgendermaßen mit der Addition und Multiplikation ganzer Zahlen kompatibel: Seien a, a_1, b und b_1 ganze Zahlen und sei $a \equiv a_1 \bmod n$ und $b \equiv b_1 \bmod n$, dann ist

$a + b \equiv a_1 + b_1 \bmod n$ und

$ab \equiv a_1 b_1 \bmod n$.

Aufgrund der vorhergehenden Bemerkung ist die folgende Definition sinnvoll:

A 2.5 Definition: Addition und Multiplikation der Restklassen $\overline{a}$ und $\overline{b} \in \mathbb{Z} / n\, \mathbb{Z}$ sind wie folgt definiert:

$\overline{a} + \overline{b} := \overline{a + b}$ und $\overline{a}\,\overline{b} := \overline{ab}$.

Damit wird $\mathbb{Z} / n\, \mathbb{Z}$ zu einem Ring, dem *Restklassenring modulo n*.

A 2.6 Beispiele: Additions- und Multiplikationstafel für $\mathbb{Z} / 6\,\mathbb{Z} = \{\overline{0}, \overline{1}, \overline{2}, \overline{3}, \overline{4}, \overline{5}\}$[4]

<u>Addition</u>

+	$\overline{0}$	$\overline{1}$	$\overline{2}$	$\overline{3}$	$\overline{4}$	$\overline{5}$
$\overline{0}$	$\overline{0}$	$\overline{1}$	$\overline{2}$	$\overline{3}$	$\overline{4}$	$\overline{5}$
$\overline{1}$	$\overline{1}$	$\overline{2}$	$\overline{3}$	$\overline{4}$	$\overline{5}$	$\overline{0}$
$\overline{2}$	$\overline{2}$	$\overline{3}$	$\overline{4}$	$\overline{5}$	$\overline{0}$	$\overline{1}$
$\overline{3}$	$\overline{3}$	$\overline{4}$	$\overline{5}$	$\overline{0}$	$\overline{1}$	$\overline{2}$
$\overline{4}$	$\overline{4}$	$\overline{5}$	$\overline{0}$	$\overline{1}$	$\overline{2}$	$\overline{3}$
$\overline{5}$	$\overline{5}$	$\overline{0}$	$\overline{1}$	$\overline{2}$	$\overline{3}$	$\overline{4}$

<u>Multiplikation</u>

•	$\overline{0}$	$\overline{1}$	$\overline{2}$	$\overline{3}$	$\overline{4}$	$\overline{5}$
$\overline{0}$	$\overline{0}$	$\overline{0}$	$\overline{0}$	$\overline{0}$	$\overline{0}$	$\overline{0}$
$\overline{1}$	$\overline{0}$	$\overline{1}$	$\overline{2}$	$\overline{3}$	$\overline{4}$	$\overline{5}$
$\overline{2}$	$\overline{0}$	$\overline{2}$	$\overline{4}$	$\overline{0}$	$\overline{2}$	$\overline{4}$
$\overline{3}$	$\overline{0}$	$\overline{3}$	$\overline{0}$	$\overline{3}$	$\overline{0}$	$\overline{3}$
$\overline{4}$	$\overline{0}$	$\overline{4}$	$\overline{2}$	$\overline{0}$	$\overline{4}$	$\overline{2}$
$\overline{5}$	$\overline{0}$	$\overline{5}$	$\overline{4}$	$\overline{3}$	$\overline{2}$	$\overline{1}$

3 Permutationen

Permutationen gehören historisch gesehen zu den Ursprüngen der modernen Gruppentheorie. An zwei Stellen wurde bereits kurz auf diesen Begriff eingegangen.[5] Hier soll er mathematisch korrekt eingeführt werden.

A 3.1 Definition: Sei $n \geq 1$ und $X_n = \{1, 2, 3, \ldots, n\}$. Eine Abbildung $\sigma : X_n \to X_n$ heißt *Permutation* von X_n, wenn σ eine eineindeutige und somit bijektive Abbildung ist. Die Menge aller *Permutationen* von X_n wird mit S_n bezeichnet.

A 3.2 Beispiel: (in Matrixschreibweise): Sei $n = 3$, dann gibt es sechs *Permutationen* von X_3, d.h. die Menge S_3 besteht aus den Elementen:

---

[4] In *La Princesse Hoppy* läßt Roubaud u.a. den Astronomen von der Multiplikation *modulo 12* sprechen und stellt die Aufgabe an den Leser, eine Multiplikationstafel *modulo 18* aufzustellen.

[5] Cf. Kapitel 2.2 und Kapitel 3.4

$$\begin{pmatrix}1&2&3\\1&2&3\end{pmatrix}\quad\begin{pmatrix}1&2&3\\2&3&1\end{pmatrix}\quad\begin{pmatrix}1&2&3\\3&1&2\end{pmatrix}\quad\begin{pmatrix}1&2&3\\2&1&3\end{pmatrix}\quad\begin{pmatrix}1&2&3\\3&2&1\end{pmatrix}\quad\begin{pmatrix}1&2&3\\1&3&2\end{pmatrix}$$

In Worten bedeutet dies folgendes: $\sigma = \begin{pmatrix}1&2&3\\2&1&3\end{pmatrix}$

ist beispielsweise die Permutation der drei Ziffern 1, 2, 3, welche die 1 in 2, 2 in 1 und 3 in 3 überführt.

A 3.3 Bemerkung: Allgemein gilt, daß die *Menge S_n der Permutationen* von X_n genau $|S_n| = n! = 1 \cdot 2 \cdot 3 \cdot \ldots \cdot n$ Elemente besitzt.

A 3.4 Definition: Unter dem *Produkt* $\sigma\tau$ zweier Permutationen σ, τ, also der Hintereinanderausführung der beiden Abbildungen, wird die Permutation verstanden, welche entsteht, wenn zuerst die Permutation τ angewandt wird und anschließend auf deren Bildelemente die Permutation σ. (Man beachte die Reihenfolge!)

A 3.5 Beispiel: Sei $\sigma = \begin{pmatrix}1&2&3\\2&3&1\end{pmatrix}$ und $\tau = \begin{pmatrix}1&2&3\\3&2&1\end{pmatrix}$ dann ist $\sigma\tau = \begin{pmatrix}1&2&3\\1&3&2\end{pmatrix}$

Dies bedeutet: Die 1 wird mit τ auf die 3 abgebildet, diese wird dann mit σ auf die 1 abgebildet. $\sigma\tau$ bildet somit die 1 auf sich selbst ab. Ebenso verfährt man mit 2 und 3.τ bildet die 2 auf sich selbst ab und σ bildet die 2 auf die 3 ab. Somit bildet $\sigma\tau$ die 2 auf die 3 ab. (Analog wird die 3 mit $\sigma\tau$ auf die 2 abgebildet.)

A 3.6 Definition: Die Permutation, die jede Zahl auf sich selbst abbildet, heißt Identität oder identische Permutation und wird mit ε bezeichnet, d.h in S_n ist ε gegeben durch:

$$\varepsilon = \begin{pmatrix}1\,2\,3\ldots n\\1\,2\,3\ldots n\end{pmatrix}$$

A 3.7 Bemerkung: Bezüglich der Produktbildung spielt die Identität die gleiche Rolle wie die *Eins* bei der Multiplikation der Zahlen, d.h. es gilt für alle $\sigma \in S_n$: $\varepsilon\,\sigma = \sigma = \sigma\,\varepsilon$.

A 3.8 Definition: Die Permutation σ^{-1}, für die gilt $\sigma\,\sigma^{-1} = \varepsilon = \sigma^{-1}\,\sigma$, heißt *Inverse* von σ.

Oft ist es übersichtlicher, Permutationen nicht in Matrixdarstellung, sondern in der sogenannten Zykeldarstellung anzugeben, die mit einer Zeile auskommt:

A 3.9 Definition: Mit (2 1 4 3) bezeichnet man eine *zyklische* Vertauschung, welche 2 in 1, 1 in 4, 4 in 3 und 3 in 2 überführt und alle anderen (evtl. vorhandenen) Zahlen fest läßt.

A 3.10 Beispiel: Nicht jede Permutation ist ein Zykel. Betrachten wir das folgende Beispiel aus S_{10}:

$$\sigma = \begin{pmatrix} 1 & 2 & 3 & 4 & 5 & 6 & 7 & 8 & 9 & 10 \\ 3 & 1 & 7 & 6 & 10 & 4 & 2 & 5 & 9 & 8 \end{pmatrix}$$

Dann erhält man drei Zykel, mit mehr als zwei Elementen:

(1 3 7 2), (4 6) und (5 10 8).

Dabei wird die *Neun* wird auf sich selbst abgebildet; man sagt in diesem Fall: σ läßt *Neun* fest.

Man kann zeigen, daß das Produkt der Zykel, die wir als paarweise *disjunkt* bezeichnen, gerade σ ergibt (Zykel, die nur aus einem Element bestehen – hier ist es die *Neun* – werden in der Produktdarstellung nicht angegeben):[6]

$$\sigma = (1\ \ 3\ \ 7\ \ 2)\,(4\ \ 6)\,(5\ \ 10\ \ 8)$$

A 3.11 Bemerkung: Man kann zeigen, daß sich *jede* Permutation eindeutig als Produkt disjunkter Zykel darstellen läßt;[7] dabei läßt Eindeutigkeit noch Redundanz zu, d.h. die Permutation

$\sigma = (1\ 4\ 2\ 3\ )$ in S_4 kann ebenfalls als
$\sigma = (4\ 2\ 3\ 1) = (2\ 3\ 1\ 4) = (3\ 1\ 4\ 2)$
geschrieben werden.

---

[6] Siehe Nicholson, *Abstract Algebra*, Boston, l. c., 93.

[7] Zum Beweis dieser Behauptung cf. ib., 94.

4 Gruppen

Im Zusammenhang mit der Textanalyse der Erzählung *La Princesse Hoppy* ist es günstig, Gruppen über sogenannte Halbgruppen zu definieren, da sich dann die einzelnen Forderungen der *Règle de Saint Benoît* leichter identifizieren lassen.

A 4.1 Definition: Ein Paar $(H, *)$ heißt eine *Halbgruppe*, wenn es folgende Eigenschaften erfüllt:

(H1) $*$ definiert eine Verknüpfung, d.h. sind $h_1, h_2 \in H$, dann ist $h_1 * h_2 \in H$ eindeutig definiert.

(H2) Die Verknüpfung $*$ ist assoziativ, d.h. es gilt: $(h_1 * h_2) * h_3 = h_1 * (h_2 * h_3)$.

A 4.2 Definition: Eine nichtleere Halbgruppe $G = \{g_1, g_2, g_3, \ldots\}$ heißt eine *Gruppe*, wenn sie die folgenden Eigenschaften erfüllt:

(G1) Es gibt ein Element $e \in G$ mit $e * g = g * e = g, g \in G$; e heißt *neutrales* Element.

(G2) Zu jedem Element $g \in G$ existiert ein Element $g^{-1} \in G$ mit $g^{-1} * g = g * g^{-1} = e$; g^{-1} heißt *Inverses* von g.

Ist auf einer endlichen Menge A eine Verknüpfung wie in (H1) definiert, dann läßt sich die Verknüpfung als Protokoll für endliche Halbgruppen mit Hilfe einer Cayley-Tafel[8] darstellen oder definieren. An einem Beispiel soll dies verdeutlicht werden:

A 4.3 Beispiel: Sei $A = \{e, a, b, c\}$. Dann werde die Verknüpfung $*$ durch die folgende Cayley-Tafel definiert:

$*$	***e***	***a***	***b***	***c***
e	e	a	b	c
a	a	e	c	b
b	b	c	a	e
c	c	b	e	a

Steht in der ersten Spalte das erste Element der Verknüpfung und in der ersten Zeile das zweite, dann folgt beispielsweise: $a * b = c$ oder $c * a = e$.

[8] Diese Tafel wurde 1854 erstmalig von Arthur Cayley (1821 – 1895) entwickelt.

In einer anderen Formulierung der Gruppe kann die Inverse durch die Kürzungsregeln ausgedrückt werden:[9]

A 4.4 Satz: **Kürzungsregeln**

In einer Gruppe G gelten für alle $g_1, g_2, g_3 \in G$:

$$g_1 * g_3 = g_2 * g_3 \Rightarrow g_1 = g_2$$
$$g_3 * g_1 = g_3 * g_2 \Rightarrow g_1 = g_2.$$

A 4.5 Satz: Eine endliche Halbgruppe G ist genau dann eine Gruppe, wenn in ihr die Kürzungsregeln gelten und es ein neutrales Element gibt.

A 4.6 Bemerkung: In der *Cayley-Tafel* einer endlichen Halbgruppe G können Elemente in Zeile oder Spalte mehrfach vorkommen, in einer Gruppe ist jedes Element genau einmal in jeder Zeile und jeder Spalte enthalten. Wir sprechen dann auch von einer *Gruppentafel*.

A 4.7 Bemerkung: Sei $*$ eine Verknüpfung, die auf einer Menge A definiert ist. Dann heißt diese Verknüpfung *kommutativ* oder *abelsch*, wenn für alle $a, b \in A$ gilt: $a * b = b * a$.

A 4.8 Bemerkung: Ist die Gruppe G endlich, dann gibt die Anzahl der Elemente von G die *Ordnung* der Gruppe an.

Wichtig zur Untersuchung von Gruppen sind die mit der algebraischen Struktur verträglichen Abbildungen, Homomorphismen genannt.

A 4.9 Definition: Eine Abbildung φ einer Gruppe G in eine Gruppe G' heißt *homomorph* – oder ein *Homomorphismus* –, wenn für beliebige $a, b \in G$ gilt:

$$\varphi(a * b) = \varphi(a) * \varphi(b).$$

Zwischen zwei homomorphen Gruppen G und G' können noch wesentliche Strukturunterschiede bestehen. Existiert jedoch ein bijektiver Gruppen-Homomorphismus, so sind die beiden Gruppen mit den Mitteln der Gruppentheorie nicht zu unterscheiden.

---

[9] Beweise dieser Sätze cf. Kurt Meyberg, *Algebra*, Teil 1, München 1975, 19.

A 4.10 Definition: Ein Homomorphismus $\varphi : G \to G'$ der Gruppe G in die Gruppe G' heißt *Isomorphismus*, wenn φ bijektiv ist. Existiert ein Isomorphismus von G nach G', dann sagt man, G ist *isomorph* zu G' und schreibt $G \cong G'$.

Isomorphismen sind von Bedeutung, weil sie die Struktureigenschaften einer Gruppe erhalten, d.h. Eigenschaften, die von der Gestalt der Gruppentafel abhängen. So gilt bei Isomorphie beispielsweise: Ist G kommutativ, dann auch G'. In Roubauds Erzählung *La Princesse Hoppy* lassen sich mehrere Beispiele für Gruppen nachweisen, die sich in ihrer Ordnung und Art unterscheiden. Diese speziellen Gruppen sollen jetzt kurz vorgestellt werden:

A 4.11 Beispiel: Die Gruppentafel der additiven Gruppe $(\mathbb{Z} / 2\mathbb{Z}, +) = \{\overline{0}, \overline{1}\}$ sieht wie folgt aus:

+	$\overline{0}$	$\overline{1}$
$\overline{0}$	$\overline{0}$	$\overline{1}$
$\overline{1}$	$\overline{1}$	$\overline{0}$

A 4.12 Beispiel: Die Menge $\mathbb{Z}^*: = \{-1, +1\}$ ist bei multiplikativer Verknüpfung eine Gruppe, nämlich

·	**−1**	**1**
−1	1	−1
1	−1	1

Vergleicht man die beiden Gruppentafeln aus Beispiel A 4.11 und A 4.12, dann stellt man fest, daß sie sich bis auf die Variablen (Symbole) gleichen. In diesem Fall sind $\mathbb{Z} / 2\mathbb{Z}$ und $\mathbb{Z}^*$ *isomorph*, d.h. es existiert eine bijektive Abbildung $\alpha: \mathbb{Z} / 2\mathbb{Z} \to \mathbb{Z}^*$, die durch $\alpha(\overline{0}) = 1$ und $\alpha(\overline{1}) = -1$ gegeben ist und welche die additive Verknüpfungsstruktur von $\mathbb{Z} / 2\mathbb{Z}$ erhält.

A 4.13 Beispiel: Die in A 3.1 definierte Menge S_n heißt *symmetrische Gruppe* (in Matrixschreibweise): Sei $n = 3$, dann gibt es wie bereits erwähnt, sechs *Permutationen* von X_3, d.h. die Menge S_3 besteht aus den Elementen:

$$\begin{pmatrix}1&2&3\\1&2&3\end{pmatrix} \quad \begin{pmatrix}1&2&3\\2&3&1\end{pmatrix} \quad \begin{pmatrix}1&2&3\\3&1&2\end{pmatrix} \quad \begin{pmatrix}1&2&3\\2&1&3\end{pmatrix} \quad \begin{pmatrix}1&2&3\\3&2&1\end{pmatrix} \quad \begin{pmatrix}1&2&3\\1&3&2\end{pmatrix}$$

die wir hier der Reihenfolge nach mit ε, σ_1, σ_2, σ_3, σ_4 und σ_5 bezeichnen wollen. Die Verknüpfung $*$ ist das unter A 3.4 definierte *Produkt* von Permutationen. Die Gruppentafel sieht dann folgendermaßen aus:

	ε	σ_1	σ_2	σ_3	σ_4	σ_5
ε	ε	σ_1	σ_2	σ_3	σ_4	σ_5
σ_1	σ_1	σ_2	ε	σ_4	σ_5	σ_3
σ_2	σ_2	ε	σ_1	σ_5	σ_3	σ_4
σ_3	σ_3	σ_5	σ_4	ε	σ_2	σ_1
σ_4	σ_4	σ_3	σ_5	σ_1	ε	σ_2
σ_5	σ_5	σ_4	σ_3	σ_2	σ_1	ε

Im folgenden handelt es sich um Gruppen mit der Eigenschaft, daß jedes Element die Potenz eines speziellen Elementes ist. Diese Gruppen heißen *zyklische* Gruppen und sind wie folgt definiert:

A 4.14 Definition: Sei $n \geq 1$, eine *zyklische Gruppe der Ordnung n* ist eine Gruppe C_n n-ter Ordnung, die wie folgt gegeben ist:

$$C_n = \{e, a, a^2, a^3, \dots a^{n-1}\},$$
$$a^n = e, \quad a^\nu \neq a^\mu \text{ für } \nu \neq \mu \text{ und } \nu, \mu = 0, \dots, n-1$$

Das Element a heißt *Erzeuger* von C_n.

Ist $C_n = \{e, a, a^2, a^3, \dots a^{n-1}\}$ eine zyklische Gruppe der Ordnung n, dann ist die Gruppentafel vollständig durch die Potenzgesetze und die Bedingung $a^n = e$ bestimmt:

A 4.15 Beispiel: Gruppentafel der zyklischen Gruppe der Ordnung n

	e	a	a^2	...	a^{n-2}	a^{n-1}
e	e	a	a^2	...	a^{n-2}	a^{n-1}
a	a	a^2	a^3	...	a^{n-1}	e
a^2	a^2	a	a^4	...	e	a
...	...	...	...	...	...	...
a^{n-1}	a^{n-1}	e	a	...	a^{n-3}	a^{n-2}

Die Erzählung *La Princesse Hoppy ou le conte du Labrador* ist insbesondere die Geschichte einer Gruppe mit *vier* Elementen, bzw. einer Gruppe der Ordnung vier. Dieser Spezialfall soll deshalb näher betrachtet werden. Für Gruppen mit vier Elementen gibt es nur zwei Möglichkeiten einer Darstellung mittels Gruppentafel.

Zum einen die *zyklische Gruppe der Ordnung vier* mit der Darstellung:

	e	a	b	c
e	e	a	b	c
a	a	c	e	b
b	b	e	c	a
c	c	b	a	e

Zum anderen die Kleinsche Vierergruppe, die wie folgt definiert ist:

A 4.16 Definition: Die Kleinsche Vierergruppe $K_4 = \{e, a, b, c\}$ ist durch $a^2 = b^2 = c^2 = e$ und die Bedingung, daß das Produkt (die Verknüpfung) jeweils zweier Elemente a, b, c gerade das dritte ergibt. Diese Gruppe wird durch die folgende Gruppentafel dargestellt:

	e	a	b	c
e	e	a	b	c
a	a	e	c	b
b	b	c	e	a
c	c	b	a	e

Für Gruppen mit vier Elementen gilt der folgende Satz:

A 4.17 Satz: Bis auf Isomorphie gibt es nur zwei Gruppen der Ordnung vier, die zyklische Gruppe C_4 und die nicht zyklische Kleinsche Vierergruppe $K_4 = \{e, a, b, c\}$.[10]

A 4.18 Bemerkung: Aus der Darstellung beider Gruppen geht die Kommutativität hervor, d.h. Gruppen mit vier Elementen sind immer kommutativ.

Viele wichtige Gruppen sind Teilmengen bekannter Gruppen. Interessant ist die Frage, welche dieser Teilmengen ihrerseits wieder Gruppen sind. Diese werden als Untergruppen bezeichnet.

A 4.19 Definition: Eine Teilmenge H einer Gruppe G heißt *Untergruppe* von G, wenn H mit der Verknüpfung von G Gruppe ist.

Mit Hilfe des folgenden Satzes läßt sich überprüfen, ob eine Teilmenge von G Untergruppe von G ist:

A 4.20 Satz: Eine Teilmenge H einer Gruppe G ist genau dann eine Untergruppe, wenn die drei folgenden Bedingungen erfüllt sind:

(U1) $e \in H$, wobei e das neutrale Element von G ist.

(U2) Ist $f \in H$ und $h \in H$, dann ist auch $f * h \in H$.

(U3) Ist $h \in H$, dann ist auch $h^{-1} \in H$, wobei h^{-1} das inverse Element in G bezeichnet.

In diesem Fall hat H das gleiche neutrale Element wie G und ist $h \in H$, dann ist das Inverse von h in H das gleiche wie in G.

[10] Beweis des Satzes cf. Keith Nicholson, *Abstract Algebra*, l. c., 122sq.

5 Die Automorphismengruppe

A 5.1 Definition: Sei G eine Gruppe, dann heißt ein Isomorphismus $G \to G$ ein *Automorphismus* auf G.

A 5.2 Satz: Die Menge aller Automorphismen $\varphi : G \to G$ ist eine Gruppe bezüglich der Komposition von Abbildungen.[11] Diese Gruppe heißt Automorphismengruppe von G und wird mit $Aut\ (G)$ bezeichnet.

A 5.3 Definition: Sei G eine Gruppe und $a \in G$. Der Automorphismus φ_a: $G \to G$ mit $\varphi_a(g) = aga^{-1}$ für alle $g \in G$ heißt *innerer Automorphismus* von G, durch a determiniert. Die Gruppe aller inneren Automorphismen von G wird mit $Inn\ (G)$ bezeichnet.

A 5.4 Bemerkung: Da die inneren Automorphismen durch a bestimmt sind, läßt sich $Inn\ (G)$ sofort angeben. Es ist wesentlich schwieriger, $Aut\ (G)$ zu bestimmen.

A 5.5 Beispiel: Automorphismus: Ist G abelsch (kommutativ), dann ist die Abbildung $\varphi : G \to G$, definiert durch $\varphi\ (g) = g^{-1}$ für alle $g \in G$ ein Automorphismus auf G.

A 5.6 Bemerkung: Ist $G \cong G'$, dann gilt auch $Aut\ (G) \cong Aut\ (G')$.[12]

A 5.7 Satz: Sei K_4 die Kleinsche Vierergruppe und S_3 die symmetrische Gruppe für $n = 3$, dann gilt:

$Aut\ (K_4) \cong S_3$.[13]

Dabei kommt der obige Isomorphismus wie folgt zustande: Da ein Automorphismus von K_4 das neutrale Element von K_4 fixiert und somit die drei übrigen Elemente permutiert, läßt sich einem solchen Automorphismus in natürlicher Weise ein Element von S_3 zuordnen.

---

[11] Beweis ib. 151.

[12] Beweis ib. 152.

[13] Beweis ib. 154.

ANHANG B

Zur Struktur des Textes – Erweitertes Inhaltsverzeichnis

Damit der Aufbau des *contes* deutlich wird, sollen an dieser Stelle die einzelnen Kapitel und Abschnitte, die teilweise numeriert, teilweise mit Titeln und Untertiteln versehen sind, in einer Übersicht dargestellt werden. Das Inhaltsverzeichnis in der Buchausgabe der Erzählung beschränkt sich auf die Kapitelüberschriften.

Kapitel 0 **Indications sur ce que dit le conte**

Celui qui dit le Conte: 1, 2, 3, 4, 5
Que le Conte dit vrai: 6, 7, 8, ,9 , 10, 11, 12
Ce qu'il y a dans le Conte: 13, 14, 15, 16, 17
Quand on dit le Conte. Quand on vous dit le Conte:
18, 19, 20, 21, 22, 23, 24
Pour qui conte le Conte: 25, 26, 27, 28, 29, 30, 31

Kapitel I **Complotes et compotes**

1, 2, 3, 4, 5, 6, 7, 8, 9, 10

Kapitel II **Myrtilles et Béryl**

1 Un matin.
2 Béryl.
3 La collection d'os.
4 Cadeaux et pelouses.
5 La princesse réfléchit.
6 Oui, mais.
7 Canots.
8 Bilan.
9 Feu rouge.
10 Drame.

Kapitel III **L'aventure de l'astronome**

1 Jardins.
2 Fraisiers et tulipes.

3 L'aube du 4 juin.
4 L'objet céleste.
5 Heureux infortuné! Malheureux béni!
6 A chaque aube je meurs.
7 La deuxième vision.
8 Adoration, extase, béatitude.
9 Lamentations et fading.
10 La princesse intervient.

Kapitel IV **Poutous du soir**

1 La chambre de la princesse.
2 La niche du chien.
3 Oncles et tours.
4 Le problème du Poutou.
5 Le problème du Poutou (suite).
6 Le problème du Poutou (fin).
7 Que faire?
8 La consultation.
9 Eh bien voilà!
10 Des rois heureux.

Kapitel 00 **Nouvelles indications sur ce que dit le conte**

Mode d'emploi de ce Conte: 1, 2, 3, 4, 5
Que le conte sait ce qu'il dit – Que le conte dit ce qu'il faut: 6, 7, 8, 9, 10, 11, 12
Ce que le Conte répond: 13, 14, 15, 16, 17
Sept questions au *lecteur* du Conte: 18, 19, 20, 21, 22, 23, 24
Comment déchiffrer le conte: 25, 26, 27, 28, 29, 30, 31

Kapitel V **La stratégie de l'attention**

«Je ne pense pas, je conte»
Le Comte du Labrador

1 Les noms des paires ou les noms des Oncles.
2, 3, 4, 5, 6, 7, 8, 9, 10

Kapitel VI **Ermengarde fait ses devoirs**

1 Une nuit.
2 Une fenêtre allumée: pourquoi?
3 Le Dîner.
4 Suite du dîner.
5 Cette nuit-là, la lucarne ovale de la petite mansarde d'Ermengarde est allumée: pourquoi, bon dieu!»
6 L'organisateur de la victoire.
7 Les secours arrivent.
8 Les devoirs d'arithmétique.
9 Cependant.
10 Drame.

Kapitel VII **L'aventure de l'astronome continuée**

Epître orange du Comte à la Princesse en lui envoyant le chapitre sept.

1 Le visiteur.
2 Vous vous en souvenez, sans doute.
3 Une intervention providentielle.
4 Epaminondas, Barbara, Salomon, et de Casimir prennent en main les affaires de l'Astronome.
5 Les quatre canards, par le bec de leur leader, Carnot un, posent une question.
6 L'astronome saute jusqu'au lendemain à l'aube.
7 Pourquoi, à ce que dit le pacha, Marie-Josèphe veut aller à la campagne.
8 Premier rendez-vous.
9 Seul paragraphe ayant réellement le droit de s'intituler: premier rendez-vous.
10 Les deux années suivantes.

Kapitel VIII **Une journée dans la vie de Desmond**

«Soleils, cous coupés»
Le Comte

1 Le réveil de Desmond.
2 Pourquoi «Les lumières»?

ANHANG C

Die Häufigkeit des Zahlwortes *quatre*

Roubaud verwendet das Zahlwort *quatre* insgesamt 162 mal. Im folgenden sollen die einzelnen Vorkommen und ihre Häufigkeit aufgelistet werden.

	Anzahl der Belege		Anzahl der Belege
Carnot ***quatre***	12	***quatre*** tours	3
quatre rois	10	***quatre*** corridors	2
quatre canards	7	***quatre*** couloirs	2
quatre heures	7	***quatre*** dangers extérieurs	2
quatre minutes	7	***quatre*** galoches	2
quatre oncles	7	***quatre*** jours	2
quatre carnots	5	***quatre*** juin	2
quatre couleurs	5	***quatre*** mercredis	2
quatre août	4	***quatre*** opérations	2
onze heures quarante-***quatre***	4	***quatre*** os	2
quatre arbres	3	***quatre*** premiers chapitres	2
quatre cousines	3		

Jeweils einen Beleg finden wir in den folgenden Fällen, die hier in der Reihenfolge ihres Auftretens erscheinen:

quatre neveux
parmi vous ***quatre***
quatre fois ***quatre*** os
quatre pelouses
quatre paniers
«six fois ***quatre***...» «six fois ***quatre*** six»
quatre ponts-levis
où il y a pour ***quatre***, il y a pour six
le pliait en ***quatre***
quatre léchous
tous les ***quatre***
quatre mois
quatre raisons
quatre points cardinaux
quatre cœurs dont un seul fonctionne à la fois
quatre feux rouges

quatre semaines
quatre poutous
les avoir tous les ***quatre*** à dîner tous les soirs
une clé (les ***quatre*** paroles du conte)
une autre clé («les ***quatre*** nouvelles paroles du conte»)
parmi nous ***quatre***
quatre grillons
quatre puissance ***quatre*** fenêtres
quatre signes de base
quatre mouettes
quatre Carnot
quatre reines
il en avait ***quatre***
quatre rubriques usuelles
au nombre de ***quatre***
quatre moutons camarguais
quatre oies blanches d'Abyssinie
quatre rouges-gorges d'Ibiza
quatre rhinocéros bicéphales d'Ankara
quatre chameaux nubiens
quatre bébés hippopotames étrusques
Incantation des ***quatre***
quatre pèlerins
quatre septembre
quatre fenêtres
mettre en ***quatre***
quatre soleils
quatre personnalités
quatre divins fémurs
plia sa feuille en ***quatre***
quatre wagons
quatre, ***quatre***, un bien beau nombre
quatre essences
quatre premières mesures
quatre Dangers Intérieurs
quatre points
pesant ***quatre*** fois ***quatre*** onces
quatre raies
quatre moutons camarguais
quatre oies blanches d'Abyssinie
quatre rouges-gorges d'Ibiza
quatre rhinocéros bicéphales
quatre chameaux nubiens
quatre bébés hippopotames étrusques

Verzeichnis der Abbildungen

Bibliographie

Jacques Roubaud

— ∈, Paris 1967

— *La sextine de Dante et d'Arnaut Daniel*, in: Change No. 2, 1969, 9 – 38

— *Mono no aware*, Paris 1970

— *Les troubadours*, Paris 1971

— *Les rêves écrivent*, in: La Quinzaine littéraire, No. 166, 16. Juni 1973

— *Trente et un au cube*, Paris 1973

— *La Princesse Hoppy ou le conte du Labrador*, in: Bibliothèque Oulipienne No. 2, 1975, Seghers Vol. I, Paris 1990, 17 – 34

— *Mezura*, Paris 1975

— *Ecrit sous la contrainte*, in: La Quinzaine littéraire, 16. Dezember 1976

— *Autobiographie, chapitre dix – poèmes avec des moments de repos en prose*, Paris 1977

— *Graal Fiction*, Paris 1978

— *La Princesse Hoppy ou le conte du Labrador. Chapitre 2: Myrtilles et Béryl*, in: Bibliothèque Oulipienne No. 7, 1978, Seghers Vol. I, Paris 1990, 123 - 138

— *Le conte du Labrador. Chapitre 3 et 4*, in: Change No. 38, 1980

— *Deux principes parfois respectés par les travaux oulipiens*, in: Oulipo, Atlas de littérature potentielle, Paris 1981, 90

— *Dors, précédé de Dire la Poésie*, Paris 1981

— *Io et le loup*, in: La Bibliothèque Oulipienne No. 15, 1981, Seghers Vol. I, Paris 1990, 293 – 304

— *La mathématique dans la méthode de Raymond Queneau*, in: Oulipo, Atlas de littérature potentielle, Paris 1981, 42 – 72

— *Le conte du Labrador*, in: Oulipo, Atlas de littérature potentielle, Paris 1981, 338 – 343

— *Raymond Queneau et l'amalgame des amthématiques et de la littérature*, in: Oulipo, Atlas de littérature potentielle, Paris1981, 34 – 72

— *Le roi Arthur*, Paris 1983

— *La belle Hortense*, Paris 1985 (1990)

— *La fleur inverse*, Paris 1986

— *Quelque chose noir*, Paris 1986

— *L'enlèvement d'Hortense*, Paris 1987 (1991)

— *La vieillesse d'Alexandre, Essai sur quelques états récents du vers français*, Paris 1988

— *Le grand incendie de Londres*, Paris 1989

— *Traité de la lumière – Traktat vom Licht*, Bremen 1989
— *Crise de théâtre*, Bibliothèque Oulipienne No. 61, 1990
— *Echanges de la lumière*, Paris 1990
— *Indications liminaires*, in: Bibliothèque Oulipienne, Vol. I, Paris 1990
— *L'Exil d'Hortense*, Paris 1990
— *La disposition numérologique de rerum vulgarium fragmenta, précédé d'une vie brève de François Pétrarque*, in: Bibliothèque Oulipienne No. 47, III, Paris 1990
— *La Princesse Hoppy ou le conte du Labrador – Fées et Gestes*, Paris 1990
— *Les animaux de tout le monde*, Paris 1990
— *Soleil du Soleil, Le sonnet français de Marot à Malherbe*, Une anthologie, Paris 1990
— *Impressions de France – Incursions dans la littérature du premier XVIe siècle 1500 – 1550*, Paris 1991
— *La Pluralité des mondes de Lewis*, Paris 1991
— *Les animaux de personne*, Paris 1991
— *Le voyage d'hier*, Paris 1992
— *N-ines, autrement dit quenines*, Bibliothèque Oulipienne No. 65, 1992
— *Sonnet «baroque»*, in: Magazine littéraire 300, Juni 1992, 47
— *N-ines, autrement dit quenines (encore)*, Bibliothèque Oulipienne No. 66, 1992/93
— *L'Invention du fils de Leoprepes – Poésie et Mémoire*, Saulxures 1993
— *La boucle*, Paris 1993
— *Sphère de la mémoire – Pentalogue*, Paris 1993
— *The Princess Hoppy or, The Tale of Labrador*, Dalkey Archive Press 1993, Translated by Bernard Hoepffner
— *Monsieur Goodman rêve de chats*, Paris 1994
— *Poésie, etcetera: ménage*, Paris 1995
— *La fenêtre veuve – Prose orale*, Etais 1996 (Ersterscheinung, PO&SIE, No. 22, 1982)
— *L'abominable tisonnier de John McTaggart Ellis McTaggart – et autres vies plus ou moins brèves*, Paris 1997
— *Mathématique: (récit)*, Paris 1997

Gemeinschaftsproduktionen

Michel Deguy /Jacques Roubaud, *Vingt poètes américains – une anthologie*, Paris 1980
Florence Delay/Jacques Roubaud, *Graal Théâtre: Gauvain, Lancelot, Perceval, Guenièvre*, Paris 1977

— *Gauvain et le Chevalier Vert*, Marseille 1979
— *Graal Théâtre: Lancelot du Lac*, Marseille 1979
— *Graal Théâtre: Merlin l'Enchanteur*, Marseille 1979
— *Graal Théâtre: Joseph d'Arimathie et Merlin l'Enchanteur*, Paris 1981
— *Partition rouge – Poèmes et chants des Indiens d'Amérique du Nord*, Paris 1988
Henri Deluy/Jacques Roubaud, *Soleil du Soleil – Le Sonnet français de Marot à Malherbe – une Anthologie*, Paris 1990
Jacques Neefs/Jacques Roubaud, *Entretien. Récit et langue, à propos de «53 jours» de Perec*, in: Littérature 80, Dezember 1990, 95 – 100
Jacques Roubaud/Octavio Paz/Charles Tomlinson/Edoardo Sanguineti, *Renga*, Paris 1971

Andere Autoren

Alexander Aigner, *Zahlentheorie*, Berlin – New York 1975
Martin Aigner, *Kombinatorik*, Berlin – New York 1975
Jean le Rond d'Alembert, *Essai sur les Eléments de Philosophie*, Paris 1805 Reprografischer Nachdruck Hildesheim 1965
Aristoteles, *Metaphysik*, Reclam-Ausgabe, Stuttgart 1970
Aliette Armel, *Jacques Roubaud – Les cercles de la mémoire,* Magazine Littéraire, No. 311, Juni 1993, 96 – 103
M. A. Armstrong, *Groups and Symmetry*, New York, Berlin, Heidelberg 1988
Michel Arrivé,*Les Langages de Jarry, essai de sémiotique littéraire*, Paris1972
Emil Artin, *Geometric Algebra*, New York 1957
Erich Auerbach, *Mimesis. Dargestellte Wirklichkeit in der abendländischen Literatur*, Bern: Francke 1988 (1946)
Alain Badiou, *L'être et l'événement*, Paris 1988
— *Le Nombre et les nombres*, Paris 1990
Roland Barthes, *Mythologies*, Paris 1957
— *Essais critiques*, Paris 1964
— *Introduction à l'analyse structurale des récits*, in: l'analyse structurale du récit, communications 8, Paris 1981, 7 – 33
Alessandro Bausani, *Geheim- und Universalsprachen: Entwicklung und Typologie*, Stuttgart 1970
Eric Temple Bell, *The Magic of Numbers*, New York 1991 (1946)
David Bellos, *Georges Perec, a life in words*, Boston 1993
Jacques Bens, *OuLiPo 1960 – 1963*, Paris 1980
— *Queneau Oulipien,* in: Oulipo, Atlas de littérature potentielle, Paris 1981, 22 – 33

Max Bense, *Konturen einer Geistesgeschichte der Mathematik*, Hamburg 1946
— *Aesthetische Information, aesthetica II*, Krefeld – Baden-Baden 1956
— *Ästhetik und Zivilisation*, Krefeld – Baden-Baden 1958
Claude Berge, *Pour une Analyse potentielle de la littérature combinatoire*, in: Oulipo, La littérature potentielle, Paris 1973, 43 – 57
Claude Berge/Eric Beaumatin, *Georges Perec et la combinatoire*, in: Cahiers Georges Perec 4 Mélanges, Editions du limon 1990, 83 – 96
Helga Bergmann, *Der Beitrag der Naturwissenschaften zur Säkularisierung des Weltbildes*, in: Französische Aufklärung – Bürgerliche Emanzipation, Literatur und Bewußtseinsbildung, Hrsg. Winfried Schröder u. a., Leipzig 1979, 169 – 189
Klaus Bernath, *Mensura fidei – Zahlen und Zahlenverhältnisse bei Bonaventure* in: Mensura – Maß, Zahl, Zahlensymbolik im Mittelalter, Hrsg. Albert Zimmermann, Berlin 1983
Karlheinrich Biermann/Brigitta Coenen-Mennemeier, *Der Nouveau Roman und die Abkehr von Balzac*, in: Französische Literaturgeschichte, Hrsg. Jürgen Grimm, Stuttgart 1991, 340 – 343
André Blavier, *Les fous littéraires*, Paris 1982
André Blavier/ Raymond Queneau, *Lettres croisées 1949 – 1976*, Editions Labor, Bruxelles 1988
Raymond Bloch, *Le symbolisme cosmique des monuments religieux*, Serie Orientale Roma XIV, Rom 1957
Aurélien Boivin, Hrsg., *Le conte fantastique québécois au XIXe siècle*, Louiseville, Canada 1987
Wolfgang Bonß, *Vom Risiko – Unsicherheit und Ungewißheit in der Moderne*, Hamburg 1995
Arno Borst, *Der Turmbau von Babel. Geschichte der Meinungen über Ursprung und Vielfalt der Sprachen und Völker*, 4 vol., Stuttgart 1957 bis 1963
Nicolas Bourbaki, *Éléments de mathématique – Topologie générale*, Livre III, Paris 1955
— *Eléments d'histoire des mathématiques*, Paris 1960
— *Éléments de mathématiques – Théorie des ensembles*, Paris 1960
— *L'architecture des mathématiques*, in: Les grands courants de la pensée mathématique, Hrsg. Le Lionnais, Paris 1962, 35 – 47
— *Éléments de mathématique – Algèbre*, Livre II, Paris 1964
Paul Braffort, *Mes Hypertropes*, in: Bibliothèque Oulipienne I, No. 9
Christine Brooke-Rose, *A Rhetoric of the Unreal: Studies in Narrative and Structure, Especially of the Fantastic*, Cambridge – New York, 1981
Gordon Brotherstone, *Book of the Fourth World – Reading the Native Americas through their Literature*, Cambridge 1992

Gustave Philomnestre jr. Brunet, *Les fous littéraires. Essai bibliographique sur la littérature excentrique, les illuminés, visionnaires etc.*, Brüssel 1880, Gay et Doucé, Nachdruck: Slatkine, Genf 1970

E. de Bruyne, *Etudes d'Esthétique médiévale*, 3 vol., Brügge 1946

August Buck, *Die humanistische Tradition in der Romania*, Bad Homburg v. d. H., Berlin, Zürich 1968

Richard Burgin, *Dogs, Ducks and Mathematicians*, in: The New York Times Book Review, 26. September 1993

R. P. Burn, *Groups a Path to Geometry*, Cambridge 1985

Christopher Butler, *Number Symbolism*, London 1970

John Cage, *Roaratorio: An Irish Circus on Finnegans Wake*, Koeningstein 1982

— *I – VI (ModStructureIntentionDisciplineNotationIndeterminacyInterpenetrationImitationDevotionCircumstancesVariableStructure-Nonunderstanding-ConsistencyInconsistencyPerformance)*, Cambridge 1990

Roger Caillois, *Jeux et Sports*, Encyclopédie de la Pléiade, vol. 23, sous la direction de Raymond Queneau, Tours 1967

— *Les Jeux et les hommes*, Paris 1967 (1958)

Italo Calvino, *Le baron perché*, Paris 1960, Originalausgabe: Il barone rampante, Turin 1957

— *Wenn ein Reisender in einer Winternacht*, München 1986, Originalausgabe: Se una notte d'inverno un viaggiatore, Turin 1979

— *La Machine Littérature*, Paris 1993

A. Canel, *Recherches sur les jeux d'esprit, les singularités et les bizarreries littéraires principalement en France*, 2 vol., Evreux 1867

Pierre Carnac, *La symbolique des échecs*, Paris 1985

Lazare Carnot, *Géométrie de Position*, Paris 1803

Lewis Carroll, *Euclid and his Modern Rivals*, London 1926

— *The Story of Sylvie and Bruno*, London 1926

— *Poems*, New York 1973

— *Alice's Adventures in Wonderland and Through the Looking-glass*, London 1993 (1929)

Emmanuel Chabrery, *La bible décryptée – démonstration à partir des livres bibliques de Jonas, Ruth, Tobie, Joël et Michée*, Paris 1994

Frédérique Chevillot, *Le jeu de la règle*, in: L'esprit Créateur XXXI, 4, Baton Rouge Winter 1991,12 – 21

Timothy Clark, *Renga – Multi-lingual poetry and questions of place*, in: SubStance XXI, 68, 1992, 32 – 45

Michael D. Coe, *The Maya*, London 1966

Jean Pierre Colignon, *Guide pratique des jeux littéraire*, Paris 1979

Colloque de Cerisy, *Alfred Jarry*, Direction: Henri Bordillon, Paris 1985
Auguste Comte, *Philosophie première – Cours de philosophie positive*, Paris 1975
John Conway, *On numbers and games*, London 1976
John Conway/Richard Guy, *The Book of Numbers*, New York 1996
Richard Courant, *Die Mathematik in der modernen Welt*, in: Mathematiker über die Mathematik, Hrsg. Michael Otte, Berlin 1974, 181 – 210
Friedrich Cramer, *Chaos und Ordnung – Die komplexe Struktur des Lebendigen*, Frankfurt am Main 1993
Henri Crouzel, *Origène*, Paris1985 (Toulouse 1961)
Ernst Robert Curtius, *Europäische Literatur und lateinisches Mittelalter*, Bern 1948
Gérard Damerval, *Ubu Roi, La bombe comique de 1896*, Paris 1984
Alighieri Dante, *La divina commedia*, Milano, Napoli 1957, dt. Übers., Zürich 1991
— *La Vita Nuova*, Milano, Napoli, dt. Übers., Hrsg. Dr. Erwin Laaths, Wiesbaden, s.a.
Robert Davreu, *Jacques Roubaud*, Paris 1985
Herbert De Ley, *The Name of the Game: Applying Game Theory in Literature* in: SubStances XVII, 57, 1988, 33 – 46
J. Dénes/A. D. Keedwell, *Latin Squares and their Application*, New York 1974
Frances Densmore, *Chippewa Music*, New York 1972 (rééd.)
Jacques Derrida, *Husserls Weg in die Geschichte am Leitfaden der Geometrie*, München 1987 (Paris 1974)
René Descartes, *Œuvres et Lettres*, Paris 1953
Denis Diderot/Jean le Rond d'Alembert, *Encyclopédie ou Dictionnaire raisonné des sciences, des arts et métiers*, 1751 – 1780, Hrsg. Manfred Naumann, Leipzig 1972
Charles Dobzynski, Mondes pluriels et monde singulier. Roubaud, Bernard Vargaftig, in: Europe 756, April 1992, 193 – 197
Franz Dornseiff, *Das Alphabet in Mystik und Magie*, Reprint, Leipzig 1975
Sybil Dümchen, *Das Gesamtkunstwerk als Auflösung der Einzelkünste: zur subversiven Ästhetik Alain Robbe-Grillets*, Dissertation, Marburg 1994
Umberto Eco, *Das offene Kunstwerk*, Frankfurt am Main 1973 (Mailand 1962)
— *James Bond: une combinatoire narrative*, in: l'analyse structurale du récit, communications 8, Seuil, Paris 1981, 83 – 99
— *Das Foucaultsche Pendel*, München 1989 (Mailand 1988)
— *Die Grenzen der Interpretation*, München 1992 (Mailand 1990)
— *Kunst und Schönheit im Mittelalter*, München 1993 (Mailand 1987)
— *Die Suche nach der vollkommenen Sprache*, München 1994 (Rom 1993)

— *Zwischen Autor und Text – Interpretation und Überinterpretation,* München 1994 (Cambridge 1992)

Carl Franz Endres/Annemarie Schimmel, *Das Mysterium der Zahl: Zahlensymbolik im Kulturvergleich*, München 1984

Klaus Ensslen, *Melvilles Erzählungen, Stil- und strukturanalytische Untersuchungen*, Heidelberg 1966

M. C. Escher, *Leben und Werk*, Hrsg. J. L. Locher, Eltville am Rhein 1984

Luc Étienne, *Poèmes à métamorphoses pour rubans de Moebius*, in: Oulipo, La littérature potentielle, Paris 1973, 265 – 271

Leonhardi Euleri, *Opera Omnia*, Volumen undecimum, edidit Andreas Speiser, Turin 1960

J. Fang, *Bourbaki – Towards a Philosophy of Modern Mathematics*, New York 1970

Claire R. Farrer, *Living Life's Circle – Mescalero Apache Cosmovision*, Albuquerque 1991

Jean-Pierre Faye, *Les Troyens, Hexagrammes*, Paris 1970

Walther L. Fischer, *Mathematische Texttheorie*, in: Grundzüge der Literatur- und Sprachwissenschaft I, München 1973, 44 – 61

Wolfgang Fischer/Ingo Lieb, *Funktionentheorie*, Braunschweig 1983

Gustave Flaubert, *Correspondances – Première Série 1830 – 1846*, Œuvres Complètes I, Paris 1954

Graham Flegg, *Numbers – Their History and Meaning*, London 1983

Michel Foucault, *Les mots et les choses*, Paris 1966

Paul Fournel, *L'arbre à théâtre – comédie combinatoire*, in: Oulipo, La littérature potentielle, Paris 1973, 277 – 281

Paul Fournel/Jacques Jouet, *L'Écrivain oulipien*, in: Magazine littéraire No. 245, September 1987, 90 – 96

Alastair Fowler, Hrsg., *Silent Poetry, Essays in numerological analysis*, London 1970

Peter France, Hrsg., *The New Compagnion to Literature in French*, Oxford 1995

Russell Fraser, *The Language of Adam*, New York 1977

Helga Gallas, *Strukturalismus in der Literaturwissenschaft*, in: Grundzüge der Literatur- und Sprachwissenschaft I, München 1973, 374 – 388

Martin Gardner, *Martin Gardner's new Mathematical Diversions from Scientific American*, London 1969

— *Festival*, Paris 1981

— *Math'Circus*, Paris 1982

— *Unsere gespiegelte Welt*, Berlin 1982 (New York 1964)

Jean-Charles Gateau, *Abécédaire critique*, Genf 1987

Gérard Genette, *Frontières du récit*, in: l'analyse structurale du récit, communications 8, Seuil, Paris 1981, 158 – 169

Paul Germain, *Les grandes lignes de l'évolution des mathématiques*, in: Les grands courants de la pensée mathématique, Hrsg. Le Lionnais, Paris 1962, 226 – 241

Harry Gonshor, *An introduction to the theory of surreal numbers*, Cambridge 1986

Lanie Goodman, *Le Corps-Accord Roussellien: Machines à composer*, in: L'esprit Créateur XXVI, 4, Baton Rouge, Winter 1986, 41 – 50

Ernesto Grassi, *Die Theorie des Schönen in der Antike*, Köln 1962

A. J. Greimas, *Elements pour une théorie de l'interprétation du récit mythique*, in: l'analyse structurale du récit, communications 8, Seuil, Paris 1981, 34 – 65

A. Grothendieck/J. Dieudonné, *Élements de Géométrie Algébrique*, Berlin 1971

J. Guzzardo, *Christian medieval number symbolism and Dante*, Baltimore 1975

Jacques Hadamard, *Denkprozeß in der Mathematik: Das kreative Element – Process of Thinking*, Princeton 1949

— *Essai sur la Psychologie de l'Invention dans le domaine mathématique*, Paris 1959 (New York 1945)

Ernst Haeckel, *Kristallseelen*, Leipzig 1917

— *Kunstformen der Natur*, Leipzig/Wien 1917

Werner Hahn, *Symmetrie als Entwicklungsprinzip in Natur und Kunst*, Könodstein 1989

Rupert A. Hall, *From Galileo To Newton*, New York 1981

Klaus Peter Hansen, *Vermittlungsfiktion und Vermittlungsvorgang in den drei großen Erzählungen Herman Melvilles*, Frankfurt 1973

Manfred Hardt, *Die Zahl in der Divina Comedia*, Frankfurt am Main 1973

— *Poetik und Semiotik, Das Zeichensystem der Dichtung*, Tübingen 1976

Robert Hass, *One Body: Some Notes on Form, Twentieth Century Pleasures: Prose on Poetry*, New York 1984

Royal B. Hassrick, *Das Buch der Sioux*, Köln 1982

Anselm Haverkamp, *Auswendigkeit. Das Gedächtnis der Rhetorik*, in: Gedächtniskunst Raum – Bild – Schrift, Herausgegeben von Anselm Haverkamp und Renate Lachmann, Frankfurt 1991, 25 – 52

Anselm Haverkamp/Renate Lachmann, *Text als Mnemotechnik – Panorama einer Diskussion*, in: Gedächtniskunst Raum – Bild – Schrift, Hrsg. Anselm Haverkamp und Renate Lachmann, Frankfurt 1991, 9 – 24

Michael Heidelberger/Sigrun Thiessen, *Natur und Erfahrung*, Deutsches Museum Kulturgeschichte der Naturwissenschaften und der Technik, Hamburg 1981

A. Kent Hieatt, *Sir Gawain: pentangle, luf-lace, numerical structure*, in: Silent Poetry – Essays in numerological analysis, Hrsg. Alastair Fowler, London 1970, 116 – 140

Douglas R. Hofstadter, *Gödel, Escher, Bach, – ein Endlos Geflochtenes Band*, München 1971 (New York 1979)

Stewart Hollindale, *Makers of Mathematics*, London 1989

V. F. Hopper, *Medieval number symbolism*, New York 1938 (Nachdruck 1969)

Bernhard Hornfeck, *Algebra*, Berlin 1973

Johan Huizinga, *Homo Ludens – Vom Ursprung der Kultur im Spiel*, Hamburg 1987 (Boston 1938)

Moshe Idel, *The Mystical Experience of Abraham Abulafia*, Albany 1988

— *Language, Torah, and Hermeneutics in Abraham Abulafia*, Albany 1989

Georges Ifrah, *Histoire universelle des chiffres*, Paris 1994

Felix Philipp Ingold, *OuLiPo. Hinweis auf den «Werkkreis für potentielle Literatur»* in: Verena von der Heyden-Rynsch, Hrsg., Vive la littérature! Französische Literatur der Gegenwart, München 1989, 214 – 219

Susan Ireland, *The comic world of Roubaud*, in: L'esprit Créateur XXXI, 4, Baton Rouge, Winter 1991, 22 — 31

V. Ivanov, *Caractéristiques numériques de la mythologie et des rites romains,* in: Tel Quel, No. 35, Paris 1968, 35 – 37

René Jacquelin, *La pluralité des mondes de Lewis,* in: La Nouvelle Revue Française, Paris, Januar 1992, 102 – 105

Alfred Jarry, *Gestes et opinions du Dr Faustroll, pataphysicien*, Paris 1980

A. Jones/S. A. Morris/K. R. Pearson, *Abstract Algebra and Famous Impossibilities*, New York – Berlin 1991

Richard Foster Jones, *Ancient and Moderns*, New York 1981

Jacques Jouet, *Les enquêtes du commissaire Blognard*, in: Magazine littéraire, No. 247, Nov. 1987, 90

— *Un peu d'histoire littéraire à la lumière de la méthode S+7*, in: SubStances XVII, 57, 1988, 22 – 25

— *Espions, Saga d'Onuphrius WPHLY*, in: Bibliothèque Oulipienne, No. 44, III, 1990, 147 – 156

Philip E. Jourdain, *The Nature of Mathematics*, in: The World of Mathematics, Hrsg. James R. Newman, III, New York 1956, 4 – 72

Walter Kambartel, *Symmetrie und Schönheit*, München 1972

Edward Kasner/James R. Newman, *Mathematics and the Imagination*, Redmond 1989

Victor J. Katz, *A History of Mathematics*, New York 1993

Oleg Ivanovic Kedrovskij, *Wechselbeziehungen von Philosophie und Mathematik im geschichtlichen Entwicklungsprozeß*, Leipzig 1984

Jerry P. King, *The Art of Mathematics*, New York 1992

Michael Klemm, *Symmetrien von Ornamenten und Kristallen*, Berlin 1982

Morris Kline, *Mathematics – A Cultural Approach*, Menlo Park 1962

— *Mathematical Thought From Ancient to Modern Times*, New York 1972

— *Mathematics – The Loss of Certainty*, New York 1980

— *Mathematics and the Search for Knowledge*, New York 1985

Dilwyn Knox, *Ideas on Gesture and Universal Language, c. 1550 – 1650*, in: J. Henry and S. Hutton, Hrsg., New Perspectives on Renaissance Thought, London: Duckworth 1990, 101 – 136

D. E. Knuth, *Surreal numbers*, Massachusetts 1974

Rosalind E. Krauss, *Grids, The Originality of the Avant-Garde and other Modernist Myths*, Cambridge und London 1985

Gerhard Kropp, *Geschichte der Mathematik*, Wiesbaden 1994

Dieter Kühn, *Der Parzival des Wolfram von Eschenbach*, Frankfurt am Main 1986

Bernd Kuhne/Heiner Boehncke, *Anstiftung zur Poesie – Oulipo – Theorie und Praxis der Werkstatt für potentielle Literatur*, Bremen 1993

Pierre Lartigue, *A haute voix*, in: Quinzaine littéraire, Januar 1991, 8

E. Laubscher, *Phänomene der Zahl in der Bibel*, Göttingen 1955

Le Corbusier, *Le Modulor and Other Buildings and Projects, 1944 – 1945* New York, London, Paris 1983

François Le Lionnais, *Les Mathématiques modernes sont-elles un jeu?* in: Science Progrès Découverte, No. 3427, 1970, 20 – 23

— *Le seconde Manifeste*, in: Oulipo, La littérature potentielle, Paris 1973, 19 – 23

— *Les nombres remarquables*, Paris 1983

François Le Lionnais, Hrsg., *Les grands courants de la pensée mathématique*, Paris 1962

Pamphile Lemay, *Contes vrais*, Quebec 1899 (1907)

Jean Lescure, *La méthode S + 7*, in: Oulipo, La littérature potentielle, Paris 1973, 139 – 144

— *Petite histoire de l'Oulipo*, in: Oulipo, La littérature potentielle, Paris 1973, 124 – 35

Anne de Leseleuc, *Le chien – compagnon des dieux gallo-romains*, Paris 1980

Sydney Lévy, *Oulipian messages*, in: Studies in twentieth century literature, Manhattan, 1987/88, 149 – 161

— *«A la recherche du savon perdu...»*, in: L'esprit Créateur XXXI, Baton Rouge, Winter 1991, 41 – 50

Alfred Liede, *Dichtung als Spiel. Studien zur Unsinnspoesie an den Grenzen der Sprache*, Berlin 1963

Helmut Lindner, *Physik für Ingenieure*, Leipzig 1989

Jurij M. Lotman, *Sémantique du nombre et type de culture*, in: Tel Quel, No. 35, Paris 1968, 24 – 27

— *Die Struktur literarischer Texte*, München 1972

Henri de Lubac, *Exégèse médiévale. Les quatre sens de l'Ecriture*, Paris 1959

Edouard Lucas, *L'Arithmétique amusante*, Paris 1974

John MacQueen, *Numerology – Theory and outline of a literary mode*, Edinburgh 1985

Bernard Magné, *Quelques considérations sur les poèmes hétérogrammatiques de Georges Perec*, in: les poèmes hétérogrammatiques, Cahiers Georges Perec 5, Paris 1992, 27 – 85

— *Textus ex machina (de la contrainte considérée comme machine à écrire dans quelques textes de Georges Perec)*, in: L'esprit Créateur XXVI, 4, Baton Rouge, Winter 1986, 60 – 70

Stéphane Mallarmé, *Poésies*, Textes présentés et commentés par Pierre Citron, Paris 1968

Jean-José Marchand, *Faisant son bien de tout*, in: Quinzaine littéraire 592, Januar 1992, 8

Manon Maren-Grisebach, *Methoden der Literaturwissenschaft*, Tübingen 1992

Jean Markale, *Merlin l'enchanteur ou l'éternelle quête magique*, Paris 1981

— *Le Graal*, Paris 1982

— *Le Roi Arthur et la société celtique*, Paris 1985

Henri Irénée Marrou, *Saint Augustin et l'augustinisme*, Paris 1955

— *Saint Augustin et la fin de la culture antique*, Paris 1958

Michael Masi, *Boethian Number Theory*, A translation of the De Institutione Arithmetica, Amsterdam 1983

Theo Mayer-Kuckuk, *Der gebrochene Spiegel*, Basel 1989

Brian McHale, *Constructing Postmodernism*, New York 1992

Herman Melville, *Shorter Novels* (u.a. Bartleby the Scrivener), USA, Black and Gold Edition, 1942

Karl Menninger, *Zahlwort und Ziffer – Kulturgeschichte der Zahl*, 2. Edition, Göttingen 1958

Wolfgang Metzler, *Schöpferische Tätigkeit in Mathematik und Musik*, in: Musik und Mathematik, Salzburger Musikgespräch 1984 unter Vorsitz von Herbert von Karajan, Hrsg. Heinz Götze und Rudolf Wille, Berlin 1985

Kurt Meyberg, *Algebra*, München 1975

Heinz Meyer, *Die Zahlenallegorese im Mittelalter – Methode und Gebrauch*, München 1975

Claude Mollard, *Le mythe de Babel*, Paris 1984

S. G. Morley, *The ancient Maya*, Stanford 1946

Warren F. Motte, *The Poetics of Experiment, a study of the Work of Georges Perec* Lexington, Kentucky 1984

— *L'Oulipo. Pour une littérature non-jourdanienne*, in: Romance Quarterly, Lexington 1986, 169 - 180

— *Oulipo: A Primer of Potential Literature*, Lincoln und London 1986

Michael Mrozowicki, *L'Ouvroir de littérature Potentielle ou l'art d'inventer des contraintes*, in: Kwartalnik neofilologgiczny XXXVI, Warschau 1989, 133 - 157

J. B. Metzler, Hrsg., *Literaturlexikon*, Stuttgart 1990

Claus Müller, Hrsg., *Symmetrie und Ornament (Eine Analyse mathematischer Strukturen der darstellenden Kunst)*, Opladen 1985

Eberhard Müller-Bochat, *Die Einheit des Wissens und das Epos. Zur Geschichte eines utopischen Gattungsbegriffs*, in: Romanistisches Jahrbuch 17, 1966, 58 - 81

Héloïse et Jacques Neefs, *contraintes et combinatoires*, in: La Quinzaine littéraire, No. 506, Paris 1988, 15

Edward Nelson, *Tensor Analysis*, Princeton 1967

Michael Nerlich, *Kritik der Abenteuerideologie – Beitrag zur Erforschung der bürgerlichen Bewußtseinsbildung 1100 – 1750*, Berlin 1977

— *Alice im Bordell. Annäherung an Jean Genets «Le Balcon»*, in: Lendemains, No. 19, August 1980, 85 - 107

— *Apollon et Dionysos ou la science incertaine des signes – Montaigne, Stendhal, Robbe-Grillet*, Marburg 1989

James Newman, *The World of Mathematics*, 4 vol., New York 1956

Keith Nicholson, *Abstract Algebra*, Boston 1993

Susana Onega/José Ángel García Landa, Hrsg., *Narratology*, New York 1996

Walter J. Ong, *Orality & Literacy*, New York 1982

Origenes, *Vier Bücher von den Prinzipien*, herausgegeben und übersetzt von Herwig Görgemanns und Heinrich Karpp, Darmstadt 1976

Robert Ossermann, *Poetry of the Universe – A Mathematical Exploration of the Cosmos*, New York 1995

Michael Otte, Hrsg., *Mathematiker über die Mathematik*, Berlin 1974

Oulipo, *La littérature potentielle*, Paris 1973

— *Atlas de littérature potentielle*, Paris 1981

— *La Bibliothèque Oulipienne*, 3(4) vol., Paris 1990

Erwin Panofsky, *Aufsätze zu Grundfragen der Kunstwissenschaft: Die Entwicklung der Proportionslehre*, Berlin 1964

Theoni Pappas, *The Magic of Mathematics*, San Carlos 1994

Walter Peek/ Thomas Sanders, *Literature of the American Indian*, Beverly Hills, California 1973

Charles Sanders Peirce, *The Essence of Mathematics*, in: The World of Mathematics, Hrsg. James R. Newman, New York 1956, III, 1773 – 1783
Jacques Peletier du Mans, *Œuvres poétiques*, 1547, Slatkine Reprints, Genève 1970
Georges Perec, *Les Choses*, Paris 1965
— *Histoire du Lipogramme*, in: Oulipo, La littérature potentielle, Paris 1973, 73 - 92
— *Ulcérations*, in: La Bibliothèque Oulipienne, No. 1, 1990 (1975)
— *La vie mode d'emploi*, Paris 1978
— *Cahier des charges de «La vie mode d'emploi»*, Paris 1993
Benjamin Péret, *Œuvres complètes*, Tome 4, Paris 1987
— *Anthologie des mythes, légendes et contes populaires d'Amérique*, Œuvres complètes Tome 6, Paris 1992, 15 – 35
Marjorie Perloff, *Radical Artifice – Writing Poetry in the Age of Media*, Chicago 1991
Jan Potocki, *Manuscrit trouvée à Saragosse*, Librairie José Corti, Saint Amand-Montrond (Cher) 1989
Ezra Pound, *Impact – Essays on Ignorance and the Decline of American Civilization*, Chicago, 1960
Vladimir Propp, *Morphologie des Märchens*, München 1972 (Moskva 1969)
Raymond Queneau, *Le Chiendent*, Paris 1933
— *Cent mille milliards de poèmes*, Paris 1961
— *La place des Mathématiques dans la classification des Sciences*, in: Les grands courants de la pensée mathématique, Hrsg. Le Lionnais, Paris 1962, 393 – 397
— *Bords – Mathématiciens, Précurseurs, Encyclopédistes*, Paris 1963
— *Bâtons, chiffres et lettres*, Paris 1965
— *Contribution à la pratique de la méthode Lescurienne S + 7*, in: Oulipo, La littérature potentielle, Paris 1973, 145 – 146
— *La relation X prend Y pour Z*, in: Oulipo, La littérature potentielle, Paris 1973, 58 – 61
— *Variations sur S + 7*, in: Oulipo, La littérature potentielle, Paris 1973, 147
Raymond Queneau/André Blavier, *Lettres croisées (1949 – 1976)*, Bruxelles 1988
José Luis Reina, *Entretien avec Jacques Roubaud, Paul Braffort et Jacques Jouet, membres de l'Oulipo*, in: Lendemains No. 52, 1988, 33 – 40
H. L. Resnikoff/R. O. Wells Jr., *Mathematics in Civilization*, New York 1973
Pierre Reverdy, *La lucarne ovale*, Paris 1967 (1916)
Jacqueline Risset, *Dante écrivain ou l'Intelletto d'amore*, Paris 1982

Jürgen Ritte, *Nebenwege, Hauptwege – Über unterirdische Tendenzen der französischen Literatur*, in: Christine Baumann/Gisela Lerch Hrsg., Extreme Gegenwart. Französische Literatur der 80er Jahre, Bremen 1989, 59 – 69

— *Das Sprachspiel der Moderne. Eine Studie zur Literaturästhetik Georges Perecs*, Köln 1992

Maren-Sofie Røstvig, *Structure as prophecy: the influence of biblical exegesis upon theories of literary structure*, in: Silent Poetry – Essays in numerological analysis, ed. by Alastair Fowler, London 1970, 32 – 72

Jerome Rothenberg, *Shaking the Pumpkin – Traditional Poetry of the Indian North Americas*, Albuquerque 1992 (1972)

Brian Rotman, *The Ghost in Turing's Machine – Taking God out of Mathematics and Putting the Body Back in*, Stanford 1993

Alix Cléo Roubaud, *Journal 1979 – 1983*, Paris 1984

Raymond Roussel, *Comment j'ai écrit certains de mes Livres*, Paris 1963

— *Impressions d'Afrique*, Paris 1963

— *Nouvelles Impressions d'Afrique*, Paris 1963

— *Locus Solus*, Paris 1965

Bertrand Russell, *Mathematics and the Metaphysicians*, in: The World of Mathematics, Hrsg. James R. Newman, New York 1956, III, 1576 – 1590

Adelaide M.Russo, *«Oulipo»'s mechanical measure. The consequences of «littérature potentielle» for potential criticisme*, Michigan 1986

Greg Sarris, Hrsg., *The Sound of Rattles and clappers – A Collection of New California Indian Writing*, The University of Arizona Press 1994

Sonja Schak, *Mathematik und Literatur: Georges Perecs Roman «La vie mode d'emploi»*, Wien 1991, Dissertation an der Universität für Bildungswissenschaften Klagenfurt

Abert-Marie Schmidt, *L'Amour Noir – poèmes baroques*, Slatkine Paris-Genève 1982, Présentation de Jacques Roubaud

Jean-Claude Schmitt, *La raison des gestes dans l'Occident médiéval*, Paris 1990

Gershom Scholem, *Zur Kabbala und ihrer Symbolik*, Frankfurt am Main 1992 (Zürich 1960)

Leonard Shlain, *Art & Physics*, New York 1991

Franz Simmler, Hrsg., *Aus Benediktinerregeln des 9. bis 20. Jahrhunderts*, Heidelberg 1985

Claude Simonnet, *Queneau déchiffré – Notes sur «le Chiendent»*, Paris 1981

Evelyne Sinnassamy, *Von der Trobadora Beatriz und Alice through the Looking-Glass. Anmerkungen zu einem Mißverständnis über Alain Robbe-Grillet*, in: Lendemains No. 22, Juni 1981, 109 – 114

Michel Sirvent, *Lettres volées, métareprésentation et lipogramme chez E. A. Poe et G. Perec*, in: littérature No. 83, Oct. 1991, 12 – 30
D. E. Smith, *History of Mathematics*, New York 1953
Philippe Sollers, *Nombres et logiques*, Paris 1968
Andreas Speiser, *Die mathematische Denkweise*, Basel 1952
— *La notion de groupe et les arts*, in: Les grands courants de la pensée mathématique, Hrsg. Le Lionnais, Paris 1962, 475 – 479
— *Die Theorie der Gruppen von endlicher Ordnung*, Basel 1986
Basilius P. Steidle, *Die Benediktusregel*, Beuron 1975
Stendhal, *De l'amour*, Ed. de Paris 1980 (1822)
Ian Stewart, *Mathematik, Probleme – Themen – Fragen*, Basel 1990
— *Concepts of Modern Mathematics*, New York 1995
Ian Stewart/Martin Golubitzki, *Fearful Symmetry – Is God a Geometer?*
R. J. Stewart, *The Mystic life of Merlin*, London New York 1986
— *The Way of Merlin*, London 1991
Gerhard F.Strasser, *Lingua universalis. Kryptologie und Theorie der Universalsprachen im 16. und 17. Jahrhundert*, Wiesbaden 1988
D. J. Struik, *Abriß der Geschichte der Mathematik*, Berlin 1972 (1961)
John William Sullivan, *Mathematics as an Art*, in: The World of Mathematics, Hrsg. James R. Newman, New York 1956, III, 2020
Jonathan Swift, *Gullivers Reisen*, Berlin Weimar 1974
Jean-Jacques Thomas, README.DOC. *On Oulipo*, in: SubStance XVII, 56, 1988, 18 – 28 (transl. by Lee Milliker)
— *Machinations formelles. Sur l'Oulipo*, in: L'esprit créateur. XXVI, 4, Baton Rouge, Winter 1986, 71 – 86
— *Débris et chuchotements*, in: L'esprit Créateur XXXI, 4, Baton Rouge, Winter 1991, 59 – 68
Lynn Thorndike, *The Place of Magic in the Intellectual History of Europe*, New York 1905, Dissertation, Columbia University
— *A History of Magic und Experimental Science*, New York 1923 – 1958,
Tzvetan Todorov, *Les catégories du récit littéraire*, in: l'analyse structurale du récit, communications 8, Paris 1981, 131 – 157
Chrétien de Troyes, *Le Conte du Graal ou le roman de Perceval*, Paris 1990 Édition du manuscrit 354 de Berne, traduction critique, présentation et notes de Charles Méla Agnès Vaquin, *Un monument d'écriture*, in: La Quinzaine littéraire 620, März 1993, 12 – 13
Alan R. Velie, Hrsg., *American Indian Literature – An Anthologie*, The University of Oklahoma Press, 1979/1991
Mark Verstockt, *The Genesis of Form – From Chaos to Geometry*, London 1987

P. Adalbert de Vogüé, *La communauté et l'abbé dans la Règle de Saint Benoît*, Paris 1961
Jan de Vries, *Die Märchen von klugen Rätsellösern – Eine vergleichende Untersuchung*, Helsinki 1928
— Betrachtungen zum Märchen – Besonders in seinem Verhältnis zu Heldensage und Mythos, Helsinki 1954
B. L. van der Waerden, *Erwachende Wissenschaft – Band I, Ägyptische, babylonische und griechische Mathematik*, Basel 1956
— *Erwachende Wissenschaft – Band II, Die Anfänge der Astronomie*, Groningen 1956
— *Algebra I*, Berlin 1971
— *Die Pythagoreer – Religiöse Bruderschaft und Schule der Wissenschaft*, Zürich 1979
Frank Waters, *The Book of the Hopis*, New York 1963
Warren Weaver, *Science and Imagination*, New York, London 1967
André Weil, *Numbers of solutions of equations in finite fields*, in: André Weil, Œuvres scientifiques – Collected Papers, Volume I, 1926 – 1951, New York 1979, 399 – 410
Hermann Weyl, *Symmetrie*, Basel 1955 (New Jersey 1952)
A. Wiles, *Modular elliptic curves and Fermat's Last Theorem*, in: Ann. Math. 141, 1995, 443 – 551
Terry P. Wilson, *Hopi – Following the Path of Peace*, San Francisco 1994
Ludwig Wittgenstein, *Philosophische Untersuchungen*, Frankfurt a. Main 1971
— *Philosophische Grammatik*, Frankfurt am Main 1978
— *Vorlesungen 1930 – 1935*, Frankfurt am Main 1984
Gotthart Wunberg, *Mnemosyne. Literatur unter den Bedingungen der Moderne: ihre technik- und sozialgeschichtliche Begründung*, in: Mnemosyne–Formen und Funktionen der kulturellen Erinnerung, Frankfurt a. Main, 83 – 100
Hans Wußing/Wolfgang Arnold, *Biographien bedeutender Mathematiker*, Berlin 1975
Albert Zimmermann, Hrsg., *Mensura – Mass, Zahl, Zahlensymbolik im Mittelalter*, Berlin 1983
Louis Zukofsky, *All the collected short poems 1923 – 1958*, London 1965
— *80 Flowers*, Baltimore und London 1991
Paul Zumthor, *Langue, texte*, énigme, Paris 1975
— *Le masque et la lumière: La poétique des grands rhétoriqueurs*, Paris 1978
— *Introdution à la poésie orale*, Paris 1983

ARTEFAKT
Schriften zur Soziosemiotik und Komparatistik

Herausgegeben von Jacques Leenhardt, Alain Montandon, Michael Nerlich und Monika Walter

Die Bände 1-4 sind erschienen bei Hitzeroth, Marburg.

Band 5 Bernard Dieterle: Die versunkene Stadt. Sechs Kapitel zum literarischen Venedig-Mythos. 1995.

Band 6 Hubert Sommer: génie. Zur Bedeutungsgeschichte des Wortes von der Renaissance zur Aufklärung. Herausgegeben von Michael Nerlich. 1998.

Band 7 Lydia Bauer: Ein italienischer Maskenball. Stendhals *Chartreuse de Parme* und die *commedia dell'arte*. 1998.

Band 8 Elvira Laskowski-Caujolle: Die Macht der Vier. Von der pythagoreischen Zahl zum modernen mathematischen Strukturbegriff in Jacques Roubauds oulipotischer Erzählung *La Princesse Hoppy ou le conte du Labrador*. 1999.